GOLDMANN

Buch

George Adamsons Leben mit den Tieren und Pflanzen im afrikanischen Busch war voller Aufregung, Abenteuer und Gefahren – und vor allem voller Löwen. In diesem hinreißenden Buch schreibt er packend von seinen faszinierenden Erlebnissen – oftmals exzentrisch, häufig komisch, aber auch haarsträubend – und der beispiellosen Vertrautheit zu den Löwen.

Nach der zu weltweiter Berühmtheit gelangten Löwin Elsa hat er nahezu dreißig weitere Löwen und Löwinnen in die Wildnis zurückgeführt, die ihrerseits für mindestens vierzig Nachkommen sorgten. Adamson wurde mehrfach angefallen und schwer verletzt; er hat geholfen, Löwen für den berühmten Film »Frei geboren« und andere abzurichten, und vor allem hat er dafür gekämpft, daß seine Tiere ein freies, wildes, aber auch gefahrvolles Leben in der Steppe Afrikas führen können.

Autor

George Adamson, 1906 in Indien geboren, kam 1924 das erste Mal nach Kenia. Nach mancherlei Abenteuern, darunter auch eine Zeit als Goldgräber, trat er 1938 dem »Kenya Game Department« bei und heiratete sechs Jahre später Joy. 1956 mußte er die Löwin erschießen, deren Junges später als Elsa weltberühmt werden sollte. 1963 gab George Adamson seinen Posten als Wildhüter auf und widmete sich ganz seinen zahlreichen Löwen. Die letzten fünfzehn Jahre seines Lebens verbrachte er im Kora Nationalpark in Kenia. Er wurde im August 1989 kaltblütig von Wilddieben ermordet.

GEORGE ADAMSON

MEINE LÖWEN MEIN LEBEN

Aus dem Englischen
von Sabine Griesbach

GOLDMANN VERLAG

Titel der Originalausgabe:
My Pride and Joy. An Autobiography
Originalverlag: Collins Harville, London

Für die Bilder habe ich zu danken: Mirella Ricciardi, Simon Trevor, Gerald Cubitt, Ken Talbot, David Blasband, Tony Fitzjohn, John Reader, Bill Travers, Jim Hiddleston, dem National Museum of Kenya, Columbia, Bernhardt Grzimek, Derek Cattani, James Hill. Weitere Bilder stammen aus dem eigenen oder dem Archiv von Joy.

Umwelthinweis:
Alle bedruckten Materialien dieses Taschenbuches
sind chlorfrei und umweltschonend.
Das Papier enthält Recycling-Anteile.

Der Goldmann Verlag
ist ein Unternehmen der Verlagsgruppe Bertelsmann

Made in Germany · 1. Auflage · 3/93
Genehmigte Taschenbuchausgabe

Umschlaggestaltung: Design Team München
Umschlagfoto: Archiv Adamson
Druck: Presse-Druck Augsburg
Verlagsnummer: 12342
SD · Herstellung: Sebastian Strohmaier
ISBN 3-442-12342-9

Inhalt

Anmerkung des Autors

Dieses Buch ist das gemeinsame Werk von Bill Travers, Adrian House und mir. Bill kam 1963 nach Kenia, um meine Rolle in dem Film »Frei geboren« zu spielen. Seitdem hat er drei Dokumentarfilme über meine Arbeit gedreht, ständig mit mir korrespondiert und keine Gelegenheit ausgelassen, Fotos von den Löwen zu machen. Viele davon erscheinen in diesem Buch. Adrian House lernte Joy 1959 kennen, als sie mit Billy Collins und Marjorie Villiers vom Harvill-Verlag an der Veröffentlichung von »Frei geboren« arbeitete. Nach Billys Tod gab Adrian House Joys letzte beiden Bücher heraus und überredete mich dazu, dieses hier zu beginnen.

Aus Gründen, auf die ich später zu sprechen komme, war es einfacher, dieses Buch zu beginnen als fertigzustellen. Bill notierte daher viele Stunden lang die Antworten, die ich auf seine Fragen zu meinem Leben mit Joy und den Löwen gab. Neben diesen Gesprächen griff ich auf meine Briefe und Tagebücher zurück, auf mein einziges bisheriges Buch »Bwana Game«, auf Joys Unterlagen und unveröffentlichte Briefe und auf die Erinnerungen einiger unserer Freunde. Adrian hat mir geholfen, all dieses miteinander zu verknüpfen und die Geschichte meines Lebens mit den Löwen und mit Joy zu erzählen.

Wenn ich auch eine Zeit beschreibe, von der Joy und ich bereits erzählt haben, so geschieht das, weil es schwierig wäre zu erklären, was ich in den letzten zwanzig Jahren getan habe, ohne einige meiner vorherigen Erfahrungen zu beschreiben. Auch scheinen sich im Alter von achtzig Jahren einige der damaligen Höhepunkte, Schattenseiten und bedeutsame Einzelheiten verändert zu haben. Ich meine zudem, daß der Lauf der Jahre mich berechtigt, Dinge auszusprechen, die früher nicht hätten gesagt werden können.

Ich bin Georgina Edmonds zu großem Dank verpflichtet. Sie hat mir geholfen, meine Unterlagen in Kora zu sichten, hat viele Stunden lang Kassetten übertragen und die endgültige Fassung dieses Manuskriptes getippt.

3. Februar 1986 — George Adamson
Kora

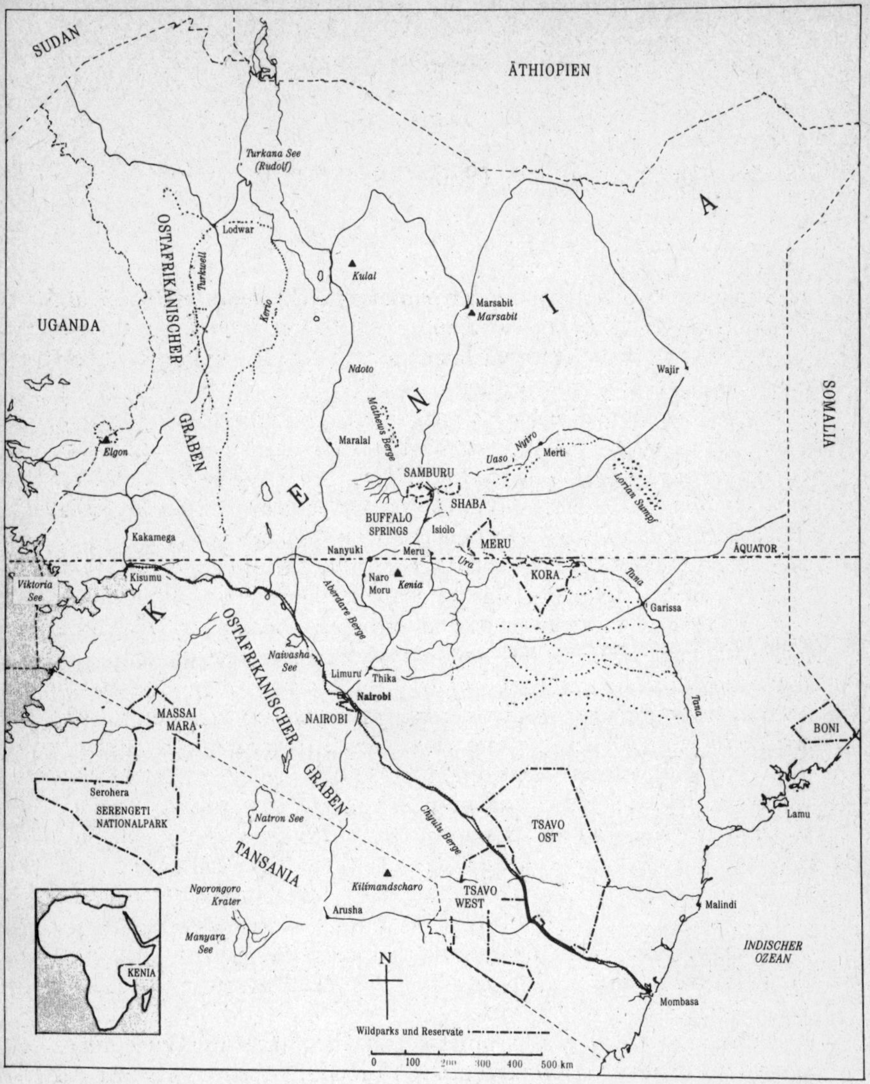

KENIA
Die wichtigsten Wildparks und Reservate, die in diesem Buch genannt werden.

Kapitel 1

Ein Tag in Kora

1970–1985

Jeden Morgen wache ich unter den enttäuschten Blicken von Bourne und Hollingsworth auf; das Paar Kappengeier starrt vom Zaun unseres Camps herab und hofft zweifellos darauf, daß meine Augen sich eines Tages nicht mehr öffnen werden.

Jeden Tag, während ich meine Shorts anziehe, zum Frühstück gehe oder noch intimeren Geschäften nachgehe, schwebt ein amerikanischer Satellit am Himmel entlang und fotografiert diese entlegene Ecke Kenias am Tana-Fluß. Man sagt, daß die Fotos so deutlich sind, daß Experten unterscheiden können, ob ein Ei oder ein Golfball auf dem Tisch liegt.

Der afrikanische Busch schwindet schnell. Als ich zum ersten Mal nach Kenia kam, bot der graue Busch, der von einer glühenden Sonne in blauem Himmel verbrannt wurde, nur wenige Verheißungen. Doch diese Verheißungen – Einsamkeit, wilde Tiere in einer Vielfalt, die Noah entzückt hätte, und eine Prise Gefahr – wurden stets respektiert. Heute wird man von diesen dreien wohl nur noch die Gefahr antreffen. Es sind nicht nur Geier und Raumschiffe, die unsere Privatsphäre bedrängen. Als wir vor fünfzehn Jahren den Kora-Hügel erreichen wollten, diesen rosafarbenen Felsen, an dessen Fuß wir unser Camp errichteten, mußten wir unseren Weg tagelang durch knorrigen Dornbusch hacken; es dauerte Wochen, ehe wir von hier einen Weg zur nächsten Straße geschaffen hatten und nochmals eine Woche, bis zweiunddreißig Kilometer entfernt ein primitiver Landestreifen fertig war. Heutzutage wage ich aus Angst vor unerwarteten Besuchern nicht, mich zu einer Siesta hinzulegen, obwohl die Temperatur mittags über neununddreißig Grad ist und ich mich nach dem Mittagessen schläfrig fühle.

Müde und enttäuscht, weil sie unterwegs nicht von Elefanten angegriffen und von wütenden Nashörnern gejagt worden sind, sehen Besucher mit Entzücken das Rudel Löwen, das sich in der Dämmerung beim Camp einfindet. Warum nun Elefanten und Nashörner sie nicht beachtet haben, ist ein Teil dieser Geschichte.

Um herauszufinden, welche Löwen zum Camp gekommen sind, gehe ich hinaus, begrüße sie und werfe ihnen etwas Fleisch hin. Wenn ich nicht da bin, heißt mein Mitarbeiter Tony Fitzjohn sie willkommen. Tony ist in den dreißigern, groß, sonnenverbrannt und wurde vor kurzem – allerdings von Japanern – dazu aufgefordert, den Tarzan zu spielen. Er wird von den Löwen wie einer der ihren behandelt. Er ist halb so alt wie ich und hat die anstrengenderen Aufgaben bei der Betreuung der wilden Löwen übernommen.

Mein jüngerer Bruder Terence, jetzt Ende siebzig, teilt unseren dürftigen Käfig mit uns. Als erfahrener Ingenieur eigener Schule baut und erhält er unsere Hütten, unseren Zaun, unsere Landepiste und unsere Straßen. Als begabter Amateur-Botaniker kennt er jeden Baum, Strauch und jede Pflanze im Umkreis von hundertsechzig Kilometern, und zwar mit ihren englischen, lateinischen und ihrem Suahelinamen. Doch obwohl er auf seiten der Tiere steht, hat er einen unerklärlichen Makel – er zieht Elefanten den Löwen vor.

Der andere langjährige menschliche Mitbewohner ist Hamisi, ein grauhaariger Somali, der uns täglich mit drei guten Mahlzeiten versorgt, die er aus fast allen oder praktisch gar keinen Zutaten herstellt. Wie auch Terence, scheint er meine Schwäche für Löwen mit melancholischer Nachsicht zu dulden.

Wir vier haben jedoch ein gemeinsames Merkmal: jeder von uns ist von einem Löwen oder Krokodil angefallen worden und trägt die Narben auf der Haut. Terences Narben, glaube ich, gehen tiefer. Einige der anderen Mitbewohner sind zwar zweibeinig, aber gefiedert; die Mehrheit hat vier, sechs oder acht Beine, die unliebsamsten haben hundert, tausend – oder gar keine. Maschendraht ist wirksam, um Löwen fernzuhalten, ist jedoch kein Hindernis für Perlhühner, die darauf aus sind, unsere Hirse zu erwischen oder für die Helmhornvögel, die unsere Nüsse fordern oder stehlen. Baumratten benutzen die Bäume als Brücke ins Camp. Mungos und Zibetkatzen klettern mühelos über den Zaun, während emsige Erdhörnchen Tunnel darunterher graben. Moskitos, Hornissen und Ameisen, große schwarze Skorpione, fleischfressende Tausendfüßler und giftige Schlangen – Baumschlangen, Puffottern und Kobras – schlüpfen mit größter Leichtigkeit durch die Maschen. Und sie alle scheinen unsere Gegenwart unwiderstehlich zu finden – wir freunden uns mit den angenehmen an und arrangieren uns mit den anderen. Doch unser Leben dreht sich um die Löwen.

Seit ich 1956 eine angreifende Löwin erschossen habe und ihre drei winzigen Jungen meiner Frau Joy mitbrachte, habe ich immer mit Löwen zusammengelebt. Wir behielten eines der Jungen, das Joy Elsa nannte, und als sie größer wurde, bereiteten wir sie auf die Rückkehr in die Wildnis

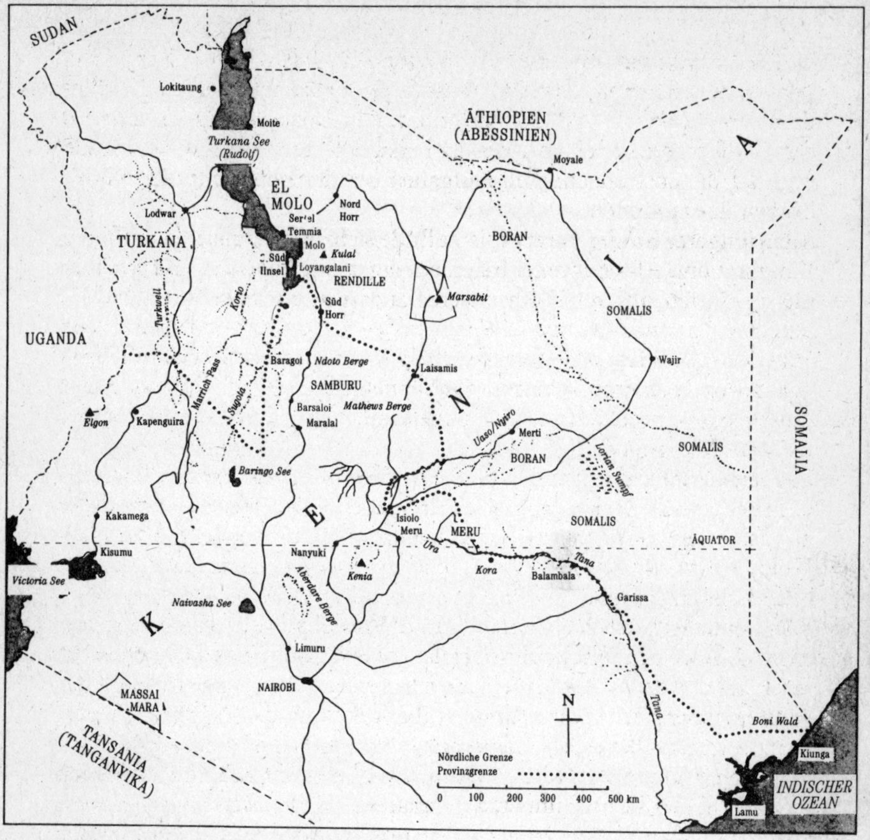

NÖRDLICHE GRENZPROVINZ
Früher nördlicher Grenzdistrikt und Turkana. Die Hauptstämme, die in Kapitel 2 und 4 genannt werden.

vor. Sie wurde weltberühmt, als Joy ihre Geschichte in dem Buch »Frei geboren« erzählte. Nach Elsa führte jeder Löwe – und später jede Löwenfamilie – zu noch mehr Löwen. Im Laufe der Jahre habe ich dreiundzwanzig junge Löwen, die sonst zu einem Leben hinter Gittern verdammt gewesen wären, in die Wildnis entlassen. Sie paarten sich mit Löwen aus dem Busch und brachten meines Wissens fünfzig Junge zur Welt und vielleicht noch einmal soviel, von denen ich nichts weiß. Nach Löwenart teilt sich ein Rudel in Gruppen auf und zerstreut sich, wenn es zu groß wird. Zu einem Zeitpunkt hatten wir sechzehn Löwen um Kora herum.

Für Tiere zu leben bedeutet, daß wir wie Tiere leben müssen, oder wenigstens so wie unsere frühesten Vorfahren. Unsere Uhr ist die Sonne, unsere Unterkunft primitiv, unsere Nahrung einfach, und unser Wasser kommt aus dem Tana-Fluß, der fünf Kilometer entfernt dahinfließt. Unsere Augen und Ohren müssen Dinge und Geräusche erkennen, die den meisten anderen entgehen würden. Ich habe vierzig Jahre lang keine Morgenzeitung zur Hand genommen: die Nachrichten, die ich brauche, sind in den Sand gedruckt.

Löwen sind Nachttiere, und die meisten ihrer wichtigen Unternehmungen finden statt, während ich schlafe. Wenn ich wissen will, was geschehen ist, muß ich im Morgengrauen hinausgehen und die Hinweise in Staub und Gras untersuchen, auf dem Sand, den Felsen oder den Büschen. Wenn ich zu spät komme, hat die Sonne, der Wind oder der Regen die Spuren zerstört. Erst als Jäger und dann fünfundzwanzig Jahre lang bei der Wildschutzbehörde hing mein Lebensunterhalt, ja mitunter gar mein Leben, davon ab, daß ich Spuren zu interpretieren und richtig zu deuten verstand. Während Elsa sich an ihre Freiheit gewöhnte, mußte ich ihre Fährte so mühelos wie eine Handschrift lesen können. Wenn ich das lernte, konnte ich ihr aus ihren Schwierigkeiten helfen und ihr Werben und ihre Paarung verfolgen.

In Kora müssen Tony und ich uns gleichzeitig viele Arten von Fährten einprägen können. Das ist wichtig, damit man sowohl den Löwen folgen kann als auch beim Rest der Nachrichten im Busch auf dem laufenden ist. Vor zwei Jahren kam Tony zurück und erzählte mir von einer typischen und gewalttätigen Geschichte, die er auf diese Weise gelesen hatte. Eine Familie Somalis hatte ihn angehalten und um Hilfe gebeten, da die Tochter von einem Löwen angefallen worden war. Sie hatten sie über Nacht in ihrem Camp behalten, in ein schmutziges Tuch gewickelt, da sie nicht in das Reservat durften und zunächst zuviel Angst hatten, um Hilfe zu bitten.

Die Dürre war hart gewesen, und jeden Abend tränkten sie ihre Herde an einer Quelle, ein paar Kilometer von unserem Camp entfernt. Tony hatte Angst, daß einer unserer Löwen das Mädchen angegriffen habe, erinnerte sich aber dann daran, einen unbekannten und kränklich wirkenden Löwen in der Nähe der Lugga gesehen zu haben – dem sandigen Bett eines ausgetrockneten Flußlaufes. Er meinte, dieser käme am wahrscheinlichsten als Übeltäter in Frage. Als Tony und ein paar Freunde das Wasserloch erreichten, überprüfte er die Fährte des Löwen, um sicherzugehen, daß es keiner von unseren war und konnte die ganze Geschichte ablesen. Da alle Spuren noch sichtbar waren, mußte der Angriff innerhalb der letzten vierundzwanzig Stunden stattgefunden haben. Doch da es zu keiner Panik unter den Tieren gekommen war und nur ein paar Hufspuren aus der Lugga heraus die Löwenspuren kreuzten, mußte der Löwe zugepackt haben, als die letzten Kühe ihren Durst gestillt hatten. Aufgewühlter Staub und etwas Blut zeigten, wo das Mädchen von dem Löwen angefallen worden war. Tonys Freunde folgten der Spur des Löwen, der das Mädchen zwischen seinen Beinen über den Sand an den Rand der Lugga gezerrt hatte. Endlich, wo das Unterholz begann, stießen sie auf einen größeren Blutfleck, von Steinen umringt, und eine Menge Abdrücke, die ihre eigene Geschichte erzählten. Sie suchten die Gegend ab und fanden den Platz, wo der Löwe – seiner Beute beraubt – sich versteckt hatte.

Tony und seine Freunde reinigten die Wunden des Mädchens und übergaben es der Anti-Wilderer-Einheit der Wildschutzbehörde, die es ins Krankenhaus brachte. Die Familie des Mädchens beschrieb dann, wie sie plötzlich Hilferufe gehört hatten. Als sie das Mädchen in den Fängen des Löwen sahen, umkreisten sie ihn und bombardierten ihn mit Steinen, bis er floh. Ihr Mut und ihre Geistesgegenwart retteten ihr Leben, denn das Mädchen erholte sich rasch.

Ich kann nicht versuchen zu erklären, warum ich Löwen soviel Zeit meines Lebens gewidmet habe, ohne zu versuchen, die Tiefe und Vielfalt ihrer Persönlichkeiten zu vermitteln. Sie sind so deutlich verschieden voneinander wie Menschen. Und wie Menschen können sie eindrucksvoll, schön, neugierig, häßlich oder einfach aussehen. Wie bei uns Menschen gibt es die Großen und die Kleinen, die Starken und die Schwachen. Sie sind Geschöpfe voll Charakter und Stimmungen; sie sind nicht nur gesellig, sondern auch liebevoll oder scheu, zart oder rauh, freundlich oder feindselig, großzügig oder besitzergreifend, übermütig oder grimmig, impulsiv oder zurückhaltend, ruhig oder kühl. Während die einen arrogant, nervös, introvertiert und eklig sind, sind andere verspielt, vertrauensvoll, extrovertiert und vergnügt. Die meisten sind intelligent und neugierig; die besten unter ihnen sind abenteuerlustig, treu und tapfer. Und alle sind sie von der Natur zum Töten erdacht und perfektioniert worden.

Ich weiß, daß ich durch den Gebrauch solcher Ausdrücke Gefahr laufe, es mit einigen Wissenschaftlern zu verderben, doch ich finde keinen anderen passenden. Ich weiß nicht genau, wo die Grenze zwischen »Instinkt« und »bedingtem Reflex« einerseits und »Erfahrung« und »intelligenter Entscheidung« andererseits verläuft. Aber ich weiß, daß Löwen manchmal die Grenze überschreiten in ein Gebiet, das nach Meinung der Philosophen normalerweise dem Menschen vorbehalten ist. Von meiner frühesten Zeit in Kenia an war ich fasziniert von dem Verhalten der Löwen und Elefanten aufgrund dieser besonderen Dimension in ihrem Leben. Doch wußte ich nicht, wie mächtig dieser Zug werden konnte, bis wir Elsa freiließen und ich merkte, daß sie unsere Liebe nicht nur erwiderte, sondern unsere Freundschaft aufrechterhalten konnte, ohne die Bande zu ihrem Partner und ihren Jungen zu zerstören.

Nachdem er Kenia besucht und Elsa und ihre Jungen in unserem Camp beobachtet hatte, war Sir Julian Huxley, einer der bedeutendsten Biologen seiner Generation, so beeindruckt von ihrer Fähigkeit, diese beiden Welten miteinander zu verbinden, daß er den Wissenschaftlern empfahl, die Auswirkungen ihres Verhaltens für das zukünftige Verständnis von Tieren zu studieren. Sir Frank Fraser Darling, auch ein hervorragender Naturkundler, war der Meinung, daß wir die Tierwelt in manchen Aspekten nur verstehen können, wenn wir auf ein menschliches Vokabular zurückgreifen. Was Elsa tat und wie man es am besten erklärten konnte, war beides von Interesse für die Wissenschaft.

»Unschuldige Killer« war der Ausdruck, den Jane Goodall, die für ihre Schimpansen-Studien berühmt ist, und ihr Mann, Hugo von Lawick, der bekannte Tierfotograf, prägten. Als Buchtitel wandten sie den Ausdruck für die Hyänen, Schakale und Wilden Hunde der Serengeti an. Ich habe erlebt, wie eine Ziegenherde von sechzehn Stück übermütig von einer Gruppe Löwenjungen getötet wurde und bin daher nicht sicher, daß ihr Tun immer das Adjektiv »unschuldig« verdient, aber es ist nie so schuldbeladen wie das des Menschen, dessen Zerstörungen in Kenia und Eingreifen in das Gleichgewicht der Natur unbarmherzig und nicht wieder gutzumachen ist. Mit seinen sich ständig vergrößernden Herden zerstört der Hirte den Busch. Mit der Verlockung von reicher Beute streift der

Wilderer durch das Land – das letzte Nashorn als Dolchgriff, blutiges Elfenbein von den schwindenden Elefantenherden, die seidigen Decken von Gazellen und die noch schöneren Felle der Katzen. Während er die Wildnis vernichtet, und damit die Hoffnung auf Frieden und Wildreichtum, hinterläßt der Mensch das Versprechen von Gefahr. Er hat zehn meiner Löwen getötet, und meine Frau ermordet.

Nur wenige Paare hatten ein reicheres Leben miteinander im Busch, als Joy und ich. Nachdem wir 1944 geheiratet hatten, lebten wir in Isiolo an der Grenze zu Kenias nördlichen Provinzen. Von den nächsten zwanzig Jahren verbrachten wir die meiste Zeit auf Safari, auf den Ebenen, in den Wüsten und im Wald, hinauf zu den Seen und Bergen und hinunter zu den Korallenriffs des Ozeans. Oft reisten wir zusammen, manchmal getrennt. Mein Leben war das eines Wildhüters, der menschenfressende Löwen, die Landwirtschaft bedrohende Elefanten und Wilderer überwachen mußte. Joys Leben war das einer Künstlerin, die die Bilder von Blumen und Volksstämmen malte, die jetzt im Nationalmuseum und im Palast des Präsidenten in Nairobi hängen.

Gegen Ende dieser Zeit trat Elsa in unser Leben und nicht lange danach gab ich meine Stellung auf, gerade rechtzeitig, um beim Abrichten der Löwen für den Film »Frei geboren« zu helfen. Als die Dreharbeiten vorüber waren, waren Joy und ich, zusammen mit Virginia McKenna und ihrem Mann Bill Travers, die in dem Film unsere Rollen spielten, fest entschlossen, wenigstens einige der Löwen vor der Verschiffung in Safari Parks und Zoos in Europa zu bewahren.

Joy und ich verbrachten daher die nächsten fünf Jahre im Meru Park, wo ich ein kleines Rudel aus dem Film in die Wildnis entließ, angeführt von einem prächtigen Löwen namens Boy. Nur wenige Kilometer entfernt bereitete Joy einen zahmen Geparden mit Namen »Pippa« auf ein freies Leben im Busch vor. Als diese Zeit vorüber war, brachten Bill Travers und ich einen Löwen aus London, Christian genannt, nach Kora. Wieder war es unsere Absicht, einem Löwen die Freiheit zu schenken. Ich hoffte, Joy würde zu mir kommen und einige Leoparden aufnehmen, doch sie fand das Klima zu heiß und das Camp zu entlegen für den Rest ihrer Arbeit – Bücher schreiben und Gelder für wilde Tiere in der ganzen Welt zu sammeln. Als sie einen Leoparden aufnahm, brachte sie ihn nach Shaba, ganz in der Nähe unseres ersten Heims im Norden – und dort wurde sie getötet.

Im Laufe der Jahre besuchte Joy uns öfter in Kora. Meine tägliche Routine hatte das Ziel, unsere Erfahrungen mit Elsa und dem in Meru freigelassenen Rudel in die Praxis umzusetzen.
Der Tag beginnt, wenn die Raben uns pünktlich wie ein Wecker im Morgengrauen mit ihrem heiseren Krächzen wecken. In den nächsten zwanzig Minuten steigert sich das Spektakel zu einem Crescendo, während sie um Hamisi herumflattern und versuchen, ihm die Eier zu stehlen. Meist wehrt er sie mit ein paar Keksen ab.
Da mein Campbett neben den beiden Löwenkäfigen am Ende des Camps steht, wache ich manchmal auf und sehe auf der anderen Seite des Zaunes ein paar Löwenjunge nur wenige Zentimeter von meiner Nase entfernt liegen. Indem sie neben mir schlafen, lernen sie, daß menschliche Wesen nicht unbedingt Gefahr bedeuten. Zwei junge Löwen, Suleiman und Sheba, die uns von einem befreundeten Farmer namens Ken Clarke geschickt worden waren, mußte ich etliche Wochen im Käfig behalten, ehe sie sich beruhigten; Suleiman war von der Kugel gestreift worden, die seine Mutter getötet hatte. Sie waren mehr als ein Jahr alt, und ihre Mutter war abgeschossen worden, weil sie immer wieder Rinder riß. Ich nahm sie auf, weil ich den Gedanken nicht ertragen konnte, daß sie in einem Zoo landen würden. Sobald die Löwen sich eingelebt haben, gehe ich gleich nach dem Aufwachen mit einem Eimer Wasser oder einem Stückchen Fleisch zu ihnen hinein. Wenn sie ihre Köpfe gegen meine Knie reiben, ist die erste Schlacht um ihr Vertrauen gewonnen.
Nach einer schnellen Tasse Tee mache ich mich fertig, um mit den Löwen zum Fluß zu gehen. Hamisi unterbricht den Abwasch und gibt meinem Spurenleser eine Thermosflasche und eine Schachtel Kekse. Tony sorgt dafür, daß der Fahrer den Anhänger am Landrover befestigt und Wasser holt. Terence erteilt der Straßenbaugruppe Anweisungen für den Tagesablauf.
Die Perlhühner und Helmhornvögel machen schrecklichen Lärm, wenn sie die letzten Krumen von Terences Corn Flakes verputzen. Die meisten Löwen verbringen die Nacht außerhalb des Camps und es ist faszinierend zu sehen, wie Neuankömmlinge auf die ungewohnte Freiheit reagieren. Meist haben sie das Rudel sorgfältig durch den Zaun beobachtet und beurteilt: Sobald sie draußen sind, nähern sie sich den älteren Löwen mit scheuer Begrüßung wie Hunde es tun.
Bis jetzt ist noch keiner von ihnen ausgerissen. Dennoch ist diese erste Begegnung mit dem Rest des Rudels eine kritische Nervenprobe. Je jünger die kleinen Löwen sind, desto eher werden sie meist akzeptiert. Normalerweise gehen sie auf den herrschenden männlichen Löwen zu und

finden dann ihren Weg durch die Hierarchie abwärts. Je wärmer die Gefühle zwischen zwei Löwen sind, desto liebevoller reiben sie die Köpfe gegeneinander und an den Flanken des anderen entlang. Diese Art der Berührung ist offenbar von großer Wichtigkeit. Suleiman und Sheba wurden mit weit mehr Mißtrauen als andere Neuzugänge begrüßt – teils, weil sie mindestens ein Jahr alt waren und teils, weil das Rudel bereits mehr als ein Dutzend Löwen zählte und sich allmählich auflöste. Immerhin wurden sie auf gelegentlichen Spaziergängen geduldet.

Sobald das Rudel aufbricht, sind alle Sinne auf die umgebende Wildnis ausgerichtet. Löwen haben ein ausgezeichnetes Talent, Bewegungen zu bemerken und suchen instinktiv den höchsten Punkt für den besten Überblick aus: meine Löwen haben immer vom Dach meiner Landrover aus geherrscht. Sie sind Nachttiere, und ihr Sehvermögen in der Dunkelheit ist ausgezeichnet.

Als ich nach Kora kam, wurde mir noch deutlicher, wie wichtig Geruch für Löwen ist. In diesem dichten Busch, wo die Sichtweite oft nur fünfzehn Meter oder weniger beträgt, habe ich sie auf eine Giraffe anschleichen sehen, die hundertfünfzig oder hundertachtzig Meter entfernt graste. Sie haben auch ein anderes und zweifellos instinktives Verständnis für Gerüche. Wenn sie auf einen großen Haufen Elefantenkot stoßen oder auf die kleinen Kothäufchen einer Dikdik-Antilopenfamilie, so wälzen sie sich gern darin. Ich nehme an, dies geschieht, um den eigenen Geruch zu überdecken, der für die menschliche Nase ähnlich wie der von honiggetränktem Tabak ist, denn sie wälzen sich niemals im Kot von Löwen, Hyänen oder Schakalen.

Löwen haben ein sehr gutes Gehör. Ich habe erlebt, daß sie ein Geräusch wahrnehmen, das zwölf Kilometer entfernt war und somit längst jenseits der menschlichen Wahrnehmungsfähigkeit. Ihre Stimme spielt ebenfalls eine wichtige Rolle in ihrem sozialen Leben und sie scheinen sehr wohl zu wissen, daß ein Felsen oder eine Klippe ihr lautes, besitzergreifendes Brüllen verstärken kann. Sie haben ein ganzes Repertoire weiterer Laute – Schnaufen und Schnauben, Miauen und Schnurren, Stöhnen, Heulen, Grunzen und Knurren.

Obwohl ihre Grundnahrung davon abhängt, welches Wild es in der jeweiligen Gegend gibt, haben sie deutlich ausgeprägte Vorlieben. Sie lieben Zebrafleisch ebenso wie sie Pavianfleisch verachten, wenn sie nicht gerade Hunger leiden. Wie Hunde haben sie gelegentlich das Verlangen, Gras zu fressen. Einmal hatte ich vergiftetes Fleisch ausgelegt, um einige Hyänen loszuwerden und mußte zu meinem Entsetzen sehen, daß Löwen es gefressen hatten. Ich folgte ihren Spuren und kam zu einer Stelle, wo ein Löwe erbrochen hatte. In dem Erbrochenen fand ich einige Beeren des Strauches »Cordia gharaf«. Sie haben einen bitteren Geschmack, und ich bin sicher, daß sie als Brechmittel gefressen worden waren.

Während das Brüllen die offensichtliche Methode ist, Gebietsansprüche auszudrücken, hat das Rudel auf unseren Spaziergängen noch eine andere Art – markieren. Junge Löwen tänzeln dabei, weibliche Tiere hocken sich hin und die erwachsenen männlichen Löwen schießen rückwärts einen wohlgezielten Strahl ab, der durch eine anale Drüse seinen Geruch erhält. Auf diese Art und Weise tauschen die wilden Löwen und meine ständig Herausforderungen, Informationen und Beleidigungen aus.

Das Hauptziel unserer Spaziergänge ist Spiel und Spaß, doch manchmal bekommen wir Ärger. Wenn die jungen Löwen versuchen, einen der seltenen Büffel anzugreifen, steht ihnen ein Schock bevor; doch es ist äußerst wichtig für sie, im Busch völlig heimisch zu sein und das verschiedene Wild einschätzen zu können. Ich kann ihnen das Jagen nicht beibringen, so wenig wie ihre Mütter oder die anderen älteren Tiere das können. Löwen werden mit der instinktiven Fähigkeit geboren, sich anzuschleichen und zu töten – das habe ich immer wieder bewiesen gesehen – doch nur Erfahrung kann diese Geschicklichkeit perfektionieren, und Erfahrung ist es, die ich bieten kann.

Während wir gehen, spreche ich zu den Löwen. Sie müssen meine Stimme so gut kennen, daß sie automatisch Untertöne von Ermutigung, Zustimmung, Beruhigung, Vorsicht, Befehl und Vorwurf heraushören. Es wäre ein Unding, um nicht zu sagen verhängnisvoll, wenn man versucht, sie zu beherrschen wie man Hunde trainiert. Sie wissen sehr wohl, wann man ärgerlich ist und reagieren oft auf ein lautes »Nein«, und sie werden den Menschen respektieren, der nicht nachgibt, sondern auf sie zugeht – wohingegen Rückzug gefährlich ist. Worauf es ankommt, ist, daß sie eine Stimme und eine Autorität anerkennen. Dennoch kann man sich nie ganz auf sie verlassen. Wenn es regnet und die Temperatur fällt, können sie gefährlich übermütig werden. Wenn ich beim Verlassen des Camps ein Gewehr oder einen Revolver bei mir trage, dann nicht nur als Schutz gegen reizbare Nashörner.

Wenn wir beim Fluß ankommen, bin ich bereit für ein kühles Glas Gin aus der Thermosflasche, und weil die Sonne jetzt schon warm wird, sind die Löwen ganz zufrieden, sich in den Sand fallen zu lassen oder im flachen Wasser herumzutoben. Löwen gehören zu den faulsten Tieren der Erde und verbringen gern den größten Teil des Tages dösend. Wenn sie jedoch hungrig sind, springen sie bei jeder Gelegenheit auf Beute hoch, und wenn es noch so heiß ist. Unten am Tanafluß ist es unglaublich schön. Dort, wo wir hingehen, ist er mehr als neunzig Meter breit, wenn man den Fluß, die Nebenbecken, die seichten Stellen, die Felsen und den Sand mitrechnet. Die Palmen und Akazien, die hier viel größer sind als die in der Gegend des Camps, bieten Schatten. Terence hat alle Pflanzen bestimmt – die tödliche Datura oder Mondblume mit ihren hübschen weißen Trompetenblüten, die süß duftende Henna und die Salvadora mit ihren roten Beeren, die die Vögel so mögen.

Das Wild zieht sich zurück, wenn sich die Löwen nähern, doch die Paviane schwatzen und bellen am anderen Ufer, während die Flußpferde sich grunzend im erdigroten Wasser wälzen. Nahe am Wasser ist es schwer zu sagen, ob das dunkle, rissige Etwas, das mit der Flut dahingleitet, ein Baumstamm ist oder ein Krokodil. Die Vögel scheinen keine Angst vor den Löwen zu haben, und wenn ich mich ruhig verhalte, läßt sich eine Anzahl Stelzvögel am Wasser nieder – stille Kuhreiher und schreiende blauschwarze Hagedasch-Ibisse, gesprenkelte ägyptische Nilgänse und der prächtige fleischfressende Goliath-Reiher, große gelbschwänzige Störche und die großen Marabus, die ihre bösen Schnäbel gegen die fleischfarbenen Beutel auf ihre Brust pressen.

Obwohl es so friedlich ist und ich von der Sonne durchwärmt und von dem Inhalt meiner Thermosflasche gekühlt bin, bin ich immer ein wenig unruhig, wenn ich mit den Löwen hier bin. Wenn es geregnet hat machen sie großes Theater, wenn sie durch eine Pfütze waten müssen, doch wenn etwas auf der anderen Seite des Flusses ihr Interesse weckt, werfen sie sich einfach in den Fluß und schwimmen hinüber, trotz der starken Strömung. Meine Sorge rührt daher, daß Krokodile mindestens einen meiner Löwen ertränkt haben und möglicherweise auch mehr.

Meist gehe ich mit den jüngeren Löwen zum Mittagessen zurück ins Camp; während der ersten paar Wochen folgen sie gewöhnlich meinem Ruf wie ein Hund. Die älteren lasse ich beim Fluß oder auf dem Kora-Felsen, an dem wir vorbeikommen. Wahrscheinlich werden sie noch dort sein, wenn ich abends hinuntergehe – oder sie kommen schnell, wenn ich sie mit einem Megaphon rufe. Auf den Felsen habe ich manch gefährlichen Moment erlebt. Früh an einem Morgen im Jahre 1977 ließ ich Suleiman und Sheba aus ihrem Käfig, damit sie den Tag im Busch verbringen sollten, während ich zum Felsen fuhr, um eine Löwin mit Jungen zu suchen. Ich kletterte zu einigen Klippen, bei denen ich ihr Lager vermutete, sah jedoch keine Spur von ihnen. Als ich herabstieg, tauchten Suleiman und Sheba auf.

Sie waren zum Spielen aufgelegt, und während ich Sheba abwehrte, die mich von vorn anfiel, sprang Suleiman auf meinen Rücken, packte mich im Nacken und warf mich auf dem steilen Hang nieder. Ich versuchte ihn abzuschütteln, indem ich über meine Schulter mit einem Stock nach ihm schlug. Das machte ihn ärgerlich und er fing an zu knurren, wobei er seine Zähne tiefer in meinen Nacken senkte. Es war kein Spiel mehr. Zum Glück hatte ich meinen Revolver bei mir, denn die Suche nach der Löwin mit ihren Jungen hätte mich in den Felsen ohne weiteres auf eine Kobra oder einen Leoparden stoßen lassen können. Ich zog die Waffe in der Absicht, einen Schuß über Suleimans Kopf abzugeben, um ihn abzuschrecken. Als ich den Abzug drückte, gab es nur ein dumpfes Klicken. Das passierte noch einmal und mit eisigem Schrecken merkte ich, daß ich wahrscheinlich vergessen hatte, den Revolver zu laden. Meine Hand war nicht mehr ruhig, als ich die Waffe öffnete, um meine Chancen zu errechnen. Doch es war eine Patrone in jeder Kammer, und da Suleiman noch immer seine Zähne in meinem Nacken hatte – ich konnte das Blut über meine Schultern und den Schweiß von meiner Stirn tropfen fühlen –, beschloß ich, es noch einmal zu versuchen. Diesmal gelang es mir, zwei Schüsse in die Luft abzugeben. Sie hatten nicht die geringste Wirkung. Suleiman biß fester zu. Aus reiner Verzweiflung richtete ich die Waffe nach hinten über meine Schulter und feuerte direkt auf ihn. Er ließ sofort los und setzte sich mit erschrecktem Gesicht etwa sechs Meter entfernt zu Sheba, die beim Klang der ersten beiden Schüsse fortgesprungen war. Ich konnte Blut auf seiner Schnauze und noch mehr an seinem Hals sehen.
Ich selbst blutete heftig und überlegte, was zum Teufel als nächstes zu tun sei. Tony Fitzjohn war in Nairobi. Terence war unterwegs auf Safari, und unser Funkgerät funktionierte nicht. Ich konzentrierte mich daher darauf, hinunter zum Auto und zurück zum Camp zu gelangen, wo ich wenigstens Desinfektionsmittel und Verbandmaterial hatte. Als ich endlich den Landrover ins Camp fuhr, fühlte ich mich sehr geschwächt. Zu meiner Überraschung öffnete Terence das Tor, als er das Auto hörte. Er war nur ein paar Minuten vor mir eingetroffen. Er half mir, die Bisse zu reinigen und machte sich dann auf den 130-Kilometer-Weg zum nächsten Sanitätsposten, der in ständigem Kontakt mit Nairobi stand. Ich schlief nicht viel in jener Nacht und machte mir Sorgen um Suleiman, denn ich hatte keine Ahnung, wie schlimm ich ihn verletzt hatte. Als Sheba am Abend ohne ihn erschienen war, befürchtete ich das Schlimmste. Zu meiner großen Erleichterung tauchte Suleiman am nächsten Morgen auf. Die Pistolenkugel war oben über seine Schulter geglitten

und steckte unter der Haut fest. Es schien ihm nichts auszumachen, und er war freundlich wie immer. Meine eigenen Verletzungen hätten auch schlimmer sein können. Der »Fliegende Arzt« brachte mich ins Krankenhaus nach Nairobi, und weil die Wunden sich nicht entzündeten, war ich nach einer Woche wieder draußen.

Nur wenige unserer Morgenspaziergänge endeten so ereignisreich wie dieser, und wenn wir mittags zum Camp zurückkehren, ist es hier nach dem Betrieb beim Frühstück still geworden. Die Temperatur liegt jetzt bei neununddreißig Grad. Die Löwen liegen flach ausgestreckt unter den Bäumen. Auch all die anderen Tiere, die Schlangen, die Vögel und sogar die Insekten, sind still und reglos, jedes an seinem eigenen schattigen Plätzchen. Unser Mittagessen verläuft wie ein Film im Zeitlupentempo, fast ohne Ton. Es ist eine Anstrengung zu essen, zu trinken, an der Pfeife zu ziehen. Terence und ich dösen in unseren Stühlen. Trockene Blätter zerbersten in der brennenden Hitze der Sonne wie winzige Pistolenschüsse.

Ich weiß genau: Wenn ich mich dem Schlaf überlasse, sobald ich auf meinem Bett liege, werde ich das anhaltende und näherkommende Geräusch eines kleinen Flugzeuges hören, das das Camp ansteuert. Kürzlich errechnete ich aus meinem Gästebuch, daß im letzten Jahr zweihundertsiebenundneunzig Besucher ihren Weg nach Kora gefunden hatten. Und während Freunde Neuigkeiten und eigene Meinungen bringen, stellen Fremde meist Fragen. Ich versuche mein Bestes, sie zu beantworten.

»Ja, nach ihren ersten paar Wochen hier können die Löwen völlig frei kommen und gehen – wenn sie nicht gerade verletzt oder krank sind; dann bringe ich sie ins Camp, damit ich mich um sie kümmern kann.«

»Tut mir leid, aber ich kann nur dann Leute zu Fuß mitnehmen, wenn ich weiß, daß die Löwen weit genug vom Camp entfernt sind.«

»Das stimmt leider. Einer der Löwen hat hier einen Mann getötet; aber das ist lange her.«

»Nun, die Gefahr besteht eigentlich hauptsächlich für Tony und mich, denn wir verbringen soviel Zeit mit den Löwen wie niemand sonst.«

»Nein. Seltsamerweise ist die Gefahr ein Teil der Anziehungskraft – das gilt vermutlich auch für Rennfahrer oder für Leute, die allein um die Welt segeln.«

»Tatsächlich bezahlt uns niemand. Wir müssen Geld sammeln, damit wir so gut es geht weitermachen können.«

»Warum ich es tue?« Das ist die schwierigste aller Fragen.

»Nun, ich würde sagen, um den Löwen die Chance zu einem anständigen Leben zu geben. Ein Löwe ist kein Löwe, wenn seine Freiheit darin besteht, zu fressen, zu schlafen und sich zu paaren. Er hat es verdient, frei zum Jagen und in der Wahl seiner Beute zu sein, seinen eigenen Partner zu suchen und zu finden, sein Territorium zu erkämpfen und zu verteidigen, und dort zu sterben, wo er geboren ist – in der Wildnis. Er sollte die gleichen Rechte haben wie wir.«

Es sind ernsthafte Fragen und ich kann nicht in Kora bleiben, wenn die Leute nicht weiterhin an meiner Arbeit interessiert sind. Der »Tana River Council« hat dieses Reservat nur geschaffen – und die Regierung unterstützt es nur aus dem gleichen Grunde –, weil es ständig Interesse und Aufmerksamkeit für die einzigartige Natur dieses Landes erweckt. Je länger ich von meiner Siesta abgehalten werde, um so besser für uns alle hier.

Nachmittags fahren wir entweder Besucher hinunter zum Fluß, um die Löwen anzuschauen, oder Tony und ich fahren allein los. Der späte Nachmittag ist die beste Tageszeit, um nach einer Löwin mit Jungen zu suchen, denn es ist anstrengend, in den heißen Felsen herumzuklettern, und ich bin dankbar für die Kühle des Nachmittages. Als ich mich von Suleimans »Aufmerksamkeiten« erholt hatte, gehörte es zu den Nachmittagsaufgaben, ihn und seine Schwester Sheba zu besuchen. Als sie zu uns kamen, mochten zwei der drei ausgewachsenen Löwinnen – jede mit etlichen eigenen Jungen – sie nicht und ließen sie nie vollwertige Mitglieder des Rudels werden. Darum brachte ich sie zu einer trockenen Lugga in acht oder neun Kilometer Entfernung und fuhr alle paar Tage hin, um nach ihnen zu schauen.

Eines Morgens, als ich mich ihrem Lieblingsplatz am Fluß näherte, sprang Sheba aus den Büschen hervor. Sie war zerkratzt, zitterte und stöhnte leise und verzweifelt. Sie starrte gebannt in das Unterholz, das oben am Ufer entlang wuchs, und als sie vorsichtig darauf zu schlich, folgte ich ihr ein paar hundert Meter, bis wir eine Lücke erreichten. Das einzige, was ich zunächst sehen konnte, war ein Durcheinander von Pfotenabdrücken im Schlamm und im Sand des Flußbettes. Doch sie lenkten meine Blicke in Richtung auf eine gelbbraune Form, die im Gebüsch unter einer riesigen Akazie lag. Suleiman war tot, gestorben an blutigen und schrecklichen Wunden an seinem Brustkorb. Nach und nach, mit Hilfe der Spuren und niedergedrückter Büsche, setzte ich die Tragödie zusammen. Suleiman und Sheba hatten einen mächtigen Flußpferdbullen überrascht, der nach einer Nacht im Busch zum Wasser zurückkam. Sie hatten ihn angegriffen, was selbstmörderisch war, denn ein Flußpferd wiegt mehr als eine Tonne und ist am gefährlichsten, wenn ihm der Weg zum Wasser abgeschnitten wird. Im nachfolgenden Kampf müssen die Löwen das Flußpferd mit Zähnen und Klauen gepackt haben, bis es Suleiman gegen das dichte Gebüsch drückte. Dort hatte es ihn mit einem einzigen Biß seiner mächtigen Kiefer getötet. Suleiman »starb wie ein Löwe«, und ich glaube, daß Sheba, mit noch größerem Mut, zwei Nächte lang seinen Leichnam bewacht hat. Ich konnte aus ihren Fußabdrücken und den Schleifspuren der Schwänze sehen, wo Krokodile, von Suleimans Blutgeruch angelockt, aus dem Fluß gekommen waren, um den Kadaver zu holen. Doch Sheba ließ sie nicht heran. Hin- und herjagend hatte sie die Krokodile umkreist und schließlich ins Wasser zurückgetrieben.

Ich beerdigte Suleiman nahe der Stelle, an der ich ihn gefunden hatte, etwas oberhalb des Flußlaufes. Sheba saß dabei. Sie weigerte sich, sein Grab zu verlassen, selbst als es dämmrig wurde. Suleiman hatte seine Chance zur Freiheit gehabt, und sie war von kurzer Dauer gewesen. Doch ob zu Recht oder zu Unrecht, Joy und ich waren immer der Meinung, daß ein Leben in einer gefährlichen Umwelt besser für Löwen war als Eisenstangen oder Kugeln – wie auch für uns selbst.

Drei Monate später fuhr ich an diesem Teil des Flusses entlang und dachte an Suleiman, als ich einen vernarbten, hinkenden Flußpferdbullen bemerkte, der sich ins seichte Wasser davonmachte. Am nächsten Tag sah ich ihn am Ufer unter einem schattigen Baum. Er sah ziemlich mitgenommen aus und ich stieg aus, um ihn durch mein Fernglas aus der Nähe zu betrachten. Was als nächstes geschah, war eine völlige Überraschung für mich. Das Flußpferd gab ein mächtiges Grunzen von sich und griff mich an. Ich sprang ins Auto, doch noch ehe ich es starten konnte, krachte das Flußpferd hinein und hob es hoch, bis es fast umkippte. Dann biß es tief in die Kotflügel, ehe es sich wieder in den Schatten zurückzog. Meine Finger kribbelten von dem Schock. Der Rücken des Flußpferdes war von tiefen Krallenspuren durchfurcht; dieses Tier mußte Suleiman getötet haben.

Wenn wir abends ins Camp zurückkehren, kontrollieren Tony und ich, ob auch Wasser im Trog außerhalb des Zaunes ist und bereiten etwas Fleisch für das regelmäßige abendliche Erscheinen des Rudels vor. Ich füttere die Löwen aus mehreren Gründen: damit die Mütter ihre Jungen nicht zu lange allein lassen müssen; damit neue Löwen nicht vom Hungertod bedroht sind, wenn sie keinen Anteil von der Beute im Busch bekommen; und damit die Verbindung des Rudels zu dem Gebiet um das Camp herum gefestigt wird. In der Wildnis töten und fressen Löwen nur alle paar Tage, und ich achte sehr darauf, ihren Drang zum Beutemachen nicht zu zerstören. Das letzte, was ich ihnen beibringen möchte, ist Abhängigkeit. Andererseits sind die Löwen der Grund für mein Hiersein, und je mehr ich über sie und ihre Bedürfnisse weiß, desto nützlicher kann ich im Notfall sein.

Streng genommen gibt es auch keinen Grund, Wasser hinauszustellen, denn der Fluß ist mühelos in Reichweite. Während der schlimmsten Trockenheiten überleben Löwen durch Körperflüssigkeiten ihrer Beute und manchmal habe ich gesehen, wie sie auf Sukkulenten herumkauen, die von Antilopen abgebrochen wurden. Der Wassertrog ist also ein Luxus, den eine Reihe Besucher genießt, darunter auch eine Eulenfamilie, die gern darin badet. Wir befinden uns nur fünf Kilometer südlich des Äquators, und die Nacht bricht jeden Abend schnell herein, so gegen neunzehn Uhr. Hamisi bringt einen Tisch heraus, unsere schäbigen Campingstühle, Flaschen, Gläser und Eiswürfel. Die Löwen erscheinen wie stille, geisterhafte Gestalten aus der Dämmerung und sinken zufrieden zu Boden, gleich außerhalb des Drahtzaunes. Es ist eine verzauberte Stunde; die Sterne werden heller und heller; das Quaken der Frösche und die Rufe der Ziegenmelker ersetzen das Zirpen der Grillen vom Tage.

Eines Abends schrieb ich an meinem Tagebuch – ich habe die meiste Zeit meines Lebens eins geführt –, als zwischen zwei Junglöwen ein Streit ausbrach. Tony und Terence versuchen zu erkennen, welche es waren, als ich die Ohren spitzte.

»Paß auf, George«, zischte Tony mit einem seltsamen Ton in der Stimme, »schau schnell hinter dich.« Ich drehte mich um und starrte direkt in die Augen einer bebenden Löwin. Eine Sekunde lang befürchtete ich das Schlimmste, denn keiner unserer Löwen hatte die Spielregeln verletzt und war ins Camp gelangt. Es handelte sich um eine schöne, scheue Löwin namens Juma, die plötzlich die Kunst beherrschte, sich unter dem Draht durchzuwinden. Es dauerte eine Weile, ehe es Terence gelang, sie zu überlisten, und bis es soweit war, mußte ich sie jedesmal mit einem Leckerbissen Fleisch zu einem der Tore locken, wenn es ihr einfiel, uns bei einem Drink Gesellschaft zu leisten. Es tat mir eigentlich leid, daß sie mit ihrem ersten Wurf Junge beschäftigt war, als Joy zu einem denkwürdigen Weihnachtsfest nach Kora kam und den Schriftsteller Hammond Innes und seine Frau mitbrachte. Innes war in Kenia auf der Suche nach einer neuen Geschichte. Ich dachte, er würde vielleicht Jumas Gesellschaft schätzen und sie sogar in sein Buch aufnehmen. Joy war in Österreich aufgewachsen, und wo immer wir auch im Busch waren, brachte sie es fertig, Heiligabend zu einem leuchtenden Fest zu machen, wie auch diesmal. Es gab Geschenke, Weihnachtsschmuck, Kerzen, einen Kuchen, Champagner und sogar einen glitzernden Weihnachtsbaum. Joy liebte Partys, und dies sollte die letzte sein, die wir gemeinsam gaben.

An einem gewöhnlichen Abend ist Abendessen in Kora eine bescheidene Angelegenheit, wenn auch bedeutend lebhafter als das Mittagessen. Die Vögel, die uns beim Frühstück belästigt haben, sind alle schlafen gegangen, doch die Baumratten und Erdhörnchen fallen ein – fast wörtlich –, um ein paar Krumen und den Kaffeesatz zu ergattern. Die Luft – und unsere Suppe – ist voll mit Schwärmen von Insekten und Käfern, die zu den Lampen wollen. Die Drinks haben unsere Zungen gelöst.

»Unsinn«, sagte Terence eines Abends, »George ist nicht wie ein Löwe – sein Haar ist ein bißchen gelblich, das ist alles; er braucht es nur zu waschen.«

»Aber Terence«, protestierte Tony, »jeder sieht nach einer gewissen Zeit wie seine Tiere aus. Denk an . . .«

»Mit Ionides magst du recht haben«, unterbrach Terence ihn ausnahmsweise, »er hat mehr Schlangen in Afrika gefangen als jeder andere Mensch, Tier oder Vogel, der je gelebt hat. Er hatte Augen und den Schnabel eines Adlers, Klauen auch, wage ich zu behaupten.«

»Und was ist mit Thesiger?« fragte ich, »nach all seinen Reisen in die Wüste meine ich immer, daß Wilfred genau aussieht wie eines seiner Kamele.«

»Komm, gib's zu, Terence«, warf Tony ein, »sogar du, du bist genauso unangenehm und stachelig wie einer deiner verflixten alten Dornbüsche.«

Terence senkte den Kopf vor Mißfallen, und die Narben auf seiner Wange, wo Jumas Enkel ihn erwischt hatten, leuchteten rot im Lampenlicht. Vielleicht war Tony zu weit gegangen.

Meine Gedanken waren abgeglitten zu dem, was Desmond Morris, ein Fachmann für Tiere und Berufsbeobachter von Menschen, von Joy gesagt hatte: Mit ihrem blaßgoldenen Haar, ihrem raubtierhaften Gang und ihren wachsamen Augen glich sie einer Löwin.

Aus irgendeinem Grund scheinen wir nie fähig zu sein, das Abendessen so zu organisieren, daß es nicht mit der abendlichen Funk-Routine zusammenfällt. Normalerweise übernimmt Tony die Gespräche. Ich hasse diese teuflische Maschine, bei der jeder mithören kann, aber Tony kennt da keine Scheu. Er benutzt einen äußerst wirksamen Code von Zweideutigkeiten, um sich mit seinen Freundinnen zu verabreden. Im Laufe einer Woche erhalten wir eine seltsame Mischung von Anrufen. Der Direktor der Wildschutzbehörde ist ernsthaft über Drohungen der Shifta – somalische Banditen von der anderen Flußseite – besorgt und will kommen, um über unsere Sicherheit zu beraten. Eine Fernsehgesellschaft bringt Ali McGraw raus nach Kenia, und ob sie mich wohl bitte – hoch oben in einem Heißluftballon – über die große Wanderung der Gnus interviewen könnte? Bill Travers und Virginia McKenna kommen, um bei der Auswahl von Fotos für mein Buch zu helfen, sie wissen, daß wir verzweifelt auf White Horse Whisky warten, doch wie steht es mit Butter und Mangofrüchten?

Wenn Tony Freunde im Camp hat, höre ich meist ihr Stimmengemurmel, wenn ich einschlafe. Es ist sehr trocken hier – die durchschnittliche Regenmenge beträgt zweihunderfünfzig Millimeter im Jahr, das ist weniger als ein Drittel der gemäßigten Zonen Europas und Amerikas, und der Regen wird fast augenblicklich von der Äquatorsonne verdunstet. In einer Dürre bekommen wir fünfundzwanzig Millimeter – meistens befestige ich mein Moskitonetz an einem Zaunpfahl und schlafe unter freiem Himmel. Neben mir ein geladenes Gewehr und eine Art Schützengraben.

In dem Land auf der anderen Seite des Tana-Flusses grasen die Herden der Somalis, ein harter Volksstamm, dessen Gebiet von der somalischen Küste bis in das Herz Kenias reicht. Auf der jenseitigen Seite des Flusses dürfen sie sich aufhalten, doch während einer Dürre können sie der Versuchung nicht widerstehen, ihr Vieh nach Kora zu treiben. Die Shifta kommen mit ihnen. Der Direktor der Wildschutzbehörde hat allen Grund zur Besorgnis. Wir haben gerade erfahren, daß Ken Clarke, der uns Suleiman und Sheba gebracht hatte, auf seiner Farm Schüsse gehört hatte. Als er hinausging, entdeckte er somalische Wilderer, die gerade die Hörner aus drei toten Nashörnern heraushackten. Als er sie verjagte, lauerten sie ihm auf. Eine Kugel, die seine Gürtelschnalle traf und dort abprallte, drang in sein Herz. Er war sofort tot. Daraufhin wurde ich aufgefordert, Kora zu verlassen. Ich halte diese Maßnahme für zu drastisch und weigere mich, es sei denn, man führt mich in Handschellen ab. Stattdessen verteile ich jeden Abend eine Sammlung von Pistolen und Gewehren an meine kürzlich aufgestellte »Heimwacht« und setze mein Vertrauen in die Schutzlöcher, die wir graben.

Wenn ich meine Augen schließe, vertreiben die Geräusche des Buschs alle Gedanken an Somalis. Ein gewaltiges Brüllen steigt von den Felsen auf dem Hügel auf: Es kann von Jumas jungen Löwen stammen, oder von Christian, der ihre Rechte verteidigt. Ich denke an Boy und an Elsa und erinnere mich an meine ersten Safaris in Kenia und an den ersten Schuß, den ich als Kind in Indien abgegeben habe.

Kapitel 2

Jugend

1906–1938

Das erste Gewehr, mit dem ich schoß, gehörte meiner Mutter. Soviel ich weiß, hat sie selbst nur ein einziges Tier damit erlegt – eine schwarze Antilope. Die kleine Bahnlinie in dem indischen Staat, in dem wir lebten, verlief durch einen Wald, und wann immer mein Vater Wild auf einer Lichtung erblickte, zog er die Bremse und hielt den Zug an. Auf einer dieser Reisen muß meine Mutter ihren Bock erlegt haben.

Sie stammte aus einer jener vielen britischen Familien, deren Leben eng mit Indien verknüpft war. Ihre Mutter hatte die Schrecken und Aufregung der Meuterei von 1859 durchgemacht. Mein Vater Harry dagegen, ein Ire, kam erst nach einer Dienstzeit bei der Königlichen Marine, mit der er ums Kap gesegelt war, nach Indien. Er muß mich mit seinen Erinnerungen angesteckt haben, denn zeitlebens war »Allein um die Welt segeln« von Joshua Slocum mein Lieblingsbuch. Er kam nach Indien, um Indigo anzupflanzen, heiratete meine Mutter Katherine und trat kurz nach 1900 in die Dienste des Rajah von Dholpur. Meine Eltern lebten in Etawah, wo ich 1906 und mein Bruder Terence ein Jahr später geboren wurden. Terence erinnert sich noch, wie wir zum Mangoessen ins Bad gesteckt wurden: Wenn wir fertig waren, drehten wir die Schalen von innen nach außen und rutschten mit herrlichem Geplatsche darauf herum. Ehe die Sommertemperaturen achtundvierzig Grad im Schatten erreichten, wurden wir mit den anderen britischen Familien nach Simla verfrachtet. Mein Vater blieb zu Hause und ertrug die Hitze. Er war ein vielseitiger Mann. Er brachte sich selbst Bau- und Ingenieurswesen bei und erstellte das Eisenbahnnetz in Dholpur; diese Fähigkeiten vererbte er Terence. Später reorganisierte er des Rajahs Armee, und es war einer seiner Feldwebel, der uns beibrachte, mit dem Gewehr meiner Mutter zu schießen.

Manchmal durfte ich zur Wildschweinjagd mitgehen, doch mein Traum war es, einen Bären zu erlegen, obwohl mir das nie gelingen sollte. Was immer aus ihnen wird, wenn sie erwachsen sind: Die meisten kleinen Jungen sind blutrünstig. In unserer Schule in England und während der Ferien in Schottland träumten Terence und ich von der Großwildjagd.

Heute, wo ich der Meinung bin, daß die größeren der gesellig lebenden Tiere dem Menschen näherstehen als normalerweise zugegeben wird, bin ich auch der Meinung, daß sie moralische Rechte haben, die denen des Menschen ähnlich sind. Folglich sind Menschen in ihren genetischen Impulsen und ihrem sozialen Verhalten Tieren viel ähnlicher als sie wahrhaben wollen. Manchmal betrachte ich mein eigenes Wesen in diesem Lichte.

Der soziale Trieb der Römer glich dem der Safari-Ameisen. Ihre Armeen eilten in disziplinierten Reihen durchs Land und rissen alles an sich – erst in die eine Richtung, dann in eine andere. Jahrhunderte später gab es bei den Engländern, Schotten und Iren einen Wesenszug, der mehr den Ameisen während ihres geflügelten Stadiums glich. Ruhelose, unternehmungslustige Wesen folgten einem Impuls und reisten in die Ferne, wo sie Handelsposten und später Kolonien errichteten, wo sie hauptsächlich von ihrer eigenen Initiative und Erfindungskraft abhängig waren. Das war auch meine Herkunft, und als mein Vater sich aus Indien zurückzog, fuhr er nicht nach Irland, sondern nach Südafrika, wo ich zu ihm stoßen sollte.

Im Alter von achtzehn Jahren bestieg ich also ein Schiff nach Kapstadt, und als es dort anlegte, fand ich ein Telegramm meines Vaters vor. Sein Schiff hatte in Mombasa, in Kenia, angelegt und das Land gefiel ihm so gut, daß er zu bleiben beschloß: Würde ich bitte auch kommen? Als ich in Kenia ankam, hatten meine Eltern bereits eine kleine Kaffeefarm in Limuru bei Nairobi gekauft. Sie lebten in einer Grashütte, auch Banda genannt, ganz ähnlich wie meine Palmenhütten in Kora heute.

Terence kam im nächsten Jahr heraus und hat Afrika seither nur einmal verlassen. In den fünfziger Jahren beobachtete ein Freund ihn, wie er eine Debbe – einen blechernen Benzinkanister – hinter seiner Hütte ausgrub. Sie war sorgfältig versiegelt worden und kaum aufzukriegen. Mein Freund fragte Terence, wie lange die Debbe vergraben gewesen sei, welchen Schatz sie wohl enthielte und warum er sie ausgerechnet jetzt ausgrabe.

»Sieben Jahre. Meinen Anzug. Mache eine Weltreise«, war seine lakonische Antwort. Während des Krieges war er zum Garnisons-Ingenieur befördert worden und bei der Demobilisierung wurde ihm der übliche Anzug überreicht; es ist der einzige, den er je besessen hat. Nach der Weltreise wurde der Anzug angeblich zurück in die Debbe gepackt, wo er bis heute ruht.

Als Terence und ich zu unserem Vater stießen, war Kenia als britische Siedlung ungefähr fünfundzwanzig Jahre alt und hatte alle Voraussetzun-

gen und Möglichkeiten, die für Kolonialisten so verlockend waren. Im 19. Jahrhundert hatten zwei Vorreiter des britischen Weltreiches, die Forscher und die Missionare, die Kunde von der Herausforderung Ostafrika nach London gebracht. Es gab ausgezeichnete Häfen in Mombasa und Zanzibar, herrliche Landschaft und den größten See des Kontinents – den Viktoriasee –, aus dem der Nil entsprang. Man mußte jedoch schnell handeln, um den Sklavenhandel der Araber zu stoppen, die Deutschen davon abzuhalten, ihren Brückenkopf über Zanzibar hinauszuschieben und die Franzosen daran zu hindern, die Quellen des Nils zu kontrollieren. Das alles war Grund genug für den Premierminister, die Fertigstellung der Eisenbahn in den letzten zehn Jahren des alten Jahrhunderts gutzuheißen. Die Bahn würde von Mombasa quer durch das heutige Kenia und die neue Hauptstadt Nairobi – zu der Zeit nur ein Zeltlager an einem Sumpf – zum Viktoriasee und Uganda im Westen führen. Alles ging gut, bis zwei einheimische Mächte im Tsavo einen Kampf gegen die Nachhut begannen, während die Bahnlinie sich ins Innere schlängelte. Es waren nicht etwa die Massai oder andere Stämme, die die Europäer und Araber zurückgetrieben hatten, sondern die Moskitos und Löwen.
Zehntausende Kulis waren von Indien herübergebracht worden, um die Schienen zu verlegen. Zweieinhalbtausend starben an Unfällen und Malaria. Das ist eine Krankheit, die ich selbst auch aufgefangen habe, und manchmal frage ich mich, ob die Gegenmittel, die mich ein- oder zweimal buchstäblich wahnsinnig gemacht haben, nicht genauso übel sind wie die Krankheit selbst. Auf jeden Fall hat das darin enthaltene Chinin mein Gehör beeinträchtigt.
Noch furchterregender und hinderlicher als Malaria waren die Löwen. Besonders zwei von ihnen terrorisierten das Camp, das die Inder für ihre Frauen und Kinder errichtet hatten. Ihre mörderischen Angriffe wurden mit unglaublicher Wildheit und Wut durchgeführt und endeten in einer Meuterei und der Flucht vieler Arbeiter an die Küste. Die Arbeit an der Bahnlinie wurde eingestellt, da mehr als einhundert Kulis getötet worden waren. Die Löwen fraßen sie oder rissen ihre Haut ab und schlürften ihr Blut. Der leitende Ingenieur, Oberst R.J. Patterson, stellte nachts Scharfschützen auf, doch mehr als einmal wurden auch diese von den Löwen angegriffen. Patterson mußte die grausige Erfahrung machen, daß Löwen die Knochen eines seiner Männer zermalmten und dabei laut schnurrten. Schließlich saß Patterson selbst mit einem Köder auf Wache und erlegte die beiden Übeltäter, die ausgestopft und an das Naturgeschichtliche Museum in Chicago geschickt wurden. Auch danach noch setzten andere Löwen die Angriffe fort. Eines nachts saßen drei Europäer

in einem Gepäckwagen auf Lauer, doch ein Löwe drückte die Schiebetür auf und verschwand mit einem Eisenbahn-Inspektor namens Ryall.
Es ist nicht immer einfach, einen Löwen zu töten und nur selten kann man es von der relativen Sicherheit und Leichtigkeit eines Hochsitzes aus tun. So hätte zum Beispiel das Erschießen von Elsas Mutter leicht zu einem Unglück führen können. Ich war mit Ken Smith unterwegs, einem Kollegen, der gerade der Wildschutzbehörde beigetreten war und seither ein guter Freund geblieben ist. Wir jagten nach einem menschenfressenden Löwen, und ich wollte Ken den ersten Schuß überlassen. Ehe wir jedoch den Löwen finden konnten, wurde Ken von einer Löwin angefallen und schoß. Sie war verletzt, nicht getötet, und als wir ihr folgten, sprang sie plötzlich unter dem Felsen hervor, auf dem ich stand, und Kens nächste beiden Schüsse gingen daneben. Ich selbst konnte nicht schießen, da er in der Schußlinie stand. Erst als eine Kugel eines unserer Wildhüter die Löwin ablenkte, konnte ich schießen.
Zwei der schlauesten menschenfressenden Löwen, die ich je verfolgt habe, belästigten die Boran, die in der Nähe von Merti lebten. Sie erbeuteten eine Anzahl Männer und Frauen auf unterschiedlichste Weise. Sie fielen eine Mutter an, die ihr Kind auf dem Rücken festgebunden hatte, und als sie versuchte, auf einen Baum zu klettern, holten sie sie einfach mit ihren Krallen herunter und fraßen sie mitsamt dem Kind. Ein Mann wurde aus seiner Hütte gezerrt und schrie um Hilfe, die ihm niemand zu leisten wagte. Zwei Hunde verfolgten die Löwen, doch die ließen kurz den Mann fallen, jagten die Hunde weg, nahmen den Boran wieder auf und töteten ihn im Busch. Sie hatten einundzwanzig Menschen gerissen und ich brauchte fast einen Monat, bis ich beide erlegen konnte. Als es mir schließlich gelang, sah ich, daß beide völlig gesund waren, ohne jegliches Gebrechen, das Löwen schwächt oder verlangsamt, so daß sie auf ihre natürliche Beute verzichten und auf eine Diät von Menschenfleisch umsteigen.
Als 1901 die Bahnlinie von Mombasa zum Viktoriasee fertiggestellt war, bot das Protektorat Kenia – wie es damals hieß – britischen Siedlern zwei Möglichkeiten: die harte und die bequeme, je nach ihren Finanzen. Da ich wenig Geld, dafür aber meinen Verstand und meine Hände hatte, als ich 1924 hier ankam, wählte ich die nächsten zehn Jahre lang den harten Weg.
Ich baute Straßen, doch die Arbeit war mörderisch und undankbar. Ich ging ins Transportwesen: Meine erste Ladung Streichhölzer entzündete sich durch Reibung, bald hatte ich keine Ersatzachsen und -räder mehr, und mein Kurierdienst wurde von anderen überholt. Ich farmte, doch

eine Kaffeebohne sah wie die andere aus; und Sisal, das ich zur Fertigung von Säcken und Seilen anbaute, war ebenso langweilig. Ich handelte mit Ziegen, Bienenwachs und Harz, das ich von wilden Dornbüschen zapfte. Die Ziegen verschmachteten und starben an den Höhenunterschieden; meine afrikanischen Lieferanten schätzten den wilden Honig, vergaßen aber, die Waben für das Wachs aufzuheben, und die Märkte hatten lieber arabisches als afrikanisches Harz. Als ich mich als Händler versuchte, waren bald die Whiskyflaschen für meinen Milchverkauf alle und mein Konkurrent als Versicherungskaufmann – ein ehemaliger Priester mit Delirium tremens – beherrschte das Spiel besser als ich. Als Staatsbeamter für die Heuschreckenbekämpfung mit Sattelpumpen und Arsen-Spritzbrühe ausgestattet, war ich eine Gefahr für die Afrikaner und todbringend für die Heuschrecken. Als die letzten Hüpfer heranwuchsen und sich in die Lüfte erhoben, war ich meinen Job los.

Dann stieß ich auf etwas, was mir bestimmt ein gewaltiges Vermögen einbringen würde: Ich ging mit meinem guten Freund Nevil Baxendale zum Goldgraben. Wir besorgten die Ausrüstung, steckten ein Gebiet an einem Fluß bei Kakamega ab und wurden durch ein gelegentliches Glitzern in unseren Pfannen belohnt – es war eine erschöpfende Arbeit. Unser Koch Yusuf tat sein Bestes, um uns mit den verschiedensten Zubereitungsarten der von uns geschossenen Perlhühner und mit wildem Gemüse, das er auf seinem traditionellen Herd aus drei Steinen zubereitete, zu stärken. Er brannte uns auch Schnaps. Eines Tages kam ein Kind von sechs oder sieben Jahren, das eine prächtige Nashornviper an einer Schnur aus geflochtenem Gras bei sich trug, die wir ihm abkauften. Wir nannten die Schlange Cuthbert Ghandi – er fastete oft fast bis zum Tode – und setzten sie als Wache zu unseren dürftigen Schätzen. Doch unser Ehrgeiz ließ nach, wir kamen genauso arm wie vorher nach Nairobi zurück und übergaben Cuthbert Ghandi dem Museum. Er ist noch immer dort – in einem großen Glas konserviert.

Es waren die Jahre der Depression, die Kenia so hart wie jedes andere Land trafen. Terence ging es nicht besser als mir. Er baute meinen Eltern ein Steinhaus in Limuru, und nachdem mein Vater 1927 starb, bewirtschaftete er die Farm. Er ersetzte den Kaffee, der in dieser Höhe nicht gedieh, durch eine australische Mimose, aus deren Rinde Gerbsäure gewonnen wurde. Dann arbeitete er für zwölf Pfund im Monat in einem Sägewerk. Er hatte kein Geld für Tabak, Schnaps oder Frauen. Im Alter von fast achtzig Jahren hat er noch immer weder Tabak noch Alkohol angerührt, und ich bin sicher, daß das einer Gesundheit geschadet hat.

Obwohl Terence und ich es nie zu Reichtümern gebracht haben, gab es in

den Zwanzigern auch andere, die den harten Weg wählten und Erfolg hatten. Abraham Block kam mit nur ein paar Pferden und Säcken voll Gemüsesaat an. Sein Interesse an Hotels erwachte, als er ihnen Matratzen verkaufte, die er aus diesen Säcken herstellte und mit Heu füllte, das er entlang der Bahnlinie schnitt. Eddie Ruben startete seine berühmte Expreß-Transport-Gesellschaft mit einem Paar Maultiere, das er nach dem Ersten Weltkrieg von seiner Abfindung von der Armee kaufte. Beide bauten außergewöhnlich erfolgreiche Unternehmen in diesem Lande auf, und sowohl Kenia als auch ich schulden ihnen und ihren Söhnen viel.
Einige der Siedler, die hier ankamen und den bequemen Weg wählten, brachten gewaltige Reichtümer von England, Amerika oder anderswo mit, um damit in Kenia Ländereien von zwanzig- oder vierzigtausend Hektar zu erwerben, aber auch sie führten ein hartes Leben. Der dritte Lord Delamere war so besessen von seiner Idee, als Farmer in Kenia zu leben, daß er ein müßiges Leben voller Jagdgesellschaften aufgab, seine britischen Besitztümer verkaufte, sich ins Siedlerleben stürzte und der inoffizielle Sprecher der Siedler wurde. Er war ebenso unkonventionell wie arbeitswütig, wurde ein Blutsbruder der Massai, war Winston Churchills Gastgeber, als dieser Kenia besuchte, trug schulterlanges Haar und schoß von der Veranda des Norfolk-Hotels in Nairobi Flaschen und Laternen herunter.
Ein Landbesitzer ähnlichen Kalibers, aber mit ganz anderem Charakter, war Gilbert Colville. Als mickrig aussehender Bursche war er nicht nur ein Weiberfeind, sondern ein Menschenfeind schlechthin: Die einzige Ausnahme waren die Massai und ihr Vieh. Er jagte Löwen mit Rudeln erbarmungslos dressierter Hunde. Als er einen europäischen Nachbarn verdächtigte, ein Rudel Löwen auf seiner Farm zu beherbergen, setzte er zwei von dessen Insel-Reservaten in Brand und vernichtete dabei viele Vögel und ihren Lebensraum und zwang die Flußpferde, sich neue Weidegründe zu suchen.
Das Leben dieser Farmer war außerordentlich hart, wie übrigens auch das der Reichen, die einen Großteil des Jahres damit verbrachten, die besten Stücke Wild zu erlegen. Doch nicht alle Wohlhabenden arbeiteten und spielten auf diese Weise: Viele zogen Rennen, Fischen, Polo oder Golf vor. Sie fuhren runter zur Küste oder gingen einfach auf Safari – eine Reise –, um eine der schönsten Landschaften der Erde zu genießen. Zwei andere Arten von Zeitvertreib, nämlich Fliegen und Ehebruch, wurden oftmals nebeneinander betrieben.
Die Frauen, die mit diesen Pionieren, Siedlern, Jägern oder Pensions-Empfängern zusammenlebten, waren ebenso buntgemischt, doch viel

Meine Morgenspaziergänge machten die Löwen mit ihrer neuen Heimat bekannt.

Unser Camp in Kora im Dornbusch.

Die Hütte im Busch.

Mein Bruder Terence hat Afrika
in den letzten sechzig Jahren
nur einmal verlassen.

Ein abendlicher Besuch
mit Tony Fitzjohn bei den Löwen.

Oben: Zwei Geparden aus Pippas erstem überlebenden Wurf in Meru.
Unten: Nach dem Mittagessen sind wie alle ein bißchen schläfrig.

Joy mit einem der Kolobus-Affen.

Oben: Girl mir ihrem Jungen Sam.
Unten: Boy mit Katania in Elsamere.

Nachdem er seine Überlegenheit festgestellt hat, geht Boy weg.

deutlicher in ihrer Art. Anders als ihre Schwestern in England verfügten sie über viel Personal und konnten sich selbst verwirklichen soviel sie wollten, sie konnten reisen, schreiben, malen, fotografieren oder lieben. Und tatsächlich stammen die lebendigsten Schilderungen vom Leben in Kenia – sei es in Worten oder in Bildern – von Frauen.
Die unterhaltsamste und vermutlich bekannteste ist die Autobiographie unserer Freundin Elspeth Huxley »Die Flammenbäume von Thika«, das fürs Fernsehen umgeschrieben wurde. Der Klassiker ist vielleicht Karen Blixens »Jenseits von Afrika«. Es beschwört gekonnt die Atmosphäre herauf, in der ein Europäer auf einer afrikanischen Farm lebte – die Bilder, Geräusche und Gerüche; die Kämpfe, Geheimnisse und plötzliche Schrecken, die Einsamkeit, die rührende Treue und die kostbaren Augenblicke von Freundschaft und Liebe. Sie war ihrer Familie und ihren Freunden als Tanne bekannt, doch sie schrieb unter dem Namen Isak Dinesen. Karen Blixen war Dänin. Ihr Mann, Baron Bror Blixen, war ein unbändiger, extrovertierter Schwede – ein fähiger Jäger von Tieren und Frauen. Ihr Liebhaber, der ehrenwerte Denys Finch Hatton, war ein sensibler, introvertierter Eton-Schüler. Er war ebenfalls Berufsjäger und benutzte sein kleines Flugzeug zum Aufspüren von Wild, wie es in den zwanziger Jahren ein anderer kenianischer Flugpionier tat: Beryl Markham.
Ich habe die Blixens nicht kennengelernt, aber ich kannte Beryl, deren Buch »Westwärts mit der Nacht« kürzlich einen neuen Aufschwung erlebte. Es erzählt mitreißend von ihren Fliegeranfängen in Kenia – manchmal als Postfliegerin – und von ihrem Marathonflug, dem ersten von England nach Amerika. Ich begegnete ihr und ihrem Stiefbruder, Sir Alec Kirkpatrick, in Muthaiga. Er war eine Art Playboy und ein Außenseiter in der Wildschutzbehörde. Manchmal habe ich mir die Schuld an seinem Tode gegeben, da ich mich eines abends in Limuru mit ihm treffen wollte und in letzter Minute absagte. In jener Nacht wurde Alec erschossen oder – wie ich vermute – er verübte Selbstmord.
Beryl hat ein erstaunliches Leben geführt. Als Kind jagte sie barfuß mit den Nandis. Als sie größer wurde, schrieb sie nicht nur und flog, sie trainierte auch Rennpferde, bis sie hoch in den Achtzigern war. Auffallend attraktiv, wurde sie von Königen geliebt, heiratete dreimal und hatte angeblich Liebschaften mit sowohl Bror Blixen als auch Denys Finch Hatton. Als der Prinz von Wales, der spätere König Edward VIII., 1928 nach Kenia kam, sorgte sie mit für seine Unterhaltung. Zu den Festlichkeiten gehörte ein patriotisches Treffen in Nanyuki, am Fuße des Mount Kenya, zu dem alle Siedler mit guten, englisch klingenden Namen einge-

laden waren: die Nightingales und die Fletchers, die Bastards und die Hooks. Dem Prinz fielen drei engelsgleiche, in Matrosenanzüge gekleidete Kinder auf, und als er nach ihrem Namen fragte, sagte man ihm, sie seien Bastards.
»Um Gottes Willen«, meinte er, »dies muß das einzige Land der Welt sein, wo man sie in Uniform steckt.«
Als der Prinz in Kenia weilte, war Bror Blixens Ehe mit Karen vorüber, und er hatte eine überschäumende junge Dame geheiratet, die bei ihren Freunden als Cockie bekannt war. Sie lebt heute noch, obwohl eine südafrikanische Zeitung bald nach ihrer zweiten Eheschließung von ihrem Tod berichtete. Sie sah den Nachruf als einen Makel für ihre ungebrochene Vitalität an. Als sie einen Widerruf forderte, kuschte der Herausgeber und versprach, zu drucken was immer sie wünsche. Wie Elspeth Huxley in ihrem Buch »In der Hitze des Mittags« schreibt, erschien folgende Notiz: »Mrs. Hoogterp möchte bekanntmachen, daß sie noch nicht in ihrem Sarg gevögelt wurde.«
Der Prinz von Wales war entschlossen, einen Löwen zu schießen und begab sich in die Obhut von Denys Finch Hatton, der Bror Blixen um Hilfe bat. Zu Beginn der Safari gab Karen Blixen mit Finch Hatton eine Dinnerparty, bei der Beryl Markahm eine der beiden anwesenden Damen war. Am Ende der Safari tauchte der Prinz mit seinen Jagdgefährten unerwartet in Cockie Blixens baufälligem Haus auf und verlangte nach einem Mittagessen: Cockie hatte nur Eier im Haus, die sie eigenhändig zu Rührei verarbeitete. Dieses Durcheinander intimer Beziehungen faßt eigentlich Kenias Ruf in den zwanziger und dreißiger Jahren zusammen.
Als er Mombasa verließ, meinte der Prinz, Kenia sei ein wunderbar vielversprechendes Land. Er hätte hinzufügen können, daß es eine wunderbare Spielwiese war, die sehr seinem persönlichen Geschmack entsprach. Obwohl sein Besuch so anders verlief als der seiner Nichte Elisabeth fünfundzwanzig Jahre später, endete er genau wie ihrer, nämlich mit dem dringenden Ruf nach London. Man dachte, sein Vater, Georg V., läge im Sterben.

Eines der wenigen Dinge, die ich mit dem Prinz von Wales gemeinsam hatte, war die Lust zum Jagen. Es war der einzige Sport, den Terence und ich uns leisten konnten. Unsere Transportmittel beschränkten sich auf ein Motorrad mit Seitenwagen, wir teilten uns ein Gewehr, und jede Kugel mußte treffen. Es war kaum zu schaffen, manche der Hügel hochzukommen, wenn hundertfünfunddreißig Kilo Gnufleisch im Seitenwagen lagen.

Ohne Mosandu, unseren Fährtensucher vom Stamme der Dorobo, hätten wir gar nichts erreicht. Sein Stamm besteht aus den wahrscheinlich einzigen übriggebliebenen Ureinwohnern Kenias und ist nach und nach in die Wälder zurückgedrängt worden, als andere Stämme das Weide- und Farmland besetzten. Die Dorobo sind Meister der alten Jagdkunst. Von Mosandu habe ich gelernt, Wind, Gerüche, Geräusche und Spuren zu verstehen. Aus seiner Spur konnte er Alter und Geschlecht eines Tieres erkennen, er wußte, wie schnell es sich bewegte, ob es leicht oder schwer verwundet war, oder ob es starb. Von der Deutlichkeit eines Abdruckes, von Regentropfen oder Tau in der Fährte, oder vielleicht von der Spur eines Insektes darin, konnte er ablesen, wie alt die Abdrücke waren. Wenn die Spur sich verlor, konnte er sie aufgrund von andersliegenden Steinchen, gebrochenen Ästchen, niedergetretenen Grashalmen oder zerrissenen Spinnweben wiederfinden. Wenn ein Tier unter einem Felsvorsprung oder einem Busch gelegen hatte, konnte er es identifizieren, indem er seine Handfläche anleckte und auf die Erde drückte, damit einzelne Haare daran kleben blieben. Von Mosandu lernte ich, meine Ohren zu gebrauchen, das Rascheln eines Blattes oder Zweiges zu hören, das plötzliche Erschrecken eines Vogels oder das abrupte Schweigen der Frösche. Für Safaris brachte Mosandu nur einen Fetzen Decke um seine Hüfte und einen kleinen Stock mit sich. Nach der Jagd gab ich ihm seinen Anteil am Fleisch. Er und seine Freunde lagerten um den Tierkadaver, bis er aufgegessen war, wie Löwen bei ihrer Beute.
Manchmal gingen Terence und ich mit einem meiner Hunde und einem Gewehr auf Vogeljagd, öfter jedoch auf die Suche nach Antilopen. Gelegentlich jagten wir auch nach einem ausgesuchten Exemplar der Großen Fünf – Löwe, Leopard, Nashorn, Büffel und Elefant –, die die Jäger in Afrika stets gelockt haben. Um eines dieser Tiere zu schießen, mußte man von der Wildbehörde eine Jagdlizenz kaufen, doch der Verkauf eines Nashorns oder seiner Füße als Tabakdosen brachte auch einiges ein. Wenn ich wirklich pleite war, sparte ich fünfundzwanzig Pfund für eine Elefanten-Lizenz, damit ich die Stoßzähne verkaufen konnte, für fünfzig oder hundert Pfund, einem Bruchteil des heutigen Wertes.

Mein Drang nach der Goldsuche war noch nicht ganz erloschen, deshalb machten Nevil und ich uns 1934 ein letztes Mal auf den Weg. Das Abenteuer war uns dabei fast ebenso wichtig wie die Aussicht auf Reichtümer. Wir machten uns auf, die Goldminen der Königin von Saba zu entdecken, die der Legende nach am Rudolfsee in Nordkenia, nahe Abessinien,

liegen (seit Kenias Unabhängigkeit im Jahre 1963 heißt der See Turkana-See).
Neben dem Mount Kenya und dem Kilimandscharo war dieser See eines der drei geographischen Merkmale, an der sich die Phantasie der Reisenden des 19. Jahrhunderts entzündet hatte. Als die deutschen Missionare Krapf und Rebmann Berichte von schneebedeckten Bergen am Äquator mit nach Europa gebracht hatten, dankte man es ihnen mit Spott, nicht zuletzt von seiten der Royal Geographical Society in London, die sich als letzte Instanz in Sachen Erforschung Afrikas sah. Den Forschern Graf Teleki und Leutnant von Hohnel dagegen lauschte man mit Respekt, als sie von der Durchquerung einer glühenden Wüste berichteten, nach der sie einen großen Binnensee erreichten, der zweihundertsiebzig Kilometer lang und zweiunddreißig Kilometer breit war.
Nevil war der ideale Kumpel für ein solches Unternehmen: zweimal so groß wie ich, robust in jeder Weise, ein fähiger Bootsbauer und mit einem ausgeprägten Sinn für Humor ausgestattet. Ohne Yusuf, unseren Koch aus der Kakamega-Zeit, wären wir nicht durchgekommen. Mit Trockenfleisch, zähen wilden Vögeln, wildem Spinat oder Pilzen und winzigen Portionen Maismehl vollbrachte er Wunder. Ebenso geschickt war er in der Handhabung von Eseln, die bis lange nach dem Zweiten Weltkrieg die Landrover des kenianischen Nordens waren. Die ersten beiden Monate unserer Safari folgten wir einem Nebenfluß und schließlich dem Kerio-Fluß selbst und suchten systematisch nach Spuren von Gold. Die Doumpalmen und Akazien schirmten Sand und Felsen von der brennenden Sonne ab und wir aßen die süßen, klebrigen Beeren der Cordia abyssinica, um uns vor Skorbut zu schützen. Vor nicht langer Zeit sah ich ein Satellitenfoto des nördlichen Kenia, auf dem Vegetationszonen in Rot abgebildet waren. Die Wälder waren scharlachrot, und die Wüsten um den Rudolfsee herum weiß. Doch der Lauf des Kerio-Flusses zeigte sich als winzige rosa Ader, die sich zum westlichen See-Ufer hinschlängelte. Hier befand sich der Legende nach die Mine der Königin von Saba – doch die Legende irrte.
Um unser Gold betrogen, waren Nevil und ich entschlossen, uns wenigstens das Abenteuer nicht nehmen zu lassen. Wir beschlossen daher, einen Weg von zweihundertfünfzig Kilometer um das südliche Ende des Sees herum zum Mount Kulal zu nehmen, den wir in einer geraden Entfernung von fünfzig Kilometer liegen sehen konnten. Vielleicht würden wir sogar Gold in den Gräben finden, die wir am Hang des vulkanischen Berges durch unsere Ferngläser ausmachen konnten. Während Yusuf die Esel bepackte, heuerten wir zwei Turkana an, die sich bereit-

erklärten, mit uns zu ziehen. Tobosh, der jüngere, war ungefähr zwanzig, mehr als ein Meter achtzig groß und prächtig gebaut. Er hatte nicht ein Fetzchen Kleidung an, nicht einmal Sandalen, und trug absolut nichts bei sich, auch nicht den traditionellen Turkana-Speer, keinen Rungu – einen Stock mit klobigem Ende –, kein Handgelenksmesser und keine Kopfstütze.

Die Esel waren eine Geduldsprobe, aber unentbehrlich. Immer wieder einmal wurden sie von Hyänen, einem Nashorn, einer Herde Elefanten oder einem Gewitter auseinandergetrieben. Der Esel mit unseren Bettsachen auf dem Rücken verlor den Halt, als er sich über einer gefährlichen Schlucht an einem Felsen entlangquetschte. Ich packte seine Ohren, während seine Füße über den Abgrund rutschten. Dank Nevils gewaltiger Kraft retteten wir den Esel. Eines Morgens, als wir aufwachten, waren die Esel verschwunden. Tobosh fand sie schließlich, gerade als zwei Löwen sie angreifen wollten. Obwohl er nicht bewaffnet war, sprang er ohne zu zögern hinter die Esel und trieb sie zurück ins Camp – die Löwen folgten ihm, bis sie Nevil und mich erblickten. Es ist bemerkenswert, wie fast alle Tiere beim Anblick einer Waffe Gefahr wittern.

Der Rudolfsee liegt in einem rauhen, unfruchtbaren, felsigen Kessel. Die Wüste um ihn herum ist voll mit vulkanischen Felsbrocken, die den Weg hindurch für Mensch und Esel zur Hölle werden lassen. Die Sonne ist von andauernder und erbarmungsloser Kraft, ebenso der Wind, der die meiste Zeit mit fünfundsechzig Stundenkilometern weht, manchmal auch mit hundertunddreißig. Er blies das Essen von unseren Tellern, bedeckte es mit Sand und peitschte zornige Schaumkronen auf den See. Wenn dieser bösartige Wind sich am späten Nachmittag legte, war die Hitze wie der Atem eines Hochofens. Um nachts etwas Schutz vor den stechenden Sandkörnern zu haben, bauten wir aus Steinen niedrige Mäuerchen. Ein- oder zweimal stießen wir auf solche Mäuerchen, die meiner Meinung nach von Teleki oder von Hohnel zurückgelassen worden waren.

Als wir unseren Weg um den See erkämpften und manchmal durch große Felsbrocken zu Umwegen gezwungen waren, starb einer unserer Esel an Erschöpfung, und unsere Vorräte gingen zur Neige. Nachdem wir zwei Tage lang nichts gegessen hatten, schoß ich einen Kormoran, der für Nevils und meinen Magen zu ranzig war, den Tobosh und sein Freund jedoch mit Genuß verzehrten. Gerade rechtzeitig fing Nevil einen köstlichen Nilbarsch von zwanzig Kilo.

So anstrengend es auch war, gab es doch immer etwas zu sehen: Meerschwalben und Stelzvögel, Tauchvögel und Fischadler, viele Krokodile

und einige sich wälzende Flußpferde. Die Farbe des Wassers schien oft zu wechseln. Je nach Wind und Himmel konnte sie grau, schlammig, blau oder von jenem Grün sein, das dem See den Namen »Jadesee« gegeben hatte. Was uns überraschte, war, daß wir nicht einen einzigen Menschen sahen, weder Turkana noch Samburu, weder Rendille noch Boran; später sollten wir den Grund dafür erfahren.
Am Fuße des Mount Kulal kamen wir endlich zu dem Strand, an dem alle hundert Mitglieder des winzigen Molo-Stammes lebten – in einem Knäuel von Palmhütten, die wie umgedrehte Körbe aussahen. Die Leute, die uns begrüßten, waren nackt, mit Ausnahme ihres jungen Häuptlings Kurru, der einen roten Fez trug, eine gestreifte Schlafanzugjacke und rotes Haar auf Armen und Brust. Ich machte mir Gedanken über die Herkunft aller drei. Doch wenigstens stammte der Nilbarsch, den sie uns gaben, aus dem See. Die meisten Fische harpunieren sie von schwimmenden Palmenstämmen aus, mit denen sie sich morgens oder abends, wenn der Wind nachließ, auf den tückischen See wagten. Kleinere Fische wie Tilapia wurden in Netzen aus Palmenfasern gefangen.
Nevil und ich machten jede Menge Wild auf dem Mount Kulal aus, darunter den Großen Kudu, für den der Berg berühmt war; doch keine Spur von Gold, und so zogen wir weiter am See entlang nach Moite, ehe der Mangel an Zeit und Verpflegung uns zurück zwang. Während unseres Rückweges, als wir wieder in einem Flußbett namens Serr el Temmia campierten, machte Nevil beim Einschlafen einen der idiotischsten Vorschläge, die ich je gehört hatte. »Anstatt zweihundertfünfzig gottverlassene Kilometer zurück zur Mündung des Kerio zu wandern – warum gehen wir denn nicht lieber direkt durch den See?« fragte er. »An dieser Stelle ist er nur zwanzig oder vierundzwanzig Kilometer breit.« Ich dachte wirklich, er litte an Hitzschlag oder Wahnsinn oder hätte religiöse Wahnvorstellungen vom Überqueren des Wassers zu Fuß. Dann erinnerte ich mich an seinen Ruf als Bootsbauer. Viel später in der Nacht wurde mir klar, daß nichts Nevil davon abhalten würde, seine Geschicklichkeit zu beweisen und daß ich sein wahnwitziges Abenteuer würde teilen müssen. Der Plan für sein Boot basierte auf einem hölzernen Rahmen, den er aus den Zweigen der Akazien baute, die oben am Flußufer wuchsen. Keiner der Zweige war gerade, sie mußten also gebrochen und mit Fellstreifen einer vor ein paar Tagen erlegten Antilope wieder zusammengefügt werden. Meine Aufgabe war es, unsere Schlafunterlagen für den Rumpf zusammenzunähen und aus unserem Bettzeug Segel zu schneidern. Die Kisten der Esel wurden für das Steuer, einen Windschutz und Ruder umfunktioniert. Als wir dieses Werk irrer Genialität zu Wasser

ließen, war es zwar unansehnlich, schwamm aber. Guter Dinge schickten wir Tobosh mit seinem Freund, den Eseln, dem Rest unserer Verpflegung und all unseren Besitztümern auf den Weg, bis auf ein Gewehr und einen Kochtopf, den wir als Schöpfeimer behielten. Wir sagten ihnen, daß sie im Notfall einen der Esel schlachten dürften, doch sie machten sich ohne Zögern oder Murren auf ihren mühsamen Weg. Am Abend beschwerten wir das Boot mit Steinen, damit es nicht abgetrieben wurde und legten uns zum Schlafen in das Flußbett. Als wir morgens aufwachten, lag das Boot in Stücken da. In der Nacht waren Schakale gekommen und hatten alle Fellstreifen gefressen. Unsere Situation wäre katastrophal gewesen, wäre sie nicht auch so lächerlich. Da es weit und breit kein Wild gab, um die Fellstreifen zu ersetzen, mußte ich die innere Rinde einer Akazienart herausreißen, die etwas weiter landeinwärts wuchs. Zuerst bestand unsere einzige Nahrung aus Salvadora-Beeren, die ein bißchen wie schwarze Johannisbeeren aussehen und schmecken, mit einem Hauch Brunnenkresse. Als ich hoch oben in einer Akazie ein Gänsenest entdeckte, mußte ich auf einen zweiten Baum klettern, damit ich den Kopf der Gans treffen konnte, ohne die Eier zu zerstören. Yusuf, der unüberlegt entschieden hatte, mit uns zu segeln sei das kleinere von zwei Übeln, bereitete aus diesem Glücksfall ein ausgezeichnetes Mahl.

Als das Boot wieder fahrtüchtig war, hatte sich natürlich der Wind aufgemacht und wir beschlossen, auf die Abendruhe zu warten und unser Glück mit Rudern zu versuchen, obwohl es kein Mondlicht gab und es lange vor unserer Landung dunkel sein würde. Gegen drei Uhr nachmittags, zehn Tage nachdem Tobosh und die Esel uns verlassen hatten, stachen wir in See. Während Yusuf Wasser aus dem Boot schöpfte, das mit den Wellen hin- und herschaukelte, ruderten Nevil und ich bis weit in die Dunkelheit – unsere Hände waren bald aufgescheuert. Als wir innehielten, um unsere Position an der schwach schimmernden Silhouette der Loriu-Hügel zu orientieren, hörte ich ein Geräusch in der Ferne, wie Wellen bei aufkommendem Wind. Nevil und ich spitzten die Ohren: Wir stellten plötzlich fest, daß es sich um das Quaken tausender Frösche handelte und daß wir nahe am Ufer sein mußten. Eine halbe Stunde nach unserer Landung frischte der Wind wirklich auf und bis weit in den nächsten Tag hinein blies ein Sturm über den See. Die nächsten vierundzwanzig Stunden mußten wir mit einer halben Flasche Cognac überleben, die meine liebe Mutter uns für eben einen solchen Fall von Freude oder Verzweiflung mitgegeben hatte. Dann gelang es Yusuf, von einer knauserigen Turkana-Familie eine einzige Tasse Milch zu erbetteln. Schließlich erlegte Nevil vier Enten und eine Gans. Wir entdeckten keine Spur von unseren Eseln und wurden ungeduldig, unseren Treffpunkt mit Tobosh zu erreichen: So warfen wir die Vorsicht buchstäblich über Bord und ließen uns in Ufernähe von dem Sturm zur Kerio-Mündung tragen. Innerhalb von vierundzwanzig Stunden kam Tobosh mit allen Eseln an. Sie hatten sich durch die Hitze, den Wind und die furchtbaren Felsen gekämpft, sie hatten Tod durch Verhungern, die Sonne und Löwen riskiert. Von jenem Tag an hat meine Bewunderung für den Mut und Stolz der Turkana nie nachgelassen. Ehe wir uns von den beiden Männern trennten und ihnen die Esel als Teil ihres Lohnes überließen, besuchten wir die Distriktverwaltung in Lodwar, am Ufer des Turkwell-Flusses.

Wir wurden vom Distriktkommissar und seinem Assistenten, William Hale, begrüßt. Zuerst fütterte Willie uns mit Bergen von Brot und Butter, was uns das herrlichste Essen der Welt zu sein schien, und dann mit einem Ziegenragout von solchen Mengen, daß es in seiner Safari-Badewanne gekocht werden mußte. Danach hielten er und der Distriktkommissar uns einen freundlichen Vortrag über die Tatsachen des Lebens. Sie sagten uns, daß wir nie ohne eine Genehmigung zur anderen Seite des Sees hätten gehen dürfen – das wußten wir. Was wir jedoch nicht gewußt hatten, war, daß das östliche Ufer bis auf die primitiven Molo deshalb so verlassen war, weil Viehdiebe aus Äthiopien über die Grenze gedrungen waren, jeden Turkana oder Rendille umgebracht und ihre Frauen und Kamele mitgenommen hatten. Der Distriktkommissar sah auch unsere Bootsfahrt mit Mißfallen. Vor ein paar Monaten hatte Vivian Fuchs eine geologische Expedition zum Rudolf-See geführt und zwei Wissenschaftler auf der Südinsel zurückgelassen. Sie waren nie wieder gesehen worden, obwohl man ein Ruder ihres Bootes gefunden hatte – ein gut zwei Meter langes Kanu aus Segeltuch.

Während wir uns auf den Weg zurück in die Zivilisation machten, hielten wir Ausschau nach Gold – vergeblich. Wären wir auf beiden Seiten des Sees ein bißchen weiter gegangen, oder hätten wir lieber nach seltsam geformten Steinen oder Knochenstückchen gesucht, hätten wir eine Entdeckung ganz anderer Art machen können. Vierzig oder fünfzig Jahre später haben von Richard Leaky geführte Expeditionen zum östlichen und westlichen Ufer des Sees Siedlungen des Homo erectus, dem unmittelbaren Vorfahren des Homo sapiens, ausgegraben.

Vor einer halben oder anderthalb Millionen Jahren, als der See noch viel höher war – tatsächlich soll sein Wasser einmal in den Nil geflossen sein –, bewohnte der Homo erectus nahe dem Ufer Hütten aus Palmwedeln oder einfach aus Buschwerk. Er hatte Feuer zum Wärmen und Kochen. Er sammelte Wurzeln, Blätter, Früchte, Beeren und Muscheln.

Er stellte Pfeile und Bogen her und auch Steinwerkzeuge, um seine Beute zu töten. Er trug Felle, jagte in Gruppen und teilte seine Nahrung mit den anderen. Sein Lebensstil ermöglichte ihm, nicht nur Afrika, sondern auch Europa und Asien zu erwandern und zu erforschen.
Es war ein seltsamer Zufall, daß ich bis zu dieser Safari meine Jugend damit zugebracht hatte, eine Tätigkeit aus den Möglichkeiten auszuwählen, die die koloniale Gesellschaft des 20. Jahrhunderts bot; doch von jetzt an gab ich diese Suche auf und nahm das Leben unserer Vorfahren an. Man gestatte mir ein Gewehr statt Pfeil und Bogen, und schon gibt es bemerkenswert enge Parallelen – natürlich mit Ausnahmen – zwischen dem Leben, das ich seither geführt habe und dem der Menschen der Frühzeit. Nevil Baxendales Leben wurde eher großstädtisch, denn er entschloß sich zu verheiraten und sich niederzulassen: sein Sohn Jonny ist mein Patenkind und auch wir haben unsere Abenteuer miteinander erlebt.

Anfang 1935 stellte mich die Firma Gethin und Hewlett ein, um einige professionelle Safaris durchzuführen – vermutlich wegen meiner Fähigkeiten im Überleben und Jagen. Das Glück wollte es, daß meine ersten Gäste ein charmantes österreichisches Geschwisterpaar war – Ernst und Angela Ofenheim. Außer dem kleineren Wild konnten sie einen Büffel, ein Nashorn und einen Löwen schießen. Angela wollte Chirurgin werden, und diese Safari war der Anfang einer seltsamen Verbindung zur österreichischen Medizin. Angela und ich sind immer in Verbindung geblieben, und fünfzig Jahre später – kurz nachdem sie mich in Kora besucht hatte – ermöglichte es mir ein österreichischer Chirurg, zu einer Augenoperation nach Wien zu fliegen, während mein Bruder Terence in der Obhut eines dritten österreichischen Arztes in Kenia zurückblieb.
Anders als zu Zeiten meiner Motorrad-Safaris brachten die Berufs-Safaris es mit sich, daß ein Bedford-Lkw gemietet wurde, außerdem ein Pick-up mit Fahrer, ein Fährtensucher und zwei Gewehrträger, ein »Enthäuter«, zwei Köche, ein Kellner und ein Mann für alles – der zweite Fahrer, der ursprünglich dazu da war, die Startkurbel am Auto zu drehen. Das war noch bescheiden. Als Theodore Roosevelt 1909, nachdem er nicht mehr Präsident der Vereinigten Staaten war, auf Safari nach Kenia kam, hatte er ein Gefolge von fünfhundert Trägern – ohne Gewehrträger und andere Jagdspezialisten.
Die Safari, die aus jener Zeit am besten in meinem Gedächtnis geblieben ist, ist eine Foto-Expedition in die Serengeti, auf der anderen Seite der Tanganyika-Grenze im Massailand. Wir sahen mehr Gnus und Zebras als

wir zählen konnten, Unmengen von Gazellen und eine große Anzahl Giraffen und Büffel. Wir hielten an, um Nashörner und Elefanten zu fotografieren und begegneten sogar jener seltsamen Kreatur, die wie ein Gürteltier aussieht und Pangolin heißt. Wir durften Antilopen schießen, um damit Löwen vor die Kamera zu locken: In drei Tagen fotografierten wir sechsunddreißig Stück. Der wunderbare Anblick dieser Tiere, die in einem natürlichen Paradies lebten, löste eine Reaktion in mir aus, die dem Urmenschen unverständlich gewesen wäre, die jedoch so intensiv war, daß ich sie niederschrieb:

»Eines Abends stießen wir auf eine prächtige Löwin, die von einem Felsen aus in die Ebene blickte. Sie wurde durch die untergehende Sonne zur Skulptur, als sei sie ein Teil des Felsens, auf dem sie lag. Ich überlegte, wie viele Löwen wohl während der zahllosen Jahrhunderte, in denen der Mensch noch in seinen Anfängen war, auf eben demselben Felsen gelegen hatten.
Die zivilisierte Menschheit hat enorme Mittel darauf verwandt, von eigener Hand geschaffene alte Gebäude und Kunstwerke zu erhalten, doch diese Geschöpfe zeitloser Kunst vernichtet er. Und er tut es aus nur einem einzigen Grund: um seinen Mut zu beweisen, den er durch Waffen erlangt, die er zur Vernichtung von Menschen geschaffen hat, und um mit den Fellen seiner Opfer seine Wohnstätte oder seinen ungrazilen Körper zu schmücken.«

Gefühle dieser Art bewegten mich, bis eines Tages ein exzentrischer Wildhüter namens Tom Oulton – ein einmaliger Erzählkünstler, der sich weigerte, unbefruchtete Eier zu essen, der darauf bestand, seine Camps mit grünen Blättern auszulegen, der jede Nacht mit dem Kopf nach Norden schlief und fest an die »Pyramiden-Prophezeiungen« glaubte – mich dazu überredete, mich bei der Wildschutzbehörde zu bewerben. Im Juli 1938 wurde ich als »Vorläufiger Hilfs-Wildschützer« zu einem Gehalt von acht Pfund pro Woche eingestellt.

Kapitel 3

Wild

1938–1942

Im Büro des Obersten Wildhüters gab es eine große Uhr. Wenn Hauptmann Archie Ritchie an seinem Schreibtisch saß, konnte er sie während der morgendlichen Amtshandlungen über die Schultern seiner Besucher beobachten. Sobald die Zeiger die Elf erreichten, griff er nach einem Lederbeutel an seinem Stuhl.

»Möchten Sie einen Gin?«, fragte er, während er die Flasche aus dem Bongoleder-Beutel zog. Ein Bongo ist eine seltene, schöne und scheue Antilope, die man nur in wenigen von Kenias Bergwäldern findet. Der Beutel war nicht das einzig Exotische in seinem Leben. Er war groß und aufrecht, und als ich ihn kennenlernte, waren Haar und Bart weiß. Voller Ungeduld, im Ersten Weltkrieg kämpfen zu dürfen, war er schnell der Französischen Fremdenlegion beigetreten. Dann war er zu den Grenadieren gegangen, wo er mit seinem Freund Harold Macmillan, dem späteren Premierminister, verwundet worden war. Ritchie wurde sowohl von den Franzosen als auch von den Engländern für seine Tapferkeit ausgezeichnet.

Er war der ideale Mann für seine augenblickliche Rolle, denn er war voller Tatkraft, hatte Verstand, besaß ein Diplom in Zoologie und war leidenschaftlicher Naturkundler – er wurde außerdem ein ausgezeichneter Fotograf und Amateurfilmer. Er füllte die Wildschutzbehörde mit neuer Begeisterung und schaffte es, mit seinem Auto in die entlegensten Teile des Landes vorzudringen: ein Rolls Royce mit Holzkarosserie und einem Flußpferd-Zahn auf der Motorhaube. Wo immer er auch hinfuhr, die Ginflasche war dabei und wurde pünktlich um elf Uhr hervorgeholt. Ich fand diese Angewohnheit ansteckend.

Während des Besuches vom Prinz of Wales im Jahre 1928 wurde Archies natürliche Autorität auf mancherlei Art gefordert. Angeblich war er bei einem Abendessen in Muthaiga in ein Handgemenge verwickelt und drängte einen anderen Mann aus dem Raum. Als man ihn fragte, was denn los sei, soll Archie geantwortet haben, daß es seiner Meinung nach sogar in Kenia gewisse Grenzen gäbe, und wenn jemand dem künftigen Thronfolger mitten beim Essen Kokain anböte, so müsse man eingreifen!

Als der Prinz zwei Jahre später erneut nach Kenia kam, beobachtete Archie eine zweite unerwünschte Annäherung. Die Safari lag wieder in den Händen von Denys Finch Hatton, und diesmal bestand der Prinz darauf, ein angreifendes Nashorn von vorn zu fotografieren, nicht aus dem Auto heraus. Archie half, das Nashorn in die richtige Position zu bringen, während Finch Hatton so lange wie möglich wartete, ehe er das Nashorn etwa sechs Meter vor der Kamera mit einem perfekten Schuß zwischen die Augen niederstreckte. Selbst das war dem Prinzen noch zu früh, denn er hatte das Nashorn formatausfüllend haben wollen; Finch Hatton respektierte ihn wegen seines Mutes und seiner Ausdauer bei ihren Safaris.

Als ich der Wildschutzbehörde beitrat, gab es dort weniger als ein Dutzend Wildhüter. Außer Alec Kirkpatrick, der bei der Leitung des Büros in Nairobi half, gab es noch zwei Löwenkenner: Jack Hunter, der einmal einen großen männlichen Löwen hinten auf seinem Lkw entdeckte, und Lyn Temple-Boreham unten in der Mara. Temple-Boreham hielt sich zwei eigene große Löwenmännchen, Brutus und Caesar, die er selbst großgezogen hatte.

Die Behörde war von der Regierung aus mehreren Gründen eingerichtet worden. Sie verwaltete den Verkauf der Jagdlizenzen, ohne die nicht gejagt werden durfte; sie versuchte, die Wilderei unter Kontrolle zu halten; sie war dafür verantwortlich, Menschenleben, Vieh und Feldfrüchte vor Löwen, Elefanten, Büffeln und anderen vierbeinigen Bösewichtern zu schützen; und sie versuchte ganz allgemein, alle Wirbeltiere – mit Fell, Federn, Panzern oder Schuppen – gegen Verfolgung durch den Menschen zu schützen.

Ich wurde nach Isiolo geschickt, das an der südlichen Grenze der Nordprovinz liegt, und ich war froh, daß ich von einer Familie Brown zwanzig Kilometer außerhalb der Stadt ein grasgedecktes Haus mieten konnte. Ich hatte wenig Zeit und Geld und wäre nur schwer zurechtgekommen, wenn ich nicht vom Wild hätte leben können. Das mir anvertraute Gebiet war mindestens so groß wie Großbritannien. Es gab keine einzige Asphaltstraße im Lande, und mein einziger Lastwagen war ein kleiner, privater Pick-up. Es war natürlich völlig unmöglich, damit mich, meine sechs Wildhüter, einen Koch und all unsere Ausrüstung auf mehrmonatigen Patrouillefahrten zu befördern. Ich mußte eindeutig Prioritäten setzen. Eine der ersten war es, zuverlässige Wildhüter aus den Volksstämmen meiner Gegend zu rekrutieren, die um die südliche Hälfte des Rudolf-Sees herum lebten. Im Westen waren die Turkana, und südlich von ihnen die Samburu. Im Osten lebten die Somalis und Boran, und

nördlich von ihnen die Rendille. Alle waren sie Hirten und Halbnomaden, im Norden bevorzugten sie Kamele, im Süden Vieh. Sie lebten hauptsächlich von Milch, oft mit Kuh- oder Kamelblut vermischt, das sie aus den Halsschlagadern der Tiere zapften und danach mit Dung versiegelten. Wenn es genug Wasser in der Nähe gab, pflanzten sie Mais, Hirse oder Süßkartoffeln. Die Wälder am Marsabit-Berg und den Hügelketten von Ndoto und Mathews waren von den Dorobo bewohnt.
Einer meiner zuverlässigsten Wildhüter war Lembirdan, ein Samburu mit vielen Ziegen und Kühen, der aus Abenteuerlust zu uns stieß. Er hatte einen kühlen Kopf und tötete einmal einen angreifenden Elefanten auf so kurze Entfernung, daß er von seinem herausspritzenden Blut verschmiert war; es war ein klassischer Schuß in die Mitte des Kopfes, genau unterhalb der Augenlinie. Später sollte er mein Leben retten. Ich verfehlte einen Elefanten und drehte mich um, um wegzurennen, doch dann stolperte ich und stürzte. Ich wartete darauf, zertrampelt oder in die Luft geschleudert zu werden, doch Lembirdan stand unerschütterlich wie ein Felsen und erlegte den Elefanten mit einem Schuß. Trotz all seiner Tugenden – und es gab viele wie ihn – habe ich oft die Erfahrung gemacht, daß bekehrte Wilderer die besten Wildhüter sind. Adukan war ein hervorragender Fährtensucher. Als berüchtigter Turkana-Wilderer war er mir jahrelang entkommen, doch er stellte sich freiwillig, als sein Omen, ein hingeworfenes Paar Sandalen, auf eine Weise fiel, die seine Gefangennahme voraussagte.
Transportmittel waren Kamele und Esel; sie trugen unsere Ausrüstung. Wenn ich reiten wollte, mußte ich ein Maultier kaufen; ich hatte ein sehr sanftmütiges namens Artemis, in das sich eine der Eselinnen so lautstark verliebte, daß ich ihn abschaffen mußte. Trotz seiner Miene unüberwindlicher Unzufriedenheit ist das Kamel mit seinem praktischen Wasserhaushalt und seinen weichen, nach außen gebogenen Füßen ideal für die Wüste. Sie waren fester Bestandteil im Leben der Rendille und Nord-Somalis – Reichtum, Transportmittel, Fleisch- und Milchversorgung. Angeblich gab es eine Viertelmillion Kamele oben in Nordkenia und an den Grenzen nach Abessinien. Esel andererseits, obwohl sie so stur sein können, sind hart, leichtfüßig und ausgezeichnet für schwieriges Gelände und Höhenlagen, die Kamele nicht vertragen würden. Die Samburu haben eine besondere Methode, gegabelte Stöckchen durch die Nasen widerspenstiger Esel zu stechen, so daß die Nase beim Grasen blutet. Wann immer wir neue Esel kaufen mußten, bestand ich darauf, diese Tiere zu verlangen, und sobald die Stöckchen entfernt waren, verhielt es sich mit den Eseln wie mit den bekehrten Wilderern. Man kann sich sehr

an Esel gewöhnen. Ich hatte einmal einen Leitesel namens Korofi, der einen eisernen Willen hatte, aber so verläßlich war, daß ich ihn loslassen und grasen lassen konnte, bis die anderen aufgeholt hatten. Er hatte eine unheimliche Art, mich vor der Gegenwart von Löwen zu warnen, doch nachdem wir sechzehn Jahre miteinander verbracht hatten, zog er eines Tages alleine los, und weil ich nicht da war, um ihn zu schützen, wurde er das Opfer eines Löwenrudels.

Nachdem ich meine Wildhüter und unsere Transportmethode ausgewählt hatte, versuchte ich Land und Leute zu verstehen. Jahrhundertelang hatten die Stammesgenossen gelernt, das Beste aus ihrem Land, den Jahreszeiten und den wilden Tieren zu machen. Sie kannten den Rhythmus und die Zusammenhänge dieses Landes, in dem ich eigentlich ein Fremdkörper war. Ich fragte mich, warum wir von »Wilderei« sprachen, während sie vom Wild gelebt hatten und mit ihm im Einklang gewesen waren, bis die Europäer kamen und anfingen, Linien durch die Landkarten zu ziehen. Landesgrenzen zerschneiden die Routen der alljährlichen Wildwanderungen, neue Grenzen umgeben weiße Siedlungen, und auf der einen Seite einer unsichtbaren Linie war die Jagd verboten oder erforderte eine teure Jagdlizenz der Regierung. Mit welchem Recht verbot ich einem Turkana, ein Krokodil zu essen (das ähnlich wie Huhn schmeckt)? Ein Elefant ist für ein Dorobo-Dorf oder andere Wohngemeinschaften Nahrung für eine ganze Woche, und für die Stoßzähne gibt es ein paar Sack dringend benötigtes Maismehl. Warum sollte ein Wakamba im Busch mit seinem Pfeil und Bogen keinen Kudu schießen? Es waren zum Teil diese Gefühle, die mich veranlaßten, die verantwortungsbewußteren und findigeren der von uns gefangenen Wilderer zu rekrutieren. Dennoch stieß ich manchmal auf so grausam oder sinnlos getötete Tiere, daß ich nicht die geringsten Bedenken hatte, alles daran zu setzen, die Täter zu erwischen und zu bestrafen.

Dies war noch die große Zeit des Wildes. Erst später, nach dem Krieg von 1939–1945, hörte Afrika auf, von den Dividenden der Natur zu leben und begann, mit schlimmen Folgen, vom Kapital zu zehren. Als Wildhüter war es meine oberste Pflicht, mich mit dem Wild vertraut zu machen, für dessen Schutz ich bezahlt wurde. Im Jahre 1938 konnte ich in vielen Büchern nachlesen, wie man am gefahrlosesten einen Elefanten oder Löwen anpirscht und mit dem geringsten Blutvergießen tötet, damit der Wert der Trophäe erhalten blieb. Ich konnte jedoch kaum ein Buch finden, in dem stand, wie ein Tier sich die meiste Zeit seines Lebens verhält, wenn es nicht von einer Waffe bedroht wird. Außer den erfahrensten afrikanischen und europäischen Jägern konnte mir auch niemand sagen,

warum sie sich so oder so verhielten. Um überhaupt nützlich sein zu können, würde ich all dies allein herausfinden müssen.
Nicht nur wegen seiner Größe faszinierte mich der Elefant so sehr. Seine Stärke und Würde, seine ruhigen Bewegungen und seine plötzlich laut heraustrompetete Wut, sein geselliges Leben innerhalb der Herde, der Humor seiner Jungen, die bedrohliche Schönheit seiner Stoßzähne, das behutsame Drehen und Tasten mit seinem Rüssel und der kluge Blick aus seinen weisen alten Augen – all das verzauberte mich.
Je mehr ich von ihnen sah, besonders die Gruppe von Müttern und Jungen, desto menschlicher schienen sie. Die Mühe, die sie sich bei der Aufzucht ihrer Jungen gaben, die Art, in der Familien untereinander Verbindung halten, und sogar die Länge ihres Lebens gleicht uns so sehr. Schimpansen wurden später als Benutzer von Hilfsmitteln bekannt, als Jane Goodall sie dabei beobachtete, wie sie Grashalme in Ameisenlöcher steckten und dann die Ameisen ableckten. Doch ich habe Elefanten in ihren Rüsseln Stöcke halten sehen, um damit an eine sonst unerreichbare juckende Körperstelle zu gelangen. Im Tal von South Horr zeltete ich unter einer großen Akazie, die vom Dagegenreiben der Elefanten geglättet und poliert war. Die Samburu erzählten mir, dies sei der Lieblings-Juckplatz eines alten Elefanten, der immer einen Zweig bei sich trüge, um die Ziegen und Schafe zu vertreiben, die im Baumschatten standen. Natürlich lernen die indischen Elefanten, die für die Forstwirtschaft abgerichtet werden, »Werkzeuge« zu gebrauchen, doch in seinem Buch »Elefant Bill« schildert Oberst William ein erstaunliches Beispiel ihrer Intelligenz. Er sah einen Elefanten, der schwere Balken zum Bau einer Brücke hochhob und offensichtlich besorgt war, daß das Holz über seine Stirn zurückrollen und den Mann auf seiner Schulter zerdrücken würde. Er ergriff daher einen großen hölzernen Hammer, verkeilte ihn zur Sicherheit aufrecht zwischen seinem Rüssel und einem Stoßzahn und arbeitete weiter. Keinem Elefanten war dies je beigebracht worden.
Mein Bruder Terence hat immer an die Brüderschaft zwischen Elefanten und Menschen geglaubt, und als wir einmal ihre Tugenden diskutierten, erzählte er mir von dem, den er in einem Brunnen gefangen gefunden hatte. Seine Gruppe Straßenbauarbeiter bat ihn, das Tier wegen des Fleisches zu erschießen, doch Terence befahl ihnen, Karren voller Steine zu bringen, die er nach und nach in die Grube warf. Der Elefant verstand genau, was geplant war und hob vorsichtig seine Füße, während die Steine den Boden seines Gefängnisses nach oben hoben. Die Arbeiter flüchteten, als der Elefant auftauchte und sich schließlich selbst befreite, doch Terence hatte während des ganzen Unternehmens dem Elefanten be-

ruhigend zugemurmelt und hin und wieder seinen ängstlichen und fragenden Rüssel getätschelt. Sobald er frei war, bewegte der Elefant sich wie danksagend auf ihn zu, und es dauerte eine Weile, ehe Terence ihn überzeugen konnte, zu seiner Herde zurückzukehren.

Daran mußte ich denken, als ich ein Buch von Iain und Oria Douglas-Hamilton las, die eine Reihe von Jahren mit den Elefanten von Manyara gelebt und sie intensiv studiert hatten. Obwohl einige zweifellos »Killer« waren, waren andere wunderbar vertrauensvoll. Iain beschreibt, wie einmal, als sie zum ersten Mal ihr Baby mit in den Wald nahmen, eine junge Elefantenkuh namens Virgo auf sie zukam, Obst von ihnen entgegennahm – und dann mit ihrem eigenen winzigen Jungen zurückkam. Eine große Elefantenherde ist eines der aufregendsten Schauspiele in Afrika. Einmal zeltete ich oberhalb einer Wasserstelle in Barsoloi und bald nach Sonnenuntergang erschien eine Gruppe Elefanten, bis schließlich das Flußbett voller Tiere war, die zum Wasser drängten. Der Lärm war ohrenbetäubend und hielt fast die ganze Nacht an. Am nächsten Morgen folgte ich ihnen flußaufwärts und sah ungefähr dreihundert Elefanten beim Grasen. Von den vielen Elefantenbullen trugen vier Stoßzähne, die jeder an die fünfzig Kilo und mehr wogen. Stoßzähne sind übrigens ganz besondere Zähne.

Ich sah zwei Elefantenpaare beim Kopulieren, ein sehr seltener Anblick, den ich nie zuvor gesehen hatte. Der Penis eines Elefanten kann bis zu über einem Meter lang werden und muß sich zu einem »S« biegen, um in das weibliche Tier eindringen zu können. Der Akt wurde wie bei den meisten anderen Tieren durchgeführt, doch bei dieser Gelegenheit versammelten sich eine Anzahl Kühe und Kälber in einem Kreis und schienen sehr aufgeregt.

Ich war immer der Meinung, daß es möglich gewesen sein müßte, einen wirksamen Weg zu finden, Elefanten von Farmland fernzuhalten, ohne die gierigsten oder die Anführer zu töten. Ich hatte einen Distrikt am Tana-Fluß zu betreuen, in dem die Elefanten während der Trockenzeit ihren Weg zum Fluß nur durch Farmland nehmen konnten, das sie dabei leerfraßen oder niedertrampelten. Die traurige, aber unausweichliche Seite meiner Arbeit war es, die leitenden und hartnäckigsten Übeltäter abzuschießen und die Jagd – mit Lizenz – nach den größten Elfenbeinträgern in Kenia, wenn nicht ganz Afrika, zu überwachen. Viele hatten in dem dichten Busch am Tana-Fluß, um Kora herum, Zuflucht gesucht. Normalerweise lebten die Bullen getrennt von den Kühen und den Jungtieren einer Herde, obwohl sie gern untereinander Gruppen bildeten. In den Ndoto-Bergen stieß ich eines Morgens auf zwei riesige alte Elefan-

tenbullen. Der größere trug Stoßzähne von mindestens je sechzig Kilo. Die ortsansässigen Samburu erzählten mir, daß diese beiden seit vielen Jahren im Tal lebten und nie jemand belästigt hätten.
Wenn heute jemand von der Existenz solcher Tiere hörte, würde innerhalb eines Monats ein gut ausgerüsteter Wilderer sie erlegen. Ich dachte über das Alter dieser großen Burschen nach: waren sie achtzig oder gar neunzig Jahre alt? Um sehr große Stoßzähne zu bekommen, muß ein Elefant sehr alt werden, obwohl eine Elefantenkuh nie Zähne von mehr als dreiundzwanzig bis siebenundzwanzig Kilo hat, unabhängig von dem erreichten Alter. Vor dem Krieg campierte der bekannte holländische Jäger van Rensburg mit einer Jagdgruppe auf der Balambala-Insel im Tana, nicht weit unterhalb von Kora. Eines Morgens, als er sich zu mies zum Aufstehen fühlte – vermutlich hatte er einen mächtigen Kater –, brach ein Elefant mit den größten Stoßzähnen, die er je gesehen hatte, aus den Büschen. Er schoß ihn und stellte fest, daß jeder Stoßzahn über fünfundsiebzig Kilo wog. Mein größtes Erlebnis war der Anblick eines Elefanten mit vier Stoßzähnen bei Isiolo. Es war nicht sehr viel Elfenbein, aber ich weiß von keinem ähnlichen Anblick in Kenia – obwohl Schädel und Elfenbein eines Elefanten mit vier Stoßzähnen, der im Ituriwald von Zaire geschossen worden war, in den Forscherclub in New York gelangte.
Stoßzähne haben schon immer Neugier erweckt – und Bewunderung für die Schönheit des Elfenbeins, nachdem es von hervorragenden Handwerkern und Künstlern bearbeitet wurde. Ich finde sie am Tier am schönsten. Ich glaube fast, daß ich der erste Europäer war, der Mohamed zu Gesicht bekam, einen der beiden starken Elefanten vom Marsabit-Berg. Wie auch die von Ahmed, dem anderen, sind seine Stoßzähne – der längere mißt mehr als drei Meter – im Nationalmuseum in Nairobi ausgestellt. Diese beiden alten Bullen waren gewöhnlich von zwei jüngeren begleitet. Ich glaube, daß Elefanten in der Menge Sicherheit verspüren, und manch junger Bulle erinnert sich an die Führungskräfte der Matriarchen und findet Sicherheit in der Nähe eines ehrwürdigen alten Bullen, nachdem er aus der Herde ausgestoßen worden ist, wie es früher oder später immer der Fall ist. Die jüngeren Elefanten schienen auch das Bedürfnis zu haben, die alten zu beschützen.
In Zeiten von Krankheit, Gefahr oder Tod beweisen Elefanten einander eine Loyalität, die mich sehr rührt. Ich wurde einmal nach Marsabit gerufen, wo vier plündernde Bullen die Vorratsbehälter für Mais geleert hatten. Das war nicht nur kostspielig, es war auch gefährlich, denn die Maisbehälter befanden sich inmitten einer Polizeistation. Am Abend mei-

ner Ankunft saß ich zwei Stunden lang und wartete auf das Erscheinen der Elefanten im Mondlicht. Als sie kamen, zielte ich auf die Schulter des Anführers und schoß. Er brach sofort nieder. Doch dann scharten sich die anderen um ihn herum, hielten ihn aufrecht und zogen mit ihm zum Wald zurück. Es wäre sinnlos, wenn nicht gar selbstmörderisch gewesen, ihnen in dieser Nacht zu folgen, und so wartete ich bis zum Morgen. Lembirdan und ich folgten der Fährte und den Blutspritzern, bis wir zu dem toten Elefanten im Wald kamen. Es muß enorme Kraft und Entschlossenheit gekostet haben, ihn bis hierhin zu bringen.
Ich war noch mehr beeindruckt von der Entdeckung, daß Elefanten offenbar dem Tod eine besondere Bedeutung beimessen. Ein alter Boran erzählte mir, daß er eine kleine Gruppe Elefantenbullen kannte, die immer zusammen am Tana-Fluß waren. Als der älteste starb, wachten seine Freunde mehr als eine Woche lang bei ihm. Dann zogen sie die Stoßzähne heraus und trugen sie fort in den Busch. Viele Jahre später las ich Iain Douglas-Hamiltons Beschreibung von einer Elefantenfamilie, die die Knochen eines Angehörigen auf ähnliche Weise weggetragen hatte. Schwieriger zu erklären fand ich das Verständnis, das ein Elefant für menschliche Todesfälle hat. In Barsoloi war ein Samburu bei der Rückkehr vom Fluß zu seiner Hütte getötet worden. Auf halbem Wege stieß er auf einen umgestürzten Baum, und als er über die Zweige kletterte, merkte er zu spät, daß ein Elefant den Baum umgeworfen hatte und im Blattwerk verborgen war. Als der Elefant ihn angriff, versuchte er sich im Geäst zu verstecken, doch der Elefant zog ihn mit seinem Rüssel hervor. Dann stampfte er ihn mit seinen Stoßzähnen und seinem Rüssel buchstäblich in den Boden. Der Dorfälteste zeigte mir, wo der Elefant sein Opfer immer wieder durchbohrt hatte und ein Gebiet von etwa neun Quadratmetern, das aussah, als ob es mit dem Spaten umgegraben sei. Er sagte, daß nach der Tragödie der Elefant jeden Tag zu der Stelle zurückgekommen sei und bis zum Abend dort verharrt habe.
Wir warteten bis zum späten Nachmittag, als drei Bullen sich näherten. Da ich nicht wußte, welches der Übeltäter war, entschloß ich mich, bis auf vierzig Meter heranzugehen und sie dann anzuschreien. Ich nahm an, daß der schuldige Elefant angreifen würde. Tatsächlich aber rasten alle drei davon, sobald ich meine Stimme erhob. Ich konnte aber aus der Fährte erkennen, daß der Dorfälteste die Wahrheit gesprochen hatte. Obwohl ich mehrere Tage wartete, kam der bösartige Elefant nicht zurück.
Geschichten von Elefanten, die die von ihnen getöteten Menschen mit Buschwerk oder Blättern zudeckten, stand ich mißtrauisch gegenüber, bis in der Nähe meines Hauptquartiers in Isiolo etwas Ähnliches passier-

te. Gobus, ein früherer Wilderer und jetzt einer meiner Wildhüter, kam am späten Nachmittag mit seiner blinden ältlichen Mutter nach Hause. Er blieb stehen, weil er austreten mußte und sagte ihr, daß er nachkommen würde – doch als er nach Hause kam, war seine Mutter nicht da, und inzwischen war es dunkel geworden. Früh am nächsten Morgen folgte eine Ziegenherde den aus dem Wald kommenden Schreien und fand Gobus Mutter, die sich nicht bewegen konnte. Sie hatte sich verirrt und unter einem Baum zusammengerollt, um so die Nacht zu verbringen. Ein paar Stunden später erwachte sie und fühlte einen Elefanten über sich, der mit seinem Rüssel ihren Körper entlangfuhr. Gelähmt vor Angst lag sie völlig reglos. Dann kamen noch mehr Elefanten und brachen mit lautem Trompeten Äste ab, die sie auf sie häuften. Vielleicht dachten sie, sie sei tot.

Trotz aller Anstrengungen, die zu ihrem Schutz unternommen worden sind, gibt es heute in Kenia fast nur noch zwanzig Prozent der Elefanten, die es vor dem Krieg gab. Das Spitzmaulnashorn hat sogar noch mehr gelitten. Niemand weiß, wie viele es 1938 gab, im Jahre 1970 waren es ungefähr zwanzigtausend, heute nimmt man an, daß es weniger als fünfhundert sind, und die sind unter den persönlichen Schutz des Präsidenten gestellt. In der Vergangenheit mußten wir wieder und wieder angreifenden Nashörnern entkommen – heute ist das nicht mehr notwendig. Auf gewisse Weise sind Nashörner für Elefanten das, was Leoparden für Löwen sind. Wie Elefanten sind Nashörner Dickhäuter, schwergewichtige Vegetarier, die mehr wegen ihres Hornes und wegen ihrer Zähne gejagt werden: doch sie sind Einzelgänger. Wie Löwen sind Leoparden fleischfressende Katzen mit geschmeidigem Fell, die wegen ihres Felles und nicht wegen ihrer Mähnen gejagt werden: aber auch sie sind Einzelgänger. Diese Parallele ist nicht exakt, denn man sagt, daß der nächste Verwandte des Elefanten der Klippschliefer sei, der wie ein Meerschweinchen aussieht und in Gruppen auf Felsen oder Bäumen lebt – und nicht das Nashorn.

Archie Ritchie, der eine Studie über Nashörner erstellte, behauptete, daß Nashörner sich trotz ihres prähistorischen Aussehens in Launen, Temperament und Mut unterscheiden. Sobald sie völlig ausgewachsen sind, siedeln sie sich für die meiste Zeit ihres Lebens in einer bestimmten Gegend an und folgen einer ereignislosen Routine. Das Nashorn ist ein wählerischer Fresser, es rollt seine spitze Oberlippe um den Zweig oder die Blätter seiner Wahl und schneidet sie mit den Zähnen ab. Man sagt, daß es manchmal Antilopenkot frißt, aber das habe ich nie gesehen. Ich spreche natürlich von dem sogenannten Spitzmaulnashorn, das ein

Äser ist. Das Breitmaulnashorn kommt hauptsächlich in Südafrika vor, wo es seinen Namen seinem weiten Maul verdankt, das wie ein Rasenmäher besonders gut zum Grasen geeignet ist.

1939, während eines zweitägigen Marsches am Uaso-Nyiro-Fluß entlang, stieß ich einmal auf die Spuren von mehr als sechzig Spitzmaulnashörnern. Auf einer anderen Safari sah ich an einem Vormittag dreizehn Nashörner. Ich stellte fest, daß sie den Tag mit Vorliebe im Busch verbringen, vielleicht sonnen sie sich ein paar Stunden an einem staubigen Fleck, ehe sie sich in den Schutz eines Dickichts begeben. Abends laufen sie mitunter mehrere Meilen zum Fluß. Obwohl sie normalerweise ruhig und allein am Wasser sind, werden sie durch die Gesellschaft von Jungen oder Nachbarn angeregt. Ich habe Badepartys beobachtet, wo eine Mutter mit ihrem jüngsten Kalb und einem älteren erschien, ehe der Vater und ein anderes männliches Tier dazukamen. Da gab es Liebeleien und Streit, seltsam hohe Schreie und lang hingezogenes Stöhnen. Bullen griffen Bullen an oder bedrängten heftig ein weibliches Tier, und manchmal wies das Weibchen diese versuchten Annäherungen unsanft zurück. Nachdem sie getrunken und sich in den Pfützen oder schlammigen seichten Stellen gebadet hatten, kehrten die Nashörner in den Busch zurück. In der tiefsten Trockenheit mußten sie auf diese Schlammbäder verzichten und sich mit der Flüssigkeit aus den Sukkulenten begnügen.

Wenn sich Nashörner trafen, weil sie ihr Territorium verließen oder es sich mit dem eines anderen überschnitt, so waren sie zunächst voller Mißtrauen oder Feindseligkeit, die aber bald in Gleichgültigkeit überging. Außer den Wasserstellen waren es die gemeinsamen Dunghaufen, an denen sie sich regelmäßig trafen. Mit Absicht beschmierten sie ihre Füße mit dem Dung, wahrscheinlich, um mit dem Geruch ihr Revier abzugrenzen. Entlang der Pfade zu einer Quelle namens Laisamis, in der Nähe des Rudolf-Sees, bemerkte ich mehrere Felsbrocken, die mit dicken, kalkigen Ablagerungen bedeckt waren, die ich mir nicht erklären konnte. Dann erinnerte ich mich daran, Ähnliches in der Nähe von Wasser in Nashorn-Gebieten gesehen zu haben und mir wurde klar, daß es sich um den getrockneten Urin von Nashörnern handelte, die jahrzehnte- wenn nicht jahrhundertelang gegen diese Felsen uriniert hatten. Die Laisamis-Felsen wurden nicht länger benutzt, da die Nashörner in dieser Gegend seit ein paar Jahren ausgerottet waren.

Es ist tragisch, daß das Nashorn, das harmlos ist, wenn man es in Ruhe läßt, wegen seines sogenannten Horns fast ausgerottet ist. Tatsächlich besteht das Horn aus eng verschmolzenen Haaren und wird in Aden als wertvoller und viel zu hoch bezahlter Dolchgriff gehandelt und im Fernen

Osten wegen seiner angeblich medizinischen Kräfte. Für den anderen Grund der Abschlachterei – die zweifelhafte Kraft des pulverisierten Horns als Aphrodisiakum – scheint es ganz und gar keinen wissenschaftlichen Beweis zu geben. Wahrscheinlich ist dieser erotische Ruf auf die Paarungsgewohnheiten des Tieres zurückzuführen. Ein läufiges Nashornweibchen mag einen Streit zwischen Rivalen um ihre Gunst oder gar zwischen sich selbst und ihrem Freier heraufbeschwören, doch wenn sie ihn erst akzeptiert hat, kann er sie in ein paar Tagen viele Male bespringen, und eine Paarung dauert jedesmal dreißig oder vierzig Minuten – länger als ich es bei anderen großen Tieren je gesehen habe.

Ein Kalb bleibt bis zu zwei Jahre bei seiner Mutter und ist außerordentlich gefährdet, denn – anders als die Kälber des Breitmaulnashorns, die immer vor ihren Müttern laufen –, gehen die Spitzmaulnashornkälber hinterher. Wenn ein Muttertier angreift oder losrennt, ist das Junge oft einem Löwen oder einer Hyäne ausgeliefert, wenn es nicht mithalten kann. Ugas, einer der großen Löwen, die ich nach der Produktion von »Frei geboren« in die Wildnis zurückführte, stürzte sich einmal auf ein Nashorn-Junges und packte es – doch als das Junge quietschte, drehte sich die Mutter voller Wut um und Ugas ließ das Kleine sofort los und floh.

In den Mathews-Bergen gab es ein Nashorn, das oft die Samburu jagte und eine alte Frau beim Holzsammeln tötete. Ich fragte mich, was wohl diese nicht herausgeforderten Angriffe ausgelöst haben mochte und machte mich auf die Suche nach dem Nashorn, begleitet von einem Missionar, der sich den Spaß nicht entgehen lassen wollte. Ich glaube nicht, daß der heilige Franziskus mit ihm einverstanden gewesen wäre. Als ich schließlich das arme Tier geschossen hatte, fand ich eine eiternde Pfeilwunde in seiner Schulter.

Nashörner mögen eigenbrötlerisch, kurzsichtig, schwermütig und vorsintflutlich aussehen, doch sie können sehr wohl eine Beziehung zu Menschen oder anderen Lebewesen entwickeln, wenn sie jung genug sind und entsprechend behandelt werden. Ich bewunderte Daphne Sheldrick, die sie mit ihren anderen verwaisten Tieren im Tsavo-Nationalpark großzog, wo ihr Mann David Wildhüter war. Sie wurden ihre erklärten Lieblinge – und auch die ihrer buntgemischten Familie, die von Straußenküken bis zum Elefanten reichte.

Wenn Büffel grasen, sieht man oft Kuhreiher um ihre Füße herum, die die aufgescheuchten Insekten aus dem Gras picken. Manchmal sind Strandläufer so dreist und picken Fleischreste aus den Kiefern eines Krokodils, oder Sporenkiebitze tun sich mit einer Krokodilfamilie zusammen und warnen sie im Notfall mit schrillem Geschrei. Ganz ähnlich haben auch

Sandläufer oder Madenhacker ein Bündnis mit den Nashörnern, das für beide Teile von Vorteil ist. Auf einem Nashorn sitzen eine Anzahl Zecken und andere Parasiten, und wenn das Nashorn älter wird, wird die Haut brüchig und bekommt leicht Risse. Archie Ritchie meinte, daß die Tiere mitunter ein ungewöhnliches Interesse an den Wunden der anderen haben. Die Rhinozerosvögel profitieren zweifellos von Rissen und Parasiten, sie leben ja davon. Als Gegenleistung kann das Nashorn in Ruhe grasen oder im Gebüsch dösen, weiß es doch, daß der Vogel auf Gefahr aufmerksam machen wird. Rhinozerosvögel haben mich verschiedentlich vor dem donnernden Angriff eines erschrockenen Nashorns bewahrt.

Bei einer meiner aufregendsten Safaris, die das Ziel hatte, eine Gruppe menschenfressender Löwen im Samburuland zu erlegen, verbrachte ich einen Monat mit der Suche nach den Killern. Am Ende mußte ich sechs Tiere schießen, nach einem von ihnen jagte ich drei Tage. Jedesmal, wenn Lembirdan und ich uns ihm näherten, fanden wir ihn in einem Busch dicht neben einem Nashorn liegen. Wenn das einmal passiert wäre, hätte ich es für einen Zufall gehalten, doch nach dem dritten Mal war ich überzeugt, daß der Löwe mit Absicht die Nähe des Nashorns gesucht hatte. Er dachte vermutlich, daß das Nashorn ihn warnen würde, falls jemand käme, obwohl es natürlich die Rhinozerosvögel waren, die bei solchen Gelegenheiten mit einem lauten Zischen die Verfolger verrieten. Es ist seltsam, daß diese Vögel die Gegenwart von Menschen ignorieren, sobald sie auf Kühen oder Rindern sitzen.

Anders als die anderen großen Katzen, Leoparden und Geparden, haben Löwen den Wildhütern immer Kopfzerbrechen bereitet, das sie zwischen Bewunderung für ihre Talente und Verurteilung ihrer Wildheit schwanken ließen. Leoparden und Geparden sind gleichermaßen schön – manch einer findet die letzteren sogar schöner – doch in meiner Erfahrung halten sie sich stets sehr zurück. Auf Safari schlief mein Koch einmal unter einem Baum, und als er aufwachte, baumelten die Hinterläufe eines Leoparden über seinem Kopf. Er hatte ein paar Sandhühner entdeckt, die ich am Vortag geschossen und in die Zweige gehängt hatte. Am nächsten Abend kam er neugierig an mein Zelt, flüchtete aber, als ich die Taschenlampe auf ihn richtete. Obwohl sie gerne Hunde fressen und manchmal Ziegen töten, wurde ich nie zu Hilfe gegen einen menschenfressenden Leoparden gerufen. Sie sind hochintelligent und überleben, indem sie Schwierigkeiten – gleich welcher Art – aus dem Wege gehen. In mehr als zwanzig Jahren mußte ich nur drei viehfressende Leoparden erlegen.

Geparden sind wunderbar elegant und schnell, doch greifen sie nie Men-

schen an und bedrohen das Vieh kaum so ernsthaft wie Löwen es tun. Das ironische Unglück des Löwen war es, daß seine Großartigkeit, Kraft und Wildheit – zusammen mit der majestätischen und religiösen Mystik, die ihn immer umgeben hat – ihn für Jäger zu einem unwiderstehlichen Objekt gemacht haben. Es war ganz natürlich, daß die Massai und Turkana sich an den Tieren rächten, die so oft ihre Herden verwüsteten – und die Massai steigerten dies zu einem Kult. Es war unvermeidbar, daß die Wildhüter Strafaktionen gegen Einzeltiere unternehmen mußten, die Kühe oder Ziegen, und manchmal auch Hirten, töteten. Doch es war unnatürlich und unnötig, daß die Löwenjagd zu einem solchen Fetisch für Weiße werden sollte.
Der Prinz von Wales war so versessen darauf, seinen rituellen Löwen zu erlegen, und Bror Blixen war so versessen darauf, ihm dazu zu verhelfen, daß Blixen sein Leben riskierte, als er einen Flecken mit hohem Gras durchkämmte. Karen Blixen war entzückt, als ein afrikanischer Bewunderer ihr den Titel »Löwin« verlieh. Sie sah einmal ihrem Liebhaber beim Abschießen von zwei Löwen zu: als die Szene später in ihrem Meisterwerk »Jenseits von Afrika« erschien, war aus einem der Tiere eine Löwin geworden und Karen war es gewesen, die den Abzug drückte. Auf meiner ersten Safari als Berufsjäger waren die Ofenheims äußerst menschlich und umsichtig, doch das wichtigste war auch ihnen ein Löwe. Angela hat heute noch den Kopf in ihrem Haus.
Einen Löwen zu schießen, konnte man noch verstehen, doch die Wildhüter – und auch gute Berufsjäger wie Finch Hatton – waren angeekelt, wenn Kunden ihre Lizenzen ignorierten oder fälschten, um möglichst viele abzuschlachten. Sich mit den Berufsjägern gut zu stellen, war sowohl klug als auch lohnend. Sie waren ebenso am Wildschutz interessiert wie die Wildhüter: ihr Lebensunterhalt hing davon ab. Sie hatten Habichtsaugen in Sachen Wilderei, Krankheit oder bösartige Tiere und waren eigentlich sechzig oder siebzig Naturschützer, die die reichsten Wildreservate wie ihre Hosentasche kannten und sich voll und ganz für ihren Schutz einsetzten. Denys Finch Hatton, einer der erfahrensten frühen Berufsjäger, arbeitete eng mit Archie Ritchie zusammen, der sich bemühte, das Schießen aus dem Auto zu verbieten, das Töten überhaupt einzuschränken, das Fotografieren zu fördern und die Anzahl und Wanderungen des Wildes aufzuzeichnen. Ein Artikel und zwei Briefe, die er in den Dreißigern für »The Times« über die Mißstände in der Serengeti schrieb, waren vernichtend scharf und unheimlich prophetisch zugleich.
Löwen waren nicht nur die Opfer romantischer Blutgier, sondern wurden oft auch als »Ungeziefer« bezeichnet. Ich selbst konnte nie verstehen,

wie jemand, der das Glück hatte, ein Löwenrudel zu beobachten – und der auch nur ein kleines bißchen Sinn für die Natur, für Familienbeziehungen oder Schönes überhaupt hatte –, sie ernsthaft als Schädlinge bezeichnen konnte, die man wie Kaninchen oder Ratten ausrotten mußte. Ich war stets von ihrem edlen Auftreten begeistert und lernte im Laufe der Zeit zu unterscheiden, wie verschieden sie aussahen, wobei Ausdruck und Haltung oft ihren Charakter oder ihre Stimmung reflektierten.

Alle jungen Löwen werden mit Flecken geboren, vielleicht als Tarnung während der ersten gefährlichen Monate ihres Lebens – nicht einmal eins von vieren überlebt die Strapazen von Hunger, Durst, Krankheit und die Gefahr durch andere Raubtiere. Nach ungefähr einem Jahr beginnt die Mähne des männlichen Tieres zu wachsen; im Alter von zweieinhalb Jahren sind die weiblichen Tiere zum erstenmal läufig, die männlichen sind sechs Monate später geschlechtsreif. Eine voll ausgewachsene Löwin wie Elsa wiegt etwa hundertfünfunddreißig Kilo, große Männchen wie Boy und Christian noch einmal die Hälfte mehr.

Die Farbe eines Löwen kann von heller Staubfarbe über Sandfarben bis hin zu reichem Kastanienbraun variieren. Ich habe nie einen Albino oder weißen Löwen gesehen, obwohl ich von den weißen Löwen von Timbavati in Südafrika gehört habe und auch von dem von Melanismus befallenen Löwen in Tanzania, der fast ganz schwarz war: er muß ein furchterregender Anblick gewesen sein. Auch die Mähnen sind unterschiedlich. In den sehr heißen Gebieten im Norden Afrikas sind sie sehr dünn oder gar nicht vorhanden – vielleicht wegen der Hitze. In höheren Lagen, wo es kühler ist, werden sie üppig. Christians Vater aus dem Rotterdamer Zoo hatte eine dichte schwarze Mähne, die sich bis hinunter auf seinen Bauch fortsetzte. Zwei der vertrautesten wilden Löwen in Kora benannten wir nach ihnen Mähnen – »Schmuddel« und »Terrier«.

Außer diesen Merkmalen hat jeder Löwe seine typischen Feinheiten oder Eigenheiten, an denen man ihn erkennen kann, wie auch ein geübter Spurenleser sie an ihren Fährten unterscheiden kann. Es war jedoch mehr noch ihr Verhalten als ihr Aussehen, das ich an Löwen so liebte – die Gutmütigkeit der Löwinnen, bei denen eine die Jungen der anderen säugt und leckt, die Lebhaftigkeit und den Übermut der Jungen, die an den Schwänzen der älteren ziehen und sie ärgern, und die Wärme und Würde, mit der sie die Köpfe aneinanderreiben, wenn sie zum Rudel zurückkehren.

Ihr Freien und ihre Paarung waren amüsant und auch rührend. Wenn eine Löwin läufig und damit unruhig wurde, so bemerkte das sofort einer der Löwen. Die Löwin spürte sein Interesse, doch oft war Rückzug ihre erste

Reaktion. Wenn er ihr dann folgte, konnte es leicht passieren, daß sie die Pfote hob und nach ihm schlug. Jetzt war der Zeitpunkt für den Löwen gekommen, sich durchzusetzen – sich neben ihr zu voller Größe aufzurichten, zu knurren, sie mit der Pfote zu berühren, und sie schließlich zu besteigen. Manchmal stieß er dabei ein Geheul aus und kniff sie in den Hals, auch sie gab manchmal Laute von sich. Zwischen den Akten, die immer nur von kurzer Dauer waren, dafür aber tagelang wiederholt wurden, lag das Männchen geduckt und still da, während sie sich auf dem Rücken ausstreckte. Das waren die einzigen Gelegenheiten, bei denen ich Löwinnen habe schnurren hören.

In jenen Jahren vor dem Krieg gab es eine Menge Leute in Kenia, deren Bewunderung für Löwen ebenso groß wie meine war. Mervyn Cowie, ein Buchprüfer, der außerhalb Nairobis lebte, blickte auf so viele Löwenerlebnisse zurück und fand sie so faszinierend, daß er ihre Hilfe zur Erreichung seines größten Traumes in Anspruch nehmen wollte: die Schaffung von nationalen Schutzgebieten oder Wildreservaten, in denen Tiere vor der Jagd geschützt waren. Er war davon überzeugt, daß jeder maßgebliche Beamte, der ein Löwenrudel aus der Nähe beobachten konnte, für seinen Plan gewonnen wäre. Sein Problem war, daß trotz seiner Vertrautheit mit dem ansässigen Löwenrudel auch er nicht sicher sein konnte, sie jederzeit zu finden. Er entwarf daher den Plan, sie bei einem einsamen Baum zu füttern, der heute im Nairobi-Nationalpark steht. Nach einer Weile sah das »Lone-Tree-Rudel« dieses Gebiet als Zentrum seines Territoriums an. Der Gouverneur von Kenia wurde eingeladen, und die Schaffung des ersten Nationalparks war gesichert – obwohl der Krieg ausbrach, ehe die Bestimmung gesetzkräftig wurde.

Es bestand keine Gefahr, daß Enthusiasten wie Cowie und ich blind für die dunklere Seite des Wesens und Verhaltens der Löwen waren. Ihr Familienleben ist ganz und gar nicht so gemütlich, wie es an einem sonnigen Nachmittag in der Mara oder Serengeti aussieht. Wann immer Vieh oder auch Menschen gerissen wurden, mußte ich eingreifen. Menschenfressende Löwen haben immer zu Trugschlüssen und Legenden verführt. Hauptmann Charles Pitman, der berühmte Wildhüter Ugandas, mußte 1925 einem sensationellen Gerücht nachgehen: ein Paar Löwen hätte menschliche Siedlungen in der Nähe von Entebbe angegriffen und sei von einer Elefantenherde begleitet gewesen. Schließlich fand er die Wahrheit heraus: die Elefanten hatten begonnen, afrikanische Pflanzungen zu überfallen. Wann immer das geschah, schickte der jeweilige Häuptling seine Männer mit Trommeln und Dosen hinaus, um sie mit Lärm zu verscheuchen. Die beiden Löwen hatten gelernt, mit den Elefanten mitzugehen, in

der Hoffnung auf leichte Beute in der Dunkelheit und in dem Durcheinander.
Mancher Irrglaube über menschenfressende Löwen ist nicht totzukriegen und kann gefährlich sein, so zum Beispiel der, daß nur kranke, verwundete oder ältliche Löwen ohne Herausforderung Menschen angreifen und daß es ungefährlich sei, bei den Löwen im Busch zu nächtigen. Viele gute Männer, darunter Berufsjäger, sind in Afrika des nachts von Löwen geholt worden.
In der Gegend von Lalalei berichteten die Samburu einmal, daß in den vergangenen zwölf Monaten neun ihrer Männer von Löwen gefressen worden waren. Am Tag vor meiner Ankunft war ein Junge beim Viehhüten getötet worden. Ich ging zu dem Schauplatz und sah, daß drei Löwen durch die Herde gekommen waren, den Jungen um einen Busch herumgejagt und dann getötet und gefressen hatten. Es war ungewöhnlich, daß trotz all der vielen Kühe sie ausgerechnet ihn gewählt hatten. In jener Nacht bauten wir einen besonders stabilen Zaun aus Dornenzweigen, um das Vieh, die Esel und uns selbst zu schützen, doch eine Löwin versuchte einzudringen und ich erschoß sie. Zwei Stunden später wurde ich von den Eseln geweckt, und als ich mit einer Taschenlampe und meinem Revolver nachschauen ging, sah ich noch eine Löwin, die eindringen wollte. Ich leerte meinen Revolver, doch sie verschwand.
Der Wildhüter, der mir morgens meinen Tee brachte, deutete auf den Sand um meinen Schlafsack. Etwa fünfundvierzig Zentimeter neben meinem Kopf waren die Abdrücke eines weiteren menschenfressenden Löwen, was ich ziemlich beunruhigend fand. Drei Stunden folgten wir den Spuren, bis wir zu einem Gebüsch kamen. Wir durchkämmten es in einer Reihe, und gerade als wir am anderen Ende herauskamen, hörten wir vom linken Ende der Menschenkette laute Schreie und dann ein Knurren. Ich sah den äußeren Wildhüter unter einer Löwin zu Boden gehen, Sekunden später war der nächste Mann zur Stelle und gab einen Schuß in das Ohr des Tieres ab. Wir fürchteten, der Mann sei schwer verletzt, doch er war unversehrt und wurde von seinen Kollegen erbarmungslos ausgelacht, weil er geschrieen hatte. Wie die von der letzten Nacht, schien auch diese Löwin keinen physischen Grund zu haben, Menschen zu fressen, obwohl ich eine frische Wunde von meinen Revolverschüssen auf ihrer Brust fand. Den dritten Löwen, ein männliches Tier, verfolgten wir zehn Stunden lang, bis er schließlich die Geduld verlor und uns wütend anfiel. Auch er wies keine physischen Schäden auf, die sein furchtbares Verhalten gerechtfertigt hätten. Diese und ähnliche Erfahrungen überzeugten mich davon, daß es viel gefährlicher ist, einer

Löwin zu folgen – vor allem wenn sie verletzt ist –, als einem Löwen. Er knurrt und verrät damit sein Versteck; sie versteckt sich leise und knurrt erst, wenn sie bereits bei ihrem blitzschnellen Ansprung ist. Solch ein Knurren hätte leicht das letzte Geräusch meines Lebens werden können. Ich war droben in den Ndoto-Bergen und hatte zwei Dorobo-Wilderer gefangen, als die Samburu Hilfe gegen ein paar menschenfressende Löwen erbaten. Einen Vormittag lang saß ich in ihrem Dorf, während sie unterwegs waren, um die Löwen zu suchen. Dabei wurde ich Zeuge des Schauspiels, wie ein Elefant erst einen meiner Esel verjagte und dann einem Hirten den Schreck seines Lebens versetzte.

Da sich nichts tat, machte ich einen kleinen Spaziergang und bemerkte plötzlich nicht weit vom Weg entfernt eine Löwin. Ich war fast sicher, daß es sich um eine der Übeltäterinnen handelte und schoß. Die Löwin brach zusammen, raffte sich aber wieder auf und versteckte sich im hohen Gras. Obwohl ich auf einen Baum kletterte, konnte ich sie nicht sehen und sie reagierte nicht, als ich ein paar Steine warf. Ich machte mich auf, um Hilfe zu holen. Kaum hatte ich dem hohen Gras meinen Rücken zugekehrt, als ich ein dumpfes Knurren hörte. Ich wirbelte herum und schoß. Die Löwin aber kam weiter auf mich zu. Nicht sonderlich beunruhigt, drückte ich erneut den Abzug – doch die Waffe klemmte. Während die Löwin auf mich zusprang, drückte ich ihr den Gewehrlauf an die Kehle, doch sie schob ihn zur Seite wie einen Spazierstock. Instinktiv hob ich meinen Arm, um meine Kehle zu schützen, aber sie packte ihn und warf mich mit Wucht zu Boden. Dann hielt sie einen Moment inne und sah zu, wie ich aufstand und dabei versuchte, mit dem verletzten Arm mein Jagdmesser zu ziehen. Ich war völlig wehrlos, als sie wieder auf mich zusprang, mich am Oberschenkel packte und niederwarf. In dem Moment muß ich ohnmächtig geworden sein, denn ich erinnere mich nur, daß ich irgendwann zu mir kam und verschwommen mein Gewehr in ein paar Meter Entfernung liegen sah. Keine Spur von der Löwin. Ich nahm an, daß sie irgendwo hinter mir war und lag völlig reglos; ich wagte aus Angst vor einem neuen Angriff nicht einmal den Kopf zu drehen. Ich dachte: »So ist es vielleicht auch für ein Tier, von einem Löwen getötet zu werden – kein Schmerz, aber ein furchtbares Gefühl von Hilflosigkeit und Angst vor dem Ende.« Ich wartete und wartete auf die Löwin und merkte, wie mein Kopf unter der brennenden Sonne zu pochen begann. Als ich die Spannung nicht länger ertragen konnte, kroch ich ganz langsam auf das Gewehr zu, jeden Augenblick den tödlichen Sprung erwartend. Es schien Ewigkeiten zu dauern, ehe meine Finger die Waffe spürten, und ich schleppte mich damit in den Schatten eines Baumes. Gegen den

Stamm gestützt, gelang es mir, die verklemmte Patrone zu entfernen und eine neue einzulegen.
Die Löwin muß von meinem ersten Schuß so übel verletzt gewesen sein, daß sie sich zurückgezogen hatte. Ich gab daher in der Hoffnung auf Hilfe zwei Schuß in die Luft ab. Daraufhin erschien einer meiner Dorobo-Gefangenen, der kein Suaheli sprach. Da ich nicht einmal laufen konnte, wenn ich mich auf ihn stützte und die Waffe als Krücke benutzte, gab ich ihm durch Zeichen zu verstehen, er solle mehr Männer holen, um mich ins Dorf zurückzutragen. Diesmal erschienen einige Samburu, die mein Campbett als Trage mitbrachten. Inzwischen hatte ich angefangen, an Malariasymptomen zu leiden, wie das oft als Schockreaktion passiert, und sie waren so heftig, daß ich fast sicher war, an einer Kombination dieser Symptome und Sepsis zu sterben. Zum Glück hatte ich jedoch eine Flasche Sulfonamid-Tabletten dabei, die ich wegen eines entzündeten Fingers einnahm; eine Löwenwunde mag nach außen hin sauber aussehen und kann an der Oberfläche mit Desinfektionsmitteln behandelt werden, aber die Bakterien an Zähnen und Krallen führen schnell zu Brand unter der Haut. Ich kritzelte ein SOS an den Distrikt-Kommissar in Marsabit, solange ich noch bei Bewußtsein war.
Mitten in der langen nächsten Nacht gab es Unruhe unter den Eseln, und im Halbschlaf hörte ich meinen Reitesel Artemis, der bei meinem Zelt an einem Baum festgebunden war, erschrocken schnauben. Gleichzeitig riß die Kette, ein Elefant trompetete und ein dunkler Schatten tauchte vor meinem Zelt auf. Mein neben mir liegender Koch drückte mir ein leichtes Gewehr in die Hand und richtete mich an einer Zeltstange zum Sitzen auf. Ich kümmerte mich nicht um meine furchtbaren Schmerzen, hob die Waffe und schoß. Der Elefant schwankte und wurde am nächsten Morgen in ungefähr achtzig Meter Entfernung tot aufgefunden. Doch es dauerte nochmal fünf Tage, ehe Hilfe als Antwort auf meine Botschaft eintraf. Ich war am Rande der Bewußtlosigkeit vor lauter Schmerz und schrie laut, wann immer meine Verbände gewechselt wurden. Die Samburu schüttelten die Köpfe und verordneten Hammelfett, von dem ich wußte, daß es ihre Version der Letzten Ölung war.
Als er schließlich kam, tat mir der Distriktkommissar viel Ehre an. Da der Krieg gegen Italien unmittelbar bevorstand, hatte die Königliche Luftwaffe ein paar Bomber nach Kenia gebracht, die gegen das italienische Somaliland eingesetzt werden sollten. Davon schickten sie jetzt zwei, mit einem Ärzteteam ausgerüstet, um mich von der Landepiste Maralal abzuholen. Sie verluden mich wie eine Bombe und flogen mich nach Nairobi ins Krankenhaus. Es war mein erster Flug.

Der herannahende Krieg fiel mit der ersten ernsthaften Liebe meines Lebens zusammen. Ich war jetzt über dreißig, hatte ein zwar kleines, aber doch regelmäßiges Einkommen und meine Gedanken wandten sich der Ehe im allgemeinen und Juliette im besonderen zu, einer entzückenden Französin. Sie war Sekretärin im heutigen Mount-Kenya-Safari-Club. Wenn wir in Nairobi waren, trafen wir uns zum Mittag- oder Abendessen im Norfolk-Hotel, das gern von Nicht-Ansässigen besucht wurde. Die Vornehmen gingen ins Torr-Hotel, wo es auch Tanz gab, oder waren Mitglieder im Muthaiga-Club. Das Café unter dem Akazienbaum außerhalb des New-Stanley-Hotels (das ursprüngliche Stanley-Hotel war abgebrannt) wurde auch ein bekannter Treffpunkt, doch gegen sechs Uhr abends schwärmten die leichten Mädchen heran wie Flughühner zum Wasser.

Inzwischen hatte Abraham Block sein Saatgut und seine Matratzen so erfolgreich verkauft, daß er das Norfolk-Hotel kaufen konnte – angeblich für fünfhundert Pfund und einen brachliegenden Acker. Ich war mit Juliette dort, als ich Jack zum ersten Mal traf. Meine Freunde und ich sollten Jack in späteren Jahren noch viel zu verdanken haben. Eddie Ruben, ein guter Freund der Blocks, hatte auch seinen Weg gemacht. Er hatte seine Maultiere und Wagen gegen Lastwagen vertauscht und die größte Transport- und Lagergesellschaft in Kenia aufgebaut.

Leider wurde schließlich aus meiner Romanze mit Juliette doch nichts, und mir brach unsere Trennung fast das Herz. Auf meinen Safaris traf ich selten jemand von meinen eigenen Leuten, mit dem ich richtig reden konnte, und es kam schon vor, daß weltliche Gelüste mich überkamen. Ich zeltete oft an einem kleinen Fluß, zu dem die Frauen zum Waschen und Baden kamen. Zwei Mädchen gewöhnten sich an, mehr und mehr von ihren Reizen zu enthüllen, um meine Aufmerksamkeit zu erregen. Anderswo schienen die Mädchen eine Sammlung von Röcken zu haben, die bei jedem Treffen ein bißchen kürzer waren. Manchmal schaffte ich es nicht ganz, doch anstatt der Versuchung nachzugeben, nahm ich mein Gewehr und blieb draußen in den Bergen, bis die Mädchen oder ich die Lust verloren hatten. Meine Männer konnten das nicht verstehen und fragten, ob ich irgendein körperliches Leiden hätte. Schließlich ließ ich der Natur in Gestalt eines hübschen Nandi-Mädchens ihren Lauf. Unsere Beziehung dauerte nicht lange, da in Europa der Krieg ausbrach, was nach Italiens Eintritt unausbleibliche Folgen für Afrika hatte. Es schien mir unübertreffliche Arroganz der Kolonialmächte zu sein, zum zweiten Mal innerhalb von fünfundzwanzig Jahren Afrika in ihre europäischen Streitereien hineinzuziehen.

Im Krieg von 1914–18 hatte in Tanganyika eine deutsche Kolonialarmee unter dem Kommando des Generals von Lettow-Vorbeck einen brillianten und ungeschlagenen Feldzug gegen die britischen Kräfte in deren Kolonien Kenia und Uganda geführt. Beim Ausbruch des Zweiten Weltkrieges bereiteten die Briten sich darauf vor, die italienischen Armeen aus Italienisch Somalia und Eritrea zu vertreiben – und aus Äthiopien, das sie 1935 besetzt hatten.

Meine erste Kriegsaufgabe war außerordentlich unangenehm: Ich sollte mindestens tausend Zebras und Oryxs erlegen, die nach Meinung der Farmer das Grasland zu sehr beanspruchten. Nur hundertfünfundzwanzig Kilometer weiter nördlich waren die Turkana unterernährt und hungerten, und doch wurde kein Versuch unternommen, ihnen das Fleisch zu schicken. Zwei Jahre später, nachdem die Italiener in Ostafrika besiegt waren, wurden wieder zehntausend Tiere unnötig abgeschossen, diesmal mit der Ausrede, die Kriegsgefangenen müßten versorgt werden. Das Massaker wurde von einem privaten Kontraktor durchgeführt, und die Farmer waren nicht traurig darüber, denn die Vernichtung des Wildes ermöglichte es ihnen, tausende von zusätzlichen Quadratkilometern mit Mais zu bepflanzen. Der Verlust dieses Lebensraumes und so vieler Brutplätze versetzte manchen Tierarten einen Schlag, von dem sie sich nie erholten. Außerdem hatte die Ausbreitung von Waffen und Munition verheerende Konsequenzen für die Tierwelt Afrikas.

Ich bemerkte an mir selbst einen beängstigenden Nebeneffekt beim Töten von Tieren in diesen Mengen. Wie sehr ich auch dagegen war und verabscheute, was ich hier tat, so gab es doch eine Seite in mir, die beim eigentlichen Abschießen in eine Art Blutrausch verfiel. Das vermittelte mir eine Ahnung davon, wie mitunter Massaker aus noch so nichtigem Anlaß losbrechen können.

Als ich in dem entlegenen Provinz-Hauptquartier in Marsabit ankam, hörte ich von der ersten militärischen Operation. Die Gebäude waren gerade von den Italienern von Äthiopien aus bombardiert worden, und es hatte bei dem Gerenne nach Schutz in den Wald ein paar verstauchte Knöchel gegeben.

Mir lag sehr daran, in dem kommenden Feldzug mitzumachen, und schließlich wurde ich für den militärischen Nachrichtendienst eingezogen und nach Wajir geschickt, das die Basis für Operationen gegen die Italiener in Somalia war. Ich sollte unter den Somalis Geheimagenten rekrutieren und dafür sorgen, daß sie über Feindbewegungen Bericht erstatteten. Es stellte sich heraus, daß sie über die Stationierung der Soldaten peinlich genau berichteten, doch da sie keinerlei Ahnung von militärischem Gerät hatten, brachten sie Traktoren, Panzerwagen, Lastwagen und Panzer durcheinander, was zu einigen bizarren falschen Alarmmeldungen führte.

Ich selbst gab nur während einiger ereignisloser Patrouillengänge ein paar Schuß ab, doch wurde ich beim Vormarsch der Briten Zeuge einer heftigen Luftschlacht. Fünf Caproni-Kampfflugzeuge, die von vier Fiat-Fliegern begleitet wurden, warfen ihre Bombenlast ab. Gerade in dem Augenblick kam ein einsamer Hurricane-Kämpfer über den Busch geflogen und zielte genau auf die italienische Formation. Innerhalb von ein paar Minuten hatte er drei Bomber und ein Kampfflugzeug heruntergeholt.

Ich war nach Somalia gekommen, um Krieg zu führen, doch der Feldzug war so schnell vorüber, daß ich als Aufpasser zurückblieb. Ich mußte Plünderungen und sogar Morde verhüten, als die italienischen Farmer von ihrem Land und Besitz vertrieben wurden. Mein erstes Hauptquartier war die Villa des Marschalls Graziani, dem Oberkommandierenden der italienischen Armeen in Nordafrika. Das nächste war ein schönes neues Haus in einer Bananenpflanzung, das geplündert und mit Exkrementen beschmiert war. Das dritte war ein moderner, aber isolierter Außenposten in der Wüste bei den Somalis.

Ich habe da ein ganzes Büschel an Erinnerungen: Suchen nach versteckten Waffen und italienischen Deserteuren zu Kamel oder Kanu; eine Reihe Traktoren, die geräuschvoll aus dem Busch zurückkehrten, nachdem ich Erschießungen angedroht hatte für den Fall, daß ihr geheimnisvolles Verschwinden ungelöst bleiben würde; die Zudringlichkeit eines zahmen, verkrüppelten Straußes, der jeden Morgen durch mein Fenster um Nahrung bettelte; die Zuneigung eines sehr schönen Somalimädchens, das meinen einsamen Außenposten mit mir teilte und viele Nächte, die durch Schüsse, Explosionen und einmal durch einen fürchterlichen Krach gestört wurden. Erst am nächsten Morgen wurde mir klar, daß das letzte Getöse, das wir nach einem versoffenen Abend gehört hatten, von einem massiven Kronleuchter stammte, der ein paar Zentimeter neben meinem Kopf auf den Nachttisch gestürzt war. Meine Rolle als inoffizieller Polizist langweilte mich und ich fuhr auf Urlaub nach Nairobi, wo ich meine sofortige Entlassung beantragte, die zum Glück gewährt wurde.

Damals gab es noch zwei Frauen, die für das Bild Kenias von Bedeutung sein sollten: beide waren für ihr Aussehen, ihren Charakter und ihre Entschlossenheit bekannt. Die eine, Friederike Bally, sollte ich bald gut kennenlernen. Die andere, Diana, Lady Broughton, kannte ich vom Sehen – sie war so schön und so hart wie ein Diamant.

1942 redete ganz Kenia noch von dem Mordprozeß, der im Vorjahr stattgefunden hatte. Diana Broughton hatte eine glühende Liebesaffäre mit dem Grafen von Erroll, einem der ersten Mitglieder des »Happy Valley« am Rande der Aberdare-Berge. Erroll war ein gutaussehender Faschist mit viel Charme und auch ein berüchtigter Schwerenöter. An einem Abend im Januar 1941 wurde er an einer einsamen Straßenkreuzung außerhalb Nairobis in seinem Auto erschossen. Dianas Ehemann, Sir Delves Broughton, wurde des Mordes angeklagt.
Die nachfolgenden Ereignisse sind in einem neueren Buch »Die letzten Tage in Kenia« festgehalten und waren sehr seltsam. Während er auf seinen Prozeß wartete, mietete Broughton für seine Frau und sich ein Haus, das ihrem Liebhaber Graf Erroll gehört hatte. Es war eine exotische maurische Villa mit einer Kuppel und Schießscharten. Sie stand am Naivasha-See und war als Djinn-Palast bekannt. Als ich 1942 nach Nairobi zurückkehrte, war Broughton vom Gericht in Nairobi freigesprochen worden und allein nach England zurückgekehrt. Im Dezember verübte er in einem Hotel in Liverpool Selbstmord.
Seine Frau Diana war von ihren Freunden und Bekannten in Kenia immer mehr geschnitten worden, doch jetzt entschloß sich zur allgemeinen Verwunderung der bekannte Frauenfeind – und Besitzer großer Ländereien – Gilbert Colville, sie zu heiraten. Er kaufte ihr sofort den Djinn-Palast. Zwölf Jahre später gab es eine friedliche Scheidung: Diana heiratete den Vierten Lord Delamere, Sohn des Pioniers, der ein guter Freund Colvilles war und dessen Ländereien ebenso ausgedehnt war. Colville versprach, Diana den Djinn-Palast zu vermachen.
Im Laufe der Jahre wurde Diana Delamere allmählich zum Zentrum der kenianischen Gesellschaft, berühmt für ihre Schönheit, ihren Schick, ihre Partys, Pferderennen und die Großwildjagden, bei denen sie sich auszeichnete. Als Gilbert Colville 1966 starb, erbte sie den Djinn-Palast. Im gleichen Jahr kaufte meine Frau Joy das Haus daneben am Seeufer.
Man glaubt jetzt vielerorts, daß Sir Delves Broughton Lord Erroll doch ermordet hat und sich auch deswegen 1942 umbrachte. In jener Dezembernacht stellte ich eine Kamelkarawane auf und wollte mich auf den Weg nach Garissa machen, wo Willie Hale neuer Distriktkommissar war, der uns nach der Überquerung des Rudolf-Sees mit Ziegengulasch gefüttert hatte. Er und seine Frau Morna hatten mich zu Weihnachten eingeladen. Morna begeisterte sich für wilde Blumen und hatte noch ein anderes Paar eingeladen: den Schweizer Botaniker aus dem Museum von Nairobi, Peter Ball, und seine Frau Friederike. Es sollte das schicksalhafteste Weihnachten meines Lebens werden.

Kapitel 4

Joy

1942–1965

Das Licht schwand, und ich konnte das Schwatzen und Singen der Somalis und Ormas hören, als ich am Heiligabend durch Garissa kam. Die Männer trugen Speere und die Frauen ihre buntesten Tücher mit schimmernden Perlen, Armreifen und Muscheln. Sie waren fröhlich auf dem Weg zu einem weißen Haus in arabischem Stil, das oberhalb des Wassers stand, wo sie sich offenbar zu einem Festtanz versammelten.
Willie Hale verließ die Gruppe Leute auf dem Flachdach und lief die Außentreppe herunter, um meine Wildhüter mit ihren Kamelen zu ihren Rastplätzen zu dirigieren. Während ich mich in seiner Gästehütte wusch, erzählte Willie, daß außer seiner Frau Morna noch der Distrikt-Polizeikommissar da sei, der Veterinär, George Low und seine Frau. Peter Bally, der Schweizer Botaniker und seine Frau waren schon angekommen und hatten ihr Zelt in ein paar hundert Meter Entfernung aufgeschlagen und mit ein paar Längen Draht umzäunt, um Flußpferde und Elefanten fernzuhalten. Sie waren eindeutig unerschrocken oder töricht.
Als ich mich auf dem Dach zu den Hales gesellte – ihr hochbeiniges Bett mit dem Moskitonetz darüber stand am hinteren Ende –, dachte ich, daß wir wohl typisch für tausende andere kleine koloniale Partys seien, die mit kalten Getränken in den Tropen ein Fest feiern, von dem sich die meisten von uns an gebratenen Truthahn und Schnee erinnerten. Willie war zu recht stolz auf seine Bar: die kürzliche Eroberung Somalias hatte eine wahre Flut ausgezeichneter italienischer Weißweine ausgelöst, und es gab auch eine Anzahl starker, wenn auch unerfindlicher Spirituosen.
Der Polizist wußte zu Beginn des Abends nur wenig zu sagen, anders als George Low, der nie etwas gegen eine Party einzuwenden hatte. Die Ballys waren offenbar auch darauf aus, sich zu amüsieren. Peter mit seinem Monokel behielt eine gewisse Förmlichkeit, seine Frau jedoch, die er als Joy vorstellte und die sich als Österreicherin entpuppte, war ganz frei und unbefangen. Blond und schlank, trug sie ein glänzendes silbernes Kleid und schien gar nicht zu merken, daß ihre steigende Stimmung ihr merkwürdiges Englisch noch verstärkte.
Willie war ein amüsanter und gleichzeitig unbarmherziger Gastgeber:

sein Wein und die geheimnisvollen Spirituosen taten ihre Wirkung. Während unten der Festtanz – die »Ngoma« – in Gang kam, steckten Gesang und Tanz uns an. Einige der anderen gingen hinunter und tanzten im Mondlicht, während Joy und ich auf der Brüstung sangen. Von dem Moment an, als wir anfingen, mit den sich steigernden Schreien der Stammesleute um die Wette zu singen, läßt meine Erinnerung nach, und die letzten Ereignisse des Abends mußten am nächsten Morgen zusammengestückelt werden.
Joy war ehrlich genug zuzugeben, daß sie sich auf dem Rückweg zu ihrem Zelt ihr exotisches Kleid am Stacheldraht aufgerissen hatte. Daraufhin mußte ich gestehen, daß ich vollständig bekleidet mit den Füßen auf dem Kopfkissen aufgewacht war. Und schließlich verkündete Peter Bally, daß er und Joy begeistert von meiner Einladung wären, bei meiner Kamelsafari mitzureiten. Ich konnte mich nicht im geringsten daran erinnern, sie dazu aufgefordert zu haben und war ziemlich entsetzt. Ich wollte zum Boni-Wald, der angeblich ein sehr schwieriges Gelände war, und wollte ganz und gar keine Gesellschaft dabei haben – schon gar nicht eine frivole junge Dame aus Wien. Doch die Ballys waren so interessiert daran, daß ich fand, ich konnte sie nicht ablehnen, zumal sie ja auch Willies Gäste waren.
Sobald wir mit den Kamelen losritten, fing Joy in ihrem österreichischen Akzent sehr schnell zu sprechen an. Ich hörte, daß Peter Pflanzen für das Herbarium in Nairobi und für pharmazeutische Betriebe in der Schweiz sammelte. Joy hatte begonnen, sie zu malen, bestand aber darauf, daß sie nur Amateur sei. Peter jedoch sagte, ihre Bilder würden immer besser und Lady Muriel Jex-Blake, die Gartenexpertin Kenias, wäre so begeistert, daß sie Joy beauftragt habe, ihr nächstes Buch zu illustrieren. Als ich Joy fragte, wie sie zu ihrem englischen Vornamen käme, erwiderte sie, daß Peter ihre anderen Namen – Friederike Victoria – so schwierig und ihren Spitznamen – Fifi – so frivol gefunden habe, daß er auf Joy bestanden hätte.
Meine Zweifel über ihre Ausdauer waren schnell vergangen. Ihre geistige und körperliche Energie war erstaunlich, und ihre Kleidung vom Khaki-Sonnenhut bis zu den Segeltuchstiefeln untadelig. Obwohl sie nie vorher auf einem Kamel geritten war und ihr Gesäß bald wund und blutig war, klagte sie nie. Ich hatte jedoch andere und ernstere Bedenken. Innerhalb weniger Tage spürte ich eine wachsende Anziehung zwischen uns, die Joy zu ermutigen schien. Es kam für mich gar nicht in Frage, darauf einzugehen: Peter war mein Gast, und ich mochte ihn. Ich arrangierte daher, allein weiterzureisen, während die Ballys zu Willie Hale stoßen würden,

der bald mit einer eigenen Safari vorbeikommen würde. Mein Leben im Norden war so einsam und meine Begegnung mit den Ballys so zufällig, daß ich sie mir ganz aus dem Kopf schlug und mich darauf konzentrierte, Wilderer im Boni-Wald zu fangen. Da kein Wildhüter je vorher diese Gegend aufgesucht hatte und sie das Zentrum der Leoparden-Wilderei war, war ich außerordentlich erfolgreich und brachte eine Anzahl Wilderer zum Gericht nach Lamu. Lamu ist ein uralter Hafen, mehr arabisch als afrikanisch, mit weißverputzten Häusern, moslemischen Bewohnern und schwarzverschleierten Frauen. Indischer Einfluß vermischte sich in den Gesichtszügen der Menschen und in der Formulierung von Hinweisen mit englischem und arabischem. Vor einem Café hing folgendes Schild: »Dies Hygiene-Haus, kein Spucken oder anderer Schweinkram.« Der Distriktkommissar stand in dem Ruf, all seine Geschäfte flink zu erledigen und unerwünschte Eingaben mit einem seiner vier Stempel weiterzuleiten – »Polizeisache«, »Zollsache«, »Gottes Wille« oder »Deine eigene Angelegenheit«. Nachdem er morgens meine Gefangenen verurteilt hatte, lud er mich zum Mittagessen in sein Haus sein. Mit einigem Neid sah ich ein Paar Elefantenstoßzähne, die perfekt zusammenpaßten und jeder mehr als dreiundsechzig Kilo wogen. Ebenfalls an einer Wand befand sich ein riesengroßes, siebenhundert Jahre altes Horn, das aus einem einzigen Stoßzahn geschnitzt war und Siwa hieß.

Weitere sechs Monate vergingen, ehe Archie Ritchie mich nach Nairobi beorderte. Es gelang mir, ein Zimmer im Norfolk-Hotel zu buchen, wo ich meinen Pick-up vor meinem Zimmer parken konnte. Ich war überrascht, als mich beim Herauskommen Joy Bally ergriff und habe nie herausgefunden, woher sie wußte, daß ich dort war. Sie lud mich sofort für den nächsten Tag zum Tee ein. Ich zögerte, gebrauchte Ausreden, doch am gleichen Abend traf ich zufällig Peter, der die Einladung wiederholte. So nahm ich an, alles sei in Ordnung.

Am nächsten Nachmittag wurde ich herzlich und voller Zuneigung von Joy und ihrem grauen Terrier Pippin begrüßt. Ich schaute mich nach Peter um, sah aber keine Spur von ihm. Noch seltsamer für Nairobi war, daß kein einziger Hausangestellter in Sicht war. Bald wurden mir die Gründe klar. Joy sagte, daß sie trotz all ihres Übermutes zu Weihnachten sehr unglücklich sei. Sie und Peter waren sich einig, daß ihre Ehe nicht mehr funktionierte und hatten beschlossen, sich scheiden zu lassen. Joy fügte hinzu, daß sie vor meiner Ankunft in Garissa alle über mein knappes Entkommen aus meinen Löwen- und Elefanten-Abenteuern gesprochen hatten, und sie war der Meinung, ich sei genau der richtige Mann für sie. Unsere wenigen gemeinsamen Tage auf Safari hätten das bestätigt. Sie schaute mich mit ihren blauen Augen an und lächelte eine unausgesprochene Frage. Ich brauchte einige Tage, diese außergewöhnliche Situation zu begreifen, doch als ich mit Peter sprach, bestätigte er alles. Selbst dann zögerte ich noch, bis die Scheidung in Einzelheiten geplant war, ich mich Joys Charme hingab und mich rasend in sie verliebte.

Es folgte das bangste und schwierigste Jahr meines Lebens. Was immer die Moral und die Sitten des »Happy Valley« sein mochten, sie galten nicht für die Wildschutzbehörde und auch nicht für einige unserer Freunde. Außerdem hatte ich kein Geld, um für die Scheidung zu zahlen, und Joy hatte gar keine eigenen Mittel. Selbst als Peter, Erbe einer Schuhfabrik, sich bereiterklärte, alle gerichtlichen Ausgaben zu übernehmen, hatte ich noch berufliche Sorgen. Zum Glück kannte Archie Ritchie, der ein besonderes Interesse an Botanik hatte, sowohl Peter Bally als auch Muriel Jex-Blake und beide versicherten ihm, daß ich die Ehe nicht zerstört hätte. Er ging zum Obersten Chef und holte dessen Zustimmung, daß ich nicht entlassen werden würde, wenn es nach einer schnellen und verschwiegenen Scheidung eine ebenso diskrete Hochzeit gäbe.

Zwei Ehepaare waren Joy gegenüber besonders hilfsbereit, um die Mißbilligung vieler Freunde abzubauen. Eine Zeitlang hatten sie und Peter einen Bungalow im Garten von Louis und Mary Leakey gemietet. Sie verstanden Joys mißliche Lage, denn Louis war in Cambridge geächtet worden, als er sich von seiner ersten Frau trennte, um Mary zu heiraten. Dennoch hatten ihre Persönlichkeit und ihre Arbeit beträchtliches Gewicht in Kenia. Louis' Vater war Missionar bei den Kikuyu gewesen. Louis sprach ihre Sprache fließend, war anerkanntes Stammesmitglied und hatte eine Monographie über den Stamm geschrieben. Seine Ausgrabungen waren überall bekannt, und tatsächlich war Joy gerade dabei, auf dem Fußboden des Bungalows Knochenteilchen zusammenzufügen, als das Radio den Kriegsausbruch meldete. Louis trat sofort der Spionageabteilung bei und erhielt durch seine afrikanischen Kontakte so manche ungewöhnliche Information. Er wurde ebenfalls ehrenamtlicher Kurator des Museums von Nairobi. Dr. Jex-Blake und seine Frau Muriel waren auch noch treue Freunde. Ihre Wärme und Weisheit erinnerten Joy an ihre Großmutter, bei der sie die schwierigsten Jahre ihrer Jugend verbracht hatte. Bald nachdem der Krieg erklärt worden war, hörten Nachbarn, daß in Ballys Haus Deutsch gesprochen wurde und meldeten Joy der Polizei. Als Österreicherin wurde sie verhaftet und in den Aberdare-Bergen interniert – mit Pippin. Sobald die Jex-Blakes hörten, was geschehen war, rauschte Lady Muriel in das Büro des Gouverneurs und bestand auf Joys sofortiger Freilassung.

Joy wollte in dem Jahr, während sie auf die Scheidung wartete, in der Nähe meines Hauses in Isiolo zelten und wilde Blumen sammeln und malen. Doch obwohl der zuständige Beamte der Nordprovinz und seine Frau Freunde von uns beiden waren, hielten sie diese Idee für höchst unziemlich. Ich brachte daher Joy hoch zum Mount Kenya, wo sie ein systematisches Verzeichnis der Flora anlegen wollte. Sie campierte in über viertausend Meter Höhe in einer hübschen kleinen Lichtung, nahe dem Rand des Hochmoores, das bis zu den Gletschern und den sich auftürmenden schneebedeckten Gipfeln des Berges reichte. Zur Gesellschaft hatte Joy nur einen Koch, ihren Gewehrträger – und Pippin. Ihr Zelt stand neben einem idealen Baum mit geneigten Stamm, der leicht zu erklettern war, wenn Elefanten und Büffel durch das Camp zogen, was oft vorkam.
Wann immer ich von meinen Patrouillen fort konnte, fuhr ich zu Joy. Wir machten auf der Suche nach Pflanzen lange Spaziergänge durch das Moor oder saßen bis weit in die Nacht am Feuer und erzählten.

Sie war 1910 geboren. Ihr Vater, Victor Gessner, war Beamter, und der Familie ihrer Mutter hatte zweihundert Jahre lang eine Papierfabrik gehört, sie besaß außerdem große Ländereien in der heutigen Tschechoslowakei. Joys glücklichste Kindheitserinnerungen waren die von großen Familienfesten dort, wenn sie mit ihren Cousins in den Wäldern spielen konnte.
Ihre Mutter verließ ihren Vater, um einen anderen Mann zu heiraten, und nicht lange danach heiratete auch der Vater wieder. Joy war zwölf Jahre alt, und ich glaube, daß sie nie über den Schock und die Verzweiflung weggekommen ist, obwohl sie von da an bei ihrer Großmutter mütterlicherseits, ihrer Oma, lebte, die mehr als sonst jemand für sie bedeutete. Es muß etwas Grausames, oder wenigstens ungewöhnlich Kaltes an Joys Mutter gewesen sein. Als im Ersten Weltkrieg die Lebensmittel knapp waren, beendeten Joy und ihre Schwestern gerade ein seltenes und köstliches Ragout, als ihre Mutter ihnen mit einem Lächeln sagte, daß sie gerade Joys Lieblingskaninchen gegessen hätten.
Ihr ganzes Leben lang schien Joys Geist von einem Thema zum nächsten zu hetzten. Nachdem sie die Schule verlassen hatte, lernte sie Klavierspielen – worin sie brillant hätte werden können –, Schneiderei, Skulptur und Metallarbeiten. Sie war gerade zur Fotografie übergewechselt, als ihre Mutter anrief und sagte, daß ihr Vater, der in der Tschechoslowakei gelebt hatte, tot sei. Die Mutter fügte hinzu, daß die Ärzte an seiner Milz eine seltene Krankheit entdeckt hätten und diese nun in der Mediziner-

schule in Prag ausgestellt sei. Der Schock war tief. Joy hatte immer Angst vor dem Tod gehabt, und kurz nach dieser Nachricht begegnete sie seiner Wirklichkeit: ein Betrunkener lief vor die Räder eines Autos, in dem sie als Fahrgast saß, und wurde getötet. Der Anblick setzte sich in ihrem Hirn fest. Sie hatte einen Nervenzusammenbruch und schrieb später, daß sie selbst dem Tode nur knapp entronnen war – nämlich dem Selbstmord. Diese Erfahrung veranlaßte sie, Psychologie, Anatomie und Medizin zu studieren.

Joys Familie und Freunde aus jener Zeit haben mir erzählt, daß sie in diesen Jahren in Wien ungewöhnlich lebhaft und reizvoll gewesen sei, während sie doch im Innern so unglücklich gewesen sein mußte. 1935, als sie und eine andere Musikstudentin, Susi Hock, beide fünfundzwanzig Jahre alt waren, beschloß Susi, den glänzenden englischen Wissenschaftler Sir James Jeans zu heiraten, den Autor des Buches »The Mysterious Universe« und reiste sofort nach England ab.

Ein anderer von Joys österreichischen Freunden, Herbert Tichy, der bekannte Autor, Fotograf und Bergsteiger, erinnerte sich, daß im gleichen Jahr bei einer Party ein Mann auf ihn zukam, auf Joy zeigte und sagte: »Bitte stellen Sie mich diesem wunderbaren Mädchen vor: ich habe nie jemand wie sie gesehen, ich werde sie wohl heiraten müssen.« Victor von Klarvill hatte Erfolg: er und Joy heirateten noch vor Jahresende. Von Klarvill ging es finanziell gut – er und Joy reisten, gaben Gesellschaften und verbrachten amüsante Wochen beim Skilaufen in den Alpen. Doch er war auch Jude, und die Nazis drohten Österreich einzunehmen. Er und Joy hielten es daher für angebracht, einen anderen Ort zum Leben zu finden. Als Joy eine Fehlgeburt hatte, beschloß man, daß sie sich auf einer Schiffsreise nach Mombasa erholen und Kenia als möglichen Wohnsitz begutachten sollte. Ehe sie abreiste, schickte sie einem berühmten Wahrsager zwei Fragen: »Erstens, werde ich weiter dort leben, wo ich jetzt lebe? Und zweitens, werde ich Kinder haben?« Sie gab weder Name noch Adresse an, wollte jedoch die Antwort bei ihrer Rückkehr abholen.

Wie das Schicksal es wollte, war Peter Bally auf dem Schiff nach Mombasa. Seine Ehe war kürzlich geschieden worden und er plante eine Reihe botanischer Expeditionen in Kenia. Joy fand ihn so sympathisch und anregend, daß ihre Schiffsromanze das Ende ihrer Ehe mit von Klarvill brachte. Als Joy nach Österreich zurückkehrte, um ihm die Wahrheit zu sagen, öffnete sie den Brief des Wahrsagers. Er teilte ihr mit, daß sie in den Tropen leben würde und ihr Englisch aufpolieren sollte. Er sagte ihr auch, daß sie nie Kinder haben würde.

Joy, inzwischen Peter Ballys Frau, fuhr an dem Tag nach Afrika, als Hitler

Österreich besetzte, im März 1938. Unbeeindruckt von dem Wahrsager, hatten alle ihre Kleider breite Nähte, die man auslassen konnte. Mit Peter begann sie schon bald eine Art Safari-Leben, das so ganz anders als meins war. Einhundertfünfzig Träger schleppten ihre umfangreiche Ausrüstung zu den Chyulu-Bergen. Doch die Arbeit selbst bestand aus langen und anstrengenden Märschen, großer Konzentration und endlosen Arbeitsstunden. Joy hatte eine zweite Fehlgeburt. Es gab jedoch auch Trost. Durch Peters Ermutigung entdeckte sie ihr Talent, die gesammelten Blumen zu malen und wurde perfekt darin. Und dann schenkte Peter ihr Pippin, den kleinen grauen Terrier. Als sie ihre Arbeit in den Chyulus beendet hatten, stieg Joy mit Peter auf den Kilimandscharo und reiste dann mit einer Freundin in den Kongo. Inzwischen ahnte Joy, daß die geistige Verwandtschaft zwischen ihr und Peter doch nicht so groß war wie sie zuerst gedacht hatten. Wie sehr ihr Geist auch übereinstimmen mochte, ihre Charaktere und Energien vertrugen sich einfach nicht miteinander. Bald nachdem ihnen beiden dieses klar geworden war, trafen wir uns in Garissa.

Es war äußerst schmerzhaft, Joy in ihrem einsamen Lager am Mount Kenya zurückzulassen, und manchmal schrieb ich ihr lange Briefe, in denen ich meine Liebe in Worte faßte. Es war das einzige, was ich tun konnte. – Die meiste Zeit war sie völlig auf Nachschub und Hilfe eines der großen Exzentriker und Naturkundler Kenias, Raymond Hook, angewiesen, der sich am Berghang angesiedelt hatte. Er war ein klassischer Gelehrter, doch es gehörte zu seinen unorthodoxen Beschäftigungen, Pferde mit Zebras zu kreuzen, um Lasttiere zu produzieren, die in dieser Höhe arbeiten konnten und Geparden mit dem Lasso zu fangen, damit man sie abrichten konnte, mit Windhunden um die Wette zu laufen. An Joys letztem Abend lud er sie zum Bleiben ein. Sie fand sich hermetisch in seiner Hütte eingeschlossen, neben einem erstickend heißen Ofen, den sie nicht auszulöschen wagte aus Angst, die tropischen Fische umzubringen, die der Hausangestellte in einem Aquarium neben den Ofen stellte, als sie gerade zu Bett gehen wollte.

Bei ihrer Rückkehr nach Nairobi war Joy zunächst froh, daß ihre Scheidung durch war. Doch dann wurde sie plötzlich von Zweifeln gepackt. Vielleicht hatte ihr Selbstvertrauen sie in jenen kalten, nebeligen Monaten in dem einsamen Moorland verlassen; und wahrscheinlich hatte sie Angst vor einem dritten Fehler. Was immer ihre Gründe waren, meine Reaktion war eine Mischung aus Schmerz und Ärger: ich litt sehr und meine Existenz stand auf dem Spiel. Es gab da eine ironische Parallele

zum Liebesspiel der Löwen. Das Weibchen hatte Signale ausgeschickt und das Männchen hatte sie empfangen – und wurde nun mit Ablehnung bedacht. Es gab nur eins: Ich mußte mich durchsetzen und unsere Freunde um Unterstützung bitten.
Ein Jahr nach unserer ersten Begegnung heirateten Joy und ich. In Übereinstimmung mit der doppelten Moral der kenianischen Gesellschaft geschah es mit größter Diskretion im Büro des Distriktkommissars von Nairobi – nur zwei Zeugen waren anwesend. Es war eine schlichte Trauung auf afrikanischer Erde – ein in Indien geborener Ire heiratete eine Österreicherin, die einen Schweizer verlassen hatte. Beide besaßen wir nicht einen Pfennig.

Endlich konnte ich Joy mit nach Isiolo nehmen, der kleinen Stadt an der Grenze zur Nordprovinz, die seit fünf Jahren mein Zuhause war. Die breite Staubstraße verlief genau durch den Ort nach Norden zum Rudolf-See und nach Abessinien. Auf beiden Seiten der Straße standen Schuppen mit Lehmwänden und Blechdächern, eine Bank aus Beton, eine kleine Moschee und eine Bar. Somalis und Samburu mit Stöcken, Speeren und über der Schulter verknoteten Tüchern schlenderten umher. Die Alten, die Jungen und die Krüppel lungerten in der Sonne herum; sie verkauften Mais, Bananen, Eier, Kaninchen und Ziegenfelle – oder vielleicht auch hölzerne Kämme, Kupferarmreifen und Ledersandalen. Schafe, Ziegen, Hühner und Hunde liefen auf der Suche nach Nahrung durch Schmutz und Staub.
Ich wohnte immer noch in meinem strohgedeckten Haus gleich außerhalb der Stadt. Die Mauern waren mit Bougainvillea bewachsen und ich hatte auch Aloen und andere leuchtende Blumen gepflanzt. Die engstirnige Regierung wollte, daß ich in die Stadt nach Isiolo zöge, doch es gelang mir, ihr für den Bau eines neuen Hauses tausendfünfhundert Pfund zu entlocken, und George Low, der im Stadtrat war, half mir, die Genehmigung für Bauland drei Meilen außerhalb der Stadt zu bekommen. Um das Geld sparsam auszugeben, bat ich Terence, das Haus zu entwerfen und zu bauen. Er machte das ausgezeichnet und baute uns ein großes Wohnzimmer, in dem Joys Klavier und Staffeleien untergebracht waren und eine Werkstatt und einen Waffenraum für mich. Die sanitären Anlagen waren einfach: wir brachten Wasser in Fässern vom Fluß und filterten und kühlten es in Segeltuchbeuteln, die von der Dachrinne hingen. Unser Haushalt bestand aus einem Koch, zwei Hausangestellten und einem Pferdejungen, der sich um die Esel kümmerte. Da ich inzwischen für mehr als hunderttausend Quadratmeilen verantwortlich war, mehr als

Großbritannien oder Neu England, hatte ich jetzt knapp über dreißig Wildhüter. Endlich bekam ich auch einen Dreitonner-Lkw, der groß genug war, eine Patrouille samt Ausrüstung während einer mehrmonatigen Safari zu transportieren.
Bald nachdem wir uns eingerichtet hatten, mußten Joy und ich nach Nairobi zurück. Anstatt ins Hotel zu gehen, das wir uns nicht leisten konnten, zelteten wir am »Lone Tree« im heutigen Nationalpark. Freunde kamen zu einem Drink oder zum Essen heraus und konnten ein paar Meter entfernt die Tiere beim Grasen beobachten. Manchmal kamen sogar die Löwen – das Rudel, das Mervyn Cowie so geschickt dem Gouverneur vorgeführt hatte, um dessen Unterstützung für einen Wildpark zu gewinnen. Allerdings hatten die »Lone-Tree-Löwen« eine Krise heraufbeschworen. Familien waren am Wochenende herausgekommen und hatten sie wie zahme Löwen behandelt. Das mußte unweigerlich zu einer Tragödie führen, denn zu Beginn des Krieges hatte die Armee ein Depot in der Ebene eingerichtet, drei Soldaten waren abgehauen und die Suche nach ihnen hatte nur zwei Stiefel mit Inhalt zutage gefördert. Eine dringende Konferenz fand in der Wildschutzbehörde statt und ein anderer Wildhüter und ich wurde beauftragt, all die Löwen des Rudels zu töten. Es war ein schrecklicher Auftrag, und ich wünschte, Joy wäre nicht als Zeugin dabei gewesen. Um eine Menschenmenge zu vermeiden, warteten wir bis zum Einbruch der Dunkelheit und erschossen dann die Löwen so schnell wir konnten. Hinkend und blutüberströmt taumelte eine Löwin hinaus in die Nacht und ich mußte ihr nachjagen. Ich weiß, wie mir später zumute war, als über meine Löwen das Todesurteil verhängt wurde und kann mir vorstellen, was Mervyn durchgemacht haben mußte, als er die Nachricht hörte.
Um den bitteren Geschmack loszuwerden, nahm ich Joy auf eine Patrouille zur Küste mit. Wir fuhren durch den Boni-Wald, der an manchen Stellen so dicht war, daß wir nur anderthalb Kilometer pro Stunde schafften. Auf meiner vorigen Safari hatten wir hier einen Gefangenen verloren, jetzt sagte man mir, daß man seinen Leichnam in der Umschlingung einer Pythonschlange gefunden hätte. Als er auf die Schlange einstach, hatte er seine eigenen Gedärme mit durchbohrt. Als ich mich überrascht zeigte, daß die Schlangen sich an ein so großes Mahl wie einen Mann gewagt hatte, erzählte einer meiner Wildhüter, wie er einmal eine Python gesehen hätte, die versucht hatte, ein Kamel zu verschlingen. Ich glaubte ihm natürlich nicht, doch als ich das nächste Mal Terence traf, warf er mir einen vernichtenden Blick zu.
»Ich bin sicher, daß er nicht gelogen hat«, sagte mein Bruder. »Ich habe

eine Python um den Hals einer Giraffe gewickelt gesehen. Die Giraffe war erstickt, und im Fallen hatte sie die Python zerquetscht.« Ein Freund, der bekannte Jäger Syd Downey, erzählte mir später, daß er einmal gesehen hatte, wie eine Löwin vom Gewicht einer Giraffe zerdrückt worden war, die das Rudel gerissen und dann nicht gefressen hatte.
Aus dem Wald kamen wir zum Strand des Indischen Ozeans. Es war ein Paradies aus weißem Sand und blauem Meer, Palmen, Dhows und flüsternder Brandung. Joy war begeistert von den unzähligen Fischen, die wie Teile eines Regenbogens funkelten und in seltsam geformten Korallen umherschwammen, die lebendig und atemberaubend farbenprächtig waren. Joy hatte ihre Farben mitgebracht und malte Fische aus dem Gedächtnis, manche fing sie auch und skizzierte sie auf der Dhow im Schatten des Segels, ehe die leuchtenden Farben ausbleichen konnten.
Louis Leakey hatte einen Bericht umgehen lassen, wonach japanische Agenten durch Sprengungen Kanäle durch die Korallenriffs brachen, damit ihre U-Boote in die Häfen schleichen konnten. Als ich davon hörte, hielt ich es für einen weiteren Beweis seines seltsamen Humors, denn sobald Joy zum Kongo aufgebrochen war, hatte er die Grenzpolizei angerufen und geraten, Joy im Hinblick auf ihre Verbindung zu Österreich zu durchsuchen. Joy war ausgezogen und stundenlang festgehalten worden. Sie war bleich vor Wut und vergab ihm erst, als er sich später für seinen mißratenen Scherz entschuldigte. Doch die Fischer an der Küste bestätigten Louis' Warnung. Wie bizarr sie auch sein mochten, manchmal war es nicht klug, seine Berichte nicht zu beachten.
Joy wollte mir so gern den Kongo zeigen – das heutige Zaire –, daß wir dort meinen ersten Urlaub verbrachten. Sie fotografierte den König der Watusi und sammelte und malte eine rubinrote Orchidee, eine der seltensten in Afrika. Wir saßen rittlings auf dem Kraterrand eines gurgelnden, leuchtend roten Vulkans und kämpften uns durch einen Wald, um die Gorillas zu sehen. Dann besuchten wir die Zuchtstelle zahmer Okapis – Verwandte der Giraffen – und die Orte, an denen afrikanische Elefanten abgerichtet wurden – die einzigen zwei Stellen, an denen beides gelang.
Zurück in Isiolo, war es nicht immer einfach, mit Joy zu leben; sie war ruhelos in Körper, Geist und Seele. Es schien, daß ich oft am Ende eines glühendheißen Tages oder nach einer erschöpfenden dreiwöchigen Safari nur mit meiner Pfeife und einem Drink entspannen wollte: Sie wäre dann gern mit Pippin spazierengegangen oder hätte nach einer unerreichbaren Blume gesucht. Terence und sie verstanden sich nie so recht, doch sie respektierte sein botanisches Wissen und einmal rettete er die Situation, als er gerade unser Haus baute. Eines Tages war sie auf uns beide

nicht gut zu sprechen, doch dann führte er sie zu ein paar seltenen Sumpforchideen, nach denen sie jahrelang gesucht hatte – der Hausfrieden war gerettet.
Sie war enttäuscht, daß ich so selten klassische Musik hörte und erst viel später, als wir zusammen nach Europa auf Urlaub fuhren, verstand ich richtig die Tiefe ihres Gefühls für Malerei. Manchmal brach ihr Frust über meine Unfähigkeit, diese Seite ihres Lebens mit ihr zu teilen, in einem Schwall von Vorwürfen aus ihr heraus und ich fürchtete mich vor dem Gefühl, wie sie es kurz vor unserer Heirat gehabt hatte.
Auf jeder Safari war Joy ein unvergleichlicher Kumpel. Ihr flinkes Auge sah stets etwas Seltsames oder Schönes, und ihr schneller Geist dachte sofort über die Bedeutung nach. In Buffalo Spring bemerkte sie acht Zentimeter lange Tilapia-Fische, die in einem See schwammen, der von unten gespeist wurde und keinen Zufluß hatte. In der Nähe von Surima fand sie ein paar frühe, noch unentdeckte Felszeichnungen von Giraffen, Oryx und Flamingos – zu Louis Leakeys großer Begeisterung. Zwei farbenfrohe Fischarten im Natron-See, die sie fing, malte und für die Experten einsalzte, waren zuvor nur in Westafrika gesichtet worden. Am Rudolf-See sah sie, daß die Molo als Teller die Panzer einer Schildkröte verwandten, die vom Britischen Museum dringend gesucht wurde. Sie erwarb einige und schickte ein sehr schönes Exemplar nach England.
Pippin kam überallhin mit uns; oft saß er vor Joy im Sattel, während Maeterlinck, ein Mungu, aus einer Tasche schaute. Eine Zeitlang ritt Shocker, eine Servalkatze, auf einem der Esel. Als wir Egitoki zu uns nahmen, einen sehr jungen Büffelwaisen, gab das eine ziemliche Aufregung. Er blühte unter Joys Pflege auf und uns fiel nur ein Mann in Afrika ein, dem wir ihn anvertrauen konnten – Raymond Hook. Da das einen Marsch von mehr als hundertfünfzig Kilometer zum Mount Kenya bedeutete, machte Lembirdan für Egitoki eine Art Wiege aus Gras und setzte ihn auf eins der Kamele. Wir waren eine seltsame Karawane – ein reisender Haushalt mit Haustieren, Tierwaisen, Kamelen, Maultieren, Eseln und unserer Milchkuh mit ihrem Kalb. Zu Fuß kamen dann die Wildhüter und eine Handvoll Wilderer, die wir gefangen hatten.
»Wenn Egitoki erwachsen ist«, sagte Raymond Hook beim Abschied, »werde ich ihn mit einer meiner Kühe kreuzen.«
Ich kann mich nicht erinnern, daß Joy je aufgegeben oder über Strapazen geklagt hätte. Als wir nachts auf einem kalten und unfreundlichen Berggipfel liegenblieben, opferte sie ihre Gummisandalen, die in Streifen als Feueranzünder oder Fackeln verbrannt wurden, obwohl sie genau wußte, was das am Morgen für ihre Füße bedeuten würde. Wenn ihre

Temperatur in die Höhe schoß, wie das auf Safari öfter passierte, hielt sie sich auf einem Esel fest, während ich sie in nasse Decken wickelte und ins Camp zurückeilte. Sie wankte nicht und machte mir auch keine Vorwürfe, als ein Nashorn ihr Maultier angriff und sie auf die Erde geworfen wurde. Ich brachte ihr bei, zur Verteidigung eine Waffe zu benutzen – ihr Kopf war kühl und ihre Hand ruhig, als sie einmal in sehr schlechtem Licht einen Elefanten erlegen mußte.

Meist verschwand die Spannung, unter der Joy in Isiolo stand, draußen im Busch. Doch während mein Naturell – wie in meiner Familie üblich – im Busch völlig mit sich zufrieden war, war Joys Natur eine von jenen seltenen im Gen-Roulette – eine Natur, die viel Brillanz, aber auch viel Unglück mit sich brachte. Während eine Hälfte in ihr sich nach der Freiheit und dem Frieden der Wildnis sehnte, brauchte die andere Hälfte die Lichter, den Glanz und den Lärm einer Stadt. Während sie einen Teil der Zeit von Zweifeln gequält wurde, war sie zu anderen Zeiten geradezu unnatürlich zuversichtlich.

Wenn man sich ihr widersetzte, rannte sie manchmal hinaus in Busch oder Wald, allein und unbewaffnet, und lief dort stundenlang umher. Sie hatte eine unerbittliche Abneigung gegen meine Pfeife und meinen Whisky, beide Angewohnheiten nannte sie »extravagant«, und mein Trinken »maßlos«. Im Interesse des Hausfriedens brachte ich meinen Whisky über meiner Werkbank unter – zwischen Flaschen voll Methyl, Terpentin und Leinsamenöl. Eines Tages, als es mich ganz besonders nach einem Durstlöscher verlangte, nahm ich einen schnellen Schluck aus einer Flasche – und schrie auf vor Schmerz. Selbst ein kleiner Schluck Rostentferner nimmt einem die Haut von der Zunge! »Genau was der Arzt verordnet hat«, bemerkte Willie Hale oder einer seiner Freunde, »nach all dem Wasser, das Joy dich zu trinken zwingt.«

Der Krieg in Europa war seit einem Jahr vorüber, als Joy aus einem Brief erfuhr, daß ihre geliebte Oma gestorben sei. Dies löste eine Kettenreaktion aus, die in einer persönlichen Krise explodierte. Erneut stellte Joy jede Phase ihres Lebens in Frage, unsere Ehe eingeschlossen. Sie behauptete, daß jeder ihrer Liebhaber – und hier schloß sie den ersten ein, einen maskierten Apachen, mit dem sie zwei Wochen lang vom Künstlerball in Wien aus verschwunden war – sie im Stich gelassen habe. Sie war sehr verzweifelt und nach langem Reden beschlossen wir mehr aus Hoffnung als aus Verzweiflung, daß sie nach Europa reisen sollte. Sie sollte sich in London auf Depressionen behandeln lassen und bei ihrer Freundin Susi wohnen, der Frau des Wissenschaftlers und Schriftstellers Sir James

Jeans, den sie sehnlichst kennenlernen wollte. Ehe sie nach Kenia zurückkam, wollte sie dann noch ihre Familie in Wien besuchen.
Während der Behandlung in London hatte Joy beschlossen, einen Satz Schachfiguren aus Elfenbein zu schnitzen, der die verschiedenen Stämme Kenias darstellen sollte. Sie zeigte ihre Entwürfe dem Herausgeber der Zeitschrift »Geographical Magazine« und einem Maler, der sie zu Malklassen in die »Slade School of Art« schickte. Muriel Jex-Blake hatte sie auch dazu überredet, ihre Blumenbilder bei der Königlichen Gartenbaugesellschaft zu zeigen.
Joy wohnte bei Susi Jeans und war entzückt und angeregt von den improvisierten Konzerten, die es dort um die eigene Orgel herum gab. Am Ende eines besonders gelungenen musikalischen Abends war Joy allein mit Sir James. Ohne jegliche Warnung wurde er grau und brach zusammen. Ein paar Minuten später starb er. Zum zweiten Mal in ihrem Leben sah sich Joy einem plötzlichen Tod gegenüber, und diesmal unmittelbar nach dem Tod ihres liebsten Anverwandten. Ihre Mutter und Schwester wiederzusehen, hätte Joy helfen können, doch sie hatte ihrer Mutter nie verziehen, daß sie ihren Vater verlassen hatte; die Nazis und später die Russen hatten der Familie alle Besitztümer genommen, und der Besuch in Wien versetzte Joys Herzen einen Schock. Als sie nach Kenia zurückkam, war aus ihrer Depression fast ein Trauma geworden.
Wieder einmal brauchte sie den Trost, Rat und die medizinische Betreuung Dr. Jex-Blakes und seiner Frau. Ich wandte mich wieder einmal an Archie Ritchie auf der Suche nach moralischer Unterstützung. Es war der letzte seiner vielen Freundschaftsdienste, ehe er sich pensionieren ließ und Willie Hale seinen Posten als Oberster Wildhüter übernahm. Nach und nach überwand ich meinen Kummer und erinnerte mich an den Schwur, den ich geleistet hatte, als wir uns die Ehe versprachen: Was immer auch aus meinen Gefühlen für Joy werden mochte – ich würde mein Bestes tun, um sie glücklich zu machen und ihr ein guter Mann sein.
Obwohl der Besuch in Europa Schlag auf Schlag nur Katastrophen gebracht hatte, begannen sich wunderbarerweise Dinge zu rühren, die Joy dort in Gang gesetzt hatte. 1947 stellte die Königliche Gartenbaugesellschaft in London einige ihrer siebenhundert Blumenbilder aus und verlieh ihr die Greenfell-Goldmedaille. 1948, im Todesjahr meiner Mutter, veröffentliche Michael Huxley, der Herausgeber des »Geographical Magazine« einige der Skizzen für ihre Elfenbein-Schachfiguren und Fotos der Schnitzereien. Diese Anerkennung tat Joys Selbstvertrauen gut und ließ das Verlangen, die Stämme Kenias und ihre fantastischen Gerätschaften zu malen, wieder in ihr erwachen. Ihre Arbeit an der Slade-Schule und

eine schnell hingeworfene Skizze von mir – um zu zeigen, daß sie ein Gesicht ebenso gut wiedergeben konnte wie einen Straußenfeder-Kopfschmuck – führten zu einem Regierungsvertrag. 1949 wurde Joy beauftragt, zwanzig von Kenias Stämmen zu malen.

Die folgenden sechs Jahre, 1950–1956, brachten eine Wende, und zwar nicht nur für mich, sondern auch für Kenia und Großbritannien. Von jetzt an gingen Joy und ich oft getrennt auf Safaris. Es war vielleicht einsam, aber es war auch einiges vom früheren Druck weg. Joy rechnete aus, daß es eine Zeit gab, in der wir beide acht Monate lang keinen Europäer gesehen hatten. Heute wäre das unmöglich: die Flutwellen von Tourismus und Entwicklungshilfe haben ihren Gischt von weißen Gesichtern in die hintersten Ecken Nordkenias gesprüht, in die wir damals reisten.

Als Joy die dritte Fehlgeburt ihres Lebens hatte, akzeptierte sie endlich die Prophezeiung des Wahrsagers. Ich hatte immer schon das Gefühl gehabt, nicht zur Vaterschaft zu taugen, deshalb war das Gefühl eines Verlustes nicht so groß wie vielleicht bei anderen Paaren. Da Pippin gestorben war, nahm Joy jetzt einen Klippschiefer namens Pati zu sich, der ihr unzertrennlicher Reisegefährte wurde. Obwohl Joy zu vielen ihrer Malreisen nur mit Pati und einem Polizisten aufbrach, kam sie mit mir, sobald ich etwas bei Stämmen wie den Turkana, Somalis oder Boran zu erledigen hatte.

Während der nächsten zwei Jahre waren die Turkana im rebellischen Zentrum eines Dramas. Sie sind Nomaden, deren Leben immer davon abgehangen hatte, dem Regen zu folgen, der für Grasland sorgte und ihre Herden tränkte. Ihre alljährlichen Wanderungen führten sie vom Ufer des Rudolf-Sees westlich nach Uganda und zurück zum See. Als die kolonialen Grenzen gezogen wurden, nahm ihnen die Regierung von Kenia nicht nur die Waffen ab, sie versperrte auch die Route nach Westen. In der Folge waren die Turkana wehrlos gegen die mörderischen Eindringlinge aus dem Sudan im Norden und brauchten verzweifelt anderes Weideland. Sie wählten die einzig logische Lösung und zogen nach Süden.

Alarmiert, daß die fruchtbaren Herden dieser unglücklichen Nomaden die Weiden der anderen, einschließlich der europäischen Siedler, verwüsten könnten, beschloß die Regierung in Nairobi ihre Ausweisung und Zwangsrückkehr zu dem kargen Land um den Rudolf-See herum. Ich sollte bei der Planung des großen Trecks helfen, da ich alle möglichen Routen kannte und soviel Zeit mit diesen Leuten verbracht hatte. Die Turkana, ebenso stolz wie hart, waren natürlich wütend und widerspenstig: ihre besten Zauberer hatten vorausgesagt, die Rückwanderung würde nie stattfinden. Ich hoffte, sie hatten recht.

Dennoch wurden detaillierte Vorbereitungen getroffen. Nach zwei Jahren Planung kam der große Tag und ich wartete den ganzen Morgen auf George Low, den Tierarzt der Regierung, der das Startzeichen geben sollte. Doch sobald ich ihn sah, wußte ich, daß etwas nicht stimmte. Er hatte Maul- und Klauenseuche entdeckt: der Treck wurde abgeblasen. Innerhalb einer Stunde ernannten die Zauberer George zum Helden und begannen auch gleich einen Festtanz zu seiner Ehre. Die Rückführung fand nie statt.

Später im Jahre 1951 wurde die gehobene Stimmung der Turkana durch die Leiden der Somalis gedämpft. Im Lorian-Sumpf gab es eine verheerende Dürre und Abdi Ogli, ein Somali-Ältester, schickte verzweifelt nach mir. Wo der Uaso-Nyiro-Fluß durch den Sumpf geflossen war, waren zwölf Kilometer verläßliches Tränkland verschwunden. Vierzigtausend Stück Vieh waren am Verdursten oder bereits tot, die Geier waren so vollgefressen, daß sie kaum vom Boden hochkamen; und Elefanten, die verrückt nach dem Wasser in sechs Meter Tiefe waren, griffen täglich die Menschen und ihre schwindenden Herden an. Joy beschrieb, was wir vorfanden, als wir den Sumpf erreichten und uns im Dunkeln einem der Elefanten näherten, die den ebenfalls hungernden Somalis gegenüber besonders aggressiv geworden waren:

»Wir erreichten den Kopf eines Kamels, der Rest seines Körpers war im Schlamm begraben. Allem Anschein nach war es tot, es war sechsunddreißig Tage lang der Sonne ausgeliefert gewesen. George berührte seinen Kopf und langsam öffnete es die Augen und flehte um einen Gnadenschuß – den George ihm gab.
Wir kamen dem Elefanten so nahe, daß nur ein Brunnen zwischen uns lag. Während er in der Luft nach dem Geruch von Wasser witterte, machte ich die Taschenlampe an. Dann schoß George, es folgte ein Krachen und der Bulle fiel. Als wir den Kadaver untersuchten, fanden wir ein Schaf darunter begraben – es war zu schwach zum Weglaufen gewesen.«

Trotz all der Bemühungen der britischen Verwaltung – und die große Mehrheit ihrer Beamten kümmerte sich sehr um die Leute, für die sie verantwortlich waren – waren die Paradoxe des Kolonialismus oft grausam, und es war schwierig oder gar unmöglich, die Logik der Herrschenden mit der der Beherrschten zu vereinbaren. Die durstenden Somalis wurden von der Dürre geplagt, weil sie nicht die Initiative aufbrachten, einen anderen Wasservorrat in nur hundert Kilometer Entfernung zu nutzen. Wenn die hungernden Stämme dagegen sich eigenmächtig mit Fleisch versorgt hatten, mußte ich ihrem Töten ein Ende bereiten. Die Dorobo benutzten Gruben, Wurfspeere und kurze Bögen, die Boni verwandten lange Bögen, die Turkana bauten teuflische Schlingen, jagten mit Hun-

den und töteten ihre Beute mit Speeren; obwohl das alles illegal war, konnte ich es nur schwer verurteilen, wenn sie wirklich Hunger litten. Nur die Boran waren unverbesserliche Wilderer. Kein Boran durfte sich Mann nennen, bis er nicht seinen Speer mit Blut benetzt hatte. Ehe die Engländer kamen, erbrachte das Blut einer Frau einen Punkt, das eines Mannes zwei. Jetzt jagten sie Giraffen vom Pferde aus, machten Sandalen und Wassereimer aus der Haut; nach einem aufpeitschenden Festtanz verfolgten sie mutig das gefährlichste Wild wie Löwen und Büffel zu Fuß; und aus lauter Spaß jagten sie Elefanten. Leider töteten sie ohne Rücksicht auf Alter oder Zustand. Ich mußte drastische und sofortige Maßnahmen ergreifen, als sie sechzehn Kälber aus einer Elefantenherde töteten und dreißig Mütter und Jungtiere einer anderen, die durch die Dürre lethargisch und schwach waren.
Die Turkana, Somalis und Boran brachten nur drei der Probleme ans Licht, die Afrika heute noch belasten: Ablehnung des Eindringens des weißen Mannes; die Unfähigkeit, mit den Naturgewalten fertig zu werden und – was sich immer schneller nähert – das Ende des Wildreichtums. Tagein, tagaus, wohin sie auch ging, notierte Joy die Gestalten, Geräte und Sitten dieses Landes, wohl wissend, daß Unzufriedenheit mit der Vergangenheit und Wandel im Zeichen des Fortschrittes die Stammessitten und Traditionen bald wegfegen würden.
Im Februar 1952 kamen Prinzessin Elizabeth und Prinz Philip nach Kenia. Während einer Nacht in »Treetops«, einer in die Bäume gebauten Beobachtungs-Lodge an einem Wasserloch in den Aberdare-Bergen, starb ihr Vater und sie wurde Königin von England. Es ist unwahrscheinlich, daß sie von den schwärenden Unruhen wußte, doch selbst während sie in jener Nacht aufsaß und auf die Elefanten, Büffel, Nashörner und zwei kämpfende Wasserböcke herabblickte, waren Mau-Mau-Rebellen dabei, ihre Regierung zu stürzen. Sobald im Oktober ihr neuer Gouverneur, Sir Evelyn Baring, in Kenia eintraf, mußte er den Notstand erklären und die Verhaftung der mutmaßlichen Anführer anordnen, einschließlich des formidablen Jomo Kenyatta.
Kenyatta war, wie die Mehrheit der Mau-Mau, ein Kikuyu, doch seine Mitwirkung an ihren obszönen, sadistischen und mörderischen Tätigkeiten wurde abgestritten und nie bewiesen. Louis Leakey, dessen Warnung vor einer bevorstehenden Revolte von einem früheren Gouverneur ignoriert worden war, war der offizielle Dolmetscher des Prozesses. Es ist behauptet worden, daß an der Fairneß der Verhandlung gezweifelt werden mußte, doch ob das nun zutrifft oder nicht, Kenyatta wurde in die Wüste nach Lokitaung im Norden Kenias verbannt.

Im folgenden Jahr, zur Zeit der Krönung der Königin, fuhren Joy und ich durch die Sahara zum Mittelmeer und dann durch Spanien, Frankreich, Italien, Österreich – wo wir Joys Familie besuchten – nach England. In Paris verlor Joy ihre Beherrschung und lief in ihrer sensationellen Art davon, diesmal aus dem Auto heraus, mitten im Verkehrschaos. Ich sprach kein Wort französisch und hatte nicht die leiseste Ahnung, wie unser Hotel hieß, so mußte ich im Kreis fahren – ohne die hilfreichen Angebote etlicher junger Damen anzunehmen –, bis ich im Morgengrauen eine mir bekannte Gegend entdeckte.

In England hatte Joy offenbar verschiedene Zuhörerkreise mit den Beschreibungen ihrer Stammes-Erfahrungen beeindruckt: Alter, Verstümmelungen, Opfer, Beschneidungen von Männern und Frauen und Zauberkunst schienen besonders für Frauenvereine interessante Themen zu sein. Doch Joy suchte nach einem Herausgeber für ihre Fotos und Bilder von den Stämmen – vergeblich.

Als wir nach Kenia zurückkehrten, hatte der Mau-Mau-Notstand neue Höhepunkte an Spannung und Gewalt erreicht. Ich stellte mich freiwillig zur Verfügung und meine wichtigste Aufgabe war es, Patrouillen in den Aberdare-Bergen auszubilden: Ich versuchte, ihnen die Grundbegriffe des Spurenlesens zu vermitteln und wie man sich geräuschlos im Wald bewegt. Der einzige Gefangene, den ich je sah, war ein verletzter Gruppenführer, den meine Männer gefangen hatten. Einmal wurde ich losgeschickt, um dem Gerücht von Mau-Mau-Aktivitäten am Tana-Fluß nachzugehen: es stellte sich als völlig unbegründet heraus, doch ich stieß auf einige bisher nicht verzeichnete Wasserfälle.

1954 erhielten wir die Nachricht von den wohl scheußlichsten Greueltaten der Mau-Mau. Eine Gruppe ging in das Haus von Louis' Cousin, Gray Leakey, und erwürgte seine Frau. Dann ergriffen sie Gray, der fast siebzig war, dazu Diabetiker und taub, gruben ein Loch und begruben ihn mit dem Kopf zuerst, vermutlich bei lebendigem Leib.

Es vergingen nochmals zwei Jahre, ehe der Aufstand beendet war. Sechsundzwanzig Asiaten, neunzig Europäer und tausendachthundert »loyale« Afrikaner waren gestorben. Etwa elftausendfünfhundert afrikanische »Terroristen« waren von den Sicherheitskräften getötet worden. Die Gewalttätigkeiten beschränkten sich so deutlich auf das Kikuyu-Gebiet, daß Joy während der ganzen Notstandszeit weiterhin ihre Stammesbilder malen könnte. Sie malte sogar einen Mau-Mau-Gefangenen, der typisch in einen alten Armee-Mantel gekleidet war und einen schäbigen Filzhut trug. Er schwatzte und rauchte, während sie ihn malte, doch zu ihrem Entsetzen wurde er hingerichtet, sobald das Bild fertig war.

Die Kikuyu verloren diesen Kampf, doch waren sie dabei, den Kampf um Freiheit zu gewinnen und die erste unabhängige Regierung ihres Landes zu bilden. Es ist ironisch, daß sie zwar auf die geheimnisvollsten Rituale, Eide, Flüche und Kleidung zurückgreifen mußten, um die Revolte zu mobilisieren, nun aber entschlossen waren, den Symbolismus und die Stammestraditionen abzuschaffen, die Joy in ihren Bildern festgehalten hatte. Joy war sich ganz und gar nicht sicher, ob ihre Bilder bleiben dürften, wenn die neuen Männer ans Ruder kamen.

Die Mau-Mau-Bewegung verlangte viel Kraft vom Gouverneur, Sir Evelyn Baring, der seine Kraft stets aus der Natur geschöpft hatte – beim Bergsteigen, Segeln, Fischen und dem Beobachten von Afrikas Wild. 1955 bat er mich, ihn und seine Familie zum Fischen zum Rudolf-See zu bringen. Joy malte ihm eine Karte der Nordprovinz mit Randzeichnungen der Stammesleute, des Wildes, der Vögel und der Fische, die er zu fangen hoffte.

Sobald er abgereist war, machten sie und ich uns heimlich, in einem viereinhalb Meter langem Boot mit Außenbordmotor, auf eine verbotene Reise zur Südinsel. Wir verbrachten einige faszinierende, aber außerordentlich unbequeme Tage und Nächte damit, die Geheimnisse der Insel zu erforschen. Wir entdeckten Überbleibsel von Dyson und Martin, den Wissenschaftlern, die unmittelbar vor unserer Überquerung im Jahre 1934 ertrunken waren; eine Herde von zweihundert Ziegen, Buchten voller Krokodile extremer Länge und Schwärme von Nilbarsch in solchen Mengen, wie ich sie nie sonst gesehen habe – viele von ihnen wurden aus Platzmangel an die Wasseroberfläche gedrückt, während sie um einen Platz an der rosafarbenen Substanz kämpften, die die Felsen bedeckte. Obwohl unsere Rückkehr zum Festland sich durch schlechtes Wetter verzögerte und unsere Ankunft selbst uns unbekannt war, wurden wir von einer Gruppe von Leuten empfangen. Ein Rendille-Mädchen, das das zweite Gesicht hatte, hatte ihnen gesagt, wann und wo sie uns treffen könnten. Der Provinzkommissar von Isiolo hätte ihre Dienste gut gebrauchen können. Von unserem Verschwinden aufgeschreckt, hatte er nicht nur die Polizei und eine Luftpatrouille alarmiert, sondern – einem Gerücht nach, das Joy gehört hatte – sogar zwei Gräber auf dem Friedhof in Nyeri reserviert. Wenn wir sie gebraucht hätten, wären Joys Bilder von den Blumen und Menschen als Vermächtnis in dem von ihr gewählten Land verblieben. So jedoch entstieg sie den Wassern des Rudolf-Sees, um ein anderes Abenteuer zu beginnen, das Kenia ein noch bemerkenswerteres Vermächtnis hinterließ.

Kapitel 5

Der erste der Freien

1956–1963

Niemand weiß mehr über Gewalt und plötzlichen Tod in Kenia als der Arzt Michael Wood. An einem Wochenende folgte er einem Notruf und flog mit seinem kleinen Privatflugzeug zum Rudolf-See, wo ein Turkana beim Kampf verletzt worden war. Aus diesem einen Flug entstand der »Fliegende Arzt«, der jedes Jahr in ganz Ostafrika tausende von Menschenleben rettet. Ohne ihn wären ich und etliche andere, die hier in Kora leben, sicher schon tot. Michael kennt die Wüsten um den See herum und hat dort viel gearbeitet, um Turkana zu retten, die von Löwen verletzt worden waren. Er sagt, daß manchmal die Hälfte der Betten in den kleinen Krankenhäusern des Nordens mit Löwenopfern gefüllt sind. In einem Land, das nur noch so wenig Wild hat, gibt es ständig Kämpfe zwischen den Hirten und den Löwen. Ich bin sicher, daß das der Grund für die verwunderten Blicke der Turkana war, als Joy und ich das nächste Mal gemeinsam zum See kamen, denn wir wurden von einer großen Löwin begleitet, die in der Mittagshitze oft Joys Campbett teilte. Diese Löwin sollte später die berühmte Elsa werden.

Achtzehn Monate vorher, im Februar 1956, hatte ich Elsas Mutter erschossen. Kaum war sie tot, hörten wir schwaches Wimmern aus einer Felsnische, die sie offenbar verteidigt hatte. Mit einem gebogenen Stock zogen wir drei winzige Löwenjunge ans Licht.

Ich kannte ja Joys Hingabe zu den verschiedenen Tierwaisen, die sie aufgenommen hatte und nahm die Jungen mit zum Camp. Joy ließ ihr Bild halbfertig stehen und übernahm sofort die kleinen Löwen; sie fütterte sie mit einem Schnuller, den ich aus einer Zündkerze improvisiert hatte. In Isiolo bauten wir ihnen einen Drahtverhau neben dem Haus. Zu unserer Überraschung akzeptierte Joys Klippschliefer Pati, den sie seit sechs Jahren hatte und der auf frühere Rivalen – Mungos, Erdhörnchen und Buschbabies – bitterlich eifersüchtig gewesen war, die kleinen Löwen sofort und tobte mit ihnen herum. Das taten sie furchtbar gern, vor allem mit Kindern, und sie erprobten ständig ihre Kräfte. Schon in frühem Alter zeigten sich viele Instinkte. Sie fingen an, Decken ins Maul zu nehmen und umherzuschleppen, wie sie später ihre Beute wegzerren würden. An

jedes neue Opfer schlichen sie sich vorsichtig von hinten an. Außerhalb ihres Käfigs wurden sie immer übermütiger und lernten bald, uns mit einem kräftigen Hieb ihrer Pranken umzuwerfen.
Wie es Pati nicht im geringsten störte, daß ihre Schützlinge viel größer wurden als sie selbst, so waren die Löwenjungen auch ganz und gar nicht von den Eseln eingeschüchtert. In breiter Front griffen sie sie an und jagten sie in die Flucht, ehe sie ihre Taktik änderten und ins Anschleichen verfielen. Gesellig und neugierig, gefiel es ihnen gar nicht, am Ende des Tages von der Veranda verbannt zu werden und sie drückten ihre Nasen platt, um zu starren und zuzuhören, wenn wir uns zum abendlichen Drink hinsetzten. Als sie sich eines Tages zurückhielten, wußte ich, daß etwas nicht stimmte und ging nachschauen. Wieder einmal hatten sie ihrem Instinkt gehorcht: eine rote Brillenschlange glitt am Fuße des Drahtverhaues entlang.
Der Zeitpunkt des Erscheinens der Löwenjungen war für Joy ideal. Bis jetzt war ihre Energie fast ausschließlich von der Malerei in Anspruch genommen worden. Sobald sie ihre Stammesbilder der Regierung übergeben hatte – zum Schluß waren es mehr als fünfhundert –, fing sie an, sich mit Schreiben und Fotografieren zu beschäftigen. Nach unserer Rückkehr von der heimlichen Fahrt zur Südinsel schrieb sie fünf verschiedene Fassungen unseres Abenteuers und schickte sie mit fünf verschiedenen Sätzen von Fotos an fünf Zeitschriften. Sie alle veröffentlichten die Geschichte, einschließlich der Zeitschrift »Royal Geographical Society« in London. Joy erledigte all ihre Arbeiten methodisch und numerierte ihre Negative und Kontaktabzüge sorgfältig für später. Sie begann auch ein Album ausschließlich mit Löwenbildern zu führen. Es war in Löwenhaut eingebunden – eine Ironie, die ihr zunächst entging.
Willie Hale, der Oberste Wildhüter, hielt ein wachsames Auge auf die Löwenjungen. Er war erst ganz zufrieden gewesen, als Lyn Temple-Boreham seine beiden jungen Löwen Caesar und Brutus unten in der Mara großgezogen hatte, denn obwohl sie gewaltig groß geworden waren, waren sie nicht gefährlicher als Cocker-Spaniels. Doch wie Hunde waren sie leider verspielt, und als sie Willie umwarfen und sich auf ihn setzten, wurden sie in einen Zoo verbannt. Ich wußte von diesem Vorfall und da wir nicht alle unsere Löwenjungen verlieren wollten, stimmten Joy und ich schnell zu, als Willie sagte, daß wir zwei davon wegschicken müßten.
Wir beschlossen, den kleinsten zu behalten, den Joy Elsa getauft hatte – nach Ballys Mutter – und planten die Übersiedlung ihrer Geschwister in den Blydorp Zoo in Rotterdam. Joy brachte sie zum Flugzeug nach Nairobi, und während sie fort war, begleitete Elsa mich bei meiner Arbeit

und meinen Spaziergängen in den Busch. Ich hatte keine Ahnung, wann Joy zurückkommen würde, wohl aber Elsa. Eines Nachmittags weigerte sie sich, von dem Tor an unserem Haus wegzugehen. Ein oder zwei Stunden später kam Joy angefahren. Das war meine erste Erfahrung mit der »telepathischen« Kraft der Löwen.

Elsa zerdrückte Joy fast vor Wiedersehensfreude, denn obwohl unser Gärtner Nuru sich treu um das Löwenjunge gekümmert hatte, war es Joy, bei der Elsa Zuneigung und kleine Leckerbissen suchte. Wenn sie ängstlich oder müde war, nuckelte sie an Joys Daumen und knetete ihre Schenkel, als ob sie bei ihrer Mutter nach Milch suchte. Es brach uns fast das Herz, sie nach ihren Schwestern suchen zu sehen, und während sie mit diesem Verlust fertig wurde, ließen wir sie auf unserem Bett schlafen.

Inzwischen begannen wir, ihre Erziehung für das Leben in der Wildnis zu planen, denn Joy und ich waren uns einig, daß sie nicht in einem Zoo enden sollte. Trotz all meiner Jahre als Wildhüter und meinem besonderen Interesse an Löwen, wußte ich nicht wirklich, wie wir unsere selbstgestellte Aufgabe in Angriff nehmen sollten. Soweit ich wußte, hatte nie zuvor jemand so etwas versucht. Es würde ein Programm voller Anstrengungen und zweifellos Fehler sein, und wir würden bald im Busch damit anfangen müssen.

Als erstes nahmen wir Elsa auf eine Camping-Safari zum Ufer des Uaso-Nyiro-Flusses mit. Zu Hause war sie einmal in ein Nashorn hineingerannt und war mit einer Giraffenherde befreundet, doch nun war sie im Paradies. Sie jagte Mungos um ihren Bau in einem alten Termitenhügel herum, schlich sich an eine Familie fledermausohriger Füchse heran, ärgerte die Paviane und wurde von ihnen geärgert und von einem Schwarm Geierperlhühner gejagt. Als sie einmal fünfzig Giraffen aufgespürt hatte, arbeitete sie sich um sie herum, so daß sie sie wittern konnten und instinktiv auf uns zu rannten: wahrscheinlich hatte Elsa uns für gescheit genug gehalten, aus dem Hinterhalt hervorzuspringen. Sobald sie auf frischen Elefantenkot stieß, wälzte sie sich darin und folgte dann der Herde in den Wald: ganz allein hatte sie sie in gewaltige Panik versetzt. Ich war überrascht, daß das unverkennbare Grunzen eines Löwen sie völlig unberührt ließ.

Wenn ich Flug- oder Perlhühner schoß, wußte sie, daß der Schuß einen toten Vogel bedeutete. Sie holte sie heran und behielt den ersten als Lohn. Später, als ich sie mit zum Fischen nahm, beobachtete sie die Angelschnur und beim leisesten Zucken sprang sie ins Wasser, um den Fang einzuholen. Den Fisch legte sie meist angeekelt auf mein Bett. Zweimal rettete sie uns vor Schlangen. Oft war sie voller Übermut, doch

ein kräftiger Hieb mit einem kleinen Stock und häufiger auch das scharfe Kommando »Nein« riefen sie zur Ordnung.
Elsas zweite Safari ging zum Indischen Ozean. Joy wollte ihrem Freund Herbert Tichy die wunderbaren Strände und Korallengärten in Kiunga zeigen, doch was eigentlich ein Urlaub hätte sein sollen, wurde für mich Arbeit, denn die Fischer behaupteten, ihre Ziegen würden von einem jungen Löwen gerissen. Für Joy war der Urlaub noch mehr getrübt, als Pati, ihr Klippschliefer, an Altersschwäche starb. Elsa jedoch ließ sich durch nichts in ihrem Vergnügen stören. Sie jagte nach Kokosnüssen, die in der Brandung auf- und niederhüpften, spielte mit dem Seetang und schlich sich nur allzu erfolgreich an eine Ziege an. Zum ersten Mal erlebte sie außer den Perlhühnern Gegner, die sich nicht vertreiben ließen: die Krebse behaupteten ihren Platz und kniffen sie in die Nase.
Elsa schlief in meinem Zelt. Joy, die ein paar Meter entfernt war, weckte uns eines Nachts und sagte, daß ein Löwe an ihr Bett gekommen sei und jetzt bei unserem Lkw wäre, um eine Gazelle zu stehlen, die ich geschossen hatte. Ich glaubte ihr nicht, doch als ich mit meinem Gewehr hinging, wurde ich von einem Knurren begrüßt, das sehr wohl von einem Löwen stammte. Ich legte deshalb die Gazelle so hin, daß ich eine gute Schußposition hatte und wartete. Nach einer halben Stunde sah ich den Löwen und schoß – oder versuchte es. Ich hatte vergessen, meine Waffe zu laden! Irgendwann gegen Morgen kam er zurück: diesmal war es mit seinem Glück vorbei. Elsa hatte dem ganzen Schauspiel zugesehen und nicht einen Ton von sich gegeben.
Unsere dritte Safari war jene zum Rudolf-See, als die Turkana so erstaunt waren, Elsa und Joy zusammen auf einem Campbett zu sehen. Ich hatte beschlossen, zum Ostufer des Sees zu reisen und weiter landeinwärts, direkt an die äthiopische Grenze, von wo aus die Wilderer zuschlagen sollten. Wir wollten über den Mount Kulal zurückkehren, um herauszufinden, ob es stimmte, daß der Berg von den Samburu so abgegrast war, daß der Große Kudu die Gegend verlassen hatte. Obwohl wir zum großen Teil der gleichen Route folgten, die Nevil und ich vor fünfundzwanzig Jahren genommen hatten, war es eine ganz andere Expedition. Um all die Zelte, Vorräte und Ausrüstung für eine große Gruppe meiner Wildhüter zu transportieren, hatten wir zwei Drei-Tonner-Lastwagen. Außerdem nahmen wir Joys großen Laster und zwei Landrover mit. Neben unseren Fahrern und persönlichen Hilfskräften wurden wir von fünfunddreißig Eseln begleitet. Auch mein Assistent Julian McKeand und Herbert Tichy waren dabei.
Elsa hatte noch immer ihre enge Bindung an Joy, doch mit achtzehn

Monaten war sie sehr groß und muß wenigstens siebzig Kilo gewogen haben, obwohl sie noch nicht ausgewachsen war. Sie begann ihr Territorium mit Urin zu markieren, das durch ihre Analdrüsen stark roch – und verzog jedesmal das Gesicht, wenn sie damit fertig war (männliche Löwen markieren durch einen drei Meter langen Strahl und streichen oft vorher mit dem Gesicht über das »Ziel«). Wir wagten nicht, sie bei den Eseln zu lassen und gingen voraus oder hinterher, wenn wir alle unterwegs waren. Nachts, oder wenn wir auf Rendille stießen, die tausende Kamele an ihren Brunnen oder in einer Schlucht tränkten, wurde Elsa durch eine Kette festgehalten.

Als wir die äthiopische Grenze erreicht hatten, war überhaupt kein Wild zu sehen – die Wilderer hatten ganze Arbeit geleistet. Auch an den Hängen des Kulal, wo Nevil und ich vergeblich nach Gold gesucht, dafür aber viel Wild gesehen hatten, gab es keine Großen Kudu mehr. Ein- oder zweimal sahen wir ihre Fährten, aber der Berg war voller Spuren von Rindern und Ziegen.

An einer Stelle schaute Elsa glatte sechshundert Meter in eine Schlucht herab, ohne daß ihr das etwas ausmachte. Sie sah sehnsüchtig zu den Adlern auf, die sie vielleicht mit Geiern verwechselte, die über einem Aas kreisten, und sie war wütend über ein paar Borstenraben, die anfingen sie zu ärgern. Als es Zeit war, den Berg zu verlassen und die glühende Lava in Richtung See zu überqueren, versuchte Elsa zurück in den kühlen Wald zu entkommen. Es war ein langer Marsch, und nach Einbruch der Dunkelheit mußte die Vorhut Leuchtkugeln abschießen, um uns die Richtung zu weisen. Sowohl Elsa als auch Joy waren zu erschöpft zum Essen. Elsas außergewöhnlich gute Laune auf dieser anstrengenden Safari war meiner Meinung nach teilweise auf ihren Charakter und teilweise auf unsere Überredungskunst zurückzuführen, die ich bei Meinungsverschiedenheiten für besser als Strenge hielt.

Nach unserer Rückkehr vom Rudolf-See schien Elsa größer und sicherer zu werden. Es war interessant, die Reaktion unserer Freunde auf sie zu beobachten: bei den Leuten, bei denen sie auch nur eine Spur von Angst bemerkte, war sie immer noch ein bißchen übermütiger als sonst. Die meisten Leute wußten das und behandelten sie ruhig aber bestimmt. Ken Smith wurde natürlich spielend mit Elsa fertig. Auch Willie Hale hatte ein gutes Verhältnis zu Elsa, doch mit Joy hatte er weniger Glück. Darauf bedacht, daß Elsa mich nicht von meiner Arbeit abhalten sollte, bat er ganz vernünftig darum, daß ich meine Wildhüter nicht dazu abstellen sollte, auf sie aufzupassen. Joy nahm das übel und betrachtete ihn nicht länger als einen Freund. Doch sowohl wir als auch Elsa profitierten von Willies

Eingreifen, denn ich stellte einen treuen Turkana, Makedde, als Nurus Helfer ein und er ist seither Teil unseres Lebens geblieben.
Joy und ich freuten uns immer, wenn Elspeth Huxley und ihre Mutter, Nellie Grant, zu Besuch kamen. Sie waren angenehme Gäste und hatten die Gabe, Polizeiinspektoren und Distriktkommissaren kleine Geheimnisse zu entlocken. Doch Joy stellte fest, daß ihre Bewunderung für die halbwüchsige Elsa ihre Grenzen hatte und zog sich zum Skizzieren mit ihr in den Käfig zurück. Einmal fragte Joy Elspeth, ob sie nicht ein Buch über Elsa schreiben wolle, doch sie meinte, das könne Joy sicher auch selber.
Als sie zwei Jahre alt war, entwickelte Elsas Stimme ein tieferes Knurren und Elsa schien zum ersten Mal läufig zu werden. Sie wurde unruhig, bestand darauf, auf unseren Spaziergängen vorneweg zu laufen, suchte ganz offensichtlich die Gesellschaft anderer Löwen und verbrachte die Nacht im Busch. Der Friede wurde durch Grunzen und Knurren gestört – zweifellos Löwen beim Kampf – und als Elsa ein paar Tage lang nicht zurückkam, befürchteten wir beide das Schlimmste. Doch sie kam zurück, und die verräterischen Kratzer und ein viel strengerer Geruch als sonst, waren typische Zeichen einer Begattung. Beim Kampf um die Gunst eines Löwen hatte sie sich offenbar den Zorn einer Rivalin eingehandelt. Es war nun an der Zeit, ein Heim für sie in der Wildnis zu finden, weg von uns, weg von Isiolo und überhaupt so weit weg wie möglich von menschlichen Siedlungen. Wäre mein Kollege und Löwenfreund Lyn Temple-Boreham nicht gewesen, hätten wir vielleicht noch lange danach gesucht.

Lyn Temple-Boreham war für ein Gebiet zuständig, das das Mara-Dreieck hieß: es war als Nationales Reservat vorgesehen, aber noch nicht ganz übernommen worden. Heute ist es als Massai-Mara-Reservat bekannt.
In der Mara gab es die überwältigendste Ansammlung von Wild in ganz Kenia. Es ist die Fortsetzung der Serengeti, und die beiden Reservate zusammen bilden ein scheinbar endloses Meer von Gras, das auf vulkanischer Asche wächst. Unterbrochen von Kopjes, oder Felsinseln, ist die Ebene ein Paradies für Wild – von Flüssen durchzogen, und von Seen, wenn es regnet, von Büschen und Bäumen beschattet und voller Einsamkeit in den Tälern und Hügeln. Tiere und Vögel, Amphibien, Reptilien und Schmetterlinge gibt es hier in Hülle und Fülle, in atemberaubender Vielfalt und Schönheit.
Es gab nur einen Makel an dieser sonst so idyllischen Landschaft. Dank den beiden kolonialen Herrschern lag die Mara in Kenia, während die

Serengeti in Tanganyika war – und doch waren beide die Heimat der Massai. Generationen hindurch hatten die Massai alle Eindringlinge bekämpft, um das Herzstück Kenias zu verteidigen. Es war ein unglücklicher Zufall, daß die Briten gerade zu dem Zeitpunkt kamen, als die Massai von Pocken und ihre kostbaren Herden von Rinderpest befallen waren, und daß sie kurz danach davon überzeugt wurden – man könnte auch sagen, in die Irre geführt wurden –, ihre Weidegründe in Zentral-Kenia zu verlassen und nach Süden zu ziehen. Durch Krankheiten dezimiert und durch einen Vertrag verraten, waren sie jetzt nicht nur durch eine Grenze geteilt, sondern hatten auch noch einen Teil ihres Weidelandes verloren. Als die Regierung später aus den besten Motiven heraus vorschlug, das Land für das Wild zu reservieren, fühlten sich diese einst so stolzen Krieger, die in Löwenkämpfen glänzten und ihre Freiheit so tapfer verteidigt hatten, wie Eindringlinge behandelt.

Es spricht sehr für Lyn Temple-Boreham, daß er in einer solchen Situation fähig war, sich den Respekt der Massai zu erhalten. Vielleicht hatte seine Leidenschaft für Löwen etwas damit zu tun. Obwohl er Caesar und Brutus verloren hatte, kümmerte er sich um eine wilde Löwin namens Sally und den Rest ihres Rudels; sie wußten die zuverlässige Versorgung mit Wasser und Fleisch in schweren Zeiten zu schätzen und erkannten ihn an seiner Stimme und antworteten ihm. Wie Mervyn Cowie in Nairobi, so wußte auch Lyn, daß das Rudel über sein Glück entscheiden könnte: Wer in der Frage über die Rechte der Massai noch zögerte, mochte durch den Anblick seiner Löwen überzeugt werden.

Er hatte Löwen an menschliche Freunde gewöhnt und ich glaube, er war gespannt, ob wir das gleiche andersherum schaffen würden – unsere an Menschen gewöhnten Löwen mit den wilden ihrer Art bekannt zu machen. Er gab uns eine Probezeit von drei Monaten. Die Reise in die Mara war fünfhundertfünfzig Kilometer lang und wir fuhren siebzehn Stunden ohne Unterbrechung. Wir hatten Elsa eine Beruhigungstablette gegeben und sie erholte sich schnell von den Auswirkungen der Tablette und der Fahrt.

Als Einführung in die Mara wollten wir ihr die Gegend zeigen – die Landschaft, das Wild und die ansässigen Löwen. Zunächst einmal nahmen wir ihr Halsband ab – als Symbol für die Freiheit. Zum Glück fuhr sie gern auf dem Dach des Landrovers umher, wo es frische Luft und einen wunderbaren Ausblick gab. Nichts brachte sie dazu, sich einem der Löwenrudel zu nähern, obwohl sie einem allein lebenden blonden jungen Löwen vorsichtig schöne Augen machte.

Bis jetzt hatten wir ihr das Fleisch immer zerschnitten, damit sie ihre Nah-

rung nicht mit den Tieren, die sie umherlaufen sah, in Verbindung brachte. Doch jetzt, in der nächsten Phase, gaben wir ihr ganze Tiere zum Fressen und ließen sie nachts draußen. Einer nach dem anderen erwachten ihre Instinkte. Sie öffnete ihren ersten Wasserbock ganz fachmännisch, indem sie mit der weichen Haut zwischen den Hinterbeinen anfing, und dann vergrub sie den Magen, um die Reste vor den Geiern zu verbergen. Bald fing sie an, ihre »Beute« in den Schatten zu zerren und sie gegen Hyänen, Schakale und Geier zu verteidigen. Dann hörte sie auf, sich einfach nur so an Beute heranzuschleichen und sprang nur vom Auto herunter, wenn das Tier durch einen Freier oder durch Kampf abgelenkt war. Trotzdem gelang es ihr nie, ein Tier zu erbeuten, und da ich im Reservat nicht schießen durfte, konnte ich ihr auch nicht helfen. Dennoch fing sie allmählich an, ihre Scheu oder Furcht vor anderen Löwen zu verlieren und suchte deren Gesellschaft.
Wir hatten gemerkt, daß Elsa etwa alle zehn Wochen läufig war, und so begannen wir mit der dritten Phase ihrer Eingewöhnung, als es wieder soweit war. Wir fingen an, sie tagelang allein zu lassen. Doch obwohl wir ein- oder zweimal merkten, daß sie mit einem Rudel zusammen gewesen war, bekam sie wenig zu fressen und verlor ihre gute Form. Nach zwei Monaten wurde Elsa plötzlich sehr krank, ihr Fell wurde rauh und stumpf, die Haare in ihrem Gesicht wurden aschgrau. Dies war offensichtlich mehr als nur die Auswirkung von Hunger oder dem Wechsel in Klima und Höhe.
Wir schickten Blutproben zur Diagnose und während wir auf die Ergebnisse warteten, lag Elsa lethargisch in meinem Zelt. Zum Glück war die Infektion, an der sie litt, recht einfach zu behandeln, doch bis es Elsa wieder gut ging, waren Temple-Borehams drei Monate Probezeit abgelaufen. Elsa machte sich auf die Suche nach einem letzten Liebesabenteuer, hatte aber noch immer keine Beute gemacht. Wie sehr wünschte ich, ihre Schwestern wären hier, anstatt tausende Kilometer entfernt im Zoo in Rotterdam. Ich war sicher, daß alle drei gemeinsam Beute gemacht und auch das Herz eines Löwen gewonnen hätten.
Ich befürchtete, Willie Hale würde unseren Fehlschlag sehr negativ beurteilen, doch er blieb verständnisvoll und schlug vor, Elsa zurück zum Norden zu bringen und sie in der Gegend eines Tana-Nebenflusses freizulassen – in einem Gebiet, das damals Meru-Kreis-Reservat hieß.

Elsas neue und hoffentlich endgültige Heimat war am Ufer des Ura, eines kleinen Flusses in der Nähe ihres Geburtsortes, der leicht von Isiolo zu erreichen war. Die Gegend war unbewohnt und würde es wohl auch blei-

ben, denn sie taugte weder zum Farmen noch als Weideland. Die Kreisverwaltung von Meru hatte kürzlich einen Tsetsefliegen-Kontrolleur, Larry Wateridge, als ersten Wildhüter für das Reservat eingestellt. Dies war wirklich eine Gegend, wo – wie Joy es ausdrückte – »die Füchse einander Gutenacht sagen«. Die Flußufer waren mit üppig grünem Unterholz gesäumt, darüber erhoben sich Doumpalmen, Akazien und große Feigenbäume. Ein wenig landeinwärts lichtete sich der Busch schnell, und außer den Akazien hatten die Elefanten nur die großen, unförmigen Affenbrotbäume stehenlassen. Über dieser malerischen Landschaft ragte ein rötlicher Felsrücken in die Höhe, der ideale Lager und Ausgucke für Löwen bot. Elsa fühlte sich hier sofort wohl; ihre Muskeln spielten wieder und ihr Fell wurde dicht und glänzend. Hier konnte ich ihr auch bei dem nächsten, lebenswichtigen Schritt in ihrer Erziehung helfen: ich konnte sie Töten üben lassen. Sie fing ein Warzenschwein, konnte es aber nicht richtig töten. Ich gab ihm daher einen Gnadenschuß. Doch bald darauf, als ich einen Wasserbock schoß, war Elsa bei ihm, noch ehe er zu Boden stürzte und ging ihm sofort an die Kehle. Von da an wußte sie, daß ein Würgegriff an der Kehle oder ein erstickender Biß in die Schnauze der schnellste Weg zum Töten war.
Joy und ich wurden später oft kritisiert, daß wir getötet hatten, um Elsa zu unterstützen, doch wir schossen niemals mehr, als eine Löwin in der Wildnis für sich allein getötet hätte. Man hat ausgerechnet, daß ein Löwe in einer Nacht bis zu fünfunddreißig Kilo Fleisch fressen kann; das mag auch stimmen, obwohl der Löwe oft mitten beim Fressen eine halbe Stunde Pause macht. Im Durchschnitt frißt ein Löwe im Jahr eine Fleischmenge, die etwa zwanzig großen Antilopen entspricht, und zwar in unregelmäßigen Abständen, und er teilt das Fleisch mit anderen Löwen des Rudels. Wenn sie richtig hungrig sind, sind Löwen nie zu stolz zum Aasfressen und ich habe sie Fleisch fressen sehen, das vor lauter Maden wimmelte.
Wie alle Löwen war auch Elsa perfekt zum Jagen ausgerüstet: Ihre Augen saßen vorn am Kopf, damit sie die Entfernung richtig einschätzen konnte; ihre Kiefer und Zähne zeigten nach vorn und waren spitz, so daß sie sofort die empfindlichsten Stellen ihrer Beute erreichen konnte; ihre Krallen waren scharf zum Festhalten und Schlagen – und doch einziehbar für den Umgang mit ihren Jungen. Ihre Muskeln hatten eine unglaubliche Kraft – obwohl sie nicht mehr als hundertvierzig Kilo gewogen haben kann, schleppte sie einmal einen hundertachtzig Kilo schweren Wasserbock eine mindestens drei Meter hohe, steile Uferböschung hoch.
Elsas wichtigste Entwicklung war, daß sie außergewöhnliche Selbstdiszi-

plin erlernte; irgendwie schaffte sie es, die Reaktionen der neuen, wilden Löwin mit denen der jungen Löwin zu vereinbaren, die schon kurz nach ihrer Geburt von menschlichen Pflegeeltern geprägt worden war. Eines Tages beschlossen wir, einen von ihr erbeuteten Riß näher zum Camp zu bringen. Aber sie war noch zu aufgeregt und legte plötzlich die Ohren nach hinten, ihre Augen wurden zu Schlitzen und ihr Schwanz zuckte bedrohlich. Joy sah, was da vor sich ging, sprach sanft aber bestimmt auf sie ein und zeigte ihr, wie sie helfen konnte. Nach ein paar Momenten hatte Elsa verstanden und fing an, die Beute auf die Ladefläche des Landrovers zu zerren. Am Ziel half sie dann auch beim Ausladen.

Nachdem wir nun wußten, daß Elsa sich allein versorgen konnte, ließen wir sie immer mal für eine ganze Woche allein. Oft wartete sie in der Nähe des Camps auf uns oder auch auf einem Felsen, den wir »Elsas Felsen« nannten. Wenn sie einmal nicht gleich auftauchte, gaben wir drei Schuß in die Luft ab, auf die sie dann antwortete. Obwohl sie manchmal hungrig war, war doch klar, daß sie immer Beute machte.

Joy hatte oft Skizzen und Bilder von Elsa angefertigt, jetzt begann sie ein Buch über sie. Unten am Fluß gab es einen besonders schönen Feigenbaum. Seine dichtbelaubten Zweige bildeten eine kühle und schattige Kuppel über der Sandbank, auf der Joy aus Treibholz eine Bank und einen Tisch baute. Paviane kletterten auf den Zweigen umher, um Elsa oder Joy zu ärgern, und ihre Jungen wurden manchmal zu übermütig und fielen ins Wasser. Durch das dichte Blattwerk konnte Joy den Kleinen Kudu oder Buschböcke beim Trinken beobachten und Stelzvögel, die auf der Suche nach Fischen und Fröschen durch das seichte Wasser wateten. Joys Zuneigung zu den Tieren, die sie bei sich aufnahm, dehnte sich allmählich auch auf andere aus. Sie hielt nie mit ihren Gefühlen zurück, und als sie auf ein paar Affenfallen stieß, die Larry Wateridge in der Nähe des Ura aufgestellt hatte, um Affen für einen Zoo zu fangen, war sie so wütend, daß sie die Tiere sofort befreite.

Meine Arbeit als Wildhüter war so anstrengend wie immer, doch bei unseren Besuchen bei Elsa schrieb Joy an ihrem Buch weiter, während ich angeln ging. Manchmal machte sie mir deswegen Vorwürfe, doch sie schien sich der Mischung von Anekdote, Atmosphäre und persönlichen Gefühlen für ihr Buch so sicher zu sein, daß ich es für klüger hielt, ihr das allein zu überlassen, wenn sie auch manchmal durch meine Tagebücher und Berichte blätterte, um ein paar Daten oder Ereignisse nachzulesen. Wir hatten sehr darauf geachtet, jedes Stadium von Elsas Erziehung zu fotografieren und das Album aus Löwenhaut war fast am Zerbersten. Es besteht kein Zweifel, daß unsere gemeinsame Zuneigung zu Elsa Joy und

mich so nahe zueinander gebracht hatte, wie wir nur sein konnten, gerade wie ein Kind es vielleicht gekonnt hätte – und Elsa nahm in unserem Familienalbum den Platz eines Kindes ein.
Außer den Fotos hatten wir auch angefangen, Elsas Leben auf Acht-Millimeter-Film aufzuzeichnen. Das Licht war im Schatten am Fluß oft schlecht, und so konnten wir Elsas erstaunlichste Heldentat nur in Fotos festhalten. Eines Morgens stürzte sie in ein Dickicht am Fluß und plötzlich hörten wir ein furchtbares Brüllen. Ich folgte ihr und fand Elsa auf einem gewaltigen Büffelbullen, der offenbar in den Stromschnellen ausgerutscht war. Elsa hatte die Kehle losgelassen und machte sich an das weiche Fleisch um den Schwanz herum, als Nuru, ein Muslim, dazukam. Wenn er etwas von dem Fleisch essen wollte, mußte er dem Büffel die Kehle durchschneiden, und er hatte sein Messer schon bereit. Elsas Ohren legten sich gefährlich nach hinten, als sie seinen Plan erkannte, doch wir redeten beruhigend auf sie ein und sie begriff, daß wir ihr helfen würden, den Büffel aus dem Wasser in den Schatten eines Baumes zu schaffen – er mußte mehr als eine Tonne gewogen haben. Es war eine beachtliche Leistung, daß sie solch ein Tier allein erlegt hatte, selbst wenn er nicht sicher auf den Beinen stand – und noch erstaunlicher war, daß sie uns trotz ihres Jagdeifers an ihrer Beute teilhaben ließ.
Es beeindruckte uns auch, daß Elsa zu uns zurückkam und neben Joy in deren Studio, wie sie es nannte, döste, obwohl sie seit ein paar Tagen läufig war und mit anderen Löwen zusammen gewesen war, selbst wenn sie sich noch nicht gepaart hatte.

Anfang 1959, als Elsa bewiesen hatte, daß sie allein überleben konnte und auch bald einen Partner finden würde, flog Joy auf der Suche nach einem Herausgeber nach London. Mit den Stammesbildern hatte sie keinen Erfolg gehabt: das würde nicht wieder passieren. Normalerweise nimmt ein Autor direkt mit dem Verleger Kontakt auf oder sucht sich einen Agenten, der das erledigt. Joy fertigte Listen von Agenten und Verlegern an und schrieb an mehrere gleichzeitig. Darüber hinaus erhielt sie Versprechen von zwei berühmten Persönlichkeiten, die ihr Buch vorstellen wollten!
Als Reaktion auf erste Anzeichen von Interesse entschloß sie sich, zwei Kopien ihres Manuskriptes und ihre Fotoalben – es gab jetzt schon zwei – hinzuschicken. Doch trotz all ihrer mühsamen Vorbereitungen war sie noch immer ein Neuling in der Welt der Bücher: ihre Prosa (wie ihr Sprechen) war eigenwillig, ihr Maschinenschreiben offenbar katastrophal und das verwandte Papier nicht nur glatt und dünn, sondern durch

das Licht und die Insekten in ihrem Freiluftstudio auch noch fleckig. Damit die Sendungen nicht so umfangreich wurden und auch in der Hoffnung, die Sache zu beschleunigen, hatte sie die Manuskripte separat per Luftpost verschickt, und zwar separat voneinander und von den Fotoalben. Die Alben waren auch separat verschickt, und da keins mit Bildunterschriften versehen war und jedes nur die Hälfte der Geschichte zeigte, war der Kern unserer Geschichte nirgendwo zu erkennen.

So kam es, daß Joy bei ihrer Ankunft in London sowohl mit Verwunderung als auch mit offener Ablehnung begrüßt wurde. Zum Glück erinnerte sie sich, daß ein Verleger, Marjorie Villiers, von Harvill Press sich an ihren Stammesbildern recht interessiert gezeigt hatte; daher packte sie ihre Löwenfell-Alben zusammen und ging hin zum Verlag, ohne einen Termin zu haben.

Harvill Press wurde von zwei Partnern geführt. Marjorie Villiers war einfühlsam und freundlich, was sie neben großer Klugheit mit einer Tarnung aus Pudeln und Tweedkleidung verbarg. Ihre Partnerin, Manya Harari, besaß genau die gleichen Tugenden, war aber unersättlich neugierig und lebhaft. Sie war so russisch wie Marjorie englisch war und hatte kürzlich Boris Pasternaks »Doktor Schiwago« entdeckt und ins Englische übersetzt.

Marjorie Villiers erinnerte sich von Joys vorigem Besuch in London an deren Hartnäckigkeit und zögerte, sie ohne Warnung zu empfangen. Doch Joy weigerte sich, den Vorraum des schäbigen kleinen Büros zu verlassen, der als Warteraum diente. Als die Pudel sich nicht länger zurückhalten ließen, wurden beide Frauen belohnt – Joy für ihre Ausdauer und Marjorie für ihr früheres Interesse an den Bildern. Zuerst aus Höflichkeit, doch dann mit wachsender Aufregung hörte sie zu, wie Joy Elsas Geschichte erzählte und dabei die Seiten des Fotoalbums umwandte – die der Beweis für ihre Erzählung waren. Es war das erste Mal, daß in London jemand Gelegenheit und die Geduld hatte, beides zu schätzen. Marjorie spürte im Innern, daß hier ein Buch war, dessen Verkaufsziffern sich womöglich mit denen von »Doktor Schiwago« messen konnten.

Sobald Joy fort war – mit dem Versprechen, daß sie ein Angebot für ihr Buch bekommen würde –, rief Marjorie bei Billy Collins an, dem Vorsitzenden des großen Verlages, der Anteile bei Harvill hatte. Er drängte sie, die Weltrechte für Joys Buch zu erwerben. Sie tat es sofort.

Während Joys Aufenthalt in London besuchte ich Elsa weiterhin. Sie schien sich immer über mich zu freuen, doch wenn sie läufig war, verschwand sie. Ich schrieb Joy Einzelheiten ihres täglichen Lebens und warnte sie vor einer stürmischen Begrüßung nach ihrer Rückkehr. Ich hatte Elsa selten so zutraulich gesehen wie an dem Tag, als Joy vom Flughafen zurückkam, nachdem ihre Schwestern in den Zoo nach Europa geschickt worden waren. Sie sprang an ihr hoch, umarmte sie mit ihren Pfoten und leckte ihr Gesicht und Arme.

Im August ließ Elsa sich mit einem jungen Löwen ein, der so von ihr betört war, daß er mich einmal fast umrannte, ohne mich zu sehen und ein andermal stumm unter einem Busch in der Nähe saß, die Augen auf seine Braut fixiert. Sie teilten ihre Beute und er kam oft in den Busch bei unserem Camp und brüllte dann laut und lange durch die Nacht. Sechs Wochen später war durch die Weichheit und den Glanz ihres Felles und von der Größe ihrer Zitzen her klar, daß Elsa trächtig war. Obwohl sie immer noch viel Zeit mit dem Löwen verbrachte, war sie auch Joy gegenüber voller Zuneigung. Joy hielt eine Milchflasche und Dosenmilch bereit, falls Elsa entscheiden würde, die Jungen im Camp zu bekommen und beim Säugen nicht die Hilfe einer anderen Löwin hätte.

Am 20. Dezember hören wir, wie Elsa von ihrem Felsen aus schwache Schreie ausstieß. Sie kam langsam auf uns zu, Blut tropfte unterhalb ihres Schwanzes hervor. Sie rieb den Kopf gegen unsere Beine, und als sie sich in einer Felsnische verbarg, ließen wir sie gewähren, denn viele Tiermütter töten ihre Jungen, wenn sie bei der Geburt gestört werden. In jener Nacht bot ihr Partner ein eindrucksvolles Schauspiel mit viel Gebrüll, und am nächsten Morgen schoß er aus einem Gebüsch in nur zwei Meter Entfernung hervor.

Als Elsa zu Heiligabend noch nicht wieder aufgetaucht war, machten wir uns große Sorgen. Doch beim Mittagessen des nächsten Tages stürmte sie ins Camp, fegte den Tisch mit ihrem Schwanz leer und überhäufte uns alle – Joy, mich, Makedde und Nuru – mit energischen Umarmungen. Ihre Figur war wieder normal und wir nahmen an, daß sie es für sicher gehalten hatte, die Jungen in der Mittagshitze in ihrem Versteck zurückzulassen, wenn kaum die Gefahr bestand, daß jemand sie finden würde.

Per Telegramm teilten wir Marjorie Villiers und Billy Collins in London die Nachricht von der Geburt mit. Das Telegramm erschien später in Joys Buch, das nach endlosen Debatten Joys ursprünglichen Titel »Frei geboren« trug – nach dem Spruch des Paulus in der Apostelgeschichte: »Ich aber wurde frei geboren«. Marjorie vollbrachte die ungewöhnliche Aufgabe, Joys »Englisch« ins Englische zu übersetzen – der Inhalt ihrer Geschichte blieb unverändert. Sobald ein Kapitel nach dem anderen zur Zustimmung bei uns eintraf, ging Joy mit einem englisch-deutschen

Wörterbuch durch, um sicherzugehen, daß auch wirklich nichts hinzugefügt oder weggelassen war.
In Billy Collins fand Joy einen Verleger, dessen Energie ähnlich wie ihre war. Groß und ein ausgezeichneter Athlet, spielte er nicht nur für die Universität von Oxford Tennis, sondern auch beim Herren-Doppel in Wimbledon. Er war ein begeisterter Naturkundler, und sein Verlagsberater war der berühmte Biologe Sir Julian Huxley. Billy war unzufrieden mit seiner Liste von Kriegs-Bestsellern, bis er Feldmarschall Montgomery als Autor gewann. Er war nicht zufrieden, den Erzbischof von Canterbury zu verlegen, er wollte einen Papst – und schließlich bekam er zwei.
Er setzte all seine Geschicklichkeit daran, »Frei geboren« zu einem Erfolg zu machen. Er füllte es mit Fotos, hielt den Preis so niedrig wie nur eben möglich, überschüttete die Buchhändler mit Schaufenstermaterial, überzeugte die »Sunday Times« – ganz gegen deren eigene Meinung – davon, einen illustrierten Serienabdruck zu bringen und ließ eine große Auflage drucken. Der Eindruck war augenblicklich phänomenal. Die »Sunday Times« bat um mehr Fotos, und die Bücher waren in einer Woche verkauft. Bestellungen kamen aus dem ganzen Commonwealth und die Erstauflage war ausverkauft. Man erzählte uns, daß die Leute die Bücher auf der Straße auspackten, um die Bilder anzusehen. Sehr bald wiederholte sich der Erfolg von Europa in Amerika, Japan und sogar in Rußland.
Ich war verblüfft von all diesen Berichten: Joy nicht. Sie, Marjorie und Billy hatten gewußt, was sie taten, aber ich glaube nicht, daß einer von ihnen wußte, was sie ausgelöst hatten. Von nun an mußte Joy mit pausenlosen Eingriffen in ihr Privatleben fertigwerden. Sie mußte auch mit großen Geldbeträgen umgehen. In den nächsten zehn Jahren muß sie eine halbe Million Pfund verdient haben. Sie stellte von Anfang an klar, daß sie mir keinen Anteil an ihren Rechten vermachen wollte, da ich ja nur wenige Seiten des Buches geschrieben hatte. Statt dessen arrangierte sie mit Geldfachleuten in London und Nairobi, daß das Geld zum Nutzen des Naturschutzes gesammelt werden sollte.
Wir haben oft darüber nachgedacht, warum wohl »Frei geboren« so unglaublich viele Menschen unterschiedlichster Art angesprochen hat. Zum Teil war es natürlich eine Liebesgeschichte. Zum Teil verdankte es seine Wirkung auch der Tatsache, daß wir mit einem Tier der Wildnis Freundschaft gehalten hatten, das bis dahin nur majestätische Kraft und Wildheit symbolisiert hatte: Ich weiß nur von einem anderen Mann, Norman Carr, der das je getan hat. Der Erfolg ging auch zu einem Teil auf den Eindruck zurück, den ein paar außergewöhnliche Filme gemacht hatten. In Amerika wurde Walt Disneys »Die Wüste lebt« von vielen als Klas-

Auch eine spielerische Umarmung kann gefährlich sein.

Gemeinsame Rast am Fluß.

Oben und unten: Suleiman starb wie ein Löwe, und Sheba hatte seinen Leichnam bewacht.

Gegenüberliegende Seite
Links: Mit Terence. Er haßte es, fotografiert zu werden. Rechts: Goldwaschen bei Kakamega.
Unten: Terence und ich vor einem erlegten Elefanten.

Eine Patrouille meiner Wildhüter im nördlichen Grenzgebiet.

Gegenüberliegende Seite
Oben: Der Postdienst Nairobi – Arusha.
Unten: Schakale fraßen nachts die Riemen unseres selbstgebauten Bootes.

Ich glaube, ich war der erste Europäer, der Mohamed gesehen hatte.

Wenn eine Löwin läufig wird, so bemerkt ein Löwe ihren Zustand sofort. Rückzug ist oft ihre erste Reaktion…

Gegenüberliegende Seite
… dann kommt der Zeitpunkt für den Löwen; es war das einzige Mal, daß ich eine Löwin schnurren hörte…

… Wenn er ihr folgt, schlägt sie womöglich sogar nach ihm…

Joy im Sommer 1931.

Joy am Mt. Kenya, 1943, kurz vor unserer Heirat.

siker angesehen, während gleichzeitig in England ein Belgier namens Armand Denis – ein Freund Julian Huxleys – eine Fernsehserie zeigte, die »Auf Safari« hieß und von so brillanten Kameramännern wie Alan Root, Simon Trevor und Hugo van Lawick gedreht waren, die bald ihre eigenen Filme machten.
Joy wurde auf dieser neuen Welle mitgetragen und richtete ihren »Elsa Wild Animal Appeal«, eine wohltätige Stiftung, in England und später auch in Amerika ein.

Am Anfang brachte Elsa ihre Jungen alle paar Tage in ein neues Lager. Ihr Partner hielt sich in der Nähe auf, doch da er nicht für sie jagte, mußten wir die Rolle einer Mit-Löwin übernehmen und ihr Fleisch bringen – das das Männchen manchmal stibitzte. Sechs Wochen lang achtete Elsa jedoch darauf, daß wir uns ihren Jungen fernhielten. Dann, eines Nachmittags im Februar, rief sie auf ungewohnte Weise vom Fluß her und stand mit den drei Jungen neben sich am Ufer. Es war ein Augenblick, den wir nie vergaßen.
Vom ersten Tag an waren die unterschiedlichen Charaktere der Jungen ganz deutlich. Das erste männliche Tier, das am kühnsten war und wann immer möglich an Elsas Seite blieb, nannten wir Jespah – »Gott läßt frei«. Der zweite wurde größer und kräftiger als Jespah, aber nie so mutig; er wurde »Gopa« genannt, das heißt »der Schüchterne«. Das dritte Junge, ein Weibchen, wurde »Klein Elsa« getauft, sie war das Ebenbild ihrer Mutter im gleichen Alter.
Es dauerte nicht lange, bis eine Reihe berühmter Besucher kam, um Elsas junge Familie zu bewundern. Einer der ersten war Julian Huxley und seine Frau Juliette. Larry Wateridge war durch das Erscheinen des UNESCO-Vorsitzenden so beeindruckt, daß er ein besonderes »Choo«, oder Plumpsklo, errichtete. Leider bepflanzte er es mit Rankgewächsen und das Prachtstück brach zusammen. Die Huxleys waren weit mehr mit den Löwen beschäftigt und Julian beschrieb in Joys nächstem Buch im Vorwort, was für einen großen Eindruck sie auf ihn machten, sowohl persönlich als auch als Wissenschaftler.
Ein anderer früher Besucher, David Attenborough, drehte für die BBC einen Fernsehfilm über Elsa und ihre Jungen. Er war ein angenehmer Gast und völlig ungerührt durch Jespahs ständige Angriffe auf seine Schienbeine, die auch Elsa nicht verhindern konnte; sie war in einem Kampf mit einer Löwin böse verletzt worden. Viel ernster waren Elsas Überfälle – so gut sie auch gemeint waren – auf einen anderen unserer Gäste, Billy Collins.

Wir gaben ihm ein Zelt zwischen Joy und meinem und hielten ihn für sicher, nachdem wir auch noch eine dichte Barrikade aus Dornzweigen und ein festes Tor angebracht hatten. Doch gleich nach Tagesanbruch hörte ich einen Ruf aus Billys Zelt. Elsa hatte die Zweige zur Seite gefegt und saß auf ihrem Verleger, der in seinem Moskitonetz verfangen war, und knabberte an seinem Arm. Als wir Elsa ausschimpften und uns bei Billy entschuldigten, winkte er ab.

»Ich wußte, daß Elsa zu einem Besuch bei mir entschlossen war, und weil ich früher einmal Bienen hatte, wußte ich, daß ich ruhig bleiben und nicht zu viel Lärm und Aufregung machen mußte«, erklärte er uns ruhig. »Ich war mir sicher, daß sie es gut meinte und daß Ihr bald kommen und sie abholen würdet.«

Doch in der nächsten Nacht verlor Billy bald seine Fassung. Elsa versuchte es wieder mit dem gleichen Trick. Ich warf sie schnell hinaus, verdoppelte die Dornenzweige und ging wieder schlafen. Doch plötzlich wurde ich von einem neuerlichen Ruf Billys geweckt – der diesmal dringend klang. Ich fluchte und suchte meinen Weg durch die dornigen, aber nutzlosen Akazienzweige – und kam fast zu spät. Billy brauchte all sein Gewicht, seine Stärke und seine Balance, um sich auf dem wackligen Campbett zu halten. Elsa stand auf ihren Hinterbeinen, hatte seine Schultern mit ihren Pranken umfangen und hielt seine Backenknochen zwischen ihren Zähnen. Ich konnte Blutspuren auf seinem Gesicht und Nacken sehen.

»Wir hatten sie das oft mit ihren Jungen tun sehen«, schrieb Joy später. »Es war ein Zeichen der Zuneigung, aber auf Billy muß es ganz anders gewirkt haben.« Dessen bin ich auch sicher, dennoch kam er sechs Monate später wieder, um die Veröffentlichung des neuen Buches »Die Löwin Elsa und ihre Jungen« zu besprechen, das Joy über Elsa und ihre Jungen schrieb.

Kurz vor Weihnachten 1960, und dem ersten Geburtstag der Jungen, gab es eine böse Überraschung. Die örtliche Verwaltung, der das Gebiet unterstellt war, forderte uns auf, mit Elsa und den Jungen abzureisen, weil sie diese als Bedrohung ihres Viehs ansahen. Ich bezweifelte, daß wir nach der Geschichte mit den Affenfallen auf viel Hilfe von Larry Wateridge hoffen konnten, und da Willie Hale sich als Wildhüter zur Ruhe gesetzt hatte, fing ich an, nach einer neuen Heimat für Elsa und ihre Jungen zu suchen. Ohne viel Erfolg versuchten wir, Jespah, Gopa und Klein Elsa, die wir nie wie Elsa behandelt hatten, an den Lastwagen zu gewöhnen, in dem sie umsiedeln sollten. Was ein besonders glückliches Weihnachten hatte werden sollen, wurde ein recht bedrückte Angelegenheit.

Und dann wurde Elsa krank. Zuerst machte ich mir nicht sehr viele Sorgen, und Joy fuhr nach Nairobi. Doch plötzlich ging es Elsa schlechter, und ich schickte ein SOS an Ken Smith nach Isiolo mit der Bitte, einen Arzt zu finden und Joy zu benachrichtigen. Sie sollte so schnell wie möglich Antibiotika bringen. Später an jenem Abend brach Elsa im Busch zusammen und ich legte mich auf ein Campbett neben sie. Zweimal stand sie auf und rieb ihren Kopf an mir; Jespah haute mit meiner Decke ab und wir alle erschreckten uns, als ein Büffel fast über mein Bett stolperte. Am nächsten Tag konnte Elsa sich kaum rühren, sie taumelte nur zum Fluß herunter. Kläglich versuchte sie, Wasser zu trinken, konnte es aber nicht schlucken. Sie schleppte sich auf eine kleine Sandinsel, und dann schaffte sie es mit einer gewaltigen Anstrengung und meiner Hilfe zurück zum Studio. Sie lag im Sand und Jespah drückte sich an sie. Als es dunkel wurde, kam ein Bote mit einem Medikament, das Ken Smith aus Isiolo schickte. Doch inzwischen konnte Elsa es nicht mehr schlucken. Ich schrieb für Joy auf, was in jener Nacht geschah:

»Gegen Viertel vor zwei in der Nacht verließ Elsa mein Zelt und ging zurück zum Studio . . . Sie erreichte die Sandbank unter den Bäumen, wo sie so oft mit den Jungen gespielt hatte. Hier lag sie auf dem durchweichten Schlamm, offensichtlich mit großen Schmerzen, sie setzte sich abwechselnd auf und legte sich dann wieder nieder, das Atmen fiel ihr immer schwerer.
Ich versuchte sie zurück zum trockenen Sand des Studios zu bringen, doch sie schien sich keine Mühe mehr zu geben. Es war ein furchtbarer und quälender Anblick. Mir ging sogar durch den Kopf, daß ich sie von ihren Qualen erlösen müßte, doch ich glaubte, es gäbe noch eine Chance, daß Du rechtzeitig mit einem Tierarzt eintreffen würdest und ihr helfen könntest.
Gegen vier Uhr dreißig rief ich alle Männer aus dem Camp. Zusammen legten wir Elsa auf mein Bett und trugen sie mit viel Mühe zurück zu meinem Zelt. Bei Tagesanbruch stand sie plötzlich auf, ging zum Eingang des Zeltes und brach dort zusammen. Ich hielt ihren Kopf auf meinem Schoß. Nach ein paar Minuten setzte sie sich auf, stieß einen herzzerreißenden, furchtbaren Schrei aus und fiel um. Elsa war tot.«

Jespah ging zu seiner Mutter und leckte ihr Gesicht. Er schien Angst zu haben und versteckte sich unter einem Busch bei den anderen. Alle drei waren verzweifelt.
Zur Teezeit des gleichen Tages erreichte Joy das Camp. Ken Smith war über dreihundert Kilometer gefahren, um sie zu holen und hatte sie per Flugzeug hergebracht. Man kann sich das Ausmaß ihres Schocks vorstellen. Wir waren ganz in unserem Schmerz vereint und auch in unserer Dankbarkeit Ken gegenüber für seine unermüdliche Hilfe. Nur er, der da-

bei gewesen war, als ich vor vier Jahren Elsa zu Joy gebracht hatte, konnte die Tiefe unseres Schmerzes verstehen.
Der Regierungs-Veterinär war unmittelbar nach Elsas Tod eingetroffen. Er führte eine Autopsie durch und gemeinsam beerdigten wir Elsa nicht weit vom Ura-Fluß entfernt. Sie war an einem Zeckenfieber gestorben, das neben Milzbrand und der Schlafkrankheit eine der drei Krankheiten ist, die für Löwen tödlich sind. Später fanden wir heraus, daß sie vielleicht auf eine Behandlung mit Veronil angesprochen hätte.

Wir sahen uns jetzt einer schrecklichen Lage gegenüber. Wir hatten eine Frist, in der die Jungen verschwinden mußten. Es war vor Elsas Tod schwierig genug gewesen, sie auf die Reise vorzubereiten: jetzt würde es so gut wie unmöglich sein, sie in eine Kiste oder auf einen Lastwagen zu bekommen. Überhaupt mußten wir erst noch eine andere Heimat für sie finden und mußten uns währenddessen auch um sie kümmern. Wenn Elsa zu einem Rudel gehört hätte, hätten andere Löwinnen sich sicherlich um die Jungen gekümmert, aber es bestand überhaupt keine Aussicht, daß ihr Vater diese Aufgabe übernehmen würde.
Kürzlich hatte ich einem klugen jungen Tierarzt, Toni Harthoorn, bei dem Experiment geholfen, Wild mit Betäubungspfeilen zu fangen. Er hätte uns vielleicht helfen können, doch wir konnten ihn nicht mehr rechtzeitig erreichen, und die Sache mit den Betäubungsspritzen war noch in ihren Anfängen und vielleicht für Löwen nicht brauchbar. Wir legten Fleisch für die Jungen aus und hofften, sie dadurch in der Nähe des Camps zu halten, doch sie wurden von wilden Löwen vertrieben und verschwanden spurlos. Wir suchten den ganzen Tag nach ihnen und waren abends so erschöpft, daß wir fast im Schlaf ertrunken wären, als eine plötzliche Flutwelle durch das Flußbett tobte, in dem wir zelteten.
Joy dachte, daß sich die Jungen vielleicht doch einem Rudel angeschlossen hatten, bis wir die Nachricht erhielten, die unsere Herzen sinken ließ. Hirten auf der anderen Flußseite hatte drei junge Löwen gesehen, die ihre Schafe und Ziegen angriffen und hatten sie mit Speeren und Pfeilen vertrieben. Einer der Löwen war verletzt worden. Ich eilte in das Dorf und blieb neben einer toten Ziege sitzen. Es dauerte nicht lange, ehe die Löwenjungen, die sehr hungrig aussahen, der Versuchung erlagen – als sie näherkamen, sah man die Pfeilspitze in Jespahs Flanke. Er war in die Enge getrieben worden, war aber erfolgreich dem Regen vergifteter Pfeile ausgewichen. Der einzige Pfeil, der getroffen hatte, stammte von einem Kind, dem man noch keine vergifteten Spitzen anvertraut hatte.
Wir sahen uns jetzt einem verzweifelten Wettlauf mit der Zeit gegenüber,

um die Jungen zu retten. Die unzufriedenen Hirten verlangten ganz eindeutig Rache und die Zeitungen berichteten, daß der neue Oberste Wildhüter angeordnet hatte, die Löwen sollten alle erschossen werden. Ich baute drei Fallen, deren Türen mit Seilen befestigt waren, die zu meinem Landrover führten. Zahllose Nächte hindurch legte ich Köder in den Fallen aus, saß im Dunkeln und betete, daß die Jungen kommen und jedes in eine andere Falle gehen würde. Wir legten kleine Holzklötze unter die Türen, damit kein Schwanz verletzt würde. Joy schlief, als ich endlich die Seile durchschnitt und die Türen herunterkrachten. Sie wurde durch den Lärm geweckt und lag in der folgenden tödlichen Stille reglos da. Dann brach Chaos aus, als die Jungen versuchten, ihren Gefängnissen zu entkommen und wir versuchten, sie zu beruhigen.

Eine der Persönlichkeiten, mit denen ich vor Weihnachten Verbindung aufgenommen hatte, war John Owen, Direktor der Nationalparks von Tanganyika. Sein Gebiet umfaßte auch die Serengeti am jenseitigen Ende der Massai Mara. Sobald er von unserem Pech hörte, kam er uns zu Hilfe und forderte uns auf, die Löwen zu ihm zu bringen.

Die Tausend-Kilometer-Reise war ein Alptraum. Wir wagten nicht, in der Hitze des Tages zu reisen, und die Kälte in der Nacht war erbärmlich, die Straße war furchtbar und der Regen fiel in Strömen. Die Lastwagen schlidderten und schwankten über die Furchen, die Löwenjungen wurden wundgescheuert und sahen elend aus. Ein mitleidiger Tierarzt unterwegs untersuchte Jespahs Pfeilwunde, doch er war zu unruhig für eine Betäubungsspritze und wir wollten die Reise nicht lange unterbrechen. Der Arzt versicherte uns, daß die Wunde nicht entzündet sei und daß der Pfeil bald allein herauskommen würde, und so fuhren wir weiter.

John empfing uns in Seronera und bereitete uns ein herzliches Willkommen. Er führte uns zu einem Tal, das mit seinen Verstecken in Büschen und Bäumen und sogar einem Fluß ideal für die Löwenjungen war. Thomson-Gazellen und Schwarzfersenantilopen grasten friedlich in der Nähe. Während der ersten paar Tage durften wir Wild für die Löwen schießen und in unserem Lastwagen in der Nähe des Tales übernachten. Die Wiedersehensfreude der Löwen war ergreifend, als wir sie in einen gemeinsamen Käfig steckten. Ihre Körper waren angeschlagen und gestoßen, doch ihre Seelen waren ungebrochen.

Die Serengeti war womöglich das größte aller Wildreservate in Afrika. Sie hatte sich von der Dezimierung ihres Löwenbestandes durch Jäger in den dreißiger Jahren und von der unnötigen Schlachterei während des Krieges erholt und verdankte ihren Zustand drei Männern.

Der erste war Monty Moore, Träger des Victoria-Kreuzes, und der zweite John Owen, der sich für den Schutz der Serengeti eingesetzt hatte, indem er der Welt zeigte, welch unvergleichlicher Wildreichtum hier vertreten war. Er errichtete auch im Herzen der Serengeti ein Forschungszentrum, das schon bald für die wichtigsten Werke über Verhaltensweisen bei Tieren verantwortlich zeichnen sollte – einschließlich George Schallers meisterhafte Studie von Löwen.
Ein dritter großer Freund der Serengeti war Bernhardt Grzimek, der Direktor des Frankfurter Zoos. Er hatte begriffen, daß die größte Ansammlung von Tieren auf Erden und ihre alljährliche Wanderung Gefahr lief, zerstört zu werden, wenn es nicht gelang, den Konflikt zwischen den Herden der Massai und dem Wild zu lösen. Um seine Sache vertreten zu können und eine Lösung zu finden, brauchte er zunächst Fakten. Im Alter von achtundvierzig Jahren brachten er und sein Sohn Michael sich das Fliegen bei. Gemeinsam zählten sie aus der Luft jedes einzelne Gnu, Zebra und Nashorn, jede Antilope, jeden Elefanten, Löwen und Strauß. Unten auf der Erde verzeichneten sie die Pflanzen, nahmen Bodenproben und studierten die Weidebedürfnisse der Massai. Sie fotografierten und filmten alles, was sie sahen. Am letzten Tag ihrer einzigartigen Studie stieß Michaels kleines Flugzeug mit einem Geier zusammen und er starb beim Absturz. Er wurde unmittelbar außerhalb des Parks am Rande des Kraters beerdigt.

Als wir endlich die Tür des großen Käfigs zu diesen weiten Jagdgründen öffneten, war Gopa der erste, der sich auf den Weg machte. Jespah blieb einen Moment neben Klein Elsa stehen und dann ging auch er Richtung Fluß, ab und zu schaute er über die Schulter zurück und forderte seine Schwester zum Kommen auf. Schon bald waren die drei jungen Löwen im hohen Gras verschwunden.
Ein paar Tage lang hielten wir noch Verbindung zu den Jungen, die diese großartige neue Umgebung erforschten. Sie kamen zu unseren Lastwagen und holten sich Fleisch, Milch und Lebertran, auf dessen Geschmack sie gekommen waren. Doch eines Abends kamen sie nicht. Unsere tägliche Suche blieb ergebnislos, und die uns zugestandene Zeit lief ab. Abends saßen wir und sprachen über Elsas außergewöhnliche Geschichte, die uns schließlich in die wunderbare Welt der Serengeti geführt hatte. Joy wußte, wie sehr deren Überleben von Grzimeks Arbeit abhing, der mit seinem berühmten Buch »Serengeti darf nicht sterben« und seinen eigenen Filmen in Deutschland enorme Geldbeträge zusammengebracht und sogar einen Oscar gewonnen hatte. Ich glaube, all das ließ

einen Gedanken in ihr entstehen, doch als wir darüber diskutierten, was wohl Joy sagen würde, wenn jemand die Verfilmung von »Frei geboren« vorschlagen würde, sagte sie, daß sie ablehnen würde; sie glaubte nicht, daß die Verfilmung ohne eine Entstellung der Geschichte möglich sei. Sonst würde sie aber fast alles zugunsten ihres Appells für den Naturschutz in Kenia tun.

Tag für Tag suchten wir ohne Erfolg nach den Jungen. Wenn wir ihren neuen Platz nicht fänden, könnten wir auch keinen Tierarzt bringen, um die Pfeilspitze aus Jespahs Flanke zu entfernen. Als besonderes Zugeständnis gestattete uns John Owen, bis Ende Juli zu bleiben und noch eine Woche in unseren Autos zu schlafen. Endlich wurden wir belohnt. Ein paar Stunden vor unserer Abfahrt fanden wir die Löwen und sahen Klein Elsa, Jespah und Gopa zum letzten Mal zusammen. Jespah stand still, während Joy ihn streichelte und sogar versuchte, die Pfeilspitze herauszudrücken; doch sie saß noch zu fest. Wieder baten wir darum, noch bleiben zu dürfen, doch diesmal wurde unsere Bitte abgelehnt. Die Löwenjungen waren achtzehn Monate alt, sie hatten zwei Monate lang allein überlebt und mußten sich von nun an allein durchschlagen.

Es traf sich gut, daß ich gerade jetzt, im September 1961, nach dreiundzwanzig Jahren in der Wildschutzbehörde in den Ruhestand trat. Ken Smith übernahm die Nordprovinz von mir und ich konnte jederzeit wie ein normaler Besucher in die Serengeti fahren, dort zelten und nach den Löwenjungen suchen. Ich hatte es fertiggebracht, neunhundertachtundzwanzig Tage nicht genommenen Urlaub anzusammeln!

Ein Jahr später, 1962, fand ich Klein Elsa und sah sie innerhalb von vierzehn Tagen siebenmal, ehe sie wieder verschwand: sie sprang immer wieder auf einen Baum, um mich gut sehen zu können und kam bis ans Auto heran. Zu der Zeit war Joy in England auf einer Vortragsreise und auch zur Vorstellung ihres dritten Buches, das sie »Für immer frei« nannte und das von Elsa und ihren Jungen handelte. Sie sprach vor vollen Häusern und zeigte auch unseren kleinen Film über Elsa und ihre Jungen. Elspeth Huxley sagte, diese Reise sei Joys größte Tat gewesen. Ihr Akzent hatte sich mit Hilfe eines Sprachlehrers nur wenig verbessert; er saß in der ersten Reihe und hob eine rote Fahne, wenn es zu arg wurde. Am ersten Abend war ihr buchstäblich übel.

Im nächsten Jahr, im Juli 1963, als er dreieinhalb Jahre alt gewesen wäre, sahen Joy und ich einen Löwen mit einer Narbe auf der Flanke, der gut Jespah hätte sein können. Es wurde dunkel, und am nächsten Tag war er verschwunden, so daß wir unserer Sache nicht sicher waren. Im September sagten Joy und ich vor einer langen Trennung Lebwohl. Sie startete zu einer Vortragsreise nach Südafrika, Indien, Singapur und Australien. Als sie in Neuseeland ankam, war sie so erschöpft, daß sie auf einer Trage ins Land gebracht werden mußte. Zu Weihnachten sollte sie ein paar Tage in Fiji und Honolulu verbringen und dann nochmals sechs Monate lang Vorträge in Amerika halten. Offensichtlich war sie so im Streß und so verzweifelt durch das ständige Reden über Elsa, die ihrem Herzen wie eine Tochter nahestand, daß Psychiater nicht verstehen konnten, wie sie es durchhielt. Während ihrer Vorträge stand sie so unter Spannung, daß sie wie angewurzelt wirkte.

Die Gefahren einer Vortragsreise waren Welten entfernt von den Gefahren der Serengeti, wo wir in unsichtbare Löcher fielen, viele Pannen hatten und während der schlimmsten Überflutungen im Morast steckenblieben. Zweimal waren wir Zeugen der gewaltigen Tierwanderung gewesen, für deren Schutz Bernhardt und Michael Grzimek so viel getan hatten. Wir hatten uns zwischen hunderttausenden Zebras und Gnus bewegt, die Meile um Meile bellten und grunzten, während sie sich auf ihren alljährlichen Weg zum Viktoria-See machten. Wir hatten mehr als fünfhundert Löwen jeden Alters gesehen, in Rudeln und allein, tagsüber und auch nachts. Wir hatten gesehen, wie sie sich in unserer Gegenwart oder in der anderer Löwen paarten, obwohl wir geglaubt hatten, sie brauchten Abgeschiedenheit dazu. Ein Paar kopulierte in der Nähe meines Camps, fünf Tage lang alle zwanzig Minuten – und als ich aufbrach, machten sie immer noch weiter. Eine Woche lang wurde ich von Löwen und einer Hyäne wachgehalten, die an unsere Vorräte wollten. Als die Hyäne nicht davon abließ, unsere Konserven zu stehlen und sie mit ihren Zähnen zu durchstoßen, um die Kondensmilch herauszutrinken, stellte ich eine Rattenfalle mit Schinken auf. Die Delle auf ihrer Nase lehrte sie offenbar eine Lektion, die sie nicht vergessen würde. Joy war einmal aufgewacht, als ein Löwe mit prächtiger Mähne in ihrem Zelt stand. Ein andermal merkte sie, daß das seltsame Geräusch, das sie geweckt hatte, von einer Löwin stammte, die aus der Wasserschüssel an ihrem Bett trank.

Ein paar kenianische Farmer kamen und schliefen ohne Zelt ein paar Nächte lang in Joys Nähe, und lachten sie aus, als Joy das für unklug hielt. Ein oder zwei Wochen später wurden wir vor Tagesanbruch von einem Auto geweckt, es war der Wildhüter, der uns fragte, ob wir ihm mit etwas Morphium aushelfen könnten. Eine neu angekommene Gruppe von drei Männern hatte sich mit den Köpfen in der offenen Zelttür schlafen gelegt, etwa fünfhundert Meter entfernt. Einer von ihnen war gerade von einem

Löwen gepackt worden, und obwohl seine Freunde und zwei unerschrockene afrikanische Angestellte den Löwen schnell weggejagt hatten, war unwahrscheinlich, daß der Mann überleben würde. Ich suchte nach der Fährte und fand die Spuren von zwei männlichen Löwen, die von dem Wildhüter verfolgt und erschossen wurden. Ihr Opfer überlebte nicht.
Wenn Joy sich allein auf weite Reisen begab, begleitete ich sie oft auf dem ersten Teilstück nach Nairobi über die schlechteste Straße zum Ngorongoro-Krater. Auf dem Rückweg, hinter dem Kraterrand, wo Michael Grzimek begraben liegt, sah ich eines nachts einen gewaltigen Löwen neben dem Grab sitzen. Ich war gerührt von diesem unbewußten Dank an den jungen Mann, der sein Leben verloren hatte, um die Schätze der Serengeti zu erhalten.
An einem Spätnachmittag im Dezember 1963 mußte ich durch so starken Regen zu meinem Camp zurückfahren, daß ich nur ein paar Meter weit sehen konnte. Plötzlich erhob sich eine Löwin fast genau vor dem Auto. Ich starrte sie an, hielt den Wagen an und starrte weiter, denn ich war sicher, es war die jetzt vierjährige Klein Elsa. Hinter ihr war eine ältere Löwin und ein junger Löwe. Ich sah sie mehrmals in den nächsten Tagen und war sicher, daß sie es war. Dann besserte sich das Wetter schlagartig und ich sah sie oder ihre Brüder nie wieder. So gern wir auch Elsas Enkel gesehen hätten, wir wußten, daß das in einem Gebiet wie der Serengeti fast unmöglich war.
Auf der anderen Seite der Grenze, in Kenia, hatte sich das politische Klima auch völlig verändert. Harold Macmillan, der britische Premierminister, hatte dem neuen Wind auf dem afrikanischen Kontinent seinen Segen gegeben. Als letzten Gouverneur hatte er Malcolm MacDonald nach Kenia geschickt, der ideal für diese Aufgabe war. Er war der Sohn eines sozialistischen Premierministers. Als Liebhaber und Fotograf von Vögeln und wilden Tieren war er uns später von unschätzbarer Hilfe. Jetzt jedoch hatte er eine wichtigere Aufgabe. Er stand neben Prinz Philip, zwölf Jahre nachdem dessen Frau während eines Besuchs in Kenia Königin geworden war, als der Prinz das Land formell seinem ersten Präsidenten, Jomo Kenyatta, übergab.
Von jetzt an war dieses herrliche Land – seit vierzig Jahren meine Heimat –, seine Berge, Wälder und Flüsse, seine Tiere und Vögel, wieder in den Händen jener Menschen, die seit Jahrhunderten hier gelebt hatten. Der Gedanke, daß das durch Elsa hereinkommende Geld die Natur unterstützen würde, machte mich glücklich, doch es war unwahrscheinlich, daß man dazu die Dienste eines pensionierten Eigenbrötlers, wie ich

es war, brauchen würde. Wenn ich Arbeit wollte, würde ich wohl in benachbarten afrikanischen Ländern danach suchen müssen, oder in Indien, wo ich vielleicht mit ein paar Tigern von vorn anfangen könnte. Ich war noch unschlüssig, was zu tun sei, als ein Brief von Joy eintraf.

Sie schrieb, sie hätte ihre Meinung über die Verfilmung von »Frei geboren« geändert. Sie hatte ein Angebot erhalten, das sie ihrer Meinung nach nicht ablehnen konnte, und wenn ich einverstanden wäre, der Filmgesellschaft zu zeigen, wie man mit Löwen umgeht, dann würde sie das Angebot annehmen – vorausgesetzt, der Film würde in Kenia gedreht werden. Ich brauchte nicht lange für meine Entscheidung.

Kapitel 6

Über das Spielen mit Löwen

1964–1965

Als der Film »Frei geboren« fertig gedreht war, doch bevor er noch der Öffentlichkeit gezeigt wurde, lud der Produzent, Carl Foreman, Joy in sein Büro in London ein. »Joy, mein Liebling«, sagte er, »zwei der größten Fehler meines Lebens waren es, mich auf diesen Film einzulassen und dich bei den Filmarbeiten zuzulassen.«

Joy kam ein paar Tage später nach Kenia zurück und schäumte noch immer vor Wut. Ihr Zorn war nicht durch Carls Bezeichnung »Liebling« hervorgerufen – das amüsierte sie eher. Sie war auch nur wenig verärgert durch die Unterstellung, daß sie ihr Recht, bei den Dreharbeiten anwesend zu sein, mißbraucht hatte –, denn sie wußte, daß sie sich untadelig verhalten hatte: Ich jedenfalls hatte sie gegenüber Provokationen sonst nie so zurückhaltend erlebt. Was sie wirklich zornig machte, war die Andeutung, daß nach all dem Geld, den Mühen, dem Geschick, der Phantasie und dem Mut, nach allem, was in den Film hineingesteckt worden war, er sich womöglich als Fehlschlag herausstellen würde.

Solch mangelndes Vertrauen war bei Carl Foreman selten. Ohne ihn hätte es nicht einen Pfennig für einen solch unmöglichen Film gegeben. Doch ihm gefiel die Geschichte, und er sah in den phänomenalen Verkaufsziffern der Bücher gute Anzeichen für einen erfolgreichen Film. Sein Ansehen in der Filmwelt war hoch, schließlich hatte er Kassenschlager wie »Zwölf Uhr mittags«, »Die Brücke am Kwai« und »Die Gewehre von Navarone« zu verzeichnen. Er überredete Columbia, den Großteil der einen Million Dollar, die er brauchte, zur Verfügung zu stellen, begann mit der Produktion und hielt das Schiff auf Kurs, wenn es Krisen gab. Er war kühl, entschlossen und rücksichtslos.

Joy war eine Frau von ähnlicher Entschlossenheit, doch sie war auch eine Romantikerin – eine Träumerin. Wenn ihre ehrgeizigeren Träume sich öfter einmal erfüllten, dann verdiente sie das gewöhnlich als Belohnung für die Willenskraft und Energie, die sie hineinsteckte. Nach dem Erfolg des Buches war sie entschlossen, daß auch der Film Rekorde brechen sollte. Im Vergleich zu ihr bin ich mit beiden Beinen auf der Erde geblieben. Das einzige Mal in meinem Leben, wo ich die Welt der schönen Bilder be-

trat, war, als ich mich bereit erklärte, bei dem Film zu helfen. Das änderte mein Leben in einer Weise, die ich nicht vorhersehen konnte.
Im April 1964 fuhr ich meinen alten Landrover durch tropfende Kaffee-Plantagen zu der Farm nördlich von Naro Moru, wo der Film gedreht werden sollte. Die Farm lag in der Ebene unterhalb der Gipfel des Mt. Kenya; das Land war hier viel grüner und lieblicher als der trockene Busch, in dem Elsa gelebt hatte, doch war dieser Ort bewußt ausgewählt worden. Das Farmhaus mit seinen dreihundert Hektar stand im Herzen der Phantasiewelt, in der wir fast ein ganzes Jahr leben sollten. Schon jetzt wurde das Haus vergrößert und von einem Dorf umringt. Vierzig Europäer und hundertzwanzig Afrikaner würden diesen Film drehen. Sie brauchten ein Labor, einen Schneideraum, Vorratsräume und mehrere Garagen. Es gab Käfige für zwei Löwen und einen Klippschliefer, und zum Hof hin eine lächerliche Nachbildung unseres Hauses in Isiolo (das schnell ersetzt wurde). Ein Blick genügte Joy und mir, daß der sicherste Platz in unseren Zelten, in der Nähe der Löwen, sein würde.
Der Direktor, Tom McGowan, war stolz auf seine Löwen, wie er auch stolz auf seine Genialität gewesen sein muß, all dieses aufzubauen. Wenn Carl Foreman der Zauberer war, der das Geld hergezaubert hatte, dann war Tom der Zauberer, der alles andere herbeigebracht hatte. Zunächst einmal, und sehr zu meiner Überraschung, hatte er Joy überredet, ihm die Filmrechte abzutreten. Er hatte mit Walt Disney zusammengearbeitet, und zwar nicht bei dessen peinlichen Trickfilmen über die wilden Rehe mit den langen Wimpern, sondern bei einigen ausgezeichneten Naturfilmen. Er versprach, daß der Film genau wie das Buch sein würde, und er wollte Joy das Drehbuch rechtzeitig zeigen, damit sie es durchsehen konnte. Er zahlte einen ordentlichen Preis für die Rechte und garantierte uns einen großzügigen Anteil am Gewinn.
Während ich bei den Löwen helfen sollte, würde Joy bei den Dreharbeiten zugelassen werden, damit die Tiere richtig behandelt wurden.
Nachdem er die Hürde von Joys strengen Bedingungen für den Verkauf der Rechte genommen hatte, wandte Tom sich der Frage der Löwen zu. Er reiste durch die Zoos und Zirkusse Europas und kam mit einem prallgefüllten Adreßbuch zurück. Als er zwei Filmstars, Virginia McKenna und ihren Mann, Bill Travers, dazu überredete, unsere Rollen zu spielen – das geschah bei einer Tasse Tee im Mayfair Hotel in London –, sagte er ihnen, daß er überall Löwen gefunden hätte, freundlich wie Hunde. Sie müssen ihm geglaubt haben, denn sie stimmten seinem Angebot zu, obwohl Virginia am Vormittag dieses Tages beim Friseur nur das halbe Buch gelesen hatte.

Das erste, was ich nach dem Aufbau meines Zeltes tat, war, mir die Löwen gut anzuschauen, die aus Deutschland gebracht worden waren und Elsa darstellen sollten. Diese mittelalterlichen Damen namens Astra und Djuba waren voller Narben und außerordentlich schwer, und ich meinte auch, sie hätten etwas Böses im Blick. Sie kamen aus einem Zirkus und wurden von zwei Dompteuren betreut – einer davon hieß Monika und war ein attraktives, kluges Mädchen mit einer Mähne dunkler Haare. Da sie nie zu den Löwen hineinging, ohne einen spitzen Stock bei sich zu tragen, und einen Mann mit geladenem Gewehr in der Nähe wußte, und da sie den Löwen nie den Rücken zuwandte, fragte ich mich, wie Miss McKenna wohl einige der zärtlichen Szenen zwischen Elsa und Joy spielen würde. Der Schreiber des Drehbuches war großzügig gewesen mit seinen Anweisungen »zärtliche Umarmung«. Als ich McGowan fragte, wie er selbst denn mit diesen geselligen Tieren zurechtkäme, sagte sein Blick viel mehr als die gemurmelten Worte »ganz prima«.
Ich werde mich immer an den Tag erinnern, an dem ich Virginia und Bill zum ersten Mal sah. Ich hatte Monika gerade eine Fahrstunde im Landrover gegeben. An diesem speziellen Tag standen wir im Gras neben Astras Käfig und Monika erklärte die Technik, mit der sie die Löwen mit ihren Stöcken dirigierte und warnte, und wie sie ihre Leistung belohnte. Als Bill und Virginia herantraten, teilte sich meine Konzentration. Natürlich war ich neugierig, diesen enormen jungen Mann abzuschätzen, der sozusagen mein Leben übernehmen sollte. Gleichzeitig konnte ich die Augen nicht von Virginia lassen; ich war entzückt von ihrer Schönheit und ihrem zauberhaften Lächeln. Während wir Höflichkeiten austauschten, jagten viele Gedanken durch meinen Kopf. Wie um alles in der Welt würde dieser gewaltige Mann in meine bescheidene Figur schlüpfen, und was würde er aus mir machen? Und noch beunruhigender: was für Verheerungen würden Afrika und Djuba bei diesem lieblichen, hellhäutigen und zarten Mädchen anrichten? Ich wußte, daß Joy von ihrer Erscheinung begeistert, doch von ihrer Zerbrechlichkeit zu Tode geängstigt sein würde. Ich wünschte, Joy wäre zu ihrer Hilfe hier, doch sie war gerade auf der anderen Seite der Erde und rührte die Werbetrommel für ihre Bücher und ihren Spendenaufruf.
»Ich weiß leider gar nichts über Löwen«, sagte Bill entschuldigend, als wir auf das Thema zu sprechen kamen. »Ich bin einmal auf einem Pferd geritten und wir haben in England ein paar Hunde. In Malaya und Burma mußte ich im Krieg draußen schlafen, aber wir sind den Elefanten nicht sehr nahe gekommen und ich bin froh, daß die Tiger sich ferngehalten haben. Ginny, ihr hattet doch viele Tiere zu Hause, nicht wahr?« Ginny

lächelte. »Sie gehörten eigentlich meinem Vater. Wir hatten vier Hunde, zwei Katzen, vier Kanarienvögel, zwei Buschbabys, einen Papagei – und eine Schlange, die, hm, George hieß. Tut mir leid.« Sie fuhr fort, McGowans Glauben an die Freundlichkeit der Löwen darzulegen, und wir sahen schweigend zu Astra und Djuba hinüber.

Kurz danach vertraute sie mir an, wie sehr ihr Herz in dem Moment klopfte und wie ihr Mund trocken geworden war. Sie war dankbar, daß sie dieses gefährliche Spiel mit ihrem Mann zusammen spielte, und daß sie am Ende jeden Tages zu ihren drei Kindern nach Hause gehen konnte. Es war klüger, die Kinder in sicherer Entfernung zu halten, denn was immer auch ein Löwe an Respekt für Erwachsene entwickeln mag, er wird ein Kind immer als ein ihm zustehendes Beutestück oder wie ein Spielzeug behandeln.

Die Filmgesellschaft hatte Naro Moru aus verschiedenen Gründen als Basis ausgewählt. Der unwichtigste war sein spektakulärer Blick auf den Mt. Kenya; der wichtigste war der Ruf eines verläßlichen Klimas. In einem Land, das jedes Jahr zwei Regenzeiten hatte, und bei einem Film, der pro Tag zehntausend Pfund kostete, wollte man nicht in der Trockenzeit Tage damit vergeuden, daß man darauf wartet, daß der Regen aufhört oder der Wind die Wolken wegbläst. Ein weiterer Grund waren die angeblich ausgezeichneten Verbindungen nach Nairobi, knapp zweihundert Kilometer südlich, von wo all unsere Verpflegung, Getränke, fotografischer Nachschub, mehr Löwen, Wachs, Seile und natürlich Besucher aus Amerika und England kommen würden.

Schließlich auch war die Farm wegen ihrer Bequemlichkeiten und der Nähe zu Nanyuki und solchen Orten wie dem Mt. Kenya Safari Club ausgesucht worden. Dieser Club mit seinem See, Swimming-Pool, Tennisplätzen, Restaurants und Boutiquen stellte den Gipfel des Luxus dar. Auf seinen smaragdgrünen Rasenflächen stolzierten Heilige Ibisse, Kronenkraniche, Reiher, Flamingos und Pfaue. Joy und ich zogen den nahegelegenen Sportclub von Nanyuki vor. Er sah wie ein schäbiger, zugewachsener Cricket-Pavillon aus, dessen Innendekoration seit den dreißiger Jahren nicht angerührt worden war. Die Speisekarte enthielt Köstlichkeiten wie Lammkoteletts und Auflauf. Das Gras hier war braun und wurde ab und zu durch ein einsames Polopferd oder einen heimwehkranken Schotten geziert, der seinen Golfschläger schwang.

Als der Beginn der Dreharbeiten sich näherte, blätterte Tom McGowan seinen Löwen-Gotha durch, um passende Löwenjunge und ein oder zwei Männchen zu finden. Der Herzog und die Herzogin Bisletti, die am Naivasha-See lebten, züchteten auf ihrer Farm Löwen und sagten, sie

könnten das Baby Elsa und ihre Geschwister zur Verfügung stellen. Falls das nicht klappte, so war auch Haile Selassie, der Löwe von Juda selbst, bereit, Tom Löwenjunge aus den königlichen Käfigen auszuleihen. Tom befürchtete, daß diese aristokratischen Tiere womöglich vom Herzog von Bath weggeschnappt werden würden, der gerade seinen Park in Longleat in England mit Löwen bestücken wollte, und so heuerte er die meisten sofort an.
Die ersten Neuankömmlinge, die bei uns eintrafen, waren uns von der Schottischen Garde geliehen worden, die in Kenia stationiert war und nun nach England zurückkehrte. Ihre Maskottchen waren zwei neun Monate alte Löwen, Boy und Girl, die Bruder und Schwester waren; nach Beendigung des Films sollten sie nach Whipsnade kommen. Ihr Aufpasser und Lehrer war ein grimmig aussehender Feldwebel namens Ronald Ryves, der sein militärisches Gehabe ablegte, sobald er mit den Löwen umging. Von dem Augenblick an, als ich sie zusammen sah, verspürte ich einen Hoffnungsschimmer, daß der Film vielleicht doch gedreht werden und ohne Katastrophe fertiggestellt würde – denn mit Astra und Djuba hatten wir einen toten Punkt erreicht.
Bill war der erste Schauspieler, der in den Käfig ging. Er folgte Monika und trug einen Stock sowie Lederbänder um die Handgelenke, denn ein Löwe kann seine Krallen nach Belieben ausstrecken und einziehen, und keiner von uns wollte irgendein Risiko mit diesen Löwinnen eingehen. Erst Astra, dann auch Djuba, erlaubten Bill, sie auf den Körper zu klopfen, und eine halbe Stunde später schlenderte Bill scheinbar ebenso entspannt hinaus wie er in den Käfig hineingegangen war. Ich bemerkte allerdings, daß er sich draußen im Gras gleich eine Zigarette ansteckte.
Nach dem Mittagessen war Ginny dran. Ich stand neben dem Gehege, wofür ich ja bezahlt wurde, mit meinem geladenen Gewehr und beobachtete jeden Ausdruck ihres Gesichtes. Ich sah Konzentration, Willenskraft, Überraschung und Erleichterung, doch nicht einen Funken Angst. Da nichts Liebenswertes an den beiden Löwen war und jeder von ihnen gut über hundertvierzig Kilo wog, dachte ich, daß sie besonders mutig oder aber eine sehr gute Schauspielerin sein mußte. Später, als sie aus dem Gehege kam und um eine Tasse Tee bat, um das Zittern ihrer Hände zu beruhigen, wurde mir klar, daß sie beides war.
Einen Monat lang schien alles gut zu gehen. Bill und Ginny hatten beide den Mut und den natürlichen Umgang mit den Löwen, der nötig ist, um eine überzeugende Darstellung zu erbringen. Ein erfahrener Löwen-Dompteur, der die beiden bei der Arbeit sah, konnte kaum glauben, daß sie in ihrem ganzen Leben noch nicht mit Löwen gearbeitet hatten.

Eines Morgens ging Bill mit Monika in das Gehege, und Ginny und ich schauten zu. Da legte Astra plötzlich die Ohren nach hinten, legte sich hin und kroch voran, ihre Augen waren zu gelben Schlitzen geworden, die hart und hell leuchteten. Wieder und wieder kroch sie herum und versuchte, an Bill heranzukommen. Monika wehrte sie mit ihren Stöcken ab. Sie und Bill waren kreidebleich geworden. Ich war fast so dankbar wie Ginny, als Bill endlich herauskam.
Zwei Tage später kam Tom zum Gehege, um zu sehen, wie das Training vorankam, und Astra benahm sich wieder genauso. Diesmal waren sowohl Bill als auch Ginny mit Monika im Gehege, und Astra wurde so bedrohlich, daß auch ich noch hineinging, ehe wir alle herauskonnten. Ich hoffte, das Tom Astras Karriere als Schauspielerin sofort beenden würde. Aus uns unverständlichen Gründen schien sie immer feindseliger zu werden. Im Grunde lag der Fehler bei ihrer Erziehung. Wenn ein Löwe nicht ständig Zuneigung spürt, am besten von einem einzigen Besitzer oder Trainer, kann er unangenehm werden. Wenn er erst einmal beherrscht worden ist und womöglich in der Angst vor einer Peitsche lebt und dann von Trainer zu Trainer weitergereicht wird, dann muß er unzuverlässig werden. Im Laufe der Jahre habe ich teuer für die Erkenntnis bezahlen müssen, daß es vielleicht richtiger ist zu sagen, daß kein Löwe völlig zuverlässig ist. Aber welcher Mensch ist das schon?
Auch Djuba wurde unfreundlich. Nach ein paar Monaten brachte sie vier winzige Junge zur Welt, doch die Umstände waren alles andere als ideal und nach ein paar Tagen starben sie. Ihre Stimmung erholte sich nie davon. Doch Tom und die Filmgesellschaft, die eine Menge Geld in Djuba und Astra investiert hatten, bestanden darauf, daß wir es weiter mit ihnen versuchen sollten.
Ich persönlich richtete meine Hoffnungen auf die Maskottchen der Schottischen Garde und die Travers. Es ist eine goldene Regel, daß die beste Aussicht besteht, die Zuneigung eines Löwen zu einem Menschen auf einen anderen zu übertragen, indem man ihm diese Person sorgfältig vorstellt. Feldwebel Ryves war ein außergewöhnlicher Mann und ich überließ es ihm, Bill und Ginny, auszutüfteln, wie die Übergabe am besten vonstatten gehen sollte.
Der Feldwebel und Bill verstanden sich als zwei alte Soldaten auf Anhieb. Bill hatte bei den Gurkhas gedient – er hatte sein Alter gefälscht, um schneller ins Kampfgebiet zu kommen – und hatte eine von Wingates Erkundungstrupps geleitet, mit dem er vor den anderen durch die Wälder Burmas gezogen war. Nach ein paar Wochen, in denen Ryves mit den Löwen in einem Zelt schlief, um sie einzugewöhnen, wurden die

Tiere erfolgreich übergeben. Ronald Ryves war zu bewegt, um richtig Aufwiedersehen zu sagen.
»Alles liegt jetzt bei dir, Bill; ich komme nicht mehr mit zu den Spaziergängen«, sagte er eines abends über die Schulter, »und ihr Mistviecher benehmt euch gefälligst«, zu den Löwen, ohne Girls Geschlecht oder Gefühle zu bedenken.
Inzwischen hatte Bill und Ginny Joys sämtliche Bücher über Elsa und ihre Jungen gelesen und waren besonders von Julian Huxleys Einführung zu »Die Löwin Elsa und ihre Jungen« beeindruckt, wo er betonte, wie wichtig Liebe sei, um das Beste in einem Tier herauszubringen. Die Travers hatten sich in ihrem Vertrag ausbedungen, daß niemand je ihre Rolle als Double übernehmen sollte, denn sie hatten begriffen, daß der Film nie ein Erfolg werden würde, wenn es ihnen nicht gelang, die gleiche Art Verhältnis zu den Löwen zu entwickeln wie wir zu Elsa.
Die Tage waren kurz und das Arbeitsprogramm übervoll, so mußten sie im Dunkeln aufstehen und vor dem Frühstück schon mit den Löwen trainieren. Die Pausen und sogar manche Mahlzeiten verbrachten sie mit den Löwen, und am Ende des Tages saßen sie in dem Gehege, bis es Zeit wurde, zu ihren Kindern zu gehen.
Wir drei sprachen über die Charaktere der neuen Löwen, sobald sie ankamen, denn der Film umfaßte Elsa in verschiedenen Altersstufen und auch ihre Jungen, ihre Geschwister, ihre Rivalen, ihre Freier und ihren Partner. Am Ende arbeiteten wir mit vierundzwanzig Löwen. Es war eine einzigartige Gelegenheit zu sehen, wie unterschiedlich ihre Charaktere waren und welch unterschiedliche Behandlung sie erforderten.
Einer der kleinsten Löwen war der, den wir Klein Elsa nannten, nach ihrer Namensvetterin. Sie war wohl die zutraulichste Löwin am Drehort und war Ginnys Liebling. Ihr Größerwerden deckte sich mit »Elsas« Größerwerden und sie wurde zu vielen Szenen verwandt. Henrietta aus Uganda war schön und gleichzeitig ein Clown. Sie war bei ihrer Ankunft wie ein Skelett und sehr nervös. Tom McGowan wollte sie gleich zurückweisen. Doch nach ein paar Wochen guter Verpflegung und sorgsamer Zuneigung konnte ich sie ohne Gefahr Ginny und Bill vorstellen. Sie wurde unser aller Liebling, obwohl die Afrikaner sie Memsahib Makofe – Frau Kopfnuß – nannten, da es ihr besonders gefiel, auf dem Dach des Landrovers zu sitzen und an alle Vorbeigehenden Hiebe auszuteilen. Besonders gern saß sie dort, wenn der Landrover fuhr.
Oft brauchte ich lächerlich lange, um Henrietta zu den einfachsten Szenen zu überreden, wie zum Beispiel von rechts nach links durch das Bild zu laufen oder einfach still in der Sonne zu sitzen und »Joys« Ankunft

zu erwarten. Für die erste Szene mußte ich mich flach auf die Erde legen, außer Sichtweite der Kamera, damit Henriette herübergerannt kam und meine auf dem Boden hingestreckte Gestalt durchbeutelte. Um sie davon abzuhalten, ihren Platz in der Sonne gegen einen im Schatten auszutauschen, mußte ich in einer kleinen Grube hocken, die mit Gras abgedeckt war, durch das ich mit einem Rasierpinsel hin- und herwackelte, um ihre Aufmerksamkeit zu erregen und zu fesseln.

Henrietta hatte nur einen Nachteil, der den Fortlauf der Handlung schwierig machte – sie hatte ein Schlappohr. Doch meist erwischten wir sie im richtigen Winkel und wann immer ein anderer Löwe eine Szene verpfuscht hatte, konnten wir Henrietta bestechen, sie zu Ende zu bringen, denn sie hatte eine Leidenschaft für Sardinen der Marke Skipper (andere durften es nicht sein), hartgekochte Eier und Dosensahne.

Elsa besonders ähnlich war eine Löwin namens Mara. Sie war bei Privatleuten groß geworden, war jetzt ausgewachsen und kam mit besten Zeugnissen zu uns. Doch als Ginny am ersten Tag zu ihr ging, bekam sie einen ziemlichen Schreck. Mara war ein paar Tage im Tierheim in Nairobi gewesen und menschliche Gesellschaft hatte ihr dort sehr gefehlt. Sie gab Ginny eine gewaltige Umarmung und fing an, sie mit ihrer sehr rosigen Zunge zu lecken. Als Ginny an sich herunterblickte, sah sie, daß die rauhe Zunge die Vorderseite ihres Pullovers weggehobelt hatte.

Als wir einen Fußball aus ihrem Gehege entfernten, wurde Mara drohend und ich fand heraus, daß man ihr, als sie noch jünger war, ihr »eigenes« Spielzeug gegeben hatte. Ich warnte Bill, vorsichtig zu sein. Am nächsten Tag versuchte er sein Glück und zu meinem Schrecken stellte sich Mara auf ihre Hinterläufe und umarmte ihn mit den Vorderpfoten. Sie schnurrte und leckte sein Gesicht (dem Himmel sei Dank für seinen Bart), bewegte aber auch ihre Krallen. Wie sehr er es auch versuchte, Bill konnte das Tor nicht erreichen, denn ihr Lieblingssack lag davor und sie erlaubte Bill nicht, ihn wegzustoßen. Ich sah die Angst in Ginnys Gesicht und ließ eine Leiter ins Bills Nähe in das Gehege stellen. Es gelang ihm, darauf hochzuklettern, während wir Mara mit etwas Fleisch ablenkten.

Da ich entschlossen war, Mara ihr gefährliches Besitzverhalten abzugewöhnen, fing ich an, neben dem Draht ihres Käfigs zu schlafen, und sobald sie sich entspannte, brachte ich das Campbett nachts in den Käfig hinein. Schließlich filmten wir einige der schönsten Szenen mit ihr.

Es gibt keinen Zweifel, daß Ugas der aufsehenerregendste Löwe auf der Farm war. Sein Name bedeutete »Prinz«, und er war so eindrucksvoll wie er groß war. Seine Mutter war von Somalis getötet worden und ein Polizist in Wajir hatte sich um ihn gekümmert, bis er neun Monate alt war;

dann kam er zu Steven Ellis, dem Wildhüter des Nairobi-Parks. Da er bei Steve im Haus frei umherlaufen durfte, bis er ausgewachsen war, war er Menschen gegenüber völlig unbefangen und hielt sie für Löwen, oder anders herum sich für einen Menschen. Er hatte auch zahllosen Besuchern den Schreck ihres Lebens versetzt, wenn das, was sie für ein Löwenfell hielten, sich plötzlich lässig erhob.
Obwohl ich Ugas Lebensgeschichte kannte, fand ich ihn furchterregend. Ich war daher mächtig beeindruckt, als Bill auf Ugas zuging, ohne mit der Wimper zu zucken, als es soweit war, die beiden miteinander bekannt zu machen. Doch wenn man in Tarnkleidung durch die japanischen Reihen geschlüpft war und dabei Malariaschübe hatte, und wenn man die Vorhut der japanischen Truppen im Dschungel angegriffen hatte, dann war ein Löwe vielleicht weniger erschreckend. Immerhin war Ugas, der jetzt voll ausgewachsen war und mehr als zweihundert Kilo wog, daran schuld, daß die Federung des Landrovers mit einem Stöhnen aufgab und auch am Herzklopfen des Direktors, als er spielerisch den Kopf Mireilles – einer neu dazugekommenen Dompteuse – ins Maul nahm.
Selbst wenn Tom McGowen und seine Freunde kein Vertrauen in die afrikanischen Löwen hatten – Bill und Ginny verloren ihres nie. Mehr noch, sie waren ganz offensichtlich entzückt von der Begeisterung, die Boy und Girl bei den morgendlichen Spaziergängen zeigten. Einer der Gründe, warum Löwen in Käfigen so oft bösartig werden, ist Langeweile. Mir fiel auf, wie alle Löwen des Films sofort lebhaft wurden, wenn sie frei waren und einen Geruch aufspüren konnten: sie haben genau solches Vergnügen an Gerüchen wie ein Leser an seinen Büchern.
Ich mußte Bill und Ginny nur wenige Ratschläge erteilen: starre nie einen Löwen an, erhebe deine Stimme nicht, bewege dich langsam, und wenn es zu Spannungen kommt, stehe still und behaupte dich – wenn dir dein Leben lieb ist, dreh dich nicht um und lauf nicht weg. Die Travers schienen alles, was sie für den Umgang mit den Löwen brauchten, durch Instinkt und Beobachtung aufzugreifen.
Sonst aber klappte nichts. Der gewählte Ort, im Schatten des Mt. Kenya, war weniger perfekt als vorausgesagt, und das Wetter war scheußlich. Das führte dazu, daß ein jetzt schon teurer Zeitplan sich verzögerte, wann immer es regnete oder ein wolkiger Nachmittag die Fortsetzung einer Außenszene ruinierte, die an einem sonnigen Morgen begonnen worden war. Die Verbindungen brachen zusammen. Die Wege zu den einzelnen Drehorten wurden zu Sümpfen. Die Straßen zum nächsten Ort, zu den Fleischtöpfen des Mt.-Kenya-Safari-Club und nach Nairobi selbst waren oftmals weggespült.

Ich ging nicht oft in die Bar im Farmhaus, doch wenn ich mal hinging, dann war es dort wie im Kasino eines unzufriedenen Regimentes. Man beschwerte sich über undichte Dächer, lausiges Essen, mangelnde Unterhaltung während der Warterei in den Regenstunden. Die Filmgesellschaft teilte sich in diejenigen, die immer noch glaubten, daß die Zirkuslöwen die Hauptrollen übernehmen könnten und die anderen, die fanden, daß die Rettung bei den afrikanischen Löwen läge. Der Direktor stand dazwischen.

Zu diesem Zeitpunkt ereignete sich etwas, von dem ich dachte, es würde dem ganzen Unterfangen den Todesstoß versetzen. Eines Nachmittags, nicht lange vor dem ersten Drehtag, nahmen Bill und Ginny Boy und Girl mit auf einen Spaziergang in die Ebene. Sie schienen aufgeregter als sonst zu sein, als sie vom Landrover sprangen, und Bill stellte fest, daß sie eine Gruppe Thomson-Gazellen entdeckt hatten. Bill und Ginny sahen zu, wie die Löwen sich ernsthaft an sie heranschlichen. Die Gazellen ließen sich nicht stören, achteten aber auf die Entfernung zwischen sich und den Löwen.

Nach einer Weile schauten Boy und Girl sich vorwurfsvoll nach den menschlichen Zuschauern um, die ihre Bemühungen sabotierten. Mit Grunzen und Schlagen überredeten sie Bill und Ginny, auf alle Viere zu gehen und mitzumachen. Doch nach einer halben Stunde waren sie ihrer Beute noch immer nicht näher und Ginny, der alles wehtat, stand auf. In einem Anfall von Ärger sprang Boy auf sie. Sie krachten zusammen auf den Boden und Bill hörte Ginnys Bein brechen wie einen trockenen Ast. Bill und Girl rannten hin, und die folgenden schrecklichen Minuten schienen endlos. Dies war wieder ein Spiel für die Löwen geworden, doch Bill mußte sie von Ginny weg und in den Landrover locken, um einen noch ernsteren Unfall zu verhindern. Er brauchte all seinen Mut, seine Kraft und seine Phantasie, um sie wegzulocken, indem er mit seinem Hemd spielte, und sie dann mit den Überbleibseln einiger Leckerbissen ruhigzuhalten. Langsam und vorsichtig hob er Ginny hoch und ins Auto, um die schmerzhafte Fahrt zum Camp und die viel weitere zum Krankenhaus in Nairobi zu beginnen.

Gerade in diesem kritischen Moment kam Joy nach der anstrengendsten all ihrer Weltreisen nach Naro Moru. Sie warf einen Blick auf die Räume in den Hütten und beschloß, ihr Zelt neben meinem aufzuschlagen. Ihre Rolle untersagte ihr eindeutig, sich in die Darbietung der Schauspieler oder der Löwen einzumischen, sie war lediglich hier, um das Wohlergehen der Tiere zu überwachen. Sie war natürlich von den Löwen fasziniert und gerührt von den Klippschliefern, die Pati Patis Rolle spielen sollten, die für Elsa und ihre Geschwister wie ein Kindermädchen gewesen war. Der lebhaftere der Klippschliefer, der Stunden auf Ginnys Schulter verbracht und dort Rosenblätter geknabbert hatte, war während ihrer Abwesenheit ein bißchen langweilig geworden, konnte aber mit einem kleinen Schluck Gin wieder zum Leben erweckt werden – was gerade recht war, denn es gehörte zu seiner Rolle, sich zu Flaschen hingezogen zu fühlen.

Außerdem gehörten jetzt zwei Geparden zur Gesellschaft, mit denen Joy viel Zeit verbrachte, weil sie hoffte, einen davon behalten zu können; ein Warzenschweinpärchen war auch da, es wurde für eine wichtige Anfangsszene gebraucht, und es gab einen Büffel, der ganz fehl am Platze und einsam zu sein schien, ganz anders als ein junger Elefant namens Eleanor, der entspannt und verspielt war. Eleanors Rolle war es, von »Elsa« gejagt zu werden. Die kleine Elefanten-Waise war von Daphne Sheldrick, der Frau von David, dem früheren Wildhüter des Tsavo Parks, großgezogen worden.

Der arme Büffel war der Mittelpunkt eines höchst unerfreulichen und kurzen Dramas des Filmes. Er war angeschafft worden, um einen jener furchtbaren Angriffe darzustellen, für die Büffel mit Recht verrufen sind – aber er war eine arge Fehlbesetzung. Wie Ferdinand der Bulle zog er es vor, an Blumen zu schnuppern, und der junge Samburu-Hirte, der auf ihn aufpassen sollte, schlief immer mit in seinem Stall.

Der Augenblick für den Büffelangriff kam näher und die Produzenten wurden immer verzweifelter. Eines Tages brachten Bill und Ginny mir eine Nachricht der Garderobenfrau Tina, die ein weiches Herz hatte und mir mitteilte, daß die Filmleute dem Büffel Toilettenreiniger in den After steckten, um ihn wild zu machen. Ich war so empört, daß ich in das Filmbüro stürmte und sagte, wenn sie damit nicht sofort aufhören würden, würde ich eine Pressekonferenz einberufen, die Gründe dafür angeben und mich völlig von dem Film distanzieren. Die erste Reaktion war rotgesichtig, schluckend und schuldbewußt. Die zweite war, den Büffel zu erschießen in der Hoffnung, damit den Grund für meine Empörung schnell zu beseitigen. Es war Pech für die Filmgesellschaft, daß Bill und Ginny, die von dieser unvernünftigen Lösung entsetzt waren, eine weiße Lilie von einem Fluß gepflückt hatten und sie auf den Leichnam des Büffels legten. Das erregte ziemliches Aufsehen.

Die Film-Bosse waren bleich vor Wut. Sie sagten den Travers, daß sie ihre Agenten in London anrufen und wegen dieser Handlung ein Verfahren gegen sie einleiten würde. »Nur zu«, sagte Bill, »sobald Sie das tun, rufe

ich den ›Express‹, den ›Mail‹ und den ›Mirror‹ an und biete Fotos an, die ich von der ganzen Geschichte gemacht habe.«
Zum Glück war Joy nicht dabei, als dies passierte. Sie achtete immer streng darauf, ihr Versprechen zu halten, nicht in die Darstellung einzugreifen und lehnte es auch ab, andere in den großen Streit einzubeziehen, den sie mit Carl Foreman und Tom hatte, die dem Film ein glücklicheres und ganz unnatürliches Ende verpassen wollten. »Joy« sollte »Elsas« Junge bei deren ersten Erscheinen in die Arme schließen. Das war eine krasse und völlig unnötige Verdrehung der wahren Geschichte und widersprach völlig Joys Philosophie, sich so wenig wie möglich in Elsas Leben in der Freiheit einzumischen.

Niemand hätte sich gewundert, wenn Ginny sich geweigert hätte zurückzukommen, um in einem Film mit unberechenbaren Löwen zu spielen, die nur mit einer Kugel an Gewalttätigkeiten gehindert werden konnten. Doch einer ihrer früheren Filme »Carve her Name with Pride« handelte von Violette Szabo, einer Heldin und Märtyrerin der Resistence, und vielleicht stärkte etwas von Violettes Hingabe ihren eigenen eiskalten Mut, den ich so oft von den Löwen erprobt gesehen hatte. Vielleicht machte auch die Tatsache, daß sie mit ihrem Mann spielte, auf dessen Liebe, Mut und Unterstützung sie sich völlig verlassen konnte, ihre Rückkehr weniger schwierig – auch bewahrte sie damit den Film noch vor den Dreharbeiten vor einer Krise.
Boy und Girl waren so begeistert wie alle anderen, als sie zurückkam. Girl sprang auf das Dach ihres Autos und Boy steckte seinen Kopf durchs Fenster und leckte ihr Gesicht. Doch am nächsten Tag im Gehege scheuten die Löwen vor dem seltsamen weißen Gipsbein zurück, Boy rannte mit ihren Krücken davon und Ugas lief in deutlichem Entsetzen vor- und rückwärts. Innerhalb von wenigen Tagen änderte die Garderobiere geschickt Ginnys Safarihosen und Stiefel, um den Gips zu verbergen, und die Dreharbeiten konnten beginnen.
Carl Foreman wußte genau von den zwei Lagern, die sich in Sachen Zirkuslöwen gebildet hatten. Er wußte auch, wie sehr die Moral gesunken war und daß keiner daran glaubte, daß irgendjemand sie wieder heben könne. Deshalb flog er nach Kenia, und in ein paar Tagen im Mt.-Kenya-Safari-Club legte er klare Richtlinien fest, die die Zirkusfrage ein-für allemal klären würde. Wie ein fähiger Kommandeur brachte er alle Probleme an die Oberfläche, löste die echten und entschärfte die anderen durch Lächerlichkeit, Vernunft oder Charme. Auf Joys wütenden Widerstand gegen das vorgeschlagene Ende des Films reagierte er mit dem Vor-

schlag, die Szene auf beiderlei Art zu drehen und die Sache erst zu entscheiden, wenn der Film geschnitten wurde. Während Carl in Kenia war, arrangierte der Hohe Kommissar, Malcolm MacDonald, daß er, Joy und die Travers von Präsident Kenyatta im State House empfangen wurden, in dem er selber noch als Gouverneur gewohnt hatte. Er zeigte Joy, wie er die Wände mit ihren Stammesbildern geschmückt hatte, die Jomo Kenyatta bei seiner Amtsübernahme auch hatte hängen lassen – sie sind noch heute da. Als er seine Sache erledigt hatte, flog Carl nach England zurück, um einen neuen Film zu planen: »Der junge Churchill«.

Den Zirkuslöwen Astra und Djuba sollte sofort Gelegenheit gegeben werden, sich vor der Kamera zu bewähren. Astras Szene war die, in der Elsa ihre erste Beute macht – ein Warzenschwein. Tom McGowan wählte das kräftigere der beiden Schweine aus dem Gehege und es gab eine bemerkenswerte Darstellung. Zuerst war es schon durch Astras Größe eingeschüchtert, doch nach und nach wurde es neugierig und dann ärgerlich. Es drehte sich um und stieß Astra in einer Reihe Gegenangriffe gegen den Kopf, bis die alte Löwin sich unwillig zurückzog. Die Szene wurde im Film beibehalten, und das Warzenschwein bekam als Belohnung seine Freiheit. Mara war es, die schließlich für den »Kill« sorgte, wie es auch Mara war, die eine Baumszene von Astra übernehmen mußte. Astra fiel schon nach ein paar Minuten aus den Zweigen und weigerte sich, einen zweiten Versuch zu machen.

Djuba war so wenig kooperativ, daß sie nur in der Szene erschien, wo ich Elsas Mutter erschießen mußte – sie spielte den Leichnam. Ihre Jungen, Elsa und ihre Geschwister, wurden von drei winzigen Löwen gespielt, die am Vortag aus der königlichen Sammlung Haile Selassies in Addis Abeba eingeflogen worden waren. Ich glaube, an dieser Stelle gewannen die afrikanischen Löwen die Schlacht. Tom McGowan holte tief Atem und entschied, den Film auf eine nie zuvor versuchte Art zu drehen.

Er hatte mein Mitgefühl. Wir wußten, daß unsere Löwen sich mit Bill und Ginny in manchen Situationen natürlich verhalten würden, aber wir konnten nicht einmal für die einfachsten Einstellungen Erfolg beim ersten Drehversuch garantieren. Wenn »Elsa« in einem afrikanischen Dorf wie eine Sphinx auf dem Landroverdach sitzen sollte, dann sprang sie bestimmt herunter und setzte einem Huhn nach, während die Kamera lief – nicht einmal, sondern zwei- oder dreimal. Für den Löwen und die Zuschauer war das ein Spaß, doch für den Filmdirektor und die Hühner die Hölle.

Klein Elsa, die die meisten der einfacheren Szenen mit Ginny spielte, mußte endlos und phantasievoll dazu überredet werden, auch nur zu sitzen, zu laufen oder zu rennen. Doch sie machte uns Ehre, als sie sich mit dem Klippschliefer raufen sollte oder »Joy« auf die Brillenschlange aufmerksam machte.

Girl und Henrietta wechselten sich bei einigen schwierigen Abläufen ab. Girl sah einfach nicht ein, warum sie Eleanor, den Elefanten, aus dem Busch ins Camp jagen sollte. Henrietta andererseits, die gern spielte, konnte der Versuchung nicht widerstehen, Eleanor zu ärgern und zu Fall zu bringen, was sie vor der Kamera gleich sechsmal tat. Die Rollen der Löwinnen wurden vertauscht, als es zu einer Szene in meinem Schlafzimmer kam, die bei Scheinwerferlicht gedreht wurde. Das Licht war so grell, daß selbst Skipper-Sardinen Henrietta nicht hereinlocken konnten. Wir ließen sie deshalb draußen in der kalten Nacht, während ich schlafen ging. Die List war erfolgreich, und nach kurzer Zeit stürzte Henrietta herein und ehe sie noch auf mich springen konnte, entdeckte sie unter dem Bett einen blauen Nachttopf, den sie auf dem Boden hin- und herschubste, bis sie vor Erschöpfung umfiel. Das ging jeden Abend so, bis nach einer Woche Bill meinen Platz einnahm. In der endgültigen Fassung vervollständigt Girl die Szene, indem sie an Bills Gesäß herumknabbert, auf das jemand vorsorglich etwas von ihrem heißgeliebten Knochenmark geschmiert hatte.

Eine andere Schlafzimmerszene endete weniger amüsant. Elsa sollte sich neben mir hinwerfen und einschlafen, während Joy meine fieberglühende Stirn abwischte. Mittlerweile war der Filmdirektor von den vielen Wiederholungen ungeduldig geworden und gab Girl ein Beruhigungsmittel, damit sie auch wirklich gleich einschlief. Statt dessen aber wurde sie verwirrt und nahm Bills Arm ins Maul, als ob sie gar nicht wisse, wer er sei. Es war ein furchtbarer Augenblick. Obwohl bei den Dreharbeiten immer ein Tierarzt zur Stelle war, der auch ständig konsultiert wurde, war damals viel weniger über Tiermedikamente bekannt und es gab viele unglückliche Zwischenfälle. Es war außerordentlich schmerzhaft für Ginny, den Tod von Pati Pati mit einem Klippschliefer spielen zu müssen, der tatsächlich gerade starb. Die Dosis des Medikamentes war viel zu hoch gewesen und das kleine Tier starb in ihren Armen, als die Kamera abdrehte.

Wir versuchten daher immer, unsere Probleme auf natürliche Art zu lösen. Zum Beispiel waren die Löwen morgens meistens zu lebhaft, um direkt zum Drehen zu gehen, deshalb ließen wir sie erst in der Ebene umhertoben und spielten mit ihnen mit Fußbällen, mit an Stöcke gebundenen Kokosnüssen und – und das war das beste – mit knallbunten Luftballons, die im Wind wegtrieben und mit befriedigendem Knall zerbarsten. Die Löwen zu lange toben zu lassen, war genauso unklug wie gar nicht. Am Ende eines sehr langen Tages warf sich Mara wie ein übermüdetes Kind mit all ihren hundertfünfzig Kilo gegen Bill und renkte ihm die Schulter aus.

Stimmung war ein anderer Faktor, den die Filmgesellschaft nur ungern außer all den anderen Verspätungen in Kauf nahm. Gegen Ende der Dreharbeiten mußte Ginny eine lange und liebevolle Umarmung mit der Löwin spielen, die sie am besten kannte – Girl. Doch sie spürte, daß etwas nicht stimmte. Sie war selbst unsicher, der Tag war bewölkt und kühler; die Szene sollte unter einem Baum mit seinem geheimnisvollen Rascheln und Rauschen stattfinden, und das Geräusch eines Flusses war eine weitere Ablenkung. Obwohl es eine der einfachsten Szenen des Filmes war, bat sie Bill, in der Nähe zu bleiben. Das einzige Mal in ihrem Leben wandte Girl sich gegen Ginny, nahm ihren Arm ins Maul und zwang sie mit dem Gesicht nach unten auf den Boden. Sehr langsam und ruhig mußten Bill und ich eingreifen, um die Umarmung zu lösen, die nicht länger liebevoll war.

Zu ungefähr diesem Zeitpunkt gab es eine Reihe Neuankömmlinge in Naro Moru und ich knüpfte neue Freundschaften. Der erste war ein Gepard, den man Joy geschenkt hatte, damit sie ihn für die Wildnis vorbereitete. Er lebte bei ihrem Zelt und kam von jetzt an überallhin mit uns. Joy taufte ihn auf »Pippa« um, denn dieser Name konnte gut laut im Busch gerufen werden. Sie war ein bildschönes Tier und erfüllte Joy mit ständigem Interesse und Vergnügen.

Der zweite war Monty Ruben, dessen Vater Eddie die Transportgesellschaft gehörte, die für Empfang und Versand des gesamten von uns benötigten Filmmaterials zuständig war. Monty interessierte sich besonders für Filme und hatte bei Kessels »Der Löwe« mitgearbeitet, der in Kenia mit einem Hollywood-Löwen namens Zamba gedreht worden war. Als Gag hatte Monty ihn mit in den Nairobi-Park genommen, zu einer Foto-Sitzung mit afrikanischen Löwen. Die Fotografen hatten sich verspätet, und um sich die Zeit zu vertreiben, ging er zu den Wächtern am Tor und sagte:

»Heute früh habe ich in den Straßen von Nairobi einen eurer Löwen gefunden: er ist hinten in meinem Auto. Wollt ihr nicht kommen und ihn holen?«

Zu seinem endlosen Bedauern liefen die Wächter nur hinüber zu seinem Auto, warfen einen Blick auf die Löwen, schüttelten die Köpfe, sagten: »Das ist keiner von unseren«, und gingen wieder.

Der dritte war die Herzogin Sieuwke Bisletti mit ihrer Löwin Sheba und

Shebas drei neugeborenen Jungen, die in den letzten Szenen Elsas Junge spielen sollten. Leider war Sheba durch ihren neuen Käfig und die vielen unbekannten Geräusche und Gerüche verunsichert. Nach Einbruch der Dunkelheit sprang sie zum Entsetzen der Leute auf der Farm über den dreieinhalb Meter hohen Drahtzaun. Inzwischen war aus dem afrikanischen Dorf fast eine Stadt geworden, da alle Afrikaner ihre Familien mitgebracht hatten, und das Heer der Techniker war mit der Menge der Probleme angeschwollen. Einige von uns griffen nach den Taschenlampen, andere gingen direkt zur Bar. Monika war es, die schließlich Sheba stellte.

Dieser Zwischenfall war der letzte von Toms Alpträumen. Sein Beitrag zu diesem Film war geleistet. Dieser Beitrag war beträchtlich: Tom war allgemein beliebt und wurde als Urvater des Films angesehen, dessen Spulen sich aus seinem Griff befreit hatten, doch seine Abreise brachte auch eine gewisse Entspannung.

Der vierte Ankömmling, James Hill, der neue Direktor, gewann sofort jedermanns Respekt, als er gestand, rein gar nichts von Löwen zu verstehen, außer daß sie furchterweckend waren. Er demonstrierte sein berufliches Können als Filmemacher. Obwohl er all die letzten und manche der aufschlußreichsten Szenen des Filmes drehte, kam er kurz nach einer Szene, die ich besonders bewunderte. Joy und ich hatten Elsa einmal zum idyllischen weißen Strand von Watamu mitgenommen, wo sie gern am Strand spielte und im Wasser schwamm. Für den Film nahmen wir jetzt Mara und Girl mit zu jenem Strand, doch Girl schien sich von der Hitze der Fahrt gar nicht zu erholen. Wir dachten, daß sie krank sei, bis uns aufging, daß sie ihren Bruder Boy vermißte. Sobald wir ihn holten, benahm sie sich wieder wie ein sorgloser und glücklicher Star. Mara spielte die Szenen in den Wellen und der Brandung; Girl übernahm die Spiele und Wanderungen im Sand mit Ginny. Dies waren für mich die schönsten Momente des Films.

Alles lief gut in Watamu, bis Mara eines Tages eine winzige Figur in der Ferne ausmachte, die sofort hinter einem Felsen verschwand. Es war Joy, die Pippa herunter an die Küste gebracht hatte. Mara kannte Joy nicht gut und sie erregte ihre Neugier. Sie lief hin zu Joy und versetzte ihr einen fragenden Stoß, doch Joy rutschte auf den Korallen aus, Maras Krallen schossen hervor und Joy hatte einen argen Riß, der viele Stiche brauchte. Sie gab Mara nie die Schuld daran, doch es erinnerte uns alle daran, daß das Spiel mit Löwen ähnlich wie das Spiel mit dem Feuer ist.

Die wahrscheinlich zwei dramatischsten Szenen des Films sind die, in denen Elsa von einer anderen Löwin herausgefordert und angegriffen wird, und wo der Löwe um sie wirbt, dessen Junge sie schließlich austrägt. Astra bekam eine Chance zur Wiedergutmachung und lieferte eine ausgezeichnete Darbietung. Ihr und »Elsa« hatte man beigebracht, das Gebiet, auf dem der Kampf stattfinden sollte, jeweils als eigenes Territorium zu betrachten. Beide wurden dann gleichzeitig darauf losgelassen, und ihre Instinkte übernahmen die Szene. Jede flog sofort äußerst aggressiv auf die andere zu. Der Kampf dauerte nicht lange, und wir brauchten die Kämpferinnen nicht mit den bereitliegenden Wasserschläuchen zu trennen, doch es waren ausgezeichnete Momente.

Mara und Ugas waren auserwählt, Elsas Brautzeit und Paarung darzustellen. Sie machten das schön und rührend. Es gelang ihnen, jede der einzelnen Phasen darzustellen – Anziehung, Mißtrauen, Annäherung, Abweisung, knurrende Forderung, Annahme, Beherrschung und schnurrende Entspannung nach der Paarung.

Die Paarung selbst fehlte, und das war vielleicht gut so. Als Tom McGowan endlich die erste Schlafzimmerszene drehte, bestand er darauf, den Nachttopf im Interesse des »guten Geschmacks« gegen einen Papierkorb auszutauschen. Nie und nimmer hätte die Filmgesellschaft den Paarungsakt gezeigt!

Nach fast einem Jahr unseres Lebens war der Augenblick gekommen, die Schlußszene zu drehen – in der Elsa ihre sechs Wochen alten Jungen zum ersten Mal zu Joy und mir bringt.

Erste Szene: Sheba und ihre Jungen kommen aus dem Busch hervor. Bill und Ginny reagieren entzückt und er legt seinen Arm um ihre Schulter, während sich die Löwen im Camp niederlassen.

Zweite Szene: Sheba und ihre Jungen kommen aus dem Busch hervor. Bill und Ginny reagieren entzückt und sie beugt sich nieder, um die Jungen in ihre Arme zu schließen.

»Die endgültige Entscheidung darüber, welche Schlußszene wir nehmen, wird im Schneideraum in London fallen«, hatte Carl Foreman gesagt.

Vor zehn Monaten waren wir ausgezogen, die Filmkunst dazu zu benutzen, unser früheres Leben mit Elsa darzustellen. Doch jetzt übernahm der Film unsere Zukunft. Entgegen allen Erwartungen war es Bill und Ginny gelungen, mit den Filmlöwen die Art Beziehung herzustellen, die Joy und ich zu Elsa gehabt hatten. Auch ich hatte mit einigen der Löwen Freundschaft geschlossen – bei Ugas, Boy und Girl sogar so eng wie mit Elsa. Joy begeisterte sich schnell für Tiere, und trotz ihrer besonderen Aufgabe mit dem Geparden war sie ebenso besorgt über die Zukunft der Löwen wie die Travers und ich.

Ein Beispiel für das Vertrauen, das die Löwen zu uns hatten, war ein Zwischenfall draußen beim Training, als Girl sich an eine Gazelle anschlich. Sie erhöhte plötzlich ihre Geschwindigkeit, machte ihre erste Beute, brachte das Tier zurück und legte es Ginny zu Füßen. Wenn man ein solches Vertrauen errungen hatte und sah, wie die Löwen in der Freiheit auflebten und zwanglose Freundschaft schätzten, dann war es wie ein Verrat, sie zurück in die Gefangenschaft zu schicken. Bis zu der Arbeit an diesem Film hatte ich keine Ahnung von der Vielfalt der Löwen-Persönlichkeiten gehabt – oder auch von ihrer unterschiedlichen Reaktion aufeinander und auf Menschen.

Wir kämpften dafür, so viele wie möglich zu retten, doch die Filmgesellschaft hatte ihr Budget weit überschritten und war entschlossen, jedes bißchen verbleibendes Eigentum zu verkaufen oder zu versteigern – Unterhosen, Notizbretter, Laternen, Lastwagen und Löwen. Sieben der Löwen kamen zum Herzog von Bath nach Longleat in England. Vier Löwen kamen in den Zoo von Detroit in Amerika, zwei in den Paignton Zoo in England. Henrietta, der es bei ihrer Ankunft so schlecht gegangen war, wurde zurück in eine Welt ohne Hühner, Löwen, Elefanten oder Sardinen gerufen – der Zoo von Uganda hoffte, daß ein Filmstar ihm von seinem eigenen Glanz abgeben würde. Klein Elsa, wie auch Mara, sollten nach Whipsnade kommen, doch Maras vorige Besitzerin lebte in Kenia und wir hofften, sie zu einer Sinnesänderung zu überreden. Wir hofften auch, Ugas vor einer Rückkehr in das Tierheim von Nairobi zu bewahren. Bis jetzt hatten wir noch keine Antwort auf einen Brief an die Schottische Garde wegen Boy und Girl erhalten. Einer nach dem anderen entglitten uns die Löwen.

Der Kampf, wenigstens einige zu retten, brachte Joy, mich und die Travers immer enger zusammen. Es war aus diesem Grund, daß Carl zu Joy sagte, er wünschte, er hätte sie nie in die Nähe gelassen. Um ihren Frieden wiederzufinden, nahm Joy Ginny ein paar Tage mit nach Meru, um ihr die Gegend zu zeigen, in der Elsa gelebt hatte, ihre Jungen zur Welt gebracht hatte und schließlich gestorben war.

Am Tag, ehe Bill und Ginny abreisten, kamen sie, um sich zu verabschieden und überließen uns rührenderweise ihren eigenen Jeep für die Arbeit mit Pippa und etwaigen Löwen. Der Abschied kam als ein Schmerz, und ich wußte wirklich nicht, ob wir sie je wiedersehen würden. Joys Gefühle waren so heftig, daß es am besten ist, den Brief zu wiederholen, den sie Ginny und Bill am nächsten Tag schrieb:

»Nach Eurer Abreise fiel es mir schwer, mich zu bewegen, so schmerzhaft und leer war mir. Was kann ich sagen, um meine Gefühle zu beschreiben? Ihr wißt es, ohne

daß ich in überschwenglichen Dank ausbreche. Doch von einem seltsamen Zufall werdet Ihr nichts wissen. Als ich die Worte auf Elsas Foto schrieb, hätte ich fast aus einem Impuls heraus ›Gott segne Euch‹ hinzugefügt – ich zögerte und schrieb es dann nicht. Doch nachdem Ihr fort wart, las ich in meinem kleinen Buch ›Tägliches Licht‹, das für jeden Tag ein paar Bibelsprüche hat. Dort las ich: ›Ich lasse Euch nicht gehen, Ihr segnet mich denn.‹

So ist Elsa immer gegenwärtig und handelt. Es scheint Vorhersehung zu sein, daß Ihr während der Filmarbeiten ein solch enger Bestandteil geworden seid und ihre Seele versteht ...

Wie war Euer Flug mit den Kindern und die Ankunft zu Hause in den abgedunkelten Autos? Gestern abend ging ich aus meinem Zelt heraus und sah das Mondlicht auf dem Mt. Kenya. Es war herrlich und so ruhig. Ich dachte an Euch und überlegte, ob der Berg Euch wohl so gefangenhalten wird wie manche von uns hier?

Auf dem mondbeschienenen Berg gibt es auch einen Aspekt aus einer komischen Oper. F. versucht, ›Euer Gnaden‹ auf frischer Tat zu ertappen und schleicht auf der Suche nach Beweismaterial für eine Scheidung jede Nacht durchs Camp.

Wir vermissen Euch mehr als Ihr Euch vorstellen könnt. Es ist so seltsam, daß wir erst in den letzten paar Wochen wirkliche Freunde werden konnten, da ich in all den scheußlichen Monaten vorher meine Gefühle in Schach halten mußte. All unsere Liebe und vielen Dank für alles, was Ihr getan habt.«

Ich zitiere diesen Brief, da er einiges von Joys Gefühlen und ihrem Charakter widerspiegelt. Klatsch amüsierte sie, und sie neigte dazu, Spitznamen auszuteilen, die oftmals haften blieben. Sie war auch eine echte Romantikerin und nicht einfach sentimental, obwohl sie das auch sein konnte. Wichtiger ist, daß ihr Brief zwei Dinge beleuchtete: Zunächst die Dankbarkeit, Bewunderung und wachsende Zuneigung, die sie für Ginny und Bill spürte. Uns war beiden klar, daß es wahrscheinlich auf der Welt keine anderen Stars gegeben hätte, die unsere Rollen so wie sie gespielt hätten oder es auch nur gewollt hätten. Wenn der Film ein Erfolg würde, so war es ihnen zu verdanken. Das zweite ist Joys Überzeugung, daß irgendwo und irgendwie »Elsas Geist« zu spüren war und Ereignisse in ihrem und meinem Leben unmittelbar beeinflußte, nicht zu reden von den Tieren, um die wir uns später kümmerten – ja, Tiere auf der ganzen Welt, wenn sie in Gefahr waren. Ihr Glaube an Elsas uns leitende Gegenwart stärkte sie für den Rest ihres Lebens mit fast unwiderstehlicher Kraft.

Gerade als Joy und ich zu befürchten anfingen, daß wir am Ende keinen der Löwen vor Gefangenschaft bewahren würden, bekamen wir einen Brief vom Oberfeldwebel des Zweiten Batallions der Schottischen Garde, Campbell Graham. Er und Feldwebel Ryves hatten gründlich über die Zukunft von Boy und Girl nachgedacht und waren zu diesem Schluß gekommen:

»Nach vielen Diskussionen mit Ryves haben wir entschieden, Ihnen unsere Genehmigung zu erteilen, Boy und Girl freizulassen. Wir haben uns in einigen der erstklassigen Zoos umgesehen und waren nicht beeindruckt. Wir beide wünschen Ihnen viel Glück bei Ihrer Aufgabe und hoffen, daß Sie uns ab und zu unterrichten werden, bis Sie sie eines Tages sich selbst überlassen.«

Dies war der Anfang einer Welle, auf der ich seither getragen worden bin. Damals hatte ich keine Ahnung, wohin diese Entscheidung mich führen würde und dachte nur daran, einen Ort zu finden, wo ich die beiden Löwen freilassen konnte und der zugleich eine Heimat für Joys Geparden sein würde.

Durch einen Glücksfall hatte ein alter Freund, Ted Goss, in Meru den Job von Larry Wateridge übernommen. Er war ursprünglich als Wild-Kontrolleur dorthin versetzt worden, doch vor kurzem – dank einer großzügigen Spende aus Joys Stiftung – hatte der Kreisrat von Meru beschlossen, Meru zu einem Nationalen Reservat zu erklären. Ted wurde der erste Wildhüter des offiziell erklärten Reservates. Jetzt, im April 1965, fuhr ich hin und besuchte ihn, und er bereitete mir nicht nur ein großartiges Willkommen, sondern zeigte mir auch eine ausgezeichnete Stelle für mein Camp, am Fuße eines Hügels, der Mugwongo genannt wurde. Da Löwen und Geparden sich nicht gut vertragen, schlug er für Joy ein separates Camp vor, ungefähr zwanzig Kilometer entfernt, das in der Nähe eines Flusses lag, eine Straße und eine eigene Verwaltung hatte.

Als ich nach Naro Moru zurückkehrte, war es nicht mehr als eine leere Muschel – die Filmleute waren weg, die Möbel verschwunden, das Dorf mit seinen Hütten fast leer. Die letzten Löwen wanderten in ihren Käfigen auf und ab und ahnten nichts von ihrem Schicksal. Ich konnte es nicht ertragen, mich von der spaßigen Henrietta zu verabschieden, oder von meiner geliebten Mara oder unserem Hauptdarsteller Ugas, den ich immer noch in Nairobi zu sehen hoffte, obwohl mir die Vorstellung seines Anblicks in einem Käfig nicht gefiel.

Während Boy und Girl für ihre Reise nach Meru vorbereitet wurden und Joy alles zusammensuchte, was sie für Pippa brauchen würde, überlegten wir, ob der Film ein großer Erfolg oder ein schreckliches Fiasko werden würde. Es gab eine gute Nachricht: Carl wollte beim Filmende ehrlich bleiben – Elsas Jungen blieb eine menschliche Umarmung erspart.

Als der Termin für die Uraufführung des Films näherrückte, bewies Carl erneut seine Treue. Er setzte seinen Namen unter ein kleines Buch über die Filmherstellung, in dem er seine frühere Verzweiflung zu widerrufen schien, denn er schrieb:

»›Frei geboren‹ zu drehen, war sicher das größte Erlebnis meiner Erfahrung in der Filmindustrie. Die Leute, die den Film drehten, wurden durch einen Fanatismus zusammengehalten, der alles überwältigte ... es war der Zweck des Filmes, eine einfache, wahre und bezaubernde Geschichte zu erzählen. Ich glaube, er schafft es.«

Ich glaubte das auch, aber ob es auch die Kritiker glauben würden oder ob die Leute gutes Geld zahlen würden, um diese wahre, wenn auch bestimmt nicht einfache, Geschichte zu sehen, das konnte ich wirklich nicht beurteilen.

Kapitel 7

Aufbruch in die Freiheit

1965–1966

Mein kleines Camp am Mugwongo-Hügel im Meru-National-Reservat war aus Palmwedeln gebaut und von einem zwei Meter hohen Drahtzaun umgeben. Es war unterteilt und hatte ein separates Gehege für die Löwen – eine zwecklose Idee, denn am ersten Morgen wurde ich von Boy geweckt, der auf meiner Brust saß und von Girl, die meine Füße leckte.
Ich verspürte eine Welle der Gehobenheit, als ich die künstliche Welt Naro Morus zum letzten Mal hinter mir ließ und nach Norden fuhr. Endlich würde ich wieder im Freien leben können – weg von dem Farmhaus, den Hütten und Höfen, weg von den endlosen Einschränkungen durch einen Zeitplan und einen Geldplan, weg von dem Mißtrauen, dem Frust und dem Ärger einer Filmgesellschaft, die sich oft ein übertriebenes Bild von ihrer Bedeutung machte.
Hinten im Landrover machten es sich Boy und Girl bequem, während die Straße durch eine einzigartige Landschaft führte. Die wogenden Weiden der Ranchen machten allmählich dem rostigen Braun des Busches Platz. In der Ferne schwebten Berge im Dunst. Die grauen Wolken Naro Morus wurden durch kleine weiße Wölkchen ersetzt und eine heiße Sonne glühte im blauen Himmel.
In Meru würden wir dem alten Nordgrenzgebiet nahe sein, und ein Grenzgebiet war es immer noch. Shiftas (bewaffnete Gangs somalischer Wilderer und Viehdiebe), die sich unter die friedlichen Hirten mischten, machten sich oft bemerkbar. Ein Dorf war angeblich von einer Mischung aus Shiftas und Polizisten bewohnt, die sich diplomatisch miteinander arrangierten. Giraffen, Zebras und Gazellen, die von den Gefahren nichts wußten, suchten ihren Weg durch den Busch. Ich war wieder zu Hause.
Sobald ich das Reservat erreichte, suchte ich Teds Hauptquartier am Leopardenfelsen auf. Groß, blond und mit einem freundlichen Lächeln bereitete er mir ein herzliches Willkommen und begrüßte Boy und Girl wie alte Freunde. Er sagte mir, daß Giles Remnant, der bei den Dreharbeiten mein Assistent gewesen war, im Camp alles vorbereitet hätte.
Obwohl zwei andere Reservate es abgelehnt hatten, uns und Joy mit ihrem Geparden aufzunehmen, hatte Ted Goss nicht gezögert. Er war an

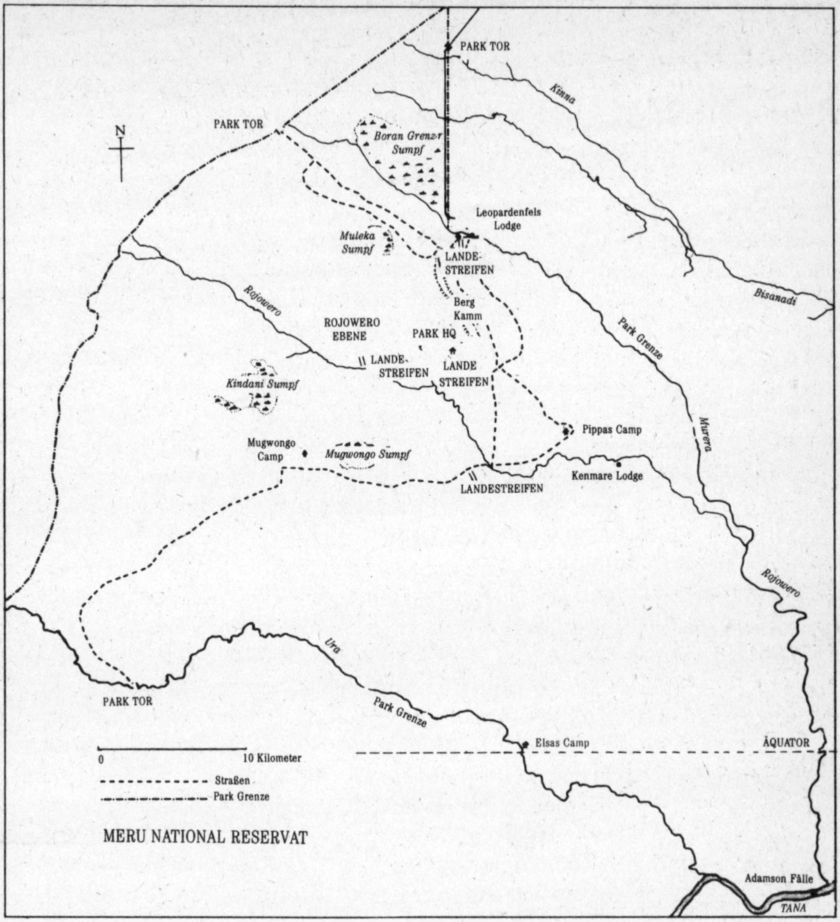

meinem Versuch, ein künstliches Rudel in der Wildnis auszusetzen, echt interessiert. Er war auch der Meinung, daß dieses Experiment Interesse für die Erfordernisse des Naturschutzes ganz allgemein und in Meru im besonderen erwecken würde. Ich wußte jedoch, daß seit dem Erfolg von »Frei geboren« die Berufsjäger, Wissenschaftler, Naturschützer und Manager von Wildfarmen geteilter Meinung über den Wert und die Weisheit der Rehabilitierung von Löwen waren. Ken Smith, der dabei war, als wir Elsa fanden, blieb weiter auf meiner Seite. Ich hatte aber den Verdacht, daß andere Wildhüter, und zwar Männer von größtem beruflichen Können wie David Sheldrick, Daphnes erster Mann Bill Woodley,

und ihr Bruder, Peter Jenkins, skeptisch waren, um es gelinde auszudrücken.
Das Meru-Reservat umfaßt ungefähr vierhundertachtzig Quadratkilometer und ist ideal für Wild. Der Mugwongo-Hügel, zu dem ich jetzt fuhr, ist mit grünem Busch und rostfarbenen Felsen bedeckt. Er erhebt sich aus der Ebene wie die ungleichen Zwillingsbuckel eines zweihöckrigen Kamels. Die Ebene, durch die ich mich dem Hügel näherte, wird von drei Flüssen und einer Anzahl mit Palmen, Akazien und dichtem Unterholz gesäumten Flüßchen durchzogen. Wild gab es im Überfluß, und Boy und Girl waren hellwach für all die aufregenden Anblicke und Gerüche ringsumher. Mein Camp im Schatten einer großen Akazie hing voll mit Nestern des Layard-Webervogels und lag in ziemlich lichtem Busch mit roter Erde; in der Nähe war ein üppiger grüner Sumpf. Joys Camp sollte schattiger sein, es lag unter Palmen zwanzig Kilometer weiter nördlich auf schwarzer Erde, und zwanzig Kilometer weiter südöstlich hatte Elsa gelebt, sich gepaart und war dort im Busch gestorben.
Nach meinem plötzlichen Erwachen am ersten Tag, machte ich mit Boy und Girl einen Morgenspaziergang, als eine Art Selbstschutz, um etwas von ihrer überschüssigen Energie abzuarbeiten. Es wurde zur täglichen Gewohnheit, bei der ich fast ebensoviel wie sie über das Land lernte. Überall war Wild. Ein lauter und nörgeliger alter Elefant, den wir nach dem Produktionsmanager Rudkin nannten, lärmte manchmal durch den Sumpf, ehe er sich im Schatten unseres Baumes ausruhte. Nachts griff er mit seinem Rüssel über den Zaun und äste von den Büschen drinnen. Später fing er an, Tomaten von unseren Pflanzen zu stehlen.
Der Sumpf besaß für die meisten Tiere eine enorme Anziehungskraft. Er war bevorzugtes Weidegebiet für eine große Büffelherde; Elen-Antilopen, die die größten Antilopen überhaupt sind und fast eine Tonne wiegen und schöne, spiralförmige Hörner haben, versammelten sich oft hier; Wasserböcke und Grant-Gazellen kamen jeden Abend zum Trinken. Netzgiraffen, deren kastanienfarbenes Fell mit einem Netz cremefarbener Linien durchzogen ist, ästen friedlich an den Akazien und Dornbüschen. Zebrafamilien zogen durch die Ebene.
Zuerst schlichen Boy und Girl sich ziemlich unterschiedslos an alles an: Sie wählten Rudkin, ein Nashorn, ein paar Strauße und ab und zu auch mich. An kühlen, feuchten Tagen waren sie besonders frech. Zuerst hatten sie gar keinen Erfolg mit der Pirsch auf geeignete Beutetiere, die daran gewöhnt waren, den bereits vorhandenen Löwenrudeln im Reservat aus dem Wege zu gehen.
In unserer ersten Woche hörte ich nachts Löwen brüllen, und bei einem

unserer ersten Spaziergänge machte mich eine geknurrte Warnung von einigen Felsen am Fuße des Hügels her auf eine Löwin mit ihren Jungen aufmerksam. Obwohl Boy sofort damit begann, sein Territorium zu markieren, brüllte er nicht, denn er war sich seiner in dieser unbekannten Landschaft, die von womöglich feindlichen Fremden bewohnt war, noch gar nicht sicher. Dennoch würden er und Girl sich früher oder später mit den anderen auseinandersetzen müssen. Ich hatte ursprünglich erwartet, meine Löwen in ein paar Monaten einzugewöhnen, doch mir wurde bald klar, daß es viel länger dauern würde. Sie brauchten dringend die Unterstützung anderer Löwen wie Ugas, Mara und Klein Elsa, wenn sie mit Erfolg jagen und ein Territorium gegen ansässige Konkurrenten behaupten sollten. Doch Mrs. Grindley, die Besitzerin Maras, hatte entschieden, daß das Leben in einem Zoo sicherer als das in der Freiheit mit ihren Gefahren sein würde. Sie wurde darin von einem Löwenfachmann unterstützt, von Charles Guggisberg, der der Meinung war, daß weder Mara noch Ugas die geringste Chance hatten, in der Wildnis zu überleben. Ich erfuhr, daß Mara und Klein Elsa auf jeden Fall nach Whipsnade sollten und ich fragte mich damals – wie ich mich heute frage – ob Sicherheit wirklich wichtiger ist als Freiheit.
Ich mußte also einfach andere Löwen für Boy und Girl finden. Ein einzelner Löwe kann nur selten über längere Zeit hinweg ein Rudel gegen Angriffe von außen schützen, und Girl würde andere Löwinnen brauchen, die ihr beim Töten der Beute und Aufziehen der Jungen helfen würden. Rückblickend habe ich immer wieder bedauert, Elsas Geschwister nicht behalten zu haben. Es hatte ihre Rehabilitierung so viel schwieriger gemacht. Sie hatte Glück gehabt, im Schutze des Unterholzes am Fluß ein einsames Männchen zu finden und es war ihr ganz allein gelungen, dort drei Junge aufzuziehen. Aber ich glaube, im offenen Busch hätte sie das nicht geschafft und auch nicht, wenn Joy und ich ihr nicht gelegentlich zu einer Beute verholfen hätten.
Nach ein paar Nächten gab ich es auf, Boy und Girl einzusperren, und als ich eines nachts von ärgerlichem Knurren geweckt wurde, leuchtete ich mit meiner Taschenlampe zum Dach des Landrovers, das sie als Nachtquartier ausgewählt hatten. Gerade noch sah ich sie herunterspringen und der Löwin und ihren Jungen nachsetzen. Boy kam bald vergnügt zurück, wenn auch mit einem Kratzer auf der Nase, und bestand darauf, in mein Bett zu steigen. Ein paar Nächte darauf gab es wieder Aufruhr und als ich aufwachte, sah ich nicht weniger als zwölf Löwen am Camp vorbeiziehen. Es waren weibliche Tiere mit ihren Jungen, und während Boy Spaß daran hatte, sie wegzujagen, floh Girl in die Dunkelheit.

Eine Woche später war die Situation umgekehrt. Mein Schlaf wurde durch ein furchtbares Knurren unterbrochen und meine Taschenlampe erfaßte Boy, der auf dem Boden kroch, während die schreckliche Gestalt von Black Mane, dem Herren des ansässigen Rudels, über ihm stand. Boys instinktive Reaktion, sich ergeben auf den Rücken zu legen, bewahrte ihn vor ernsthaftem Schaden.
Ich versuchte die Löwen davon abzubringen, auf dem Dach des Landrovers zu sitzen und baute eine Art Hochsitz gleich außerhalb vom Camp-Zaun. Ich erwog sogar, das Landroverdach mit elektrischem Draht zu versehen, damit ich sie mit einem kleinen Schock wegjagen konnte. Schließlich aber entschied ich mich für Dornenzweige, denn ich wollte Autos nicht zu echten Feinden für sie machen, falls sie eines Tages abwandern würden und ich sie nach Mugwongo zurückbringen müßte.
Bis jetzt waren Boy und Girl ganz zufrieden in der Nähe des Camps geblieben. Es erfüllte mich mit großem Glück, mit den beiden Löwen – von Giles Remnant und einer Flasche White-Horse-Whisky gar nicht zu reden – im Busch zu leben. Das Leben schien perfekt zu sein – der Mond stieg in einem wolkenlosen Himmel über den Palmen auf, und keinerlei von Menschen verursachten Geräusche störten die Schönheit der Nächte.

Joy und Pippa verließen Naro Moru eine Woche nach uns. Löwen und Geparden, und auch Leoparden, vertragen sich nicht am gleichen Ort. Sie jagen mehr oder weniger die gleiche Beute, und wenn einer die Jungen des anderen findet, tötet er sie, weil er mögliche Konkurrenz wittert. Joy und ich hatten daher getrennte Camps als unvermeidbar akzeptiert. Ihres war in der Nähe von Ted Goss' Hauptquartier am Leopard-Rock, wo sie ein paar Ziegen halten durfte, um Pippa damit zu füttern, bis sie allein jagen konnte. Auch ich durfte eine begrenzte Menge Wild für die Löwen schießen.
Joy vermutete, daß Pippas vollständige Erziehung wenigstens ein Jahr beanspruchen würde und hoffte, länger bleiben und sie beobachten zu können. Sie wollte darauf warten, daß Pippa sich paarte und Junge großzog, und mit etwas Glück würde sie sogar noch die Geburt einer dritten Generation abwarten. Der Grund dafür war nicht nur Neugier. Zu jenem Zeitpunkt wußte man sehr wenig über die Vermehrung von Geparden, und wenn sie auch nicht unmittelbar bedroht waren, so war ihr Bestand doch gefährdet. Seit Gründung ihrer Stiftung hatte Joy mit führenden Naturschutzorganisationen verhandelt und fühlte sich besonders zu Projekten hingezogen, die gefährdete Arten in Gefangenschaft weiterver-

mehren wollten, um sie später in ihre natürliche Umgebung auszuwildern, wenn diese sich stabilisiert hatte.
Joy wollte über Pippas Fortschritte genau Buch führen, und hatte auch das Gefühl, jedem in Meru erklären zu müssen, was sie vorhatte. Obwohl Ted Goss als Angestellter der Wildschutzbehörde für das Reservat verantwortlich war, gehörte es eigentlich der Kreisverwaltung von Meru. Die Verwaltung forderte Joy daher auf, unseren kleinen Film über das Aufziehen von Elsa und ihren Jungen zu zeigen. Vierhundert Leute kamen in die neue Stadthalle, um ihn zu sehen, und das war ein solcher Erfolg, daß die Verwaltung zusagte, uns in Meru bleiben zu lassen, solange wir wollten.
Ich war dankbar, daß Meru als Reservat unter die Aufsicht einer Kreisverwaltung kam. Wäre es ein Nationalpark gewesen, dann wäre es einer viel strafferen Organisation unterstanden, deren Direktor Mervyn Cowie war, von dem ich wußte, daß er meine Arbeit ablehnte. Joy und ich hingen völlig vom guten Willen der Kreisverwaltung und von Ted Goss ab. Zu Beginn ihrer Zeit in Meru verließ Joy sich sehr auf Teds Hilfe bei der Bearbeitung von Bergen ankommender Post, nicht nur von der Öffentlichkeit, sondern auch von Naturkundlern und Wissenschaftlern, die die großen Katzen studierten.
Als die Kreisverwaltung Geld brauchte, um das Reservat einzurichten, war Joy einer der ersten Spender gewesen, und jetzt lieh uns Ted die Dienste eines sehr netten Meru-Wildhüters, den wir »Local« nannten, weil wir mit seinem richtigen Namen nicht zurechtkamen. Er hatte einen ausgeprägten Sinn für Humor, wurde nicht mit den vielen Frauen in seinem Leben fertig, war aber ein ausgezeichneter Fährtensucher, wie ich feststellte, als er uns einmal bei Elsa geholfen hatte. Joy beschrieb später, wie er den Standort eines Tieres »mit seinem Herzen« aufspürte, wie sie es nannte. Dies mag nichts weiter als die unbewußte Wertung aller Daten gewesen sein, die seine Sinne aufgefangen und die er aufgrund seiner Erfahrung eingeordnet hatte. Es kann aber auch die Art Telepathie gewesen sein, die wir oft bei Löwen und Geparden selbst beobachtet hatten und für die man meiner Meinung nach eines Tages eine wissenschaftliche Erklärung finden wird. Studien bei Giraffen haben Beweise für eine ähnliche Kommunikation zwischen Eltern und Jungen erbracht; auch bei Elefanten ist dies beobachtet worden.
Stanley, auch vom Stamm der Meru, ein angenehmer Junge Anfang zwanzig, war eingestellt worden, um auf die Ziegen und auf Joys Camp aufzupassen – auf diese Weise konnte sie mehr Zeit mit Pippa verbringen, ihre Schriftstellerei und ihre ausgedehnte Korrespondenz fortsetzen und

sogar beginnen, wieder zu malen. Ich habe immer das Gefühl gehabt, daß die Liebe zu den Tieren in seiner Obhut zu der Tragödie fünf Jahre später beigetragen hat.

Ich war mit dem Briefschreiben viel weniger gewissenhaft als Joy, doch ich führte mein Tagebuch und erfüllte mein Versprechen Bill und Ginny gegenüber, indem ich ihnen Berichte über die Löwen zuschickte, die kurz vor einem wichtigen Schritt standen. Ich hatte sie bewußt kurz mit Fleisch gehalten, um ihre Jagdinstinkte zu fördern. Zu Anfang taten sie nichts weiter als das, was ich ihnen gab, vor ungeduldigen Aasfressern wie Hyänen, Schakalen und natürlich Geiern zu bewahren. Doch nach ein paar Wochen tötete Girl einen Pavian, der nicht schnell genug wegkam, als er die Löwen geärgert hatte. Eine Woche später verschwand Girl sechsunddreißig Stunden lang. Boy war noch verdrießlicher als ich und fing nachts um halb zwölf ein solches Geheule an, daß ich ihm auf der Suche nach seiner Schwester in den Busch folgte. Er führte mich jedoch zu einem frisch getöteten Elen im Sumpf. Ich kreiste mit meiner Taschenlampe und stieß auf ein paar leuchtende Augen im Schilf. Ich bezweifelte, daß es die Girls waren, besonders, nachdem ich wiederholt ihren Namen rief und die Augen sich nicht bewegten. Um die Sache zu klären, warf ich einen Stein, woraufhin die Löwin auf mich zu sprang. Ich hob mein Gewehr in ihre Richtung, aber dann stellte sich heraus, daß es doch Girl war. Sie hatte von dem Fleisch des jungen Elen geschwelgt und aus den Spuren ging deutlich hervor, daß sie es allein getötet hatte, als es mit einem Huf im Busch hängengeblieben war und ein Bein gebrochen hatte.
Ein paar Tage später ging ich mit Boy und Girl zusammen auf die Suche nach Wild. Zebras ziehen in Familiengruppen umher, die in enger Verbindung miteinander bleiben, selbst wenn sie sich einer Massenwanderung von zehntausenden Tieren anschließen, und an diesem Nachmittag war es eine Familie, die Girls Aufmerksamkeit erregte. Sie schlich sich perfekt an, brachte ein großes Fohlen mit einem Angriff von hinten zu Fall und verlagerte schnell ihren Biß an die Kehle – es war innerhalb weniger Minuten tot. Zwei Wochen später gelang es ihr, allein eine ausgewachsene Elen-Kuh zu erlegen. Beide Male arbeitete sie mit fachmännischem Können, während Boy – nach Art der meisten Männer – nichts zur Jagd beitrug.
Wenn meine Löwen nach meiner Abreise auch nicht hungern würden, so machte ich mir doch noch Sorgen um die Bedrohung durch Black Mane und sein Rudel. Zum Glück kam gerade dann Joy von einem Besuch von Nairobi zurück und teilte mir mit, daß die Verwaltung des Nairobi-Parks

ihre Meinung über Ugas geändert hätte und ihn vielleicht doch zu uns ließ. Er war ein gewaltiger Löwe, haßte seine Gefangenschaft im Tierheim und wurde allmählich als gefährlich eingestuft. Ted Goss und ich fuhren sofort nach Nairobi, um ihn abzuholen.
Zu meinem Kummer war Mara noch immer im Gehege mit ihm und wartete darauf, nach Whipsnade geflogen zu werden. Beide Löwen begrüßten mich voller Zuneigung, und es brach uns das Herz, Mara allein in ihrem Käfig zurücklassen zu müssen.
Als Ugas nach Meru kam, versetzte er erst einmal Boy ein paar Hiebe, um so seine Herrschaft sicherzustellen; zum Glück behandelte er mich mit Achtung und Zuneigung und rieb ständig zur Begrüßung seinen Kopf gegen meine Knie. Seine zweite Tat war es, Black Mane wegzujagen, sobald er ihn sah, und nachdem er das immer wieder tat und manchmal als Lohn eine blutige Nase hatte, setzte er sich durch, sprühte Herausforderungen in den umliegenden Busch und erhob nachts ein schauerliches Geheul. Er war immer eine Art Clown und bespritzte Joy einmal perfekt gezielt von rückwärts.
Tagsüber merkte man, daß Ugas die beste Nase von allen hatte, doch als Männchen war er faul bei der Jagd; auch schien er meine Gesellschaft der der Löwen vorzuziehen. Es war wirklich rührend, wenn auch mühsam, als er herausfand, wie man den Zaun überwinden konnte, um mich zu erreichen; er brauchte nur auf seinen Hinterbeinen zu stehen und den Rest der Schwerkraft überlassen. Dann bestanden Boy und Girl darauf, seine Mahlzeiten zu teilen, anstatt weiter zu jagen und ich hatte das Gefühl, daß ihre Erziehung weniger als gar nicht vorankam.
Ich beschrieb Bill und Ginny dies alles und erzählte von unseren neuesten Plagen. Der Regen hatte Millionen von Käfern, fliegenden Ameisen und andere Insekten scheußlichster Art mit sich gebracht, die an unseren Laternen zerbarsten. Eines abends mußten wir sechsundzwanzig große schwarze Skorpione loswerden, die in der Wärme unserer Eßhütte Zuflucht gesucht hatten. Am nächsten Morgen schwelgten zwei Borstenraben an diesem Festmahl, ehe sie ein Bad im Trinkwasser der Löwen nahmen.
Schauriger als die Insekten war eine Invasion von Schlangen. Mein Koch war ein exzentrisches Wesen, der eine grausliche selbstgemachte Flöte spielte, die er aus einem Stück Gartenschlauch improvisiert hatte, und er trug geniale Gamaschen aus der Wellpappe, in der unsere White-Horse-Whiskyflaschen steckten. Wir waren verwundert, als er zu uns kam und erzählte, daß eine große Schlange in seiner Hütte mit einem kleinen Tier kämpfte. Er hatte recht. Eine rote Brillenkobra hatte ein Rattenbaby im

Maul und schlug wild um sich, weil sie versuchte, die wütende Mutter abzuschütteln, die sie fest am Nacken gepackt hatte. Erst als die Kobra durch ein Loch im Maschendraht glitt, ließ die Ratte los. Doch da war das Kleine tot.

Joy litt auch unter Schlangen. Fast jeden Tag mußte eine Nachtotter, Kobra oder Baumschlange aus ihrem Camp verjagt oder getötet werden. Der berühmte Naturfotograf und Produzent ausgezeichneter TV-Filme, Alan Root, der sie besuchte, war immer schon von Schlangen fasziniert gewesen, wie überhaupt von den meisten Kuriositäten der Natur. Er hatte einen Teil seines Schenkels an ein verärgertes Flußpferd verloren, das er in den Mzima-Quellen unter Wasser filmte. Bei einer Kopje, einer Felsinsel in der Serengeti, sprang er von einem überhängenden Felsen, um herauszufinden, was einen weiter unten liegenden leblosen Schakal wohl getötet hatte – der dafür verantwortliche Leopard, der durch den Felsen verdeckt war, entfernte einen Teil seines Gesäßes. Jetzt faszinierte er Joy, Local und Stanley, indem er eine große weibliche Puffotter mit einem Stock fing, sie am Genick packte und mit Hilfe eines Glases ihr Gift abmolk. Nachdem er sie runtergesetzt und laufen gelassen hatte, merkte Joy, daß kein Film in ihrer Kamera gewesen war und sie bat um eine Wiederholung der Vorstellung.

Wenn eine Puffotter entspannt ist und man so erfahren im Umgang mit Schlangen ist wie Alan, dann ist es normalerweise möglich, sie schnell direkt hinter dem Kopf zu packen. Doch diese Schlange war jetzt erregt und erwischte Alans Zeigefinger. Zunächst schien er sich keine Sorgen zu machen, weil er schon eine ganze Menge Gift abgemolken hatte und auch Joy nicht aufregen wollte, die sehr beunruhigt war.

»Setz dich, Alan«, sagte sie, »du brauchst einen Tee. Ich mache dir gleich einen heißen Tee.« »Bring Bwana Root etwas Tee«, rief sie Stanley zu. Als er kam, sagte sie zu Alan: »Ich hole dir etwas Traubenzucker, du mußt jetzt viel Traubenzucker zu dir nehmen«, und rührte mindestens vier Löffel voll hinein.

Alan merkte jetzt, daß Joy mehr unter Schock stand als er, so sagte er: »Joy, ich glaube, die erste Tasse solltest du selbst trinken«, und sie kippte sie in einem Zug hinunter. Inzwischen hatte er unbemerkt eine Aderpresse an seinem Finger angelegt, der bedrohlich zu schwellen begann. Joy ging daher zum Kühlschrank und holte ein Gegenmittel heraus. Doch Alan zögerte, es zu nehmen, denn er hatte es vor ein paar Jahren schon benutzt und wußte, daß eine zweite Dosis gefährlicher sein konnte als das Gift selbst. Es war eine böse Situation, denn er merkte jetzt, daß es ihm viel zu schlecht gehen würde, um allein in ein Krankenhaus zu fliegen.

Zufällig war noch ein anderer Pilot am Leopard-Rock, der ihn nach Nairobi fliegen wollte. Unterwegs ging es ihm so schlecht, mit Erbrechen und Ohnmachten, daß er beschloß, das Gegengift doch zu nehmen. Als er im Krankenhaus ankam, war er so krank, daß er nicht die ganze Geschichte erzählen konnte und eine zweite Dosis Gegengift bekam. Sie brachte ihn fast um.
Mit letzter Kraft gelang es ihm hervorzubringen, daß sein Mund sich wie eine Batterie anfühlte und seine Zunge wie eine Kupfer-Elektrode. Die Ärzte erkannten die Situation sofort, kehrten die Behandlung um und schafften es gerade noch, ihn mit Sauerstoff, Anti-Histaminen, Adrenalin und Kortison am Leben zu erhalten. Er hatte innere Blutungen, seine Glieder schwollen zu enormer Größe an und waren mit Blutblasen bedeckt. Als es so aussah, als ob er seinen Arm verlieren würde, rief das Krankenhaus von Nairobi Prof. David Chapmann an, den Experten für Schlangenbisse in Südafrika. »Nehmt ihn um Gottes willen nicht ab«, sagte dieser, »ich komme sofort. Vielleicht kann er den Finger nicht behalten, aber ich glaube, ich kann seinen Arm retten.«
Zufällig war der Patient im nächsten Raum Ionides, der größte Schlangenexperte der Welt, der selbst im Sterben lag. Er erklärte, was geschehen war. Eine Puffotter kann ihren Kopf um hundertachtzig Grad drehen und muß immer mit einem Stock gefangen werden; wenn sie gemolken wird, füllen sich ihre Fänge sofort mit einem höher konzentrierten Gift, und die Aderpresse an Alans Finger hätte nicht angelegt werden dürfen. Das Gift einer Puffotter enthält eine Mischung giftiger Substanzen, von denen eine das Gewebe des Opfers auflöst und nicht wieder gutzumachende Schäden anrichtet, wenn sie in der Gegend des Bisses durch eine Aderpresse konzentriert wird.
Dank Professor Chapmans Eingreifen, geschickter Operationen in London und Alans eigenem Mut wurde seine Hand gerettet und sein Können als Kameramann nicht beeinträchtigt – obwohl sein bereits lädierter Körper nun auch noch einen Finger verlor.
Ein weiteres Schlangenopfer war Ugas. Er kam eines Abends mit einem geschwollenen und offenbar schmerzenden Auge zurück. Ein paar Tage lang ging er jedem dunklen Zweig aus dem Weg und sprang vor Stöcken im Gras zur Seite, so daß ich annahm, der Übeltäter müsse eine Kobra gewesen sein, die auf die Augen ihres Opfers zielt. Schließlich schmerzte ihn sein Auge so, daß ich Ted Goss bat, nach Toni Harthoorn und seiner reizenden Frau Sue, ebenfalls Tierärztin, zu schicken.
Ted war ohnehin froh über die Gelegenheit, Toni kennenzulernen. Seit er sich die Schaffung von Meru als offizielles Reservat zur Aufgabe gemacht

hatte, war er voller Ideenreichtum an seine Erschließung gegangen, er hatte mit einem von Joys Stiftung bezahlten Bulldozer neue Straßen geschoben, hatte eine »Wilderness Area« geschaffen, die man nur zu Fuß betreten konnte und stellte ein Viersitzer-Boot zur Verfügung, in dem Besucher die Flüsse erforschen konnten. Jetzt bemühte er sich, sechs Breitmaulnashörner aus Zululand herzubringen. Wenn Ted die schwierige Umsiedlung bewerkstelligen konnte, die exakt berechnete Mengen eines Betäubungsmittels erforderte, dann wäre das einzigartig für Meru und ein seltener Anblick in Kenia. Toni, mit dem ich in Isiolo die ersten Experimente durchgeführt hatte, war jetzt einer der führenden Fachleute in Afrika in Sachen Betäubung von Tieren.

Als sie nach Mugwongo kamen, betäubten Toni und Sue schnell Ugas, diagnostizierten sein Auge als entzündet, aber intakt, und verschrieben eine Reihe schmerzhafter Spritzen, die ich in Ugas Hinterteil setzen sollte. Einmal vertraute Sue, die normalerweise ein gutes Gespür für Tiere hat, auf Ugas Gutmütigkeit und näherte sich ihm zu sehr, ehe er sich noch an sie gewöhnt hatte. Ich mußte sie warnen, denn wenn sie gestolpert oder geschubst worden wäre, wären seine Instinkte bestimmt sofort wach geworden und er hätte nur noch ein Stück Fleisch in ihr gesehen. Davon abgesehen blieb Ugas friedlich und war nur einmal drauf und dran, meinen Arm zu zerquetschen, als ich eine Spritze unter seine Haut schob.

Bill Travers antwortete jetzt mit zwei Schreiben auf eines von mir. Das erste war eine dramatische Schilderung, wie auch er im Krieg gewesen sei – fast wörtlich. In seinem letzten Film, »Duell am Diabolo«, mußte er eine Gruppe US-Kavallerie in den Hinterhalt der Rothäute führen. Als es zum Kampf in einem trockenen Flußbett kam, hatte das Produktionsteam den Sand nicht feucht gemacht. Die Indianer ritten auf die Wagen und ihre Begleitung zu, die in einer Staubwolke völlig unsichtbar waren. Ein berittener Held krachte in Bill hinein und brach die Knochen seines Beines in winzige Stückchen. Chirurgen versuchten, diese mit Stahlnägeln zusammenzuhalten. Kommende Ereignisse warfen ihre Schatten voraus.

Bills zweite Neuigkeit erregte Joy sehr: »Frei geboren« war für die Königliche Filmpremiere ausgewählt worden, bei der die Königin anwesend sein würde.

Vor kurzem hatte Joy ihr Camp in die Nähe der Kenmare Lodge umgesiedelt. Lady Kenmare und ihre Tochter, Pat Cavendish, hatten die Lodge als Basis für Besucher des Meru-Reservates gebaut, und wie auch Joys Camp war sie in der Nähe des Rojoweru-Flusses mit seinen Wasserfällen, Palmen, gewaltigen Feigenbäumen, wohlriechenden Sträuchern und ständigem Geflatter farbenfroher Vögel.

Pat Cavendish hatte einmal eine Löwin namens Tana besessen. Sie hatte in der Nähe Nairobis viel Zeit mit ihr verbracht, doch als sie drei Jahre alt war, war Tana den Nachbarn auf die Nerven gegangen, wenn sie sie bei ihren morgendlichen Ausritten überfiel. Pat hatte daher beschlossen, sie zur Kenmare Lodge zu bringen und sie mit Ted Goss' Zustimmung in Meru freizulassen.
Ich wünschte, man hätte mir früher davon erzählt, denn Tana wurde ohne jeder Vorbereitung auf das Leben im Busch ausgesetzt. Zunächst schien sie durch die lokalen Viehbestände zu überleben, und Pat Cavendish zahlte ohne Murren. Doch als die Forderungen der Viehhalter verdächtig häufig wurden, ließ ihre Bereitschaft zur Wiedergutmachung nach, bis schließlich die Meldungen über Tanas Missetaten ganz aufhörten. Man nahm an, daß die Meru-Hirten die Angelegenheit als ausgeglichen ansahen.
Joy hatte ihren besonderen Charme mitgebracht, um ihr Camp am Rojoweru wohnlich zu gestalten und gab sich wie immer große Mühe, es für Weihnachten richtig zu dekorieren. Mein Assistent Giles Remnant war durch einen jungen Inder, Arun Sharma, ersetzt worden, der Tiere sehr gerne mochte und neugierig auf ihre Verhalten war. Als wir Weihnachten ankamen, sahen wir, daß Joy für uns beide Geschenke verpackt hatte, und auch für Local und Stanley. Es gab einen Kuchen, einen Weihnachtsbaum und wir tranken auf Pippas Wohl, die sich gepaart hatte und im März Junge erwartete. Arun Sharma und ich tranken heimlich auf einen anderen Neuzugang. Sieuwke Bisletti hatte mir zur Verstärkung meines Rudels vier junge Löwen versprochen – und die würden bald kommen.
Wenn es auch kein weißes Weihnachten war, so war es doch auf manche Weise ein helles Fest, wenn ich auch wußte, daß Joy um ein Leopardenjunges trauerte, das man ihr gegeben hatte, das aber an einer falschen Impfung gestorben war.

Anfang 1966 wurde ich nachts um zwei durch das unwillkommene Geräusch eines Autos vor meiner Hütte geweckt. Es war Joy. Als ich sie fragte, was um alles in der Welt sie denn täte, entgegnete sie mit einer gewissen Schärfe, daß sie soeben von dem genauso unwillkommenen Anblick eines großen Löwen vor ihrem Zelt geweckt worden sei. Zum Glück hatte sie die Nerven behalten und den Eindringling als Ugas erkannt – würde ich bitte gleich losfahren und ihn abholen?
Ugas war zweifellos auf der Suche nach einem Weibchen umhergezogen. Wenn er sich niederlassen und reifer werden sollte, brauchte er dringend welche. Girl, die gerade zum ersten Mal läufig geworden war, behandelte

ihn sicherlich nicht als würdigen Freier und lehnte ihn so heftig ab, daß er rückwärts in den Wassertrog gestürzt war. Leider heilte Ugas' Auge nicht und sah entschieden schlimmer aus; als ich ihn vor Schmerzen heulen sah, bat ich Toni und Sue Harthoorn zurückzukommen und notfalls das Auge zu entfernen. Sie fanden heraus, daß es kürzlich von einem Ast durchbohrt worden war und nahmen es heraus; Boy und Girl lagen während der Operation still in ein paar Meter Entfernung. Doch nach kurzer Zeit hatte Ugas sich völlig erholt – er kämpfte, jagte und hofierte die Damen mit gleichbleibendem Erfolg, obwohl ich bemerkte, daß er ständig seinen Kopf drehte, um auf beiden Seiten ein Blickfeld zu haben. Er hatte keine Schmerzen mehr und sein freundliches Wesen kam wieder durch, und er war besonders nett zu den vier Jungen, die von den Bislettis eintrafen.
Um meinen sechzigsten Geburtstag im Februar zu feiern, kam Joy mit einem »Caky« zu mir herüber. Der Kuchen war über und über mit Schokolade, Zuckerguß und Kerzen verziert. Ihr Geschenk für mich war ein Kühlschrank für das Löwenfleisch, damit mein eigener ein bißchen hygienischer gehalten werden konnte. Joy brachte auch Bernhardt Grzimek mit, mit dem wir über seine und unsere Arbeit viel zu diskutieren hatten: Sein Geldsammeln war immer erfolgreicher geworden (im Laufe der Jahre hat er mir mehr als jede andere Organisation geholfen). Als Filmemacher war er besonders an den Aussichten von »Frei geboren« interessiert. Joy hatte gerade eine Einladung zur Premiere nach London erhalten, wo sie auch der Königin vorgestellt werden sollte. Ich wollte hierbleiben, zum Teil, weil ich so gar nicht mit der Art und Weise einverstanden war, in der sich die Filmgesellschaft der Löwen entledigt hatte, zum Teil auch, weil die Geburt von Pippas Jungen jetzt unmittelbar bevorstand und einer von uns bei ihr bleiben sollte, und zum Teil schließlich, weil ich die vier Löwenjungen nicht gern alleinlassen wollte.
Der Grund, warum Arun Sharma und ich zu Weihnachten heimlich auf das Wohl dieser Löwenjungen getrunken hatten, war, daß Joy nicht damit einverstanden war, daß ich sie aufnahm: Sie waren erst vier oder fünf Monate alt und ich würde noch ein bis zwei Jahre bei ihnen bleiben müssen. Ihre eigenen Pläne für Pippa waren zwar auch recht langfristig, doch sie wollte unsere Trennung in verschiedenen Camps nicht noch länger ausdehnen. Es mißfiel ihr auch, daß sie den Unterhalt meiner Löwen aus den Einnahmen von »Frei geboren« mitfinanzieren mußte. Das machte das Auskommen mit meiner eigenen kleinen Rente ziemlich schwierig.
Zum Glück mochten Ugas, Boy und Girl die Jungen sofort, spielten alberne Spiele mit ihnen und leisteten ihnen auf unseren Spaziergängen Gesellschaft. Das junge Männchen, Suswa, war kräftig und voller Ener-

gie: Eines morgens sprang er von seinem Hochsitz auf das Dach meiner Hütte und fiel durch und direkt auf meine Schreibmaschine. Seine Schwestern Shaitani, Sally und Suki waren ebenso lebhaft: Als ich einer Wolke nachging, die offenbar aus meiner Hütte kam, fand ich die drei in einem Wust von Federn, die aus den Resten meiner Kopfkissen quollen.
Ein paar Tage, nachdem Joy zur Filmpremiere nach London abgeflogen war, telegrafierte ich ihr, daß Pippas Junge sicher geboren waren. Zu meinem Erstaunen kreiste eine Woche später ein Flugzeug über dem Camp und warf die Nachricht ab, daß Joy an Bord sei. Sie war von dem Film und dem sofortigen Kassenerfolg überwältigt, obwohl der Film den Kritikern nicht gefallen hatte und einer sogar die Vermutung äußerte, daß man den Löwen sicher Zähne und Krallen gezogen hätte!
Sie war völlig gerührt von der Art, wie Pippa sie in ihre neue Familie aufnahm. Leider überlebten die jungen Geparden nur zwei Monate, doch Pippa wurde gleich wieder läufig und im August wurde ein zweiter Wurf geboren. Sie erhielten die Namen Whitey, Tatu, Mbili und Dume, ihre Abenteuer sind in Joys Buch »The spotted Sphinx« beschrieben.
Sie und Stanley verbrachten jeden Tag Stunden damit, auf sie aufzupassen und Pippa mit Ziegenfleisch zu versorgen. Stanley gewöhnte sich sehr an sie.
Als ich das nächste Mal an Bill und Ginny schrieb, erzählte ich ihnen, wie ich zum ersten Mal in meinem Leben eine Fliege umgebunden hatte, um die Nairobi-Premiere des Filmes zu sehen. Ich gratulierte ihnen von ganzem Herzen zu ihrer Leistung, denn ich war davon überzeugt, daß der Erfolg des Filmes ihnen zu verdanken war – auch Joy war dieser Meinung. Meine Briefe enthielten auch Schilderungen der letzten Heldentaten der Löwen. Boy war größer und breiter als Ugas, und obwohl Girl einen Flirt mit Black Mane und einem anderen wilden Löwen angefangen hatte, war sie auch von ihrem Bruder sehr angetan. Meine Briefe führten zu einer schnellen und überraschenden Antwort von Bill. Er schrieb, daß aufgrund der ausgezeichneten Kritiken in Amerika und des weltweiten Kassenerfolges des Films man ihm und Ginny zahllose Fragen über die Filmarbeiten, über Joy und mich und über die Löwen gestellt hätte. Er wollte einen Dokumentarfilm drehen, um diese Fragen zu beantworten und um zu beweisen, daß unsere Beziehung zu Elsa kein glücklicher Zufall war: Tiere, selbst so gewaltige wie Löwen, sind durchaus in der Lage, Freundschaften zu entwickeln, die auch die Entlassung in die Freiheit überdauern können, wenn sie auf der richtigen Mischung von Verständnis und Liebe basieren. Joy und ich hielten die Idee für gut, zweifelten aber daran, daß die Regierung oder die Parkverwaltung zustimmen würden.

Bill war zuversichtlich, einen Weg finden zu können, beide vom Wert eines solchen Filmes für das Land und seine Natur zu überzeugen.

Die Löwen waren immer unabhängiger geworden. Im Juni paarte sich Ugas mit einer wilden Löwin und im Juli Girl gleich zweimal mit Boy. Er mußte die Gunstbezeugungen der wilden Männchen abwehren, die um Girl herumschlichen, aber sie räumten stets das Feld, wenn sie sich auf seinem Territorium befanden. Boy und Girl waren jetzt drei Jahre alt und leiteten die vier Bisletti-Jungen zu erfolgreichen Jagden auf Oryx und Elen an.

Die Zeit ständiger Dramen begann im September. Das erste Ereignis drehte sich um die Shifta. Ich hörte nach Einbruch der Dunkelheit ein paar Schüsse und Joy kam, um zu berichten, daß somalische Banditen ein Dorf in der Nähe überfallen hatten – sie bat mich, die Nacht in der Sicherheit ihres Camps in der Nähe der Parkverwaltung zu verbringen. Da in dem Moment meine Löwen gerade draußen waren und ein Zebra fraßen und somit ein ideales Ziel für die Shifta abgaben, entschloß ich mich, mit einer geladenen Waffe in der Nähe zu bleiben. Zum Glück kamen die Shifta nicht.

Der ansässige Büffel stellte sich als viel gefährlicher heraus. Büffel sind die schwere Kavallerie der afrikanischen Ebenen, und obwohl Löwen sie gerne fressen, haben sie drei sehr wirksame Verteidigungsmittel. Das erste sind ihre mächtigen Hörner, die in der Mitte zusammenstoßen und eine knochige Masse bilden, die nur eine sehr exakt plazierte Kugel durchdringen kann. Das zweite ist das taktische Geschick, mit dem sich eine Herde schnell kreisförmig sammelt, um einem Angriff entgegenzusehen. Die jungen, die schwachen und die alten Tiere sind innerhalb des Kreises geschützt, und es ist unmöglich, von außen her die geschlossene Reihe gesenkter Köpfe und Hörner zu durchbrechen. Der gefährlichste Büffel ist der einsame oder der verletzte. Sie sind nicht für große Intelligenz berühmt – der Verteidigungskreis ist wahrscheinlich eine Sache des Instinkts –, doch ein einzelner Büffel hat als drittes Verteidigungsmittel eine Mischung aus ärgerlichem Mut und Gerissenheit zu seiner Verfügung.

Eines Tages war es mir nicht geglückt, ein Zebra für die Löwen zu schießen und so verpaßte ich auf dem Rückweg einem Büffel einen Schulterschuß. Er war böse verletzt und verschwand in einem Stückchen hohen Gras, wo einer meiner Fährtensucher, der auf einen Baum geklettert war, ihn mir zeigte. Obwohl ich vorsichtig voranpirschte, kam er plötzlich schnell auf mich zu und war nur noch gut einen Meter entfernt.

Es war keine Zeit für einen gezielten Schuß, so richtete ich nur die Waffe in seine Richtung und drückte ab, sah, wie der Büffel das Gewehr in die Luft schleuderte und spürte sein Horn in meine Rippen drücken, bis ich zu Boden ging. Das Horn verfehlte mich, als er mich aufspießen wollte, er trat aber auf meinen Fuß und verpaßte mir ein schwarzes Auge. Dann ging er in zehn Meter Entfernung nieder. Der Fährtensucher kam tapfer zu meiner Rettung, half mir auf die Füße und gab mir mein Gewehr wieder – gerade als der Büffel erneut auf die Beine kam. Zum Glück war die Anstrengung zuviel für ihn und er brach tot zusammen.
Mit Hilfe meines Fährtensuchers schaffte ich es gerade bis zum Auto, das ungefähr anderthalb Kilometer entfernt war. Ich war jedoch entschlossen, mir das geschossene Fleisch nicht entgehen zu lassen und so fuhren wir zurück und holten den Büffel, ehe wir die fünfundzwanzig Kilometer zurück zum Camp fuhren. Dort benachrichtigte ich Joy per Funk und sie organisierte ein Flugzeug, das mich am nächsten Morgen ins Krankenhaus bringen sollte. In der Nacht war der Schmerz nur erträglich, wenn ich aufrecht am Tische saß.
Ich war mehrere Wochen mit gebrochenen Rippen und einem gebrochenen Fußknochen im Krankenhaus. Inzwischen paßte Arun Sharma gut auf Girl auf, die Ende Oktober zwei Junge hatte. Sie brachte sie von einem Lager zum anderen und verließ sie oft für eine ganze Nacht oder einen ganzen Tag, während sie jagte oder fraß. Als ich eine Woche später zurückkam, erlaubte sie mir, bis an die Jungen heranzukommen und sie zu bewundern. Auch Boy durfte das, nur die Bisletti-Löwen, die fasziniert von den Kleinen waren, mußten wegbleiben.
Ein Junges verschwand bald und ich nahm an, daß es in Girls Abwesenheit von einem Leoparden geholt worden war. Den anderen, Sam, mußte ich adoptieren, als Girl ihn den Hyänen und Schakalen überließ, die ums Camp herumschlichen. Sams Adoption beschwörte ein drittes Drama herauf.
Zur gleichen Zeit wurde Girl wieder läufig, was mir damals sehr ungewöhnlich erschien, da Sam noch winzig war und ihre Fürsorge brauchte. Ungewöhnlich oder nicht, Girl verursachte Eifersucht zwischen Boy und Ugas, die plötzlich einen richtig aufregenden Kampf um ihre Gunst begannen. Sie stellten sich hoch auf die Hinterläufe und teilten sich gegenseitig mit beiden Pfoten entsetzliche Schläge aus, von denen jeder ein menschliches Gesicht halb weggerissen hätte. Schließlich gab Ugas auf. Als der Kampf nachließ, bat ich Arun, nach Sam zu suchen, der bei dem Kampf Angst bekommen hatte. Als Arun an Girl und Boy vorbeiging, stand Boy auf, ging mit einem Knurren auf ihn los und schlug mit seinen

Krallen nach ihm. Ich ging sofort auf Boy los und verpaßte ihm mit einem langen Stock einen harten Schlag auf die Nase und rief Arun zu, ins Auto zu steigen. Boy zog sich zurück, kam aber ein zweites Mal auf mich zu und sah wirklich furchtbar aus.

Wieder schlug ich ihn mit aller Kraft zwischen die Ohren. Gottseidank ließ sein Adrenalin oder seine Hormone langsam nach und seine nie dagewesene Aggressivität endete so plötzlich wie sie entstanden war. Während Arun sich erholte – seine Wunden sprachen auf eine Behandlung mit Penicillin an –, bat ich Terence um Hilfe, denn meine Rippen schmerzten noch immer. Seit er damals unser Haus in Isiolo gebaut hatte, hatte er als Assistenz-Wildhüter im Tsavo-Park und dann im nördlichen Grenzgebiet, in Marsabit und Isiolo gearbeitet. Ein Großteil seiner Arbeit bestand darin, die Landwirtschaft vor Wildschäden zu bewahren und er stand in dem Ruf, mit wenig Töten viel zu erreichen. Er zog es vor, im Dunkeln auf kurze Entfernung mit einem leichten Gewehr zu arbeiten und wurde einmal angetroffen, wie er mit seinem Gewehr in der Hand splitternackt über einem toten Büffel stand. Pyjamahosen ringelten sich um seine Knöchel – der Gummi war im entscheidenden Moment gerissen.

Als Weihnachten schließlich kam, hätte man es als ein schwarzes Weihnachten bezeichnen können und ich fürchte, Terence hielt uns für eine recht traurige Gesellschaft. Joy war voll verzweifelter Sorge um Pippas Junges Dume, ihren Liebling, das krank war und zur Behandlung nach Nairobi gebracht worden war. Als sie zu Neujahr herausfuhr und nach dem Rest der Familie suchte, hatte diese sich nicht von der Stelle gerührt, von der man Dume weggenommen hatte. Leider starb er in Nairobi. Ich habe inzwischen von einem ähnlichen Fall von zwei Geparden in Südafrika gehört, die tagelang auf einen Bruder warteten, der gestorben war und dessen Leichnam man weggenommen hatte.

Auch für mich endete das Jahr schlecht. Ich hatte den kleinen Sam sehr liebgewonnen, und nachdem ich ihn mit Flaschen voll Milch und Farex gefüttert hatte, brachte ich ihn zu Ugas und den Bisletti-Löwen, die gern mit ihm spielten. Nachts schlief er in einer Kiste neben meinem Bett. Kurz vor Weihnachten wurde ich nachts um drei von einem Geräusch geweckt, das sich anhörte, als ob einer der Löwen versuchte, ins Camp einzudringen, es rüttelte am Draht. Als ich aufstand und zur Tür an der Rückseite meiner Hütte ging, schaute ich hinunter zu Sams Kiste, und die war leer. Draußen sah ich im Schein meiner Lampe einen Löwen, nur knapp einen Meter entfernt und innerhalb des Zaunes. Er stand auf seinen Hinterläufen und versuchte, über den Zaun zu entkommen. Sam war in seinem Maul. Ich schrie den Löwen an, weil ich dachte, es sei Boy, doch als er sich mit einem Knurren umdrehte, sah ich, daß es Black Mane war. Ich rannte nach meinem Gewehr, doch bis ich zurückkam, war Black Mane verschwunden. Sam hatte er zurückgelassen. Der arme kleine Kerl lag japsend in einer Blutlache. Nach ein paar Sekunden war er an dem Biß in sein Genick gestorben.

Ich habe den Rest dieser Geschichte bis heute nie vollständig erzählt, denn das hätte das Ende von allem bedeutet, das ich in Meru tat. Und wenn ich nicht so gehandelt hätte, wie ich es jetzt tat, dann hätte ich auch das Ende meiner Arbeit riskiert.

Eine eiskalte Wut stieg in mir hoch, als Sam starb, denn es erschien mir ein völlig unnatürlicher Mord zu sein. Ich sprang in den Landrover und raste in Richtung des Brüllen, das vom Hügel kam. Dort fand ich Black Mane und Girl – beim Paaren. Sie verschwanden sofort in der Dunkelheit, doch das Brüllen begann erneut, näher am Camp. Ich war zum Töten entschlossen, wollte jedoch nicht riskieren, in das falsche Paar leuchtender Augen zu schießen und war auch nicht bereit, die Exekution vor den anderen Löwen vorzunehmen. Deshalb folgte ich Girl, Black Mane und einem zweiten wilden Löwen ruhig bis zum Morgen, als Black Mane von den anderen wegschlenderte. Ich schoß ihn durch die Schulter ins Herz und versteckte seinen Kadaver vor den verräterischen Geiern. Als ich zu Girl zurückkam, paarte sie sich schon mit dem zweiten Löwen.

Mancher mag die Erschießung von Black Mane unverzeihlich finden. Doch nachdem er sich in meinem Camp so zu Hause fühlte, daß er es wagte, über den Zaun zu steigen und Sam zu holen, wären weder meine Angestellten noch ich jemals sicher gewesen. Mehr noch, keines der Jungen, die unsere Löwen in Mugwongo zur Welt gebracht hätten, wären je wieder sicher gewesen. In Meru hatte ich beweisen können, was ich nach unserer Erfahrung mit Elsa immer vermutet hatte: Es ist einfacher und menschlicher, Löwen in die Freiheit zu entlassen, wenn sie in einer Gruppe sind und nicht einzeln. Doch noch immer hatte ich nicht beobachten können, wie Löwen ihre Jungen aufziehen, und zwar von dem Tag an, wo sie die Augen öffnen bis zu dem Tag, an dem sie selber Junge haben. Bis ich das erleben könnte, würde es Lücken in unserer Kenntnis geben, wie man die Parks und Reservate am besten mit rehabilitierten Löwen neu auffüllen könnte.

Kapitel 8

Unfälle

1967–1969

Anfang 1967 waren Boy, Girl und Ugas, die während der Dreharbeiten von »Frei geboren« viel mehr verhätschelt worden waren als die menschlichen Darsteller, so unabhängig und wild wie jeder Löwe, der im Busch geboren und aufgewachsen ist. Aber mit dem neuen Jahr kam eine kaum merkliche Änderung in ihr Leben – eine, die für mich viel schwerwiegendere Folgen haben sollte. Meru war kein Reservat mehr, sondern wurde offiziell zum Nationalpark erklärt.

Dieser Unterschied und seine Folgen wurden so kritisch, und zum Schluß eine solche Bedrohung für das Leben der Löwen, daß ich es wohl erklären muß. Die Nationalparks waren die Krönung von Kenias Reservaten: Sie waren wie Inseln im ganzen Land verstreut und innerhalb ihrer Grenzen durfte niemand leben oder sein Vieh weiden. Geleitet wurden sie durch einen Ausschuß von Sachverwaltern mit einem Vorsitzenden und verwaltet durch einen Direktor, bis jetzt Mervyn Cowie, unter dessen Leitung sie mit Wildhütern bemannt und für jeden einzelnen Park verantwortlich waren. Sie selber wurden wiederum durch Wildaufseher unterstützt.

Der Rest der Wildbestände in Kenia fiel unter die Verwaltung des Ministeriums für Natur und Tourismus, und die Abteilung »Wild« wurde vom Obersten Wildhüter verwaltet – ein Amt, das einst Archie Ritchie bekleidete. Seine Wildhüter waren entweder für eine bestimmte Gegend zuständig – da wilde Tiere keine Grenzen kennen –, so wie ich es in Isiolo war, oder sie kümmerten sich um ein Reservat, wie Ted Goss in Meru. Im großen und ganzen waren die Bestimmungen der Parks schärfer als die der Reservate, die meistens eher Angelegenheit der Kreisverwaltung waren und nicht so sehr nationales Anliegen.

Ich wartete darauf, die Auswirkungen dieser Veränderung bei uns in Meru zu spüren. Mervyn Cowie, der ursprüngliche Direktor der Nationalparks, war gerade durch Perez Olindo abgelöst worden. Ich wußte nicht, wie er meine Tätigkeit beurteilen würde, aber ich hatte eine Vorahnung und – was die Sache noch schlimmer machte – Ted Goss war nicht mehr da, um mich zu beraten und zu beschützen, wenn es hart auf hart kam. Einige Monate zuvor war er durch einen dramatischen Unfall abgezogen worden. Er hatte eines Morgens versucht, einen Elefanten zu betäuben, indem er mit Betäubungspfeilen auf ihn schoß. Er traf zweimal, ohne scheinbar eine Wirkung zu erzielen und machte sich auf den Weg, weitere Pfeile zu holen. Er bat einen Mitarbeiter, das Tier zu beobachten, das inzwischen merklich schläfrig wurde. Als Ted zurückkam, stand der Elefant immer noch ruhig in einem Wäldchen von Doumpalmen, wo er ihn verlassen hatte. Als Ted sich von vorn näherte, um einen weiteren Giftpfeil abzuschießen, raffte der Elefant sich auf, griff an und jagte ihn. Der Helfer feuerte einige Schüsse ab, ohne jedoch damit den Elefanten aufzuhalten oder abzulenken. Er hatte jetzt Ted eingeholt und warf ihn mit Beinen oder Schulter um. Ted fand sich unter dem Elefanten wieder, als dieser sich hinkniete, um ihn mit seinen Stoßzähnen zu durchbohren. Zum Glück verfehlte er Ted um Haaresbreite, zerriß ihm nur die Hose. Dann stand der Elefant wieder auf, und um dem Rüssel auszuweichen, schob sich Ted unter das Tier, indem er sich so weit wie möglich nach hinten arbeitete. In dem Moment passierten zwei Dinge gleichzeitig. Der Elefant trat mit einem Hinterbein auf Teds Oberschenkel und der Helfer feuerte einen Schuß ab. Ted sah den jetzt still stehenden Elefanten bluten und wußte, daß das Tier einen tödlichen Schuß abbekommen hatte und mit unvermeidlichen Folgen auf ihn stürzen würde. Daher rief er dem Helfer zu, nicht weiter zu schießen und zog sich langsam an Grasbüscheln unter dem Elefanten hervor. Der Helfer tötete dann das Tier mit einem Kopfschuß.

Ted sagte, daß er durch den Schock zunächst nur eine lähmende Taubheit verspürte, obwohl sein Schenkel zerquetscht worden war. Trotz der Komplikationen konzentrierte er sich auf unzählige praktische Kleinigkeiten und hielt durch, bis er auf die Intensivstation kam. Der Helfer konnte den Landrover nicht zum Hauptquartier zurückfahren, so mußte Ted ihm bei jedem Gangwechsel Anweisungen erteilen; der »Fliegende Doktor« mußte benachrichtigt und eingeflogen werden und – was ihm am wichtigsten war – er mußte seinen Angestellten genau erklären, wie sie sich um die sechs Breitmaulnashörner zu kümmern hatten, die vor kurzem aus dem Zululand gekommen waren.

Obwohl sich Ted schließlich durch reine Willenskraft völlig erholte, zog sich seine Genesung über Wochen und Monate hin und er kam nie nach Meru zurück. Während wir auf Nachrichten über den Unfall warteten, dachte ich über den besten Weg nach, meine Position zu sichern, denn ich hatte einen Brief erhalten, in dem man mich fragte, wie bald ich die Löwen alleinlassen könnte. Hilfe kam aus einer unerwarteten Richtung.

BOYS RUDEL
IN MERU 1965–1969

BOY
Geboren: 1963
Ankunft: 1965
Von 2nd Bn Scots Guards
In »Frei geboren« gefilmt
Von Büffel verletzt
Nach Naivasha gebracht 1969

GIRL
Geboren: 1963
Ankunft: 1965
Von 2nd Bn Scots Guards
In »Frei geboren« gefilmt
In Meru gelassen 1969

Als Baby gestorben

SAM
Geboren: 1966
Von Girl abgestoßen
Von G. A. adoptiert
Von Black Mane getötet 1966

MAYA
Geboren: 1967
G. Schaller bemerkt,
daß ihr eine Mähne
wächst 1968
In Meru gelassen 1969

JUNO
Geboren: 1967
In Meru gelassen 1969

UGAS
Geboren: 1961
Ankunft: 1965
Aus Nairobi
In »Frei geboren« gefilmt
In Meru gelassen 1969

Wilder Löwe = SUKI
Geboren: 1965
Ankunft: 1966
Von Marchesa
Sieuwke Bisletti
In Meru gelassen
1969

SALLY

SHAITANI

SUSWA

SANDIE
Geboren: 1969
Von Suki abgestoßen
Von G. A. adoptiert
Suki zurückgegeben
In Meru gelassen 1969

Als Baby
gestorben

In Meru gelassen 1969

Bill Travers hatte hart am Plan für einen Dokumentarfilm über Joys und meine Arbeit in Meru gearbeitet. Ihm war klar, daß dazu eine offizielle Genehmigung nötig sein würde und er hatte einen überzeugenden Brief aufgesetzt, in dem er darauf hinwies, wie sehr dieser Dokumentarfilm nach dem internationalen Erfolg von »Frei geboren« die Welt davon überzeugen würde, daß die Landschaft und die Tierwelt Kenias wirklich so schön und reich sei wie in dem Film dargestellt.

Bill wußte, daß Malcolm MacDonald, der britische Hohe Kommissar in Kenia, ein leidenschaftlicher Naturfreund und Fotograf von Tieren und Vögeln war. Daher bat er ihn, das Schreiben mit nach Kenia zu nehmen und es der Regierung zu überreichen. Malcolm MacDonald versprach, dies sofort nach seiner Ankunft in Nairobi zu erledigen: Als er um Mitternacht landete, brachte er den Brief direkt zum Oberstaatsanwalt. Kurz darauf wurde das Schreiben an den Minister für Wild und Tourismus, Herrn Sam Ayodo, weitergeleitet, der es seinerseits dem neuen Direktor der Nationalparks, Perez Olindo, gab und seine Zustimmung äußerte.

Als Bill ohne Vorankündigung in Meru ankam, baute er am ersten Morgen seine Filmkamera vor Joys Zelt auf und filmte ohne ihr Wissen, wie sie aufstand und Pippa rief. Dann kam er und wollte das gleiche bei mir versuchen. Die Löwen waren jedoch nicht im Camp und Bill zweifelte an meinen guten Absichten, als ich ihn losschickte, einen Löwen zu filmen, der gerade hinter einem Busch vorschaute und den ich für Ugas hielt. Zum Glück war es wirklich Ugas und er geruhte Bill nach einigen Jahren wiederzuerkennen.

Es dauerte etwas länger, Boy und Girl zu finden, die auf Hochzeitsreise waren. Sie waren viel zu sehr mit Sex beschäftigt, um Bill gleich wiederzuerkennen. Boy war sehr aggressiv, wie Löwen es während der Paarungszeit nun einmal sind. Später beruhigten sie sich und begrüßten ihren alten Freund herzlich, obwohl sie in der Zwischenzeit sehr gewachsen waren. Nach diesem Anfang liefen die Dreharbeiten gut. Bill hatte Monty Ruben gebeten, bei den praktischen Vorbereitungen zu helfen und von nun an wurde er zu einem treuen Freund und zuverlässigen Verbündeten in den Kämpfen, die noch kommen sollten.

Im März traf ich mich in Nairobi mit dem Minister, Sam Ayodo. Er war sehr nett und zeigte Interesse für die Löwen. Auch war er überrascht, daß die Berichte, die ich regelmäßig geschrieben hatte, nicht an ihn weitergeleitet wurden. Als ich ihm erklärte, daß mein Hauptziel nicht wissenschaftlich sei, sondern die Freiheit der Löwen betraf und daß ich damit rechnete, daß die Löwen eine Touristenattraktion und somit eine Einnahmequelle werden würden, bestätigte er erneut seine Unterstützung.

Einige Wochen später, als die Dreharbeiten fast beendet waren, wunderte ich mich über die Behörden, die mir die Hoffnung, in Mugwongo bleiben zu dürfen, abwechselnd nahmen und wieder erweckten. Am 20. Mai ließ mich der Minister zu sich kommen und sagte mir, daß ich finanzielle Unterstützung für mein Vorhaben bekommen sollte, den Touristen die Löwen zu zeigen. Das war genau das Gegenteil von dem, was Perez Olindo mir am Tag zuvor mitgeteilt hatte, nämlich »abzureisen«. Dieser Widerspruch gab mir zu denken.

Wenn sie ehrlich sind, müssen alle erfolgreichen Jäger und Wildhüter wie auch Politiker, Priester und Soldaten zugeben, daß sie ein bißchen was von einem Showman brauchen. Lyn Temple-Boreham hatte in der Massai Mara Löwen gefüttert, damit sie auf seinen Ruf reagierten, wenn er einflußreiche Besucher beeindrucken und überzeugen wollte, wie wichtig es sei, Löwen zu schützen. Mervyn Cowie hatte das gleiche in der Nähe von Nairobi getan, als er darum kämpfte, Nationalparks in Kenia einzurichten. Auch Joy hatte begeistert Elsa und ihre Jungen mit Fleisch gefüttert, um Billy Collins, Davis Attenborough und Julian Huxley zu beeindrucken. Erst später, als die Parks gegründet und nachdem Elsa und ihre Jungen weltberühmt geworden waren, hatten Joy und Cowie ihre Einstellung geändert.

Der Kampf, den ich führte, ging nicht nur um meine sieben Löwen und sollte noch lange nicht vorüber sein.

Obwohl Joy mich zunächst mit einem Landrover ausgestattet hatte und immer noch einige meiner Ausgaben von ihren Einnahmen zahlte, widersetzte sie sich meinem Vorhaben, die Bisletti-Löwen aufzunehmen. Sie übte ständig Druck auf mich aus, die Löwen und mein eigenes Camp aufzugeben und mit ihr zusammen Leoparden zu rehabilitieren, sobald ihre Geparden unabhängig wären. Ihr Standpunkt war dem der Parkbehörden erschreckend ähnlich.

Bills Ankunft zum Drehen des Dokumentarfilmes glich diese Meinungsverschiedenheiten allmählich aus, bewirkte aber eine neue. Die Idee des Films war seine gewesen, er finanzierte das Unternehmen größtenteils selbst, und sein Ziel war es, zu zeigen, was aus den Filmlöwen von »Frei geboren« geworden war – obwohl auch Joys Arbeit mit Pippa dargestellt werden sollte. Als die Dreharbeiten begannen, merkte Joy, daß die Löwen im Mittelpunkt stehen würden. Sie versuchte, die Finanzierung zu übernehmen und sich und Pippa als Elsas Nachfolgerin in die Hauptrollen zu bringen. Als Bill verständlicherweise ihre Forderung ablehnte, war sie beleidigt, zog sich aus dem Film zurück und weigerte sich, Bill jemals wieder zu sehen oder zu sprechen – und sie hielt ihr Versprechen.

Hätten unsere Camps nicht zwanzig Kilometer voneinander entfernt gelegen, so wäre das Leben unerträglich geworden, aber obwohl unsere Beziehungen gespannt waren, zerbrachen sie nie. Als eine überschwemmte Brücke unter meinem Landrover zusammenbrach und ich mitten in der Nacht mehrere Kilometer durch den Regen und die Dunkelheit laufen mußte, um Hilfe zu holen, half mir Joy ohne zu zögern. Als sie davon hörte, daß ich Touristen zu den Löwen nach Mugwongo bringen würde, war ihre Reaktion dennoch eindeutig: Entweder würde ich den Plan aufgeben oder sie würde jegliche Unterstützung abbrechen und den Landrover zurückholen.
Kurz danach erfuhr ich durch die Buschtrommel, daß die Parkverwaltung vorhatte, ihren Sitz vom Leopard-Rock nach Mugwongo zu verlegen. Olindo hatte aber Anweisung gegeben, mich nicht im voraus davon zu informieren. Damit war die Sache entschieden.
Joy hatte Olindo zum ersten Mal vor ein paar Jahren in Amerika getroffen. Sein kluger Kopf und sein großes Interesse an wilden Tieren hatte sie sehr beeindruckt. Nachdem er Direktor der Nationalparks geworden war, hatte er ihr natürlich für ihre finanzielle Unterstützung in Meru und anderen Reservaten gedankt. Außerdem bemühte er sich darum, ihre Unterstützung nicht zu verlieren, indem er meine Aktivitäten, die Joy ja ablehnte, einschränkte. Es sah aus, als seien die Würfel gefallen: Ein offizieller Brief kam von Olindo, der mich aufforderte, Meru zu verlassen. Joy erklärte, daß ich keine Gelder mehr aus der Stiftung erhalten würde, wenn auch nur ein Besucher – und sei es Bills Kameramann – in die Nähe der Löwen käme. Die Dreharbeiten liefen weiter. Geld kam nicht mehr.

In solchen Zeiten war ich dankbar, die Löwen zu haben und meine Entschlossenheit, den Film fertigzustellen, war ein hervorragendes Mittel gegen die Sorgen um die Zukunft. Im Februar hatte sich Girl mit Boy gepaart und die Jungen würden in der ersten oder zweiten Maiwoche zur Welt kommen. Bill war immer noch am Filmen. Meine Briefe an ihn hielten die Ereignisse fest.

12. Mai
Am 9. hörte ich kurz nach Mitternacht Girl hinter dem Camp brüllen. Ich stand auf, um nach ihr zu schauen. Später suchten Arun Sharma, Korokoro (mein Fährtensucher) und ich den ganzen Morgen erfolglos nach ihr. Am nächsten Tag ging Korokoro noch einmal den Hügel hinauf und fand sie in der Nähe der Stelle, an der sie im letzten Oktober ihre Jungen zur Welt gebracht hatte. Später gingen wir gemeinsam hinauf. Girl stand auf, um mich zu begrüßen – sie hatte zwei Junge. Sie waren wohl am Tag zuvor zur Welt gekommen. Die armen kleinen Dinger, jede Nacht werden

sie vom Regen durchweicht. Girl ist in ihrem völligen Vertrauen erstaunlich. Ich bin mir sicher, man könnte die Jungen ohne weiteres filmen.

4. Juni

Bis jetzt ist Girl eine gute Mutter, die ihre Jungen nie allein läßt. Sie hat sie neunmal woanders hingebracht. Auch Boy zeigt diesmal mehr Interesse an seiner Familie. Zwei Tage lang ließ er mich nicht einmal in die Nähe der Jungen. Es sind beides Weibchen, was interessant ist, denn beim ersten Wurf mit dem gleichen Vater waren es zwei Männchen.

20. Juni

Girl ist jetzt in ihrem zwölften Versteck. Es ist ein perfekter Platz. Riesige Felsblöcke mit zahllosen Ecken und Spalten. Ihr Schlupfwinkel ist eine lange Höhle, die so eng ist, daß Girl nicht hineinkann. Wenn sie die Jungen zu sich holen will, muß sie sie von draußen her rufen.

Arun Sharma war genauso stolz und begeistert von Girls Jungen wie ich und wollte jeden Schritt ihrer Entwicklung beobachten. Aber er hatte sich in Mweka bei einer Hochschule für die Verwaltung von Naturparks beworben und mußte genau dann weg, als sie sich aus der Sicherheit ihrer Felsen hervorwagten. Es tat mir leid, ihn zu verlieren, denn er behandelte die Löwen mit viel Verständnis.

9. Juli

Die Jungen sind jetzt zwei Monate alt und gestern brachte Girl sie zum Camp. Mit all den anderen Löwen war es ein herrlicher Anblick. Die Jungen haben vor niemand Angst, auch nicht vor Ugas, der sehr zärtlich ist. Boy behandeln sie wie ein brauchbares Spielzeug, das sie in Stücke zerrupfen wollen. Sie ziehen an seiner Mähne und an seiner Schwanzspitze, doch obwohl sie ihn plagen und quälen, protestiert er nicht.

12. August

Girl holt die Jungen immer zu dem Fleisch, das wir ihr hinlegen, ehe sie selber frißt. Am 4. verschwand sie morgens und ließ die Jungen im Versteck zwischen den Felsen schlafen. Nachmittags kam sie zurück und rief nach ihnen. Ohne am Camp anzuhalten eilte sie in Richtung Sumpf. Boy schien durch ihr Verhalten genauso verwirrt zu sein wie ich. Wir folgten ihr. Boy nahm die Witterung auf und wenige Minuten später führte er mich zu einem Baum, unter dem Girl und die Jungen eine junge Giraffe fraßen. Girl hatte sie wohl gegen Mittag gerissen und dann schnell die Jungen vom Camp geholt. Als ob sie feierten, jagten sich Boy, Girl und die Jungen und warfen mich dabei fast um.

7. September

Den Jungen geht es gut und sie kommen oft zum Camp. Sie üben sich auch im Chor des Löwengebrülls. Wenn alle gleichzeitig brüllen, erzittert das ganze Camp.

Dies war einer der rührendsten Momente, die ich in Meru erlebte und ich war um so trauriger, als Ginny mir schrieb, was passiert war, als sie in England die letzte Folge für den Film drehten. Sie waren nach Whipsnade gefahren, um zu drehen, wie Mara und Klein Elsa dort im Gegensatz zu

den Löwen in Meru lebten. Als sie sich den Käfigen näherten, rief Ginny die Löwen und obwohl zwei Jahre vergangen waren, kamen diese sofort und preßten ihre Schnauzen durch das Gitter. Der Kameramann war so skeptisch gewesen, ob die zwei Löwen auf Ginny reagieren würden, daß er nicht darauf vorbereitet war, diese ergreifende Begrüßung zu filmen. Nachdem Ginny ihre Fassung wiedergefunden hatte, rief sie die Löwen ein zweites Mal. Wieder kamen sie zu der vertrauten Stimme zurückgelaufen. Beide Löwen hatten Scheuerwunden, Maras Augen waren entzündet und Klein Elsa hatte einen frischen offenen Schnitt am Bein.
Nachdem der Dokumentarfilm fertiggestellt war, fühlte ich mich bei meinen Verhandlungen mit der Parkverwaltung sicherer. Er rechtfertigte alles, was wir mit den Löwen getan hatten. Bill schlug vor, Perez Olindo eine Kopie des Filmes zu schicken, aber ich ahnte, daß das vergebliche Mühe wäre, da er sich wohl über die Unterstützung, die ich vom Minister erhielt, ärgerte. Joy war immer noch unerbittlich gegen mein Bleiben. Olindo, der mehrmals den Park besuchte – einmal, um einen Scheck über achttausend Pfund für seine Unterhaltskosten von Joy abzuholen – kam nie in meine Nähe, noch in die der Löwen. Im Oktober schrieb er mir erneut und bat mich, Meru zu verlassen. Ich sollte einen Zeitpunkt vorschlagen. Seine Einstellung widersprach der Reaktion meiner Besucher. Diese zeigten Freude und Begeisterung über die Löwen – nicht, weil sie einmal zahm gewesen waren und jetzt ein völlig wildes Leben führten, sondern weil sie so leben konnten und trotzdem Menschen gegenüber Vertrauen und Freundschaft zeigten.
Eine Woche vor Weihnachten schließlich setzte der Minister sich durch. Ich würde in Meru bleiben, die Löwen würden in Meru bleiben und die Parkverwaltung würde nicht zu mir nach Mugwongo umziehen. Der Film hatte uns gerettet.
Joy und ich hatten beschlossen, die Angelegenheit über Weihnachten ruhen zu lassen. Im vergangenen Jahr hatte sie sich mit Hilfe ihres Finanzberaters Peter Johnson ein kleines Steinhaus gekauft, das wunderschön am Ufer des Naivasha-Sees gelegen war. Sie meinte, wir würden es für unseren Ruhestand brauchen und wir überlegten, wie wir all unsere Habe in den nächsten Monaten dorthinbringen wollten.
Während meiner Abwesenheit würde ich mein Camp meinem Patensohn und neuen Assistenten Jonny Baxendale überlassen, dem Sohn meines alten Freundes Nevil, mit dem ich Ziegen verkauft, Gold gesucht und den Rudolf-See auf einem improvisierten Kanu überquert hatte. Groß, mit blauen Augen und blondem Haar, war er immer gut gelaunt und sehr der Sohn seines Vaters.

Meine Freude über Jonnys Ankunft wurde durch die tragische Nachricht überschattet, daß sein Vorgänger, Arun Sharma, kurz vor Weihnachten in Mombasa auf Entenjagd gegangen war, losschwamm, um den Vogel zu holen, in Schwierigkeiten geriet und ertrank. Ich war sehr betroffen und für die Wildschutzbehörde war es ein großer Verlust, da Arun nach seiner Ausbildung in Mweka übernommen werden sollte.
Die Unkosten für den Umzug nach Naivasha brachten meine Gedanken auf das Geld. Ich betrachtete meine unsicheren Finanzen und war schockiert. Es war das einzige Mal in meinem Leben, daß mehr in meiner Kasse war als ich erwartet hatte. Abends hatte ich an dem Buch »Bwana Game« geschrieben, das im kommenden Jahr veröffentlicht werden sollte. Mit einem guten Vorschuß und Anteilen konnte ich rechnen. Columbia wollte eine Fortsetzung von »Frei geboren« drehen und mich, soweit es um die Löwen ging, wieder als Ratgeber beschäftigen. Mir wurde ein Gehalt angeboten. Bill Travers hatte mir nicht nur eine stolze Summe für die Mitarbeit bei dem Dokumentarfilm »Die Löwen sind frei« zugesichert, jetzt bat er mich auch noch, in einem Film mitzuwirken, in dem es um einen von Daphne Sheldricks verwaisten Elefanten im Tsavo ging. Der Titel des Films übersetzte den Suaheli-Namen des kleinen Elefanten, Pole Pole, als »An Elephant called slowly«. Viele Jahre später sollte Pole Pole eine tragische aber beeindruckende Rolle im Kreuzzug gegen die Ausbeutung von Tieren spielen.

Tatsächlich wurde 1968 für uns eines der friedlichsten Jahre in Meru. Nach den Aufregungen des Vorjahres war es ein Antiklimax, und verglichen mit dem, was 1969 bringen sollte, war es erfreulich ereignislos. Joy war mit ihren Geparden beschäftigt. Ende März, ungefähr einen Monat nachdem wir unsere Besitztümer in das neue Haus am Naivasha-See gebracht hatten, brachte Pippa vier Junge zur Welt. Nach vierzehn Tagen verschwanden sie und Joy vermutete, daß Hyänen sie gefressen hatten. Pippa jedoch war sofort wieder läufig und hatte im Juli erneut vier Junge.
Joy und mich faszinierte es zu sehen, wie sehr die Vermehrung der großen Katzen vom Schicksal ihrer Jungen gelenkt wird. Gedeihen sie, und solange sie noch gesäugt werden, sind ihre Mütter nicht empfängnisbereit. Fast einen Tag, nachdem dieses Bündnis reißt – aus welchen Gründen auch immer – sind sie bereit, sich erneut zu paaren. Dies schien auch Girls plötzliche Verliebtheit kurz nach Sams Geburt zu erklären. Ein Junges war gestorben und ich hatte Sam adoptiert. Sie war also frei, sich erneut zu paaren und daher auch zeigten sich Boy und Ugas interessiert. Joy fand

es auch faszinierend zu beobachten, wie sich Pippas älterer Nachwuchs völlig distanziert hatte, obwohl wir sie gelegentlich in dem Gebiet sahen, in dem sie aufgewachsen waren. Die relativ frühe Trennung der Jungen von der Mutter ist nur ein Beispiel dafür, wie unterschiedlich Geparden und Löwen in ihrem Sozialverhalten sind.
Joy hatte einige wunderbare Bilder der Geparden gemalt und als eines der Jungen von einem Löwen getötet wurde, linderte sie ihren Schmerz, indem sie seinen hübschen Körper skizzierte.
Inzwischen wuchsen Girls Junge rasch heran. Ich hatte sie Monika und Ruth nennen wollen, aber Joy platzte fast vor Zorn. Ein Interview hatte sie verärgert, in dem Monika alles Lob für die Arbeit mit den Löwen in »Frei geboren« erhalten hatte. Daher tauften wir sie Maya und Juno. Selbst das stellte sie nicht ganz zufrieden.
Als die beiden ungefähr ein Jahr alt waren, besuchte mich George Schaller, der in der Serengeti eine Studie über Löwen machte. Er bemerkte, daß bei Maya eine Mähne wuchs. Der junge Löwe wechselte eindeutig das Geschlecht und fing an, männliche Geschlechtsteile zu entwickeln. Ich hatte dies Phänomen einmal vorher in der Serengeti beobachtet, wo auch bei einer jungen Löwin eine Mähne wuchs.
Ich genoß Schallers Besuch und lernte viel aus seinen Erzählungen und seinem Buch »The Serengeti Lion«, in dem er endlich seine Erkenntnisse veröffentlichte. Wir unterhielten uns lange über die Persönlichkeiten der Löwen und ihre unterschiedliche Art sich auszudrücken. Ich wünschte mir immer, er hätte die Zeit gehabt, die Informationen, die ich über die Jahre hinweg gesammelt hatte, sowie das einfache Tagebuch, das ich bis heute über die Löwen führe, zu analysieren.
Girl und ihre Jungen wurden ständig in der Gesellschaft der drei Bisletti-Löwinnen gesehen, blieben aber unter sich. Suswa, der männliche Bisletti-Löwe dagegen, hielt sich in der Nähe von Boy und Ugas auf, die ständig unterwegs auf der Suche nach Liebesaffären waren.
Wenn es ans Jagen ging, hielten alle Löwen zusammen. Die Bisletti-Löwen hatten sich auf Zebras spezialisiert und meisterten später auch die großen Elen-Antilopen. Nun schien sich das Rudel auf Büffel zu konzentrieren. Es war ein aufregendes, aber gefährliches Spiel, aus einer Herde von ein- bis zweihundert Tieren kleinere, schwächere Splittergruppen abzutrennen. Eines Tages sah ich, wie fünfzehn Büffel Suswa auf einen kleinen Dornenbusch getrieben und umzingelt hatten. Er schwankte auf einem dünnen Ast und wäre zwischen die Büffel gefallen, wenn ich ihn nicht mit dem Landrover gerettet hätte.
Den größten Erfolg hatten sie mit einzelnen Büffeln. Einmal stieß ich am

Fluß auf Boy und die vier Bisletti-Löwen, als sie gerade einen großen Bullen angriffen. In wenigen Minuten hatten sie ihn gerissen. Boy packte sofort die Schnauze und hielt fest, indem er den Kopf des Tieres auf den Boden drückte und es erstickte. Die anderen Löwen verbissen sich wo sie nur konnten. Nach ungefähr zehn Minuten war alles vorbei und dann begann das unbarmherzige Zerlegen des großen Tieres. Vorausgesetzt, der Riß war groß genug, konnte ich immer einschreiten und ein Stück Fleisch herausschneiden, um es in den Kühlschrank zu legen. War es ein kleiner Riß, hielt ich großen Abstand; Fleisch ist zu oft ein Streitobjekt bei Löwen.

Im Dezember öffnete sich der Himmel; in einer Woche fielen siebenunddreißig Zentimeter Regen und ich dachte schon, den Löwen würden Schwimmhäute wachsen. In dem Jahr hatten wir nasse Weihnachten.

1969 begann verdächtig ruhig. Jonny Baxendale hatte sich gut bei uns eingelebt. Manchmal half er Joy mit ihren Geparden. Ihr Wissensdurst und ihre Kenntnisse faszinierten ihn, wenn sie sich abends in ihrem Camp unterhielten. Joy mochte ihn auch, obwohl sie es bedauerte, daß er gelegentlich nachts unterwegs war, um in Meru ein bißchen Unterhaltung zu suchen. Er kam auch ausgezeichnet mit den Löwen zurecht, so gut sogar, daß er eines Tages – nach einer nächtlichen Tour – im Schatten eines Baumes zwischen den Löwen einschlief. Als er nach ein bis zwei Stunden aufwachte, sah er, daß die Löwen wie gebannt auf die nahegelegene Straße starrten. Nur mit Shorts bekleidet, stand er auf und sah vier Touristen, die ihn aus ihrem Auto heraus verstört anblickten. Sie drehten um und flohen.

Jonny kam auch mit dem neuen Parkaufseher, Peter Jenkins, dem Bruder von Daphne Sheldrick, gut zurecht. Er hatte den Posten übernommen, nachdem zwei andere die Festung gehalten hatten, während Ted im Krankenhaus war. Peter mußte von dem Streit um die Löwen gewußt haben und hatte selbst wahrscheinlich auch seine Zweifel. Dennoch kam er ein- oder zweimal Jonny und mich im Camp besuchen. Er brachte seine Frau Sara, den siebenjährigen Sohn Mark und seine Tochter mit, die noch ein Baby war. Wie alle Löwen waren Boy und Girl sehr an den Kindern interessiert. Einmal war Girl so aufgeregt, daß Jonny drum bat, die Kinder lieber in der Hütte spielen zu lassen.

Suki war die erste der Bisletti-Löwinnen, die sich paarte. Ich traf sie plötzlich mit einem wilden Löwen im hohen Gras. Sie waren nicht viel weiter als zehn bis dreizehn Meter von mir entfernt und so miteinander beschäftigt, daß ich das Auto ausmachte und sie beobachtete. Das einzige

Problem war, daß sich – als ich weiterfahren wollte – die Autobatterie entladen hatte und der Wagen nicht ansprang. Ich versuchte, an die Startkurbel zu gelangen, aber die Löwen jagten mich viermal ins Auto zurück. Beim fünften Versuch schaute ich mich ständig um, brachte den Motor in Gang und entkam.

Jonny und ich erlebten einen weiteren Zwischenfall mit Suki, als diese mit Girl bei den Resten eines Risses lag. Plötzlich sprangen sie auf und stürzten sich auf einen Eindringling. Als ich nachschaute, sah ich sie einen Leoparden angreifen, der auf dem Rücken lag, alle Krallen ausgestreckt hatte und fürchterlich knurrte. Nach einer Weile langweilten sich die Löwinnen und jeder ging mit ein paar Kratzern versehen seiner Wege. Als Jonny Joy von dem Vorfall erzählte, wollte sie alles über die Konfrontation wissen. Sie hatte weder Angst vor Löwen noch vor Leoparden, noch im Grunde vor irgend etwas, nicht einmal vor Menschen. Jonny traf einmal in ihrem Camp ein, als sie gerade dabei war, ihren Koch, der bereits wütend sein Messer gezückt hatte, in gebrochenem Suaheli anzubrüllen. Wie schon früher hatten Joys Kommunikationsprobleme die Temperamente bis zum Siedepunkt aufwallen lassen. Nur zwei Dinge – so Jonny – riefen Entsetzen bei ihr hervor: Elefanten und Reifenpannen.

Joy brauchte stets neue Aufgaben. Sie war mit ihren Geparden, die den Großteil ihrer Zeit beanspruchten, völlig zufrieden. Als Perez Olindo ihr aber zwei Leopardenbabys anbot, nahm sie die Gelegenheit sofort wahr, um einen Traum zu verwirklichen, der schon zweimal so kläglich gescheitert war. Bevor sie nach Nairobi fuhr, um die Leoparden abzuholen, kam sie bei mir vorbei und wollte, daß Jonny sie fuhr. Er lehnte das ab, weil er selbst genug in Nairobi zu tun hatte und dabei zweifellos auch an sein Vergnügen dachte. Sein Zeitplan ließ sich nicht mit Joys vereinbaren. Um ihre Mißbilligung zu lindern, versprach er, bis nach Nairobi hinter ihr herzufahren – falls sie eine Reifenpanne haben sollte. Joy versprach mir, mich zu benachrichten, wenn sie dic Leopardenbabys abgeholt hatte, damit ich wußte, wann ich sie zurückerwarten konnte.

In der Nacht erreichte mich eine Nachricht. Sie kam von Jonny. Joy war um eine Kurve gefahren und mußte zwei Männern, die mitten auf der Straße liefen, ausweichen. Dabei war sie mit ihrem Landrover in eine Schlucht gerast.

Wie durch ein Wunder wurde das Auto auf halber Strecke, nach ungefähr fünfundsiebzig Metern, durch ein paar Büsche aufgehalten. Joy wurde lebend aus dem Auto gezogen, doch ihre blutende rechte Hand war zerschmettert, die Sehnen gerissen und die Knochen gebrochen. Der Chief der Gegend kam mit einer Gruppe Leuten aus einem nachfolgenden Bus, ließ seinen Erste-Hilfe-Kasten holen und goß Jod über ihre Wunden. Dieses Bild bot sich Jonny, als er ein paar Minuten später um die Kurve kam. In Nairobi brachte er Joy sofort ins Krankenhaus. Ich konnte mir ihre Verzweiflung vorstellen, wenn sie darüber nachdachte, was alles dies bedeuten würde: Sie würde die Leopardenbabys aufgeben müssen, im Umgang mit den Geparden wäre sie eingeschränkt, ihre Tagebücher, Briefe und Bücher würde sie nicht mehr tippen können, und auch mit dem Malen und Klavierspielen war es vermutlich für immer vorbei. Diese Aussichten waren entsetzlich.

Während Joy den nächsten Monat im Krankenhaus verbrachte, hatten Jonny und ich viel zu tun. Abwechselnd halfen wir Local und Stanley, Pippas Jungen Fleisch zu bringen. Dann brachte Suki zwei Junge zur Welt und wir versuchten, mit ihr Schritt zu halten, da sie wie Girl ihre Jungen ständig in ein neues Versteck in den Felsen brachte. Es war Arbeit, die mir gefiel und ich war noch mehr erfreut, als ich erfuhr, daß Perez Olindo mich ernannt hatte, Peter Jenkins ehrenamtlich gegen ein geringes Gehalt zu assistieren.

Joy war gerührt von der Wiedersehensfreude, die Pippa und ihre Jungen zeigten. Aber als ich sie zu Suki brachte, merkten wir, daß eines der Jungen fehlte. Es mußte wohl von einem Leoparden geholt und getötet worden sein. Vielleicht von dem gleichen, der Girls Junges geholt hatte. Suki verlor fast sofort das Interesse an dem zweiten Jungen, also adoptierte ich es.

Ich konnte sehen, wie begeistert Joy von Sandie, wie wir sie nannten, war. Schnell gewann sie ihr Vertrauen, indem sie die meiste Zeit des Tages mit ihr spielte und ihr Leckerbissen und Milch brachte. Fast schlug ich Joy vor, Sandie ganz zu übernehmen, als Suki, die wieder läufig war, eines nachts zum Camp kam, ihr Junges durch den Zaun erblickte und danach rief. Am Morgen gab ich ihr daher Sandie zurück und die Löwen verschwanden glücklich, um sich Sukis Schwestern und Girl anzuschließen. Diese waren auch in der Paarungszeit, Suki hatte jedoch jetzt, wo Sandie wieder da war, kein Interesse mehr an den wilden Löwen.

Nachdem Joy einen Monat in Meru gewesen war, mußte sie erneut ins Krankenhaus. Diesmal sollte sie am Fuß operiert werden. Während ihrer Abwesenheit kam es zu einem sehr beängstigenden Vorfall.

Jonny Baxendale war morgens losgefahren, um außerhalb des Reservates ein Zebra für Suki und Sandie zu schießen. Bis zum späten Abend war er erfolglos geblieben und schaute bei Peter Jenkins im Hauptquartier vorbei, um unsere Post abzuholen. Peter war nicht da, hatte aber die Post mitgenommen. Kurz vor der Straßenkreuzung, wo sich die Straße zu Joys

Camp und die zu meinem gabelte, bemerkte Jonny Boy, der hier weit von seinem üblichen Revier entfernt war. Da wir ihn einige Tage lang nicht gesehen hatten, hielt er an und natürlich sprang Boy auf das Autodach. Jonny hatte vorgehabt, bei Joy zu Abend zu essen und wußte, daß sie es gar nicht gerne sah, wenn Löwen auf unseren Landrovern saßen. Nachdem es ihm nicht gelungen war, Boy herunterzulocken, setzte er sich selber auf die Motorhaube und trank eine Flasche lauwarmes Bier.

In dem Augenblick kam Peter Jenkins in seinem neuen Toyota mit weit offenen Fenstern von Joys Camp zurückgefahren. Mit ihm im Auto waren Sara und das Baby, Mark saß auf dem Vordersitz zwischen ihnen. Peter hielt einige Meter entfernt an und stellte den Motor aus. Sie fingen an zu erzählen und als Jonny losging, um sich die Post zu holen, wurden die Kinder etwas unruhig.

Einige Minuten später kletterte Boy vom Dach auf die Motorhaube herunter und spähte in den Toyota hinein. Jonny verspürte auf einmal Unruhe und murmelte etwas von weiterfahren. Auch Peter wollte nicht darauf warten, daß der Löwe den Lack am neuen Auto zerkratzte. Genau in dem Moment schoß Boy so leise und mühelos wie ein Lichtstrahl von der Kühlerhaube an Jonny vorbei und zwängte seinen Kopf durch die Tür des Toyotas. Obwohl er durch Boys massive Schultern gegen den Sitz gepreßt wurde, gelang es Peter, den Motor anzulassen, und als Boys Tatze über Marks Kopf fuhr, ruckte der Wagen an. Jonny, der bis jetzt vergeblich in Boys Seite geschlagen und an seinem Schwanz gezogen hatte, rannte nach seinem Gewehr. Er sah, wie das Auto in einer Staubwolke einen Satz vorwärts machte und Boys Hinterbeine nebenher gezogen wurden. Als Boy Sekunden später aus dem Toyota herausfiel, erwartete Jonny, daß Mark mit herausgezerrt werden würde. Sein Zielfernrohr war schon auf den Löwen in zwanzig Meter Entfernung gerichtet. Als Peters Auto in Richtung Leopard-Rock davonraste, zögerte Jonny, Boy zu erschießen, ohne erst herausgefunden zu haben, welchen Schaden er angerichtet hatte. Daher ließ er Boy zurück und folgte Peter. Mark war am Kopf nur gekratzt worden, hatte aber eine tiefe, böse Bißwunde am Arm. Als Jonny fragte, ob er Boy erschießen solle, antwortete Peter, daß er am liebsten alle meine Löwen erschossen sehen würde. Er konnte offensichtlich nur an eines denken: Mark so schnell wie möglich ins Krankenhaus zu bringen.

Am nächsten Morgen entschuldigte ich mich mit Jonny bei Peter und Sara, erkundigte mich nach Mark und fragte Peter nochmals, ob ich Boy erschießen sollte. Peter antwortete, daß die Entscheidung nicht bei ihm läge. Er würde das ganze Ereignis und das Ergebnis meiner Löwen-Reha-

Joy malte diese Fische im Schatten, ehe ihre Farben verblichen.

Unten: Joy auf unserer ersten Safari zur Küste.

Oben: Das Kamel war 36 Tage der Sonne ausgesetzt gewesen. Unten: Elefantenschädel während einer Verhandlung gegen Boran-Wilderer.

Rechte Seite: Mit Elsa auf der Jagd. Unten: Der Anblick, der so manchen überraschte.

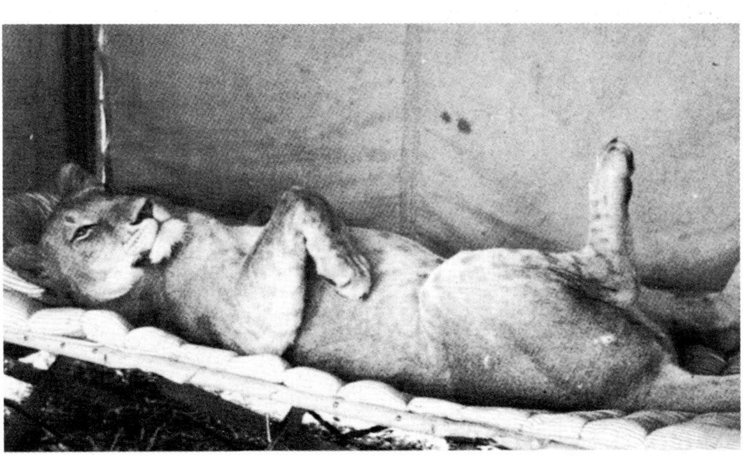

Elsas erstaunliche Tat.

Rechte Seite
Oben: Elsa bringt zum ersten Mal ihre Jungen über den Fluß.
Unten: Joy und Elsa.

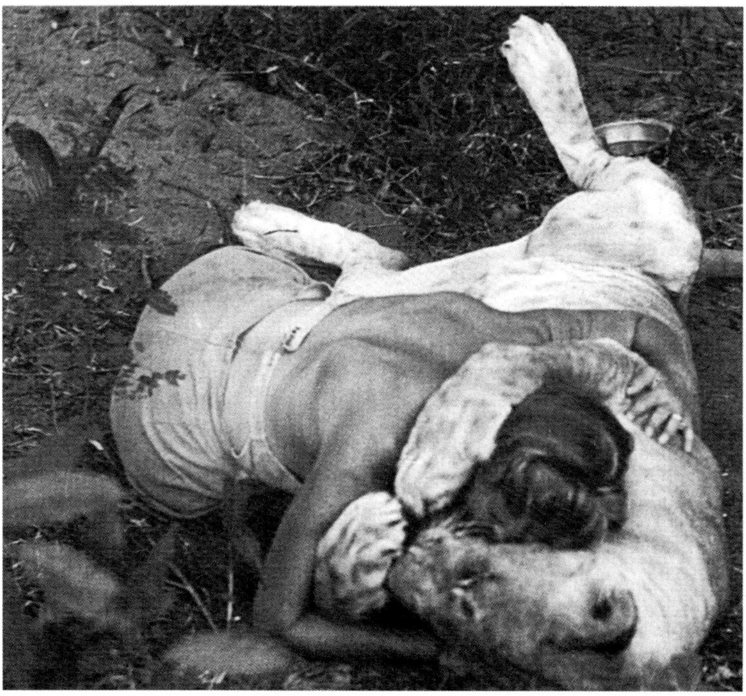

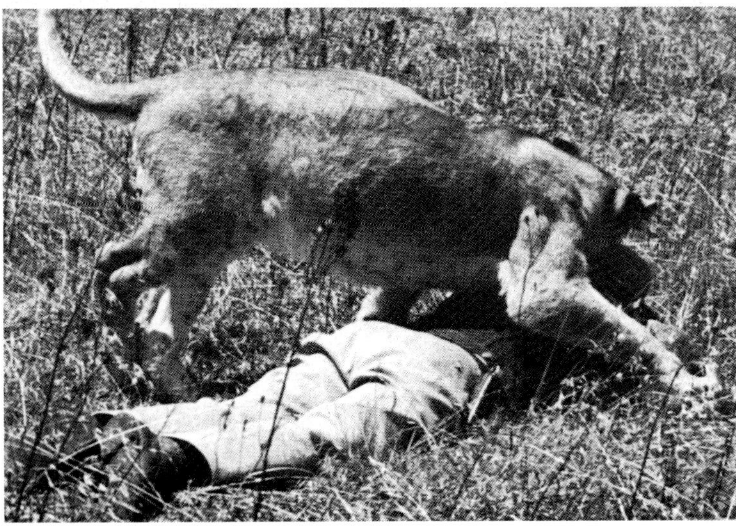

Mara warf sich gegen Bill und renkte ihm die Schulter aus.

Linke Seite
Achtung, Kamera!

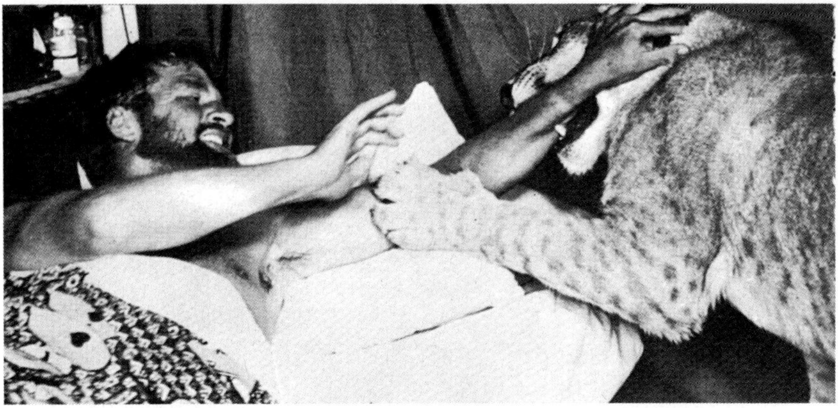

Oben: Girl war durch Beruhigungsmittel verwirrt.
Unten: Girl packte Ginny plötzlich, und Bill mußte rasch eingreifen.

Girl liebte den Strand, aber haßte das Wasser.

Wenn ein Löwe sich entschließt, dein Zelt mit dir zu teilen, kannst du nicht viel dagegen tun.

Rechte Seite
Oben: Boy und Girl, Bruder und Schwester, mit ihrem Jungen, Sam.
Unten: Als Girl Sam vernachlässigte, adoptierte ich ihn.

Der fast 2 m hohe Zaun reichte nicht aus.

KGR
608

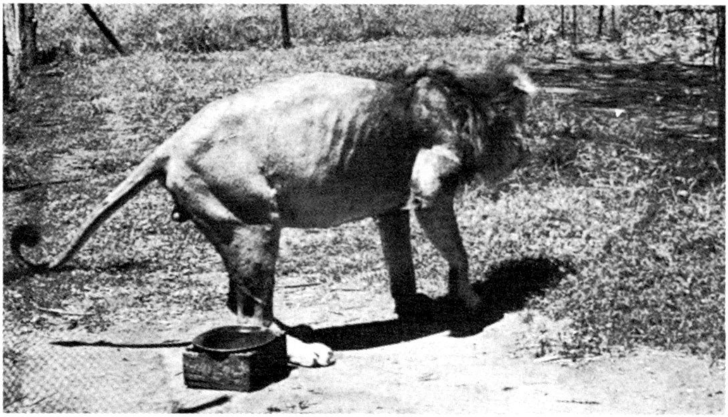

Boy muß nach der Operation furchtbare Schmerzen gehabt haben, doch ich hatte nie Angst vor ihm.

Linke Seite
Oben: Boy, Girl und Ugas lernten nach ihrer Freilassung bald zu jagen.
Unten: Boy, Girl und die Bisletti-Jungen benutzten meinen Landrover als Hochsitz.

Die Zuneigung ist geblieben: Unter der Oberfläche war das Band gemeinsamer Erfahrungen nicht zu erschüttern.

Linke Seite
Oben: Elsamere, das Haus, das Joy am Naivasha-See kaufte.

Unten: Joy mit einem der Fleckenuhus.

Am ersten Abend zeigten Bill, Ace (Mitte) und John (rechts) Christian den Fluß.
Boy ging auf Christian los, der sich hinter unseren Beinen versteckte.

bilitation mit seinen besten Empfehlungen an die Parkverwaltung weiterleiten. In allem jedoch, was den Unfall betraf, zeigten er und Sara jetzt sowie später bewundernswerten Mut, Ruhe und Höflichkeit.
Mark hatte eine böse Bißwunde am Oberarm. Boys Zähne waren tief hineingedrungen, doch zum Glück war weder eine Arterie noch eine Sehne beschädigt, auch der Knochen war nicht gebrochen. Peter hatte Mark sofort ins Missions-Krankenhaus gebracht, wo die Wunde genäht und verbunden wurde. Offenbar hatte man sie nicht lange genug drainiert, denn sie entzündete sich und Brand setzte ein. Peter und Sara mußten ihn zur weiteren Behandlung nach Nairobi bringen, wo die Wunde schließlich heilte. Die schwere Zeit, die die Familie durchmachte, bekümmerte mich sehr.
Die offizielle Reaktion ließ nicht lange auf sich warten. Boy sollte erschossen werden; Girl, die zu dem Zeitpunkt sechzehn Kilometer entfernt gewesen war, und Ugas sollten auch erschossen werden. Ich sollte Meru verlassen; alle Löwen sollten Meru mit mir verlassen; sie sollten in keinen anderen Nationalpark kommen, durften aber auch nicht außer Landes. Wut, Vorurteile und die Angst vor der öffentlichen Meinung bewirkten eine Reihe widersprüchlicher Anweisungen.
Mitten in dem Durcheinander mußte Joy, die kurz nach dem Vorfall zurückgekommen war, wieder ins Krankenhaus und sich der dritten und wichtigsten Operation unterziehen: eine Sehne aus ihrem Bein sollte in ihre Hand verpflanzt werden. Fünf Monate würde sie in London sein.
Naiv wie ich war, hatte ich nicht gemerkt, welch ein Widerstand sich in den Nationalparks gegen mich zusammengebraut hatte. Mein Vorschlag, die Löwen in weit entlegene Teile Merus oder in andere Parks zu bringen, wurde nicht angenommen: Sie entschieden, das Gebiet in der Nähe von Mugwongo, das noch im Jagdrevier der Löwen lag, den Safari-Unternehmen zuzuweisen, was die Krise mit Sicherheit nur verschlimmern würde und sie versuchten, mich in meiner ehrenamtlichen Stellung nach Marsabit zu versetzen, das dreihundertzwanzig Kilometer entfernt lag.
Zusätzlich verkauften sie Sandie, ohne mir ein Wort davon zu sagen, für fünfundachtzig Pfund an John Seago, einen bekannten und allseits geachteten Tierfänger in Nairobi. Dies geschah nur wenige Tage, nachdem ich Sandie mit einer Kopfwunde aufgefunden hatte, die ihr ein wilder Löwe zugefügt hatte. Ich weigerte mich, sie in einem solchen Zustand wegzugeben, und als sie kräftig genug war, allein zu überleben, verschwand sie im passenden Moment und entkam so einem Leben im Zoo. John war nett und verständnisvoll, als er die Geschichte hörte.

Während dieser ganzen Aufregung hatte ich einige heftige Unterredungen mit Peter Jenkins und Perez Olindo, und in Gedanken durchdachte ich die Entscheidungen gründlich. Ich sah ein, daß Löwen im allgemeinen nicht so bedroht waren wie zum Beispiel Nashörner und daß es bei ihrer Rehabilitation nicht um Leben und Tod der ganzen Art ging. Auch mußte ich zugeben, daß sich meine Löwen im Gegensatz zu wilden Löwen weniger vor Menschen fürchteten und daher nicht von Touristen eingeschüchtert wurden. Ferner war mir bewußt, daß meine Tätigkeit das natürliche Leben im Reservat durcheinanderbrachte.

Andererseits war ich davon überzeugt, daß die Parks mit all ihren Tieren bedroht waren, sobald keine Leute mehr kämen, die Eintritt zahlten, um sie zu sehen. »Frei geboren«, vor allem der Film, hatte eine Welle von Interesse an wilden, freien Tieren in Gang gebracht. Eine Menge Leute schrieben mir, daß »Die Löwen sind frei« außerordentlichen Eindruck auf die Zuschauer in Amerika gemacht hatte, wo er dreimal zur Hauptsendezeit gelaufen war. All dies mußte dazu führen, daß mehr Touristen auf Safari kamen. Aus eigener Erfahrung wußte ich, daß sogar ehemalige Naturschützer und dickköpfige Profi-Fotografen nicht widerstehen konnten, in Meru sofort die Löwen von Mugwongo aufzusuchen.

Es gab keinen Beweis dafür, daß meine Löwen eine besondere Gefahr für Menschen darstellten, außer vielleicht für meine Angestellten und mich, die wir vierundzwanzig Stunden mit ihnen zusammen waren. Joseph, der Hilfs-Wildhüter, war mit einigen Besuchern in einem schrottreifen Landrover gekommen. Boy und Girl sprangen sofort auf das wackelige Dach, das prompt zusammenbrach. Es entstand ein Durcheinander von Löwen und Menschen. In Gefahr war jedoch nur die Würde der Besucher, die aber schnell durch ihren Sinn für Humor gerettet wurde. Ein anderes Mal, nachdem Girl angefangen hatte, wirklich große Tiere zu jagen und Boy nachts mit seinen Rivalen kämpfte, kamen wir ins Camp zurück und sahen die zwei Löwen mit acht jungen Männern spielen und sich für sie in Pose setzen. Es waren Soldaten der Walisischen Garde, die auf Urlaub von Aden gekommen waren. Entgegen den Parkbestimmungen hatten sie ihr Auto verlassen, doch keiner von ihnen wurde auch nur gekratzt. Löwen zeigen immer ein bedrohliches Interesse an Kindern, aber auch Mark Jenkins wäre sicher gewesen, hätte der Toyota nicht in so großer Nähe von Boy gehalten.

Wahr ist, daß die Anwesenheit meiner Löwen mit dem natürlichen Lebensraum der wilden aufeinanderprallte. Dafür lebten aber sieben Löwen, die sonst zu einem Dasein in Käfigen verdammt gewesen wären, in völliger Freiheit. Wäre ich dazu bereit gewesen, das Erschießen von

Black Mane einzugestehen, so hätte ich es mehr als rechtfertigen können – zugunsten der anderen Löwen, für die weitere Beobachtung des Verhaltens von Löwen und für die Dreharbeiten von »Die Löwen sind frei«, die nicht in Mugwongo hätten stattfinden können, wenn Black Mane auf freiem Fuß gewesen wäre.
Keines meiner Argumente beeindruckte den Direktor oder den Wildhüter. Ich war mehrmals unnötigerweise darauf hingewiesen worden, daß die Löwen nicht mir gehörten. Es amüsierte mich daher, daß sie auch nicht den Nationalparks gehörten, sie waren Eigentum des Staates. Das führte zu Perez Olindos einzigem Zugeständnis, einem politischen. Die Löwen zu erschießen, würde Kenia und die Parks in ein sehr schlechtes Licht setzen. Ich brauchte sie nicht zu töten. Aber ihr Vertrauen zu den Menschen sollte ich zerstören und danach sofort Meru verlassen. Da Joy aber im Krankenhaus war und ich in der Zeit für das genehmigte Gepardenprojekt die Verantwortung übernommen hatte, durfte ich bis zu ihrer Rückkehr beiben. Es war jetzt September; Joy sollte Meru Ende des Jahres verlassen.
Joy hätte ihre Physiotherapie in London bis Oktober fortsetzen sollen, aber sie schien nur wenig zu bewirken. Außerdem wollte Joy die Geparden wiedersehen. Pippas erster Wurf Junge war gesund und durchstreifte das selbsterkorene Revier. Pippa hatte vor kurzem eine kleine Kongoni-Antilope gerissen, um ihre drei Jüngsten zu füttern. Joys Freude über die Wiedervereinigung war von kurzer Dauer.
Eine Woche später wurde Pippa mit gebrochenem Bein gefunden, und noch drei Wochen später starb sie nach chirurgischer Behandlung in der Klinik des Nairobi Orphanage, dem Waisenhaus für Tiere. Joy beerdigte sie in Meru neben einem ihrer Jungen. Das schien ihr nach dem Schock über Pippas Tod ihre Ruhe, Klarheit und Entschlußkraft wiederzugeben. Bald würden wir all das brauchen.
Als erster Schritt für die Trennung von den Löwen wurde mir befohlen, das Camp aufzugeben. Joy, die nie damit einverstanden gewesen war, hieß mich bei sich herzlich willkommen. Von ihrem Camp aus sahen wir eine Rauchwolke zum Himmel steigen und wußten, daß sie dabei waren, meine Hütten abzubrennen, die mehr als vier Jahre lang mein Zuhause gewesen waren. Still beobachteten wir es.
Ein paar Tage später war ich im Büro von Peter Jenkins und besprach die Zukunft der Löwen. Plötzlich stürmte Joy herein, um mir mitzuteilen, daß sie einen der Löwen – sie wußte nicht genau welchen – unter einem Busch liegend gefunden hätte. Er sähe furchtbar mager aus und habe die Nadel eines Stachelschweines unter einem Auge stecken.

Zu dritt machten wir uns auf den Weg und ich wußte sofort, daß es Boy war. Er versuchte sich wegzuschleppen, kam aber nur wenige Schritte voran. Dann ließ er mich den fünfzehn Zentimeter langen Stachel herausziehen. Peter sagte, daß die meisten der Löwen, denen er Gnadenschüsse hatte geben müssen, an den Folgen von Stachelschwein-Verletzungen gelitten hätten: Entzündungen und Hunger. Bei Boy war das Problem eindeutig sein rechtes Vorderbein, es war schlaff, nicht zu gebrauchen und so hinderlich wie der gebrochene rechte Arm eines aktiven Menschen. Peter und ich schauten uns einige Momente lang in beinahe unerträglicher Spannung an. Ich konnte mir genau vorstellen, was für Gedanken durch seinen Kopf gingen – die Qualen, der er mit Mark durchlitten hatte, unsere ehrlichen aber heftigen Auseinandersetzungen über die Anwesenheit meiner Löwen im Reservat, der verständliche Groll, wenn öffentlicher oder politischer Druck ihn dazu gezwungen hatte, mir oder den Löwen eine Gnadenfrist nach der anderen zu gewähren. Er hatte sein Gewehr mitgebracht und ich war mir sicher, daß er es diesmal benutzen würde.
Wir schauten uns an und dann sagte Peter leise, daß Boy erschossen oder aus dem Park entfernt werden müsse. Er schlug vor, einen Tierarzt kommen zu lassen, der Boys Überlebenschancen abschätzen sollte, falls man ihn woanders hinbrachte. Es war ein großzügiges und zweifellos kostspieliges Urteil.
In dieser Nacht schlief ich draußen bei Boy, da er sich nicht fortbewegen konnte, obwohl er die Ziege, die ich ihm brachte, gierig verschlang. Am nächsten Tag kamen Toni und Sue Harthoorn, um Boy zu untersuchen, den ich kurz vorher in Narkose versetzt hatte. Sein rechtes oberes Vorderbein war gebrochen, wie durch ein Büffelhorn oder vielleicht durch ein Auto, außerdem hatte er einen Leistenbruch. Dennoch meinten sie, Boy hätte gute Aussichten auf Genesung, wenn er nur die Zeit dazu hätte. Peter Jenkins gab uns drei Wochen, um dies zu beweisen.
In jener Nacht war Boy noch so benommen, daß ich wieder bei ihm blieb. Zur gegenseitigen Unterstützung rückten wir zusammen, mein Rücken an der Seite seines Kopfes, damit dieser nicht ständig auf den Boden fiel. Zur weiteren Unterstützung hatte ich ein Gewehr und eine halbe Flasche Whisky dabei. In der Dunkelheit hatte ich viel Zeit, über die Vergangenheit und die Zukunft nachzudenken. Girl, Ugas und die Bisletti-Löwen waren völlig unabhängig. Die Löwinnen unter ihnen, mit Juno, die fast ausgewachsen war und der acht Monate alten Sandie, hatten sich den wilden Löwen angeschlossen und bildeten ein hervorragendes Rudel, das in Mugwongo zu Hause war.

Ugas und Suswa waren merkwürdigen Weibchen nachgelaufen, wobei sie ihr Revier verloren, aber zweifellos ein neues gefunden hatten. Sollte Boy die Operation am Bein überleben, so überlegte ich mir schließlich, gab es nur einen Ort, zu dem ich ihn bringen konnte: das neue Haus in Naivasha. Während er dort in Sicherheit wäre, würde ich eine neue Heimat für ihn suchen.

Es dauerte einige Tage, bis die Harthoorns die Operation vorbereitet hatten, so brachte ich Boy in das alte Gehege in Mugwongo, baute einen behelfsmäßigen Tisch, bereitete allerlei Geräte vor, mit denen die Knochenenden auseinandergehalten werden sollten und spannte eine Plane als Sonnenschutz auf. Sue hatte inzwischen in Nairobi erfolgreich nach einem zweiunddreißig Zentimeter langen Stahlpinn gesucht, um das Bein zu verstärken. Leider hatte sie aber keine unbeschädigte Löwenschulter gefunden, nach der sie modellieren konnte. Von all den tausenden Löwen, die in Kenia geschossen worden waren, war kein einziges Skelett aufgehoben worden. Die Harthoorns mußten also anhand der Röntgenaufnahme einer Löwin aus Bristol in England arbeiten.

Während wir uns bei Tagesanbruch auf die Operation vorbereiteten, hofften wir auf einen kühlen, bedeckten Tag mit wenig Wind, damit kein Staub in der Luft war. Wir waren ein bunt zusammengewürfeltes Operationsteam. Der Pilot, der die Harthoorns gebracht hatte, führte vortrefflich die Narkose durch; Joy und ihr Assistent kümmerten sich um Antibiotika und Desinfektionsmittel, ich betätigte den Flaschenzug und zwei Parkaufseher halfen wo immer nötig.

Nachdem Boys Haut glatt rasiert und seine Schulter freigelegt war, sah Toni, daß die Knochenenden in den vergangenen zwei bis drei Wochen seit dem Unfall zu wachsen angefangen hatten. Der Eingriff war nicht nur eine nervliche Belastung, sondern auch harte körperliche Arbeit. Nach einiger Zeit wurde eine weitere Bruchstelle gefunden. Es dauerte eine halbe Stunde, den Beutel des Bruches zu entfernen und die Wunde mit Draht zu vernähen. Nach sechs Stunden war die Operation beendet. Es muß wohl die ehrgeizigste gewesen sein, die je im Busch durchgeführt wurde. Vor allem die Behandlung des Bruches interessierte mich sehr, da ich vor kurzem das gleiche durchgemacht hatte.

Gerade als wir fertig waren, rissen die Wolken auf und die gleißende Sonne brannte erbarmungslos. Während wir uns zu Toni unter einer Akazie in den Schatten setzten, sprachen Sue und ich über die endlose Trockenheit. Die Regenzeit war schon lange überfällig, doch ich versicherte ihr, daß sich das Wetter bald ändern würde. Die Dorfwebervögel bauten ihre Nester, und das war ein eindeutiges Zeichen.

Es dauerte eine Woche, ehe Toni und Sue ihren Patienten wiedersehen konnten. Er fraß inzwischen pro Tag eine Ziege und obwohl er seine Pfote nur ungern aufsetzte, konnte er sich auf die Hinterbeine stellen, sich mit der rechten Vorderpfote abstützen und das Fleisch vom Ast herunterholen. Ich mußte auch gestehen, daß er schon wieder auf Autodächer kletterte und dann heruntersprang. Das sorgte die Harthoorns sehr, obwohl es mich viel mehr beunruhigte, daß Boy angefangen hatte, nachts an meinen Zehen zu knabbern.

Toni und Sue schätzten die Chancen für Boys völlige Genesung auf neunzig Prozent; wir mußten ihn also schnell von Meru wegbringen. Jonny Baxendale, der nicht mehr bei mir war, nahm sich freundlicherweise einige Zeit frei, um mir im Garten in Naivasha eine Holzhütte zu bauen; daneben errichtete er ein Gehege für Boy.

Bill Travers wollte Boys Behandlung und Genesung so weit wie möglich filmen. So waren ein Kameramann und Mike Richmond, der Tontechniker bei den Dreharbeiten von »Die Löwen sind frei« zusammen mit den Harthoorns und dem Piloten Paul Pearson bei deren letzten Besuch mit eingeflogen.

Paul, Sue und Mike spielten alle entscheidende Rollen bei dem »Luftversand«, der jetzt stattfinden sollte. In der Zwischenzeit hatte ein Buschtelegraf die Nachricht verbreitet. Die anderen Löwen kamen oft und starrten Boy durch den Zaun an. Wir stellten fest, daß Shaitani zwei und Sally drei Junge zur Welt gebracht hatte. Alle waren gesund und munter. Die sieben Löwen hatten mehr als sieben Junge bei sich – wie viele mehr Boy und Ugas gezeugt hatten, würde ich nie feststellen können.

In diesem ungünstigen Moment setzte der Regen ein und Paul Pearson und Jonny Baxendale mußten mehrfach den Versuch aufgeben, nach Meru zu gelangen. Der russische Botschafter und zwei Begleiter schafften es jedoch auf dem Landweg und brachten ausgefallene Geschenke wie Wodka und Kaviar mit. Joy und ich dankten ihnen und konnten ihnen Maya und Juno vorstellen, die als ungeladene Gäste erschienen waren.

An einem dunklen Nachmittag erreichte Paul Meru. Sue erschien mit ihren Instrumenten und einigen Ampullen Betäubungsmittel in meinem Camp. Sie bat Boy und mich, innerhalb einer halben Stunde unser Leben in Meru für immer zusammenzupacken, ehe sich die Wolkendecke wieder schließen würde.

An diesem letzten, alptraumartigen Tag war Joy genauso traurig und verwirrt wie ich. Obwohl Girl sich seit einem Jahr von Boy distanziert hatte, schien sie zu merken, daß sie ihn nie wiedersehen würde. Als wir seinen betäubten Körper, der in eine Decke gewickelt war, in meinen Landrover hoben, sprang sie auf das Autodach und ließ sich nicht mehr herunterlocken. Wir konnten nichts weiter tun, als auch sie mit zur Landepiste zu nehmen. Dort brauchten wir alle Hilfe, um Boys Gewicht von gut zweihundert Kilo in das Flugzeug zu wuchten. Unterwegs entdeckte Girl zum Glück eine junge Giraffe. Wie ein Blitz sprang sie vom Auto, schlich sich an, warf die Giraffe zu Boden und verbiß sich in ihrem Hals. Als sie mit Fressen beschäftigt war, hoben und hievten wir den schlaffen Körper ihres Bruders in das Flugzeug.

Kapitel 9

Am Naivasha-See

1969–1970

Als wir abflogen, war ich zu verwirrt durch meinen letzten Blick auf Meru und auf Joys winzige Gestalt, die immer noch am Rand des Landestreifens stand und winkte, um mir um Boy Sorgen zu machen.
Sue saß neben dem Piloten und beugte sich immer wieder über Boys mächtigen Kopf. Ich saß hinten auf dem Boden der kleinen Kabine neben Boys Schwanz. Ich fragte mich, was wohl passieren würde, wenn seine Betäubung nachließe und fühlte mich etwas unbehaglich. Sue sah auch unruhig aus, und ich fragte sie, was los sei.
»Boys Gaumen ist blau angelaufen, und er fängt an zu hecheln. Ich weiß nicht, ob sein Herz das aushält, nach der Betäubung und all dem Blut, das er verloren hat. Wie hoch sind wir, Paul?« fragte sie den Piloten.
»Ungefähr 4 200 Meter. Ich werde runtergehen so weit ich kann«, antwortete Paul, »aber ich fürchte, wir müssen noch eine Weile durchhalten.« Sue gab Boy einen Schuß Adrenalin, während wir über den Wald glitten, in dem ich einst die Mau Mau verfolgt hatte. Die Bäume sahen wie Brokkolifelder aus, die mit silbernen Fäden durchzogen waren, wo Flüsse durch Schluchten rauschten oder in Wasserfälle übergingen. Einige Rauchfahnen wehten durch die Baumkronen.
Endlich, als wir das Rift Valley erreichten, fiel die Böschung steil unter uns ab, und Paul konnte tiefer fliegen. Unsere Aussicht erstreckte sich in alle Richtungen weit in die Ferne. Boy atmete ruhiger. Vor uns, durch das Flimmern der Hitze, konnten wir das graublaue Wasser des Naivasha-Sees erkennen, der fast rund ist und einen Durchmesser von ca. elf Kilometer hat. Das nahe Ufer war fast rosa, aber nicht von Tausenden von Flamingos, wie es bei manchen Seen des ostafrikanischen Grabenbruches der Fall ist, sondern von malvenfarbenen Seerosen, die sich kilometerweit hinzogen.
Paul steuerte eine halbmondförmige Insel am gegenüberliegenden Ufer an. Im Osten sahen wir die Farm, auf der die Bislettis die Löwen für »Frei geboren« großgezogen hatten, und auch die vier anderen, die später zu uns nach Meru kamen. Doch wir drehten nach Westen ab und folgten der Uferlinie Richtung Elsamere.

Unter uns segelten weiße Pelikane gemächlich durch den Sonnenschein, während andere ruhig auf dem See dahinschwammen. Eine Gruppe teilnahmsloser Nilpferde schaute zu dem kleinen Flugzeug auf, das einen bewußtlosen Löwen über ihre Köpfe trug. Bald entdeckten wir das Rollfeld, auf dem wir landen wollten. Es lag zwischen den Häusern von Jack Block und dem von Alan Root, der hier sein eigenes Flugzeug hatte, einen Heißluftballon, seine Schlangensammlung, einen Erdwolf und einige andere exotische Tiere, die er auf seinen Filmsafaris gesammelt hatte.
Wir hatten ausgemacht, Elsamere niedrig zu überfliegen: das Signal für Mike Richmond, uns abzuholen. Nachdem er mit uns allen bei »Die Löwen sind frei« zusammengearbeitet hatte, war er mehr oder weniger gewöhnt an die persönlichen Eigenarten von Löwen und den mit ihnen lebenden Menschen. Als wir über die Anhöhe flogen, auf der das Haus stand, konnte ich meine eigene kleine Hütte unter den Bäumen erkennen und direkt daneben das Gehege, das für Boy errichtet worden war.
Um den See herum gibt es viele schöne Häuser. Die meisten sind im Kolonialstil aus Stein gebaut oder, wie Elsamere, aus weißem Schalbrett mit Wellblechdächern. Direkt vor uns stand Diana Delameres »Djinn Palast«, dessen weiße maurische Kuppel und Zinnen wie wunde Daumen herausstanden.
Am anderen Ufer konnte ich Oberst Roccos rosa Palazzo sehen, dessen Dach mit Stroh gedeckt war. Seine beiden talentierten Töchter, Oria Douglas-Hamilton und Mirella Ricciardi, waren hier aufgewachsen, zwei bedeutende Frauen für das Bild Afrikas.
Als wir den Landestreifen umkreisten, fragte ich mich, wie wir wohl jemals Boy aus dem Flugzeug bekommen würden, da er immer noch benebelt war und man keine improvisierte Bahre durch die kleine Tür zwängen konnte. Wir würden ihn mit eigenen Kräften in den VW-Bus hieven müssen, aber ich bezweifelte sehr, daß wir sein Gewicht allein würden heben können. Ein vorbeikommender Afrikaner, der in den nahegelegenen Nelkenfeldern arbeitete, erklärte sich zum Glück sofort dazu bereit, uns zu helfen. Es verwunderte ihn nicht weiter, einen bewußtlosen Löwen aus einem Flugzeug und in einen Wagen heben zu sollen. Bill hatte seinen Kameramann Dick Thompsett gebeten da zu sein, um das Ganze zu filmen. Er war jedoch zu sehr mit seinen Kameras beschäftigt und konnte uns nicht helfen. Ich kletterte durch die Schiebetür und hielt Boys Kopf, während die anderen seine Schultern und sein Hinterteil in den VW schoben. Mike fuhr uns die fünf Kilometer auf der weißen Sandpiste nach Elsamere, genau vor Boys Gehege. Er stellte den Wagen so, daß sich die Schiebetür zum Tor hin öffnete. Boy rührte sich noch immer nicht, und

da es anfing, dunkel zu werden, beschloß ich, die Nacht mit ihm im VW zu verbringen.
Mike und Sue brachten mir eine Decke, belegte Brote und eine Flasche Whisky, für die ich sehr dankbar war. Kurz darauf lag ich auf dem Rücksitz und schlief ein. Ich wachte aber immer wieder auf, da Boy seine Kiefer und seine Zunge bewegte, als ob etwas in seinem Hals steckengeblieben wäre. Ich war froh, daß er erste Lebenszeichen von sich gab, aber weniger dankbar, als er anfing, in dem engen Innenraum des Busses seinen Kopf hin- und herzuwerfen. Schließlich begann er, fünf Zentimeter neben mir den Sitz zu zerkauen. Die Tür war am anderen Ende, und ich wollte nicht über Boy klettern, da er doch eindeutig Schmerzen hatte und noch etwas benommen war. So machte ich es mir hinten auf der Leiste über dem Motor bequem und rollte mich zusammen. Diese Lage war mir lieber als Boys unberechenbarer Rachen.
Am Morgen tauchte Nevil Baxendale auf und brachte ein altes Zelt, das als Dach für Boy gedacht war, und Essen für mich. Das war sehr nett von ihm, obwohl Boy erst nach weiteren vierundzwanzig Stunden aus dem Bus herauskonnte. Die meiste Zeit kaute er auf einem von Mikes Kissen herum, ansonsten verwüstete er den VW. Es dauerte lange, bis Stanley und ich den Wagen wieder einigermaßen hergerichtet hatten.
Für die nächsten paar Nächte schlug ich ein Zelt neben dem Gehege auf, damit ich Boy beruhigen konnte, wenn er unzufrieden wurde. Ich begann auch abzuschätzen, was in Elsamere alles reparaturbedürftig war und einen Tagesablauf für Boy auszuarbeiten, um ihn in seiner ungewohnten Gefangenschaft ruhig zu halten.
Ungefähr 0,3 Quadratkilometer Land erstreckten sich bis hinunter zum See. Im Gegensatz zum Rest des Ufers wuchs hier kein Papyrus, so daß man gut Boot fahren und angeln konnte. Das Haus stand in einem Streifen natürlichen Waldes, der bei den Rodungen für Bau- und Ackerland verschont geblieben war. Nachdem wir eingezogen waren, hatte Joy das ursprüngliche Steinhaus erweitert und gläserne Schiebetüren und Fenster entlang der gesamten Seefront angebracht. Auf der anderen Seite, zwischen dem Haus und der Straße, die durch eine Erhebung verdeckt war, befand sich ein einfacher Garten und unberührter Busch. Hier, zwischen den Bäumen, stand meine Hütte.
Jenseits der Straße, die um den See führte, lagen Farmen, Gärten und Nelkenfelder. Dahinter wiederum Weideland und daran anschließend unberührte Buschlandschaft, die bis zu der felsigen Schlucht reichte, die als »Hell's Gate« bekannt ist. Diese höher gelegene Fläche war gänzlich unberührt, obwohl es hier einige heiße Quellen gab, die eines Tages ge-

nutzt werden sollten. Auch gab es hier reichlich Wild, wie Giraffen, Zebras und verschiedene Antilopen. Leoparden waren in der engen Schlucht, die ideales Gelände für sie war, gesehen und verfolgt worden. Lämmergeier, riesige bärtige Geier, die die größte Flügelspanne aller afrikanischen Vögel haben, schwebten über die Schlucht und nisteten in den Klippen. Um an das Mark der Knochen, die sie aufsammelten, heranzukommen, ließen sie diese aus großer Höhe auf die Felsen fallen. Joy träumte davon, dieses Land als ein Reservat aufzukaufen und hatte bereits angefangen, mit der Regierung zu verhandeln.

Keines der größeren Tiere überquerte die Straße und kam nach Elsamere. Aber kleine graue Dik-Diks, winzige Antilopen mit zarten Hufen und Hörnern, die sich zu lebenslangen Paaren zusammenschließen, huschten oft durch den Garten. Manchmal sah ich einen Buschbock, eine scheue Antilope, die fast einen Meter groß wird und ein schroffes Bellen wie ein Hund hat. Joy hatte mir gesagt, ich solle nach den wunderschönen schwarz-weißen Kolobus-Affen Ausschau halten, die es liebten, die Blüten und Blätter der hohen Akazien zu fressen, und manchmal hörte oder sah ich sie hoch über mir. Zu Joys großer Freude kamen nachts Otter vom See herüber; die Nilpferde allerdings, die ebenfalls kamen, waren weniger willkommen.

Joy war besessen von der Idee, daß sie ihren Garten ruinieren würden, obwohl dieser kaum als solcher bezeichnet werden konnte. Es war ihr äußerst wichtig, daß ich ein Tor mit Schloß am Gemüsegarten anbrächte, der ansonsten nur mit einigen Drähten umzäunt war. Ein Nilpferd kann über zwei Tonnen wiegen, und ich glaubte nicht, daß mein Tor auch nur ein einziges abhalten würde, aber ich gehorchte brav. Die Nilpferde machten weiterhin Gebrauch von unserem Garten, einschließlich des Gemüsegartens, bis wir einige Baumstämme entlang des Ufers legten. Trotz ihrer Größe können Nilpferde ihre Füße nicht sehr hoch heben, und unsere Barriere wirkte wie eine Steinmauer. Dennoch fanden einige am Rand entlang ihren Weg, und im Dunkeln hatte ich immer eine Taschenlampe dabei, um einen Zusammenstoß zu vermeiden.

Morgens weckte mich der heitere und durchdringende Ruf der Schreiseeadler auf, die am Ufer entlang ihre Jagdgebiete und Nistplätze hatten. Es sind aggressive Vögel, die, um ihr Jagdrevier zu schützen, sogar ihre Jungen verscheuchen, sobald diese völlig befiedert sind. Sie greifen jeden Vogel an, der es wagt, mit Beute im Schnabel oder zwischen den Krallen, ihren Luftraum zu durchqueren, egal ob Pelikan, Blass-Uhu oder Goliathreiher, der sich einen bemoosten Baumstamm am Ufer als Aussichtspunkt gesucht hatte. Winzige Haubenzwergfischer, die Elritzen suchten, schossen aus dem Papyrus hervor, und alle möglichen Vogelarten machten durch ihr Gefieder oder durch ihren Gesang auf sich aufmerksam. Um Naivasha herum gibt es mehr Vogelarten als auf den gesamten Britischen Inseln.

Obwohl Stanley da war, um auf Boy aufzupassen, hatte ich nur wenig Zeit, zum »Hell's Gate« hinaufzugehen oder Vögel zu beobachten. Die meisten unserer Sachen aus Isiolo waren noch verpackt, und es mußte noch viel sortiert, repariert und eingeräumt werden. Die Wasser- und Stromversorgung litt unter unzuverlässigen Leitungen, und der Rasen mußte ausgebessert und gemäht werden. Auch mußte ich einen Platz für Boy finden, von dem aus er sich, wenn es ihm erst besser ging, gegen andere Löwen behaupten konnte; ich wußte, daß Peter Jenkins ihn nie nach Meru zurücklassen würde, und Perez Olindo schien ebenso gegen mein Vorhaben zu sein. Ich konnte Boy nicht ewig in einem 30 × 18 Meter großen Gehege halten. Deshalb schrieb ich an einige Freunde, die mir vielleicht helfen konnten, und erklärte, welche Art von Gelände für Boy in Frage käme.

Es mußte außerhalb der Gerichtsbarkeit des Nationalparks liegen, es sollte nicht von Eingeborenen und ihren Herden durchquert werden, und es sollte trocken und abgelegen genug sein, um nicht für Landwirtschaft oder Tourismus in Frage zu kommen. Andererseits sollte es auch groß genug für eine Löwenfamilie sein und genügend Wild für diese aufweisen. Darüberhinaus mußte es für einen Landrover zugängig sein, damit man die Löwen hinbringen konnte. Falls es sehr weit abgelegen sei, wäre es notwendig, einen kleinen Landestreifen zu roden. Mit anderen Worten, es war die Suche nach einem Eisberg im Rudolf-See.

Boy wurde immer kräftiger, und nachts hielt er uns durch sein unruhiges und außergewöhnliches Brüllen wach: ein dreimaliges Gebrüll, gefolgt von ungefähr dreißig Grunzlauten. Ich habe oft andere Löwen grunzen gehört, aber keiner erreichte Boys Rekord von neunzigmal. Ein Freund, der acht Kilometer entfernt auf »Hippo Point« wohnte, erzählte, daß er nachts immer Boys Vorstellungen lauschen würde, und während ich nie irgendeine Antwort darauf vernahm, konnte er die Bisletti-Löwen aus noch weiteren fünf Kilometer Entfernung antworten hören. Das hieß, daß Boys Brüllen über gut dreizehn Kilometer getragen wurde. Seine hilflosen Solovorstellungen steigerten meine Bemühungen, ein neues Zuhause für ihn zu finden, ehe Naivasha ihn zu sehr frustrieren würde.

Kurz vor Weihnachten sollten die Harthoorns die Nägel aus Boys Bein entfernen, aber sie waren außer Landes und so kam statt ihrer ihr Freund Paul Sayer, ein ausgezeichneter Tierarzt. Als er die Wunde öffnete, fand er nur noch einen Nagel und untersuchte Boys Bein sehr lange nach dem fehlenden, der vielleicht verrutscht war. Schließlich gab er auf und nähte die Wunde zu. Erst am nächsten Tag, als Boy sich von der Narkose erholte, erinnerte ich mich daran, daß er ein paar Tage zuvor auf etwas herumgekaut hatte, das nach Metall geklungen hatte. Ich ging in sein Gehege und sah den fehlenden Nagel auf dem Boden liegen. Da hatte er wohl die ganze Zeit gelegen. Am ersten Weihnachtsfeiertag war Boy glücklicherweise wieder wohlauf.

Es war nun das Ende des Jahres, und Joy war kurz davor, ihr Camp in Meru abzureißen. Mit Pippas Jungen hatte sie noch Kontakt. Die Jüngeren würden sich bald paaren, aber Joys Bitte, bleiben zu dürfen, um die nächste Generation zu beobachten, wurde abgelehnt. So fuhr ich nach Meru, um sie abzuholen. Als ich das Camp erreichte, war Joy in der Hoffnung unterwegs, die Geparden noch ein letztes Mal zu sehen.
Ich suchte den ganzen Tag lang nach Ugas, Girl und dem Rest der Löwenfamilie. Ich fand alle Löwinnen bis auf die kleine Sandie. Sie hatten einen Büffel gerissen. Obwohl ich sie seit mehr als einen Monat nicht mehr gesehen hatte, war mein plötzliches Auftauchen für sie wie selbstverständlich. Während ich bei ihnen saß, schlenderte Sally zu einem kleinen Baum, der etwa neunzig Meter entfernt war. Als sie nach zwanzig Minuten zurückkam, folgten ihr fünf kleine Löwen. Sie waren jetzt ein paar Monate alt und schauten mich zunächst schüchtern aus dem hohen Gras an. Dann, als sie Sally in meiner Nähe liegen sahen, wurden sie zutraulicher, stürmten auf sie zu und drängelten, um an ihre Milch zu kommen. Sally und Suki fütterten die Jungen abwechselnd. Ich hatte das Gefühl, daß Sally sie absichtlich aus dem Versteck geholt hatte, um sie mir zu zeigen. Sandie war immer noch nicht zu sehen, aber vielleicht schlief sie irgendwo vollgefressen im hohen Gras.
Als Joy abends zum Camp zurückkehrte, sagte sie mir, daß sie weniger erfolgreich gewesen sei und die Geparden an diesem letzten Tage nicht gesehen hätte. Das machte sie außerordentlich gereizt und unglücklich, und ich wußte, daß sie auch mir die Schuld daran gab, daß sie von hier fort mußte.
Obwohl ihr Pippa nie soviel bedeutet hatte wie Elsa, hing sie sehr an ihr und empfand nach ihrem Tod eine zusätzliche Zuneigung und Verantwortung für Pippas Junge. Es war schmerzlich sie zu verlassen. Joy war sehr frustriert darüber, daß sie ihre Beobachtungen nicht fortsetzen konnte. Mit den Wissenschaftlern, die sie traf, tauschte sie ständig

Ansichten und Informationen über Löwen und Geparden aus, und sie glaubte, daß ihre Aufzeichnungen eines Tages für all diejenigen wertvoll sein würden, die Tiere rehabilitierten. Zusätzlich war sie verärgert und verletzt, daß sie Meru verlassen mußte. Dies war Elsas letztes Zuhause gewesen, der Park hatte durch Elsa viel Geld eingenommen, und Joy hatte zu seiner Errichtung und Erhaltung sehr großzügig beigetragen.
Es gab noch weitere, persönlichere Gründe für Joys tiefe Unzufriedenheit. Ihre rechte Hand schmerzte noch immer, und sie konnte nicht auf ihrem Klavier spielen und jetzt, wo sie so viel Zeit zum Malen hatte, merkte sie, daß sie noch immer keinen Pinsel führen konnte. Daher entschied sie sich für eine dritte Operation, während ich weiter nach einem Ort suchte, an dem ich mich mit Boy niederlassen konnte. Auch das bekümmerte Joy, da sie dachte, ich würde ihn einfach zu seinem neuen Zuhause bringen und dort lassen.
Einige Tage nach Joys Ankunft in Elsamere war es klar, daß Boy vorerst gar nicht umziehen würde. Anstatt sich zu verbessern, hatte sich der Zustand seines Beines entschieden verschlechtert. Paul Sayer kam zusammen mit Toni und Sue Harthoorn nach Elsamere, um Boy zu untersuchen, und sie stellten beim Öffnen der Wunde sofort fest, daß die Knochen nicht zusammengewachsen waren. Paul entschied daraufhin, die beiden Enden des Knochens zurückzuschneiden und ein Paar Stahlplatten entlang der Bruchstelle einzusetzen, um alles an seinem Platz zu halten. Der zweite Teil der Operation dauerte fünfeinhalb Stunden, so daß der arme Boy insgesamt mehr als acht Stunden unter Narkose lag. Selbst dann hatten Toni und Paul erst eine Platte eingesetzt, aber es war zu riskant, Boy zu lange zu betäuben.
In der Nacht und am folgenden Tag war er kaum bei Bewußtsein. Am zweiten Abend verlangsamte sich sein Atem, er wurde kalt, und seine Temperatur fiel weit unter normal. Ich dachte schon, er sei ein Todeskandidat. Ich redete unaufhörlich auf ihn ein, spielte Tonbänder mit Löwengebrüll, aber er reagierte einfach nicht. Also rief ich mitten in der Nacht bei Harthoorns an, die mir rieten, es abwechselnd mit Wärmflaschen, Massagen und Cognac zu versuchen. Die Behandlung zeigte Erfolg, vor allem der Cognac, den ich mit einer Spritze in Boys Maul flößte. Am Morgen konnte er ohne Hilfe aufstehen und fortan ging es ihm besser.
Zur gleichen Zeit erhielt ich von Bill Travers einen Brief, in dem er sich zu Boy äußerte. Nach einem Unfall während der Dreharbeiten für »Duell am Diabolo« hatte er ähnliches wie Boy durchgemacht. Er schrieb:

»Mir scheint, die Behörden könnten Deinen Plan ablehnen, da sein Bein, vor allem im hohen Alter, immer etwas steif sein wird. Wenn es bei Löwen so ist wie bei Menschen, dann ist das durchaus möglich, denn auch ich habe einen achtundzwanzig Zentimeter langen Eisenstab in meinem linken Bein, vom Knie bis zum Fuß. Er ersetzt das Knochenmark und hält die einzelnen Knochenteile zusammen. Aber unterhalb des Knies habe ich kein richtiges Gefühl mehr. Mit Sicherheit kann ich nicht mehr so gut laufen und habe weniger Kontrolle. Wenn das der Fall ist, könnte es dann nicht sein, daß Boy durchaus langsam behindert würde, und sich somit die Gefahr ergäbe, daß er zum Menschenfresser wird? Vielleicht wäre zu überlegen, ob es für einen teilweise behinderten Löwen nicht besser wäre, in einem großen Gehege zu leben.«

Bill schlug ferner die Alternative vor, Schneeleoparden zu rehabilitieren. Er wußte von meinem besonderen Interesse an indischen Tieren und auch, daß ich erwogen hatte, mit den Behörden die Einfuhr von Tigern in einen bestimmten Teil Kenias zu besprechen, sozusagen als strategisches Reservat für diese Tierart. Rückblickend war Bills Warnung eine echte Prophezeiung gewesen, doch damals war ich fest entschlossen, Boy wieder glücklich in der Wildnis zu sehen und sagte Bill, daß dieses Ziel vor den Schneeleoparden oder allem anderen Vorrang hätte.

Obwohl die Platte nur durch vier dünne Schrauben gehalten wurde, hielt sie wie durch ein Wunder Boys Gewicht stand. Was er jetzt brauchte, war offenes Gelände, um sich zu bewegen, da er nach einigen Monaten immer noch stark humpelte.

Joy hoffte weiterhin, daß sie sich aus eigener Kraft das Malen wieder beibringen könnte, wurde aber wieder enttäuscht und ihr Frust steigerte sich noch mehr, als sie mit Stanley nach Meru fuhr, um die Geparden zu suchen und sie nicht fand. Zu allem Übel erfuhr sie, daß Billy Collins dagewesen war, um zwei Autorinnen, Sue Harthoorn und Oberst Roccos Tochter Mirella Ricciardi, in Naivasha zu besuchen und sie selbst bei der Gelegenheit nicht aufgesucht hatte. Sie hatte immer Angst, eines Tages keine Bestseller-Autorin mehr zu sein. Es ist in einer solchen Situation nur allzu menschlich, seine Gefühle an jemand Nahestehendem auszulassen.

Der entscheidende Punkt war erreicht, als ich mich weigerte, die Angebote, Boy nach Botswana, Äthiopien, in die Nähe des Tsavo-Parkes oder zum Rudolf-See zu bringen, abzulehnen. Joy sagte, unsere Leben seien unvereinbar miteinander geworden, sie würde sich scheiden lassen, und ihr Scheidungsgrund sei seelische Grausamkeit.

Ihre Vorhaltungen, Behauptungen und die angestrebte Lösung erschienen mir übertrieben. Es stimmte schon, daß unser Leben, nachdem wir nach Meru gezogen waren, kein Zuckerlecken mehr gewesen war. Joy

mißbilligte meine Einstellung zu den Löwen. Ich glaube, sie gönnte mir die Freiheit eines eigenen Camps nicht. In ihrer Wut darüber, daß ich mit Bill den Film »Die Löwen sind frei« gedreht hatte, war sie unversöhnlich. Sie machte Boy – und somit mich – dafür verantwortlich, daß sie aus Meru fort mußte, und mein Rauchen und Trinken hatte sie schon immer extravagant gefunden.
Abgesehen davon jedoch, liebten wir beide noch immer das Leben in der Wildnis und ihre Tiere. Unsere Vorstellungen vom Tierschutz waren oft identisch, wie unterschiedlich unsere Motive auch waren, so respektierten wir doch einer des anderen Hingabe zu den Tieren, um die wir uns kümmerten, und nie hatte es auch nur eine Sekunde gegeben, in der wir uns in einem Notfall nicht bedingungslos gegenseitig geholfen hätten. Unter der Oberfläche blieb unsere Zuneigung weiterhin bestehen; und tief im Inneren waren die gemeinsamen Erfahrungen ungebrochen.
Was meine Grausamkeit betrifft, so muß Joy davon sehr überzeugt gewesen sein: Sie haßte jeglichen Widerstand, und zweifellos gab es Situationen, in denen sie mich für außerordentlich stur hielt. Julian Huxleys Frau Juliette mochte Joy sehr gern, bewunderte ihre Talente zutiefst und wurde eine ihrer wenigen Vertrauten. Nach Joys Tod schrieb sie, daß Joy trotz all ihrer bemerkenswerten Leistungen im Herzen immer ein Kind geblieben sei. Ich glaube, sie hatte recht.
Nach langem Nachdenken sagte ich Joy, daß ich ihr nicht im Weg stehen würde, wenn sie die Scheidung wirklich wolle, daß ich aber nicht gewillt sei, ihre Anwaltskosten noch den Unterhalt zu zahlen. Das Leben würde vielleicht etwas einfacher werden, aber ich liebte Joy aufrichtig, und es war schade, daß unsere Ehe nach sechsundzwanzig Jahren so auseinander gehen sollte.

Jack Block, der ein Haus am See hatte und Direktor der Nelkenfarm war, richtete mich in dieser düsteren Zeit moralisch sehr auf. Er war nicht nur Vorsitzender einer der vornehmsten Hotelketten in Kenia, sondern auch eine äußerst tatkräftige Persönlichkeit beim World Wildlife Fund. Immer bemüht, den Tieren zu helfen, bot er an, sich an den Kosten für Boys Haltung zu beteiligen. Aber noch ehe ich das Angebot annehmen konnte, kam ein weiterer Brief von Bill Travers. Der Anblick des Briefes hob meine Stimmung, da man nie wußte, mit welchen seltsamen Unterfangen er als nächstes kommen würde: einem Plan, afrikanischen Elefanten beizubringen, mit Bauholz umzugehen, so wie sein Freund »Elefanten-Bill« sie in Burma dressiert hatte? Ein weiteres exotisches Projekt im Himalaya? Vielleicht sogar die verrückte Idee, Boy in Indien zu rehabilitieren?

Was sein Brief tatsächlich beinhaltete, war noch widersinniger. Er war in London in einem Laden umhergeschlendert und hatte dort einen jungen Löwen entdeckt. Da er ihn nicht in einem Zoo oder einem englischen Nationalpark wie Longleat enden lassen wollte, fragte er an, ob ich bereit sei, ihn zusammen mit Boy in die Wildnis zurückzuführen. Der Löwe hieß Christian.

Zuerst hielt ich das Ganze für einen Scherz, aber als ich merkte, daß Bill es ernst meinte, erklärte ich ihm, wie viele Steine man uns in den Weg legen würde. Per Telefon räumte er von London aus nach und nach alle Hindernisse fort.

»Wir müssen positiv denken, George«, sagte er, »Christian ist fast ein Jahr alt, er wird ein idealer Gefährte für Boy sein und ihm bei seinen Kämpfen um das Revier helfen. Es wird auch die Gelegenheit sein, zu beobachten, ob Löwen, die in Gefangenschaft aufgewachsen sind, alle ihre Instinkte eingebüßt haben. Wenn wir dann noch die ganze Sache filmen, so bin ich sicher, daß uns die Regierung wie letztes Mal unterstützen wird, da das Projekt eine hervorragende Werbung für Kenia ist. Ich werde nächste Woche kommen, kannst Du inzwischen herausfinden, wo wir sie hinbringen könnten?«

Je mehr ich über Christian erfuhr, um so mehr gefiel mir die Idee. Er war als Zirkus- oder Zoolöwe der vierten Generation in einem Zoo in Südengland auf die Welt gekommen. Sein Vater stammte aus dem Rotterdamer Zoo und war daher vielleicht mit Elsa verwandt. Als er noch sehr klein war, hatte man ihn in der Tierabteilung von Harrods zum Verkauf angeboten. Zu der Zeit war das noch gesetzlich erlaubt. Zwei junge Australier, die ihre Weihnachtseinkäufe erledigten, sahen und kauften ihn. Ace Bourke und John Rendall waren nach abgeschlossenem Studium nach Europa gekommen und suchten das Abenteuer. Mit ihrer spontanen Anschaffung hatten sie sicher gefunden, was sie suchten.

Es war das Ende der wilden sechziger Jahre. Carnaby Street und King's Road waren schon in die Filmgeschichte eingegangen. Ace und John ließen ihr Haar wachsen, zogen Schlangenlederstiefel an und trugen Wolfshautjacken oder knöchellange violette Mäntel. Als sie in World's End in einem Möbelladen in Chelsea Arbeit fanden, nahmen sie Christian jeden Morgen mit. Zunächst war er eine beträchtliche Einnahmequelle. Wenn er im Schaufenster saß, drehten sich die Leute noch einmal um, und die Kundschaft nahm zu. Nachts teilte er sich mit den Jungen die Wohnung.

Die Probleme fingen an, als Christian größer wurde. Ace und John überredeten den Pfarrer der Moravian-Kirche in Chelsea, sie nachts auf dem

Friedhof Fußball spielen zu lassen, und Christian wurde darin sehr geschickt, vor allem im Angriff. Im Laden dagegen hatte er weniger Anziehungskraft: die Kunden waren durch den halbwüchsigen Löwen, der frei zwischen den Truhen, Anrichten und Tischen herumlief, sichtlich verängstigt. Die meiste Zeit des Tages mußte er deshalb im Lagerraum im Keller verbringen; hinter einer Tischplatte, über die er zwar schauen, aber nicht springen konnte.

Eines Tages wanderte Bill auf der Suche nach einem Schreibtisch nichtsahnend in den Laden. Gleichzeitig erkannten Ace und John den George Adamson aus dem Film und mit dem Versprechen, ihm »etwas Interessantes« zu zeigen, lockten sie ihn in den Keller. Das Abenteuer, das die jungen Australier in Europa gesucht hatten, nahm eine neue Richtung an, als Bill Christian erblickte. Seinem Vorschlag, ihnen mitsamt ihrem Löwen eventuell die Ausreise nach Afrika zu ermöglichen, konnten sie nicht widerstehen. Und ich konnte der Herausforderung nicht widerstehen, einen Löwen aus London zu bekommen.

Als Bill in Nairobi ankam, hatte ich bei der Suche nach einem neuen Zuhause für die Löwen nicht viel Fortschritte gemacht. Ich merkte, daß all die alten Vorurteile, daß wir aus ernstzunehmendem Tierschutz ein Schaugeschäft machen wollten, weiterhin bestanden. Mein Ruf wurde durch einen vernichtenden Zeitungsartikel verschlimmert, in dem der berühmte Schriftsteller und Reisende Wilfred Thesiger meine Arbeit angriff. Obwohl er mit Peter und Sara Jenkins gut befreundet war und verständlicherweise durch Marks Unfall mit Boy aufgebracht war, hielt ich seine öffentliche Beschimpfung für unnötig.

Aber ich hatte auch einige Verbündete. Monty Ruben, der viel Erfahrung bei Dreharbeiten in Kenia hatte, und den ich von »Frei geboren« und Bills Dokumentarfilmen her kannte, hatte viele Freunde in der Regierung; ebenso Ken Smith, der Oberster Wildhüter der Küstenprovinz war, zu der auch Garissa und vor allem Kora gehörten.

Mit ihrer Unterstützung besuchten Bill und ich den Regierungsbeauftragten, der für Entscheidungen, die den Tierschutz und das Ansehen Kenias betrafen, zuständig war. Tony Cullen riet uns, verschiedene Gebiete anzusehen, schien aber Kora für den Ort zu halten, der den widersprüchlichen Wünschen und Anforderungen für unser ausgefallenes Vorhaben am ehesten entsprach.

Während Bill und ich ein Zuhause für die Löwen suchten, fing Joy an, ihr zweites Buch über die Geparden, »Pippas Herausforderung«, zu schreiben, und die Vögel und Tiere in Elsamere bezauberten sie zunehmend. Im Gegensatz zu ihrem üblichen Umgang mit Menschen war sie mit

ihnen unendlich geduldig. Sie saß stundenlang ruhig da und freundete sich so mit einem Riedbock an, der während des Frühstücks das Gras um sie herum abknabberte; mit den Ottern, die abends vom See hochkamen, und mit den Serval-, Genet- und Civit-Katzen, die – wie der Honigdachs – nachts umherstreiften. Am liebsten mochte sie die Kolobus-Affen und die Blass-Uhus. Dies sind die größten Eulen Afrikas. Sie haben schwarze Augen, so groß wie Tischtennisbälle, rosa Augenlider und weiße Wimpern. Leslie Brown, ein bekannter Ornithologe, hatte in einem unserer Bäume ein Paar entdeckt, das ein verlassenes Schreiadlernest übernommen hatte. Joy paßte darauf auf und wurde belohnt, als das Junge anfing zu fliegen. Zuerst konnte es nicht rufen und pfiff nur, deshalb taufte sie es Pfeifer. Zunächst fütterten seine Eltern es mit erbrochenen Maulwürfen aus unserem Garten, was auch dem Rasen guttat.
Es gab ständig Luftkämpfe am See, und als Joy eines Tages vom Einkaufen in Naivasha zurückkam, fand sie einen Blass-Uhu am Boden liegen, der am Auge verletzt war und anscheinend im Sterben lag. Er mußte in einen furchtbaren Kampf mit einem Fischadler verwickelt gewesen sein. Joy bat um meine Hilfe, also wickelte ich das Tier in ein Segeltuch und brachte es ins Auto, aber als wir das Haus erreichten, war Joy überzeugt, daß es tot sei. Ich wußte, daß diese Vögel geschickt Schlaf oder Tod vortäuschen konnten und sich mit diesem Trick oft aus der Affäre zogen; ich schoß also eine Taube und legte sie dem Uhu in den Käfig. Als wir eine halbe Stunde später nachschauten, lag der Uhu unverändert im Käfig, die Taube aber war verschwunden. Joys Patient erholte sich völlig.
Nach einiger Zeit schlüpfte ein zweites Küken, und als es alt genug zum Fliegen war, wurde es von Pfeifer gefüttert. Die Maulwurfpopulation war bald erschöpft, und da es nur wenige Schlangen gab, die eine Delikatesse für Blass-Uhus sind, legte Joy Hühnerköpfe aus. Dies zog die räuberischen Fischadler und einmal sogar einen Auguren-Bussard an, die auf Kosten der kleinen Uhus versuchten, einen Leckerbissen zu ergattern. Aber Pfeifer verteidigte ihre Schwester, die Joy Bundu nannte, und die Nahrung standhaft.
Als Bundu aufwuchs, wies sie den gleichen Mut auf. Joy sah sie einmal eine Genet-Katze verscheuchen, die versucht hatte, ihr Hühnerkopf-Abendessen zu stehlen. Stolz berichtete Joy Leslie Brown von dem Kampf und dessen Ausgang, woraufhin ihr Leslie von einem Blass-Uhu erzählte, der ein Nashorn in die Flucht geschlagen hatte.
Im Laufe der Jahre entwickelte sich zwischen den Uhus und Joys anderen Lieblingen, einem Kolobus-Affenpärchen, eine Art Freundschaft, die aus gegenseitigem Necken bestand. Das Affenpärchen war sehr scheu, bis zu

dem Tag, als einer von ihnen buchstäblich in Joys Leben fiel: Aus dreißig Meter Höhe von einer großen Akazie im Garten landete er nur wenige Meter neben Joy. Joy hatte natürlich Angst, daß er verletzt oder gelähmt sein könnte und konnte den Gedanken nicht ertragen, einen der Affen zu verlieren, die am See so selten waren. Auf 1800 Meter sind sie unterhalb der Höhe ihres natürlichen Vorkommens in den Bergen. Sie sind außerordentlich schön und werden, obwohl sie unter Naturschutz stehen, erbarmungslos wegen ihres hübschen schwarz-weißen Fells und ihrer Schwänze gejagt, die als wertvolle Fliegenwedel verkauft werden. Diesmal hätte sich Joy keine Sorgen zu machen brauchen, der Affe raffte sich auf und saß bald wieder zufrieden fressend im Baumwipfel.
Kurz darauf bemerkte Joy, daß einer der Affen etwas umklammerte, was sie bald als Affenbaby erkannte. Die Familie war unzertrennlich, und obwohl der Vater sich etwas abseits hielt, brachte er dem Kleinen das Klettern und Springen bei und rettete ihn, wenn er in Not geraten war. Wir beobachteten ihre Freßgewohnheiten und legten ihnen Leckerbissen hin. Langsam akzeptierten und vertrauten sie uns, vor allem Joy. Nachdem sie einige Tage in Nairobi gewesen war, sagte Stanley ihr, daß der Affenvater fehlte. Nach langem Suchen fanden wir ihn reglos in einer Astgabel: ein Arm hing schlaff herunter. Bestürzt fragte Joy Stanley und die anderen Angestellten, ob sie etwas über die Tragödie wüßten, und sie sagten ihr, daß während unserer Abwesenheit auf dem Nachbargrundstück geschossen worden war. Joy bat die Männer, drei Bambusstangen zusammenzubinden, und als es ihnen gelang, den Kolobus herunterzuholen, sahen sie, daß er von Schüssen völlig durchlöchert war. Wir sprachen mit den Arbeitgebern der Schuldigen, die Polizei wurde eingeschaltet und die Gewehre der Männer wurden beschlagnahmt.
Was Joy besonders traf und bestürzte, war der Schockzustand, in dem die Mutter und ihr Sohn einige Tage lang auf dem Baum verharrten, auf dem der Vater gestorben war. Ihr Gesicht war auf einmal alt und faltig geworden. Nur langsam hob sich ihre Stimmung wieder, und mit der Zeit erhielt Joy zwei weitere Kolobus. Im Laufe der Jahre war die Familie gediehen und hatte sich vermehrt. Sie und die Blass-Uhus leben heute noch in den Bäumen von Elsamere.
Wenn Joy ein Buch schrieb, ein Bild malte, etwas plante oder die Welt bereiste, um ihre Arbeit zu fördern, war alles in Ordnung, und während unserer Ehe fiel mir auf, daß sie ausgeglichen war, solange sie ihre Zuneigung zu einem Tier ausdrücken konnte, und dafür Zuneigung und Vertrauen zurückbekam. Dies gab ihr die Ruhe, die sie sonst nirgends fand. Mir wurde erneut bewußt, daß ihre Zeit mit den Tieren von Elsa-

mere und der Fortschritt bei ihrem neuen Buch, »Pippas Herausforderung«, ihren Gleichmut wieder herstellten. Noch mehr hob sich ihre Stimmung nach einem Besuch in Meru im Juli, als sie Tatu, eines von Pippas ersten Jungen, mit vier eigenen Jungen fand.

Im Juli fing alles an, besser auszusehen. Zu meiner großen Erleichterung sprach Joy nicht mehr von der Scheidung. Sie schien sich mit meinen Plänen für Christian und Boy, der jetzt vor Energie nur so strotzte, abgefunden zu haben, sie hörte auf, meine Suchaktion nach einem geeigneten Platz für die Freilassung zu untergraben und widmete ihre Gedanken den bevorstehenden Dreharbeiten von »Für immer frei«. Bill, Ginny und ich hatten beschlossen, daran nicht teilzunehmen und Joy mißtraute den beiden Männern, die nach Kenia gekommen waren, um die Vorbereitungen zu treffen. Sie nannte sie »die Gangster«. Trotzdem wurde sie zu den Gesprächen über das Drehbuch und die Außenaufnahmen herangezogen.

Dann hatte ich großes Glück. Ein Wildhüter rief mich an, um mir zu sagen, daß er eine zwei Monate alte Löwin hätte, deren Mutter erschossen worden war. Ob ich sie aufnehmen würde? Dies kam mir sehr gelegen, da Boy und Christian wenigstens eine Löwin zum Jagen und als Gefährtin brauchen würden. Ich holte sie ab, aber da ich mich nicht traute, sie gleich zu Boy ins Gehege zu bringen, kam sie in einen Käfig nebenan. Am nächsten Morgen lagen sie Seite an Seite, so dicht beieinander, wie es der Zaun erlaubte. Als ich auftauchte, stand Boy auf und starrte mich aggressiv an. Er wurde sehr unruhig und knurrte mich sogar an, was er vorher noch nie getan hatte. Tatsächlich wollte er die kleine Katania derart beschützen, daß ich sie sofort zu ihm brachte und sie augenblicklich Freunde wurden. Es war Boy sichtlich unangenehm, als Katania versuchte, bei ihm zu saugen. Normalerweise würde ein männlicher Löwe ein Junges nie auf diese Art dulden, aber wahrscheinlich hatte seine Einsamkeit Boy sanft gestimmt.

Als sich Katania in Naivasha eingelebt hatte, beschränkte sich meine Suchaktion auf die Region um Garissa. Ken Smith, der Provinz-Wildhüter, half mir, mit dem Distrikt-Wildhüter, dem Provinz-Kommissar und dem Distrikt-Kommissar Kontakte aufzunehmen. Der Distrikt-Verwalter organisierte für mich ein Treffen mit dem Tana-River-Ältestenrat, der die Entscheidung treffen sollte, und hielt eine »barazza«, eine Kommunalversammlung, mit den Einwohnern ab. Diese schienen alle zuzustimmen, wahrscheinlich, weil sie sich durch die Löwen, meine Anwesenheit und das Drehen eines Dokumentarfilmes, ein Einkommen und eigenen Nutzen erhofften.

Der Tana-Fluß war in Kora etwa neunzig Meter breit, an manchen Stellen

sogar mehr. Er war jetzt tiefrot von der Erde, die hineingeschwemmt worden war. Als ich den Fluß vor dreißig Jahren das erste Mal gesehen hatte, war er kristallklar gewesen. Die Flußufer waren mit hohen, dicht belaubten Bäumen, Büschen und Gräsern gesäumt, die mit ihrem frischen Grün einen starken Kontrast zu dem trockenen braunen Busch bildeten, der sich endlos in wellenförmiger Bewegung über die ockerfarbene Erde bis zum Horizont hinzog. Nur eine Besonderheit hob sich ab: eine Gruppe sandfarbener Felsen, etwa vier bis fünf Kilometer vom Fluß entfernt. Der höchste war auf der Landkarte als Kora Rock vermerkt und erhob sich hundertzwanzig Meter über das restliche Gelände.
Früher hatte ich hier viele Safaris gemacht. Als Jagdrevier war das Gebiet wohlbekannt, da der dichte Busch den Tieren ideale Deckung bot. Die Elefanten hatten ungewöhnlich kräftige Stoßzähne, und es gab viele Giraffen und Nashörner, ganz zu schweigen von den Zebras und dem anderen Wild, von dem Löwen leben. Vom Flugzeug aus sah ich kein bebautes Land, keine Kamele, Rinder oder Ziegen und auch keine Eingeborenen. Es war rauhes Gelände, aber es erfüllte die meisten unserer Anforderungen und ich beschloß, mich sofort dafür zu bewerben.
Es war ein Glückstreffer für mich, daß Ken Smith, der ein Schreiben an den Obersten Wildhüter und an das »Ministerium für Wild und Tourismus« aufgesetzt hatte, in dem er sich für meine Pläne in Kora aussprach, genau zu dem Zeitpunkt in das Ministerium versetzt wurde und dort seinen eigenen Vorschlag zur Unterzeichnung auf seinem neuen Schreibtisch vorfand. Er erledigte es sofort. Bill bat ich, Christian so schnell wie möglich zu bringen, und an meinem alten Lieblingsort, dem Norfolk-Hotel, feierte ich mit Monty Ruben und Jack Block, dem es jetzt gehörte. Beim Mittagessen erzählte uns Monty, daß sein Vater Eddie soeben den Familienanteil bei Express Transport verkauft hatte. Sein Vater hatte sich seine eigenen Wagen gebaut, die er vor seine ersten Maultiere spannte. Jetzt transportierte er alles überall hin: auf dem Seeweg, auf der Straße, mit der Bahn oder per Flugzeug. Er hatte über tausend Angestellte. Monty selbst war gerade im Begriff, Direktor des luxuriösen Mount-Kenya-Safari-Clubs zu werden. Beiläufig erinnerte ich mich daran, daß Montys und Jacks Väter beide mit lediglich ein paar Pfennigen in ihren Taschen nach Kenia gekommen waren, genau wie ich. Jetzt verwalteten ihre beiden Söhne die schönsten und wertvollsten Grundstücke des Landes. Mir dagegen gehörten nur zwei Zelte, aber ich war damit so glücklich, als ob es Paläste gewesen wären.
Ich glaube, Terence fühlte ähnlich, obwohl er seinen Anteil am Besitz unserer Mutter in den Bau eines Hauses am Strand von Malindi investiert

hatte. Es stand in der Nähe der großen Farm beim Tsavo-Park, auf der er die letzten Jahre für den Rinderschutz gearbeitet hatte. Nun kam er, um mir bei den Vorbereitungen für Kora zu helfen. Als ehemaliger Meister im Camp- und Straßenbau war er mit einer Gruppe Männer draußen im Busch und schlug eine Fahrspur von der Hauptstraße Nairobi–Garissa zu dem Felsen von Kora frei. Danach wollte er einen Weg vom Camp, am Fuße der Felsen, bis zum Fluß schaffen. Ich überflog das Gebiet ein letztes Mal, und als ich Terence im Dornenmeer sichtete, warf ich ihm eine Botschaft herunter, in der ich ihn bat, mir durch wiederholtes Kreuzen der Arme über dem Kopf anzuzeigen, wie viele Tage er noch brauchen würde, bis er Kora erreichte. Er signalisierte zweimal, und so kehrte ich nach Naivasha zurück und traf die letzten Vorbereitungen.

Bald schon telegrafierte mir Bill die Daten seiner Ankunft mit Christian, Ace und John. Es wäre ziemlich unpraktisch gewesen, einen Konvoi zusammenzustellen, um alle drei Löwen gleichzeitig den langen Weg nach Kora zu bringen, so ließ ich Boy und Katania zunächst bei Joy und Stanley. Sobald sich Christian in Kora eingelebt hatte, würde ich sie nachholen.

Joy begleitete mich noch bis zum Auto. Ich müsse meine Mitgliedschaft beim »Fliegenden Doktor-Service« erneuern und mir einen Radiosender anschaffen, damit wir uns in Notfällen erreichen könnten, waren ihre letzten Worte. Damals kam mir das etwas pessimistisch vor; erst später merkte ich, wie weise sie gewesen war.

Kapitel 10

Ein Löwe aus London

1970

Versucht man einen Löwen von London nach Nairobi zu bringen, so erntet man seltsame Blicke. Einer der Distrikt-Kommissare, den ich auf der Suche nach einem geeigneten Ort für Christian gesprochen hatte, starrte mich verwirrt an. Er sagte mir, daß ich verrückt sei – es gäbe schon ohne mein Zutun genug Tiere in dem Gebiet.

Die Luftgesellschaft glaubte Bill zunächst nicht, als er Flugtickets für drei Männer und einen Löwen verlangte. Dann sagte man ihm, daß er den Heathrow-Flughafen versichern lassen müsse.

»Für wieviel?« fragte Bill ebenso erstaunt.

»Oh, mindestens für eine Million Pfund«, war die ernsthafte Antwort, »überlegen Sie sich doch einmal, was alles passieren könnte, wenn er sich befreien und zwischen den Passagieren Amok laufen würde, oder womöglich aufs Rollfeld.« Also versicherte Bill den Londoner Flughafen für die halbe Stunde, in der das Verladen Christians gefilmt werden sollte.

Am Flugplatz in Nairobi drängten sich die Afrikaner um Christians Kiste und um den Raum, in dem er heraus durfte. Im Alter von einem Jahr hatte er auf der Waage eines Schlachters sechsundsiebzig Kilo gewogen. Er hatte eine beachtliche Schulterhöhe, war hübsch und bekam allmählich eine Mähne. Man starrte ihn mit einem Gemisch aus Neugier, Interesse und Bewunderung an. Viele in der Menge hatten noch nie in ihrem Leben einen Löwen gesehen – sie konnten es sich nicht leisten, in die Parks zu fahren.

Ich ertappte mich dabei, wie ich Ace und John mit einem Gemisch ähnlicher Gefühle anstarrte, da ihre Erscheinung ähnlich wie Christians war. Sie waren jung, groß und gutaussehend. Nur ihre Mähnen waren länger als Christians. Und wie er waren die jungen Australier weit weg von zu Hause. Bill und ich beobachteten mit Respekt, wie sie Christian gut zuredeten, als er aus seiner Kiste heraustaumelte und ihn dann in einer Ecke mit Nahrung und Wasser versorgten. In den nächsten achtundvierzig Stunden fuhren wir mehrmals täglich zum Flughafen, um ihm Gesellschaft zu leisten und sein Befinden zu überprüfen.

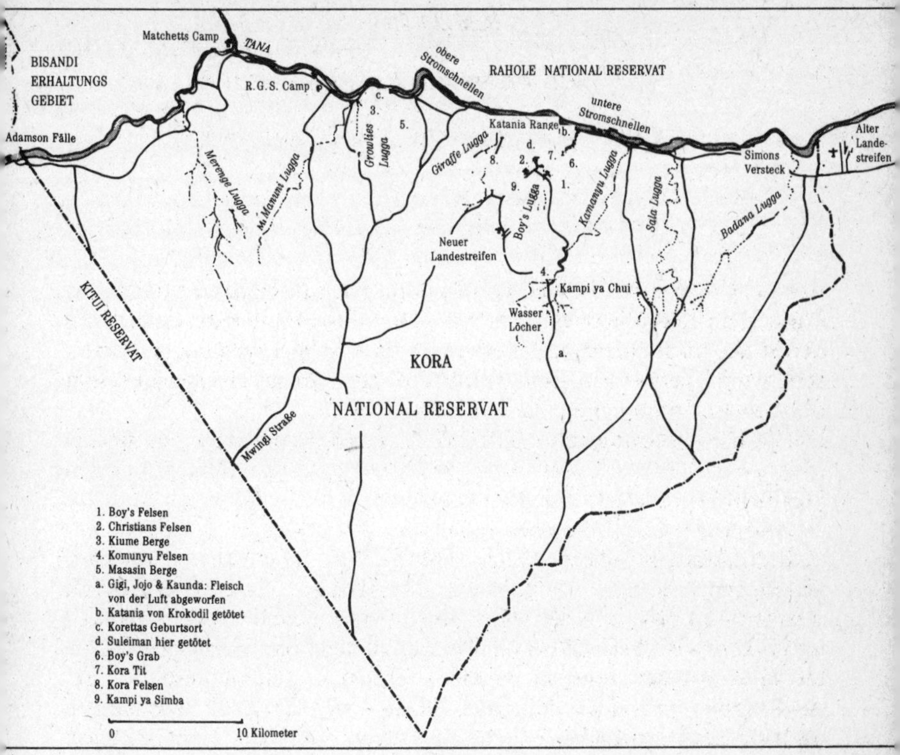

Es war rührend zu sehen, wie gern der junge Löwe die beiden Jungen hatte. Manchmal schaute er Ace an, sprang dann an ihm hoch und rieb seinen Kopf an ihm. Ace ahnte das voraus und streckte seine Arme aus, um den Angriff abzuwehren.

Als Christian sich von dem Flug erholt hatte, holten wir ihn mit unserem Landrover ab. Nach Kora waren es vierhundertachtzig Kilometer. Hinter Ace und John sprang Christian ohne zu zögern in meinen Wagen. Bill und seine drei Freunde, die den Film drehten, folgten in den anderen beiden Autos. Unser kleiner Konvoi erregte immer Aufsehen, wenn wir zum Tanken anhielten, oder damit Christian sich die Beine vertreten konnte. Auf ungefähr halber Strecke nach Kora hatte Nevil Baxendale auf meine Bitte hin freundlicherweise ein Camp mit einem kleinen Gehege für

Christian aufgebaut. So konnten wir die Reise für einige Tage unterbrechen. Um diesen ersten Tag auf richtig afrikanischem Boden besonders hervorzuheben, entfernten Ace und John Christians Halsband. Dann, nach einem schnellen Abendessen, bauten sie ihre Campingbetten neben dem Gehege auf und schliefen sofort ein. Am nächsten Morgen lief Christian derart munter auf und ab, wie es Ace und John noch nie erlebt hatten. Sie führten ihn zu einer kleinen Anhöhe am Straßenrand, damit er seine neue Heimat betrachten konnte. Alle Löwen, die ich bis jetzt in den Busch zurückgeführt hatte, waren hier in der afrikanischen Wildnis oder zumindest in relativer Freiheit geboren. Ein Hauptgrund, warum ich Christian aufgenommen hatte, war, um zu sehen, ob es schwieriger sein würde, einen im Zoo geborenen Löwen zu rehabilitieren. Seine natürlichen Instinkte waren vielleicht nach Generationen in Gefangenschaft vermindert oder sogar ganz verkümmert.

Während mir dies so durch den Kopf ging, wurde Christian plötzlich angespannt und erstarrte. Er hatte eine grasende Kuh entdeckt. Langsam ging er in die Hocke und umkreiste die Kuh im Gegenwind. Dann versteckte er sich hinter ein paar Büschen und verringerte so den Abstand zwischen sich und dem Opfer. Im Bruchteil von Sekunden hatte er aufgehört, Ace und John wie ein Schoßhund zu folgen und statt dessen die Jagdtechnik eines wilden Löwen angenommen. Es tat mir leid, daß ich den Landrover zwischen ihn und sein Opfer fahren mußte. Aber Christian ließ sich nicht so leicht entmutigen und fing sofort an, sich erneut an die Kuh heranzuschleichen. Ace und John packten ihn, und zum ersten Mal in seinem Leben knurrte er sie an. In dem Moment wußte ich, daß ich mit Christian keine großen Schwierigkeiten haben würde.

Die letzten paar Kilometer der Fahrt ließen wir Christian hinter dem Landrover herlaufen. Die Straße war sehr schlecht geworden und wir fuhren langsam. Er mußte sich an die fremden Gerüche, Geräusche und an die Hitze gewöhnen. Um diese Tageszeit waren die Temperaturen am Tana-Fluß alles andere als das, was er vorher gewohnt war. Zunächst lag er recht unbeholfen auf den Felsen und seine Pfoten schienen empfindlich zu sein. Es lagen viele Dornen auf dem Boden, und obwohl er sie allein aus seinen Ballen herausziehen konnte, schaute er stets hilfesuchend zu Ace und John.

Nachdem wir endlich Kora erreichten, brachte uns Terence zum Fluß, wo er ein vorläufiges Camp für Christians Ankunft errichtet hatte. Es hatte sich als Problem erwiesen, die Pfosten des ständigen Camps tief genug in den Boden zu rammen, da der Untergrund am Fuße des Kora-Felsens sehr hart und steinig war. Die Fertigstellung sollte noch eine Woche

dauern. Das Camp am Fluß war für Ace und John eine farbenfrohe Einführung in das Leben Afrikas. Terence erzählte uns sofort, wie seine Arbeiter hier übernachtet hatten und ein Krokodil, das es eilig hatte zum Fluß zu gelangen, über einen der Männer gelaufen war. Es hatte ihn dabei ziemlich zerkratzt. Als John kurz danach einen Stein zur Seite schob, um sein Zeltbett aufzubauen, huschte ein Skorpion darunter hervor. Ich fand, daß Billy dann doch ein bißchen zu weit ging, als er mit der abgeworfenen Haut einer Pythonschlange erschien, die er im Busch gefunden hatte. Ich riet Ace und John, doch lieber nach den etwas schöneren Tieren am Fluß Ausschau zu halten, wie zum Beispiel den Wasserböcken. Die Paviane der Umgebung trieben sich laut und provozierend wie immer hier herum. Ebenso die Meerkätzchen mit ihren roten und blauen Weichteilen. Viele der größeren Tiere kamen abends oder frühmorgens zum Fluß herunter. Da gab es Antilopen, Zebras, Giraffen und gelegentlich auch Büffel. In schlimmen Trockenzeiten kamen auch Elefanten aus dem dreihundert Kilometer weiter südlich gelegenen Tsavo-Park hier an den Tana.
Der Tana-Fluß ist sicherlich das bedeutendste Merkmal Koras. Er ist der größte Fluß Kenias und fließt hier, acht Kilometer südlich des Äquators, von Westen nach Osten. Er bildet die nördliche Grenze des sogenannten Kora-Dreiecks, des Gebietes, das mir für mein neues Experiment mit einem seltsam zusammengewürfelten Rudel von drei Löwen zugeteilt worden war. Der Fluß entspringt am Mount Kenya, dessen Schnee durch die Äquatorsonne schmilzt und ihn fortwährend mit Wasser versorgt. Zwischen uns und dem Berg liegen sieben Wasserkraftwerke und Dämme, die das jahreszeitlich bedingte Steigen und Fallen des Flusses in Kora fast eliminiert haben. Statt dessen fließt er mit dem ruhigeren Puls der hydroelektrischen Werke dahin. Das Abholzen und der viel zu nah am Fluß betriebene Ackerbau haben zu Erosion geführt, die rotbraunen Schlamm in den Fluß spült. Er verstopft die Maschinen am Damm und wird weiter an die Küste geschwemmt. Dort setzt er sich auf dem Riff fest und zerstört so einen der schönsten Korallengärten der Welt.
Von der Luft aus erkennt man den Fluß an dem leuchtenden Grün der Bäume und Büsche, die ihn umranden. Am typischsten sind die Doumpalmen mit ihren schlanken, sich verzweigenden Stämmen. Auf ihnen wachsen weder Kokosnüsse noch Datteln, sondern steinharte Früchte, die die Elefanten und die Paviane lieben. Es gedeihen hier auch Akazien, Tamarinden, Tana-Pappeln und Henna-Büsche, aus deren Blättern jenes Haarfärbemittel gewonnen wird, das in Afrika schon lange benutzt wird und das – wie man mir sagt – jetzt auch in Europa und Amerika modern wird.

Wenn der Fluß das bedeutendste Merkmal der Landschaft war und gleichzeitig der Grund dafür, daß wir uns für Kora entschieden hatten, so war die wohl größte Besonderheit dieser Gegend eine Gruppe von Felsen, die allgemein als »Kora-Felsen« bekannt war. Sie waren abgerundet, rostfarben und glatt und im Licht der untergehenden Sonne sahen sie rosa aus. Geologen sind sich über den genauen Ursprung der Felsen nicht einig, obwohl eine Theorie davon ausgeht, daß sie kaliumhaltiger sind als das umliegende Land und daher der Wasser- und Sonnenerosion besser widerstehen konnten.

Aus verschiedenen Gründen hatten wir beschlossen, das Hauptcamp hier am Fuße der Felsen aufzubauen. Man würde es von der Luft aus leicht finden, und die Lage bot uns die Vorteile eines leicht abfallenden Geländes: eine gelegentliche Brise und den Blick auf die unterhalb liegende Ebene. Die Felsen boten den Löwen hervorragende Aussichtspunkte und sollten sie Junge haben, so konnten sie sie hier gut verstecken. Und schließlich lag das Camp ca. fünf Kilometer von der Piste entfernt, die am Fluß entlang führte und zweifellos sehr viel befahren sein würde, falls Kora jemals für den Tourismus geöffnet würde.

Das ausgeprägteste Merkmal Koras war der dichte Dornbusch, »nyika« genannt, der das ganze Kora-Dreieck bedeckt. Er wächst auf einem Boden, der mit einer Spur Rost durchzogen ist, weil der dürftige Niederschlag durch die Sonne rasch wieder verdunstet und somit das Eisen der Erde oxydiert. Die Vegetation des »nyika« ist hauptsächlich Dornbusch und verschiedene Arten von Commiphora-Busch. Sie alle haben furchtbare Dornen. Der »nyika« erstreckte sich einst vom Sudan im Norden bis nach Tansania im Süden und breitete sich östlich von Kora bis an die Küste aus. Für die ersten Europäer, die den Mt. Kenya erforschen wollten, war es undurchdringlicher Busch. Auch die Hirtenvölker meiden ihn, da die hier vorkommende Tsetsefliege die Schlafkrankheit auf die Rinder überträgt.

Ein Abendspaziergang mit Christian auf die Spitze des Kora-Felsens sollte Bill, Ace und John all dies zeigen. Am nächsten Tag kam Monty Ruben, der Bill wieder einmal bei den Dreharbeiten half. Nachdem ich die bunte Gruppe von »Ausländern« eingeführt hatte, machte ich mich erneut auf den Weg nach Naivasha, um Boy und Katania zu holen.

Als ich zurückkehrte, hatte Terence das Hauptcamp bei den Felsen fertiggestellt. Es bestand aus zwei Teilen: Die eine Seite war für die Löwen, die andere für Terence, mich und Stanley, der mitgekommen war, um auf die Löwen aufzupassen und zu kochen. Terences Arbeit war jedoch noch

lange nicht abgeschlossen. Viele Kilometer wichtiger Straßen mußten noch durch den Busch geschoben werden.
Als Christian den riesigen Boy und die winzige Katania kennenlernte, gab es einige kritische Momente. Die Australier holten ihn vorher lieber auf unsere Seite, ehe er Boy und Katania durch den Zaun anschauen konnte. Boy blickte Christian finster an, so daß dieser sich hinter Ace und John verkroch. Katania, die Gefahr witterte, verzog sich in die hinterste Ecke des Geheges. In dem Augenblick warf sich Boy mit enormer Wucht, Geschwindigkeit und Wildheit gegen den Zaun, wobei er ein donnerndes Brüllen ausstieß. Der Zaun beulte sich dramatisch aus, hielt aber Boys Gewicht stand.
Christian wurde durch diese Vorstellung noch mehr eingeschüchtert und drückte sich schutzsuchend gegen Aces Bein. Nach Boys zweitem eindrucksvollen Angriff warf Christian bei seiner Suche nach Sicherheit John zu Boden.
Am nächsten Tag bemerkte ich, daß sich Christian und Katania anfreunden wollten. Ich schnitt also eine kleine Öffnung in den Trennungszaun, damit sie rein- und rausschlüpfen konnte. Boy gefiel das gar nicht und er machte einige Scheinangriffe auf die beiden. Allerdings war er diesmal weniger überzeugend. Es war rührend zu sehen, wie vorsichtig Christian mit Katania spielte und mit welcher Zärtlichkeit sie ihre Köpfe gegeneinander rieben.
In der Nacht, so meinte ich, sollte ich noch eine andere Freundschaft einen Schritt vorwärtsbringen. Ich ließ Katania bei Christian und holte Boy auf unsere Seite des Zaunes. Er, Ace und John sollten sich kennenlernen. Es amüsierte mich, daß Boy sich entschied, die Nacht in ihrem Zelt zu verbringen und die beiden zu ängstlich oder zu geschmeichelt waren, um etwas dagegen zu unternehmen.
Am nächsten Abend besprachen wir nach unserem »Sundowner« erneut, wann und wie wir Christian und Boy zum erstenmal ohne die Sicherheit des Zaunes zusammenbringen sollten. Boy wog fast dreimal soviel wie Christian und so beschlossen wir, daß das Treffen außerhalb des Camps stattfinden sollte, damit Christian die Möglichkeit zur Flucht hätte. Dann arbeiteten wir einen Plan aus, wonach die beiden Löwen auf verschiedenen Wegen zu einem gemeinsamen Treffpunkt auf einem nahegelegenen Felsen kommen sollten. Dort wollten wir Katania als winzigen Friedensstifter dazusetzen in der Hoffnung, daß sie Boys Zorn bei der ersten Begegnung mildern könnte. Bestimmt würde Boy Christian angreifen, die Frage war nur, wie heftig.
Dies war der entscheidende Moment des ganzen Unternehmens; würde

Christian den Schwanz einziehen und im Busch verschwinden – was ich allerdings für ziemlich unwahrscheinlich hielt –, dann hätte der Film wenig oder gar keinen Sinn mehr und Boy müßte einer neuen und ihm feindlich gesonnenen Welt allein gegenübertreten. Nachts hatten wir die wilden Löwen schon brüllen hören. In den nächsten Tagen bereiteten wir die Begegnung vor. Abwechselnd führten wir Boy und Christian morgens zu einem offenen Felsen, von dem aus sie sich sehen würden und wo auch die Kamera gut plaziert wäre. Als sich beide Löwen dort wohl fühlten, entschied ich, es nun drauf ankommen zu lassen.
Ace und John gingen mit Christian voran und ließen ihn in der Sonne sitzen, während sie sich in Sicherheit brachten. Dann führte ich Boy und Katania aus verschiedenen Richtungen heran. Zunächst legten sich die Löwen in einer Entfernung von ca. dreizehn Metern voneinander einfach nur hin, wobei Christian kein Auge von Boy und Katania ließ.
So warteten wir ungefähr zwanzig Minuten lang. Dann verließ Katania Boy, der eine günstige Stellung auf einem höhergelegenen Felsen eingenommen hatte. Sie wanderte langsam zu Christian und fing an, ihn zu necken. Christian aber, der noch immer Boy anstarrte, war heute nicht zum Spielen aufgelegt und stieß sie beiseite. Das schien der Startschuß zu sein. Boy donnerte den Abhang herunter, brüllte dabei fürchterlich und schlug mit aller Wucht seiner gewaltigen Pranken auf Christian ein. Ich war sicher, daß Christian abhauen würde, was tödlich ausgegangen wäre, wenn Boy ihn einholte.
Doch wieder einmal halfen Christians Instinkte ihm und er verhielt sich, wie ein wilder Löwe sich verhalten hätte. Er brachte den Mut auf, nicht wegzulaufen, sondern rollte sich in der klassischen Haltung der Unterwerfung auf den Rücken, wobei er in seiner Pein einmal kurz aufheulte: eine Mischung aus Winseln und Röcheln. In seiner zufriedengestellten Würde knuffte ihn Boy noch ein- oder zweimal, jedoch nicht mehr so aggressiv, und legte sich in der Nähe hin. Später, als sich alle drei Löwen beruhigt hatten, untersuchten wir Christian, der aber nur eine kleine Wunde am Vorderbein hatte. Boys Hiebe waren kräftig gewesen, er hatte jedoch die Krallen eingezogen gelassen.
Nach dieser Begegnung konnten sich nun alle drei Löwen frei miteinander bewegen, wann immer sie wollten. Ein- oder zweimal verbrachten sie die ganze Nacht im Zelt von Ace und John. Während Boy fürchterlich brüllte, war Christian erhaben wie immer und Katania konnte es nicht lassen, ihnen über die Gesichter zu lecken oder an ihren Zehen zu knabbern. Die beiden Jungen hatten bestimmt ihre Zweifel über die Freuden des Buschlebens. Dennoch hielt die gute Stimmung an.

Recht überraschend ging es Christian eines Tages schlecht. Ich fühlte seine Nase, die trockener und wärmer war als sonst. Es ist ein ziemliches Unterfangen, einem Löwen ein Thermometer in den After zu schieben, aber es gelang mir und bestätigte, daß er Fieber hatte. Es war mit ziemlicher Sicherheit Zeckenfieber, an dem auch Elsa gestorben war. Der Gedanke daran war besorgniserregend, doch zum Glück hatte ich den richtigen Impfstoff mitgebracht und zwei Tage später ging es ihm besser. Die Zeit war jetzt gekommen, um zu sehen, wie Christian zum ersten Mal in seinem Leben ohne Ace und John auskommen würde. Sie beschlossen, während der Trennung eine mehrwöchige Reise durch Kenia zu machen. Das Kamerateam reiste auch ab, nachdem sie alles Wichtige über Christian in Afrika gefilmt hatten. Plötzlich erschien das Camp ziemlich leer.

Ace und John hatten sich um Christian gekümmert, solange er zurückdenken konnte; sie hatten mit ihm gebalgt, gekämpft und gespielt. Manchmal, sehr selten allerdings, wenn er Tadel oder Strafe verdient hatte, erhielt er auch das von ihnen. Sie hatten die Rolle der Mutter, der Geschwister und der Rudel-Ältesten übernommen. Schutz, Ernährung und Disziplin sind lebensnotwendig, damit ein Löwenbaby nicht durch Ausgesetztsein oder Hunger stirbt oder in die Fänge eines Raubtieres gerät. Das Herumtollen und Kämpfen mit anderen Jungtieren ist fast ebenso wichtig. Sie lernen dabei Zusammenhalt und Verlaß aufeinander, was später bei der Jagd äußerst wichtig ist. Auch können sie einander vertrauen, wenn es mit Rivalen zu Partner- oder Gebietskämpfen kommt. Wenn Ace und John, auf die Christian so angewiesen gewesen war wie auf eine Mutter, ihn nun verließen, dann müßte er einen Teil seines Vertrauens und seiner Zuneigung mir zuwenden. Noch wichtiger jedoch, er müßte eine feste Beziehung zu Boy entwickeln, egal wie alt die beiden Löwen waren. Wenn junge Löwen aufwachsen und – wie es oft der Fall ist – vom Rudel ausgestoßen werden, dann steigen ihre Überlebenschancen erheblich, wenn sie zu zweit sind. Bei Elsa und später auch bei den Dreharbeiten von »Frei geboren« merkte ich, daß die beste Methode, eine Beziehung zu einem Löwen aufzubauen, tägliche Spaziergänge sind. In Kora machte ich mich jeden Morgen um halb sieben mit Boy, Christian und Katania auf den fast fünf Kilometer langen Weg zum Fluß. Es war unmöglich, durch den Busch zu gehen, weil die Büsche, Dornen und Bäume so undurchdringlich waren. So blieb ich auf den Wegen, die Terence mit seinen afrikanischen Arbeitern zu all den wichtigsten Punkten freigeschlagen hatte. Sie benutzten dazu keine Maschinen, sondern hauten den

Busch einfach mit Buschmessern zurück. Um die Äste mit ihren schrecklichen Dornen zu entfernen, stellten sie traditionelle Geräte her: Stöcke mit einer Gabelung auf der einen Seite, womit sie Dinge wegschieben konnten, und einem Haken zum Ziehen auf der anderen. Manchmal mußten sie besonders hartnäckige Felsblöcke sprengen, indem sie ein Feuer darauf entfachten, daß sie später mit Wasser übergossen.

Es fiel mir auf, daß Boy und Christian Terences Arbeitern gegenüber sehr mißtrauisch waren. Ich fand das interessant, weil mir schon bei den Dreharbeiten von »Frei geboren« aufgefallen war, daß die Löwen im Beisein von Europäern – auch fremden – entspannten, jedoch sofort in Alarmbereitschaft gingen, wenn ein Afrikaner erschien. Ich kam dann zu dem Schluß, daß es wohl auf die »Prägung« zurückzuführen war. Ursprünglich sind alle Löwen allen Menschen gegenüber mißtrauisch. Die Löwen jedoch, mit denen ich arbeitete, waren alle von Europäern großgezogen worden. Der Anblick – oder auch der Geruch – eines weißen Mannes schien daher annehmbarer zu sein als der eines schwarzen. Es gab natürlich auch Ausnahmen. So zum Beispiel Stanley, der geholfen hatte, Boy während seiner Genesung zu füttern und zu pflegen. Aber auch er mußte vorsichtig sein.

Christian vertraute mir jeden Tag ein bißchen mehr. Erst rieb er seinen Kopf mehrmals gegen mein Bein, das ist der normale Gruß der Löwen. Dann, um einiges heftiger, stürmte er los und lauerte mir bei unseren Spaziergängen zum Fluß auf. Seine Beziehung zu Boy verbesserte sich auch. Er drängte sich immer heran, um so nah wie möglich bei ihm und Katania zu sitzen. Auf unseren Spaziergängen lief er stets ein paar Schritte hinter uns und machte ständig Boy samt all seinen Eigenarten nach. Als Gegenleistung wurde Boy immer toleranter.

In seiner ersten Zeit im vorläufigen Camp hatte Christian den Fluß genossen. Obwohl er schon im Englischen Kanal geschwommen war, mußten Ace und John ihn am ersten Tag in den Tana hineinlocken, indem sie selber hineinsprangen. Wie alle Löwen haßte er es, nasse Pfoten zu bekommen und verzog sein Gesicht aufs fürchterlichste, wenn er durch eine Pfütze laufen mußte. War er dann aber erst einmal in tieferem Wasser, erwies er sich als hervorragender Schwimmer. Ich war froh, daß mein Camp einige Kilometer vom Fluß entfernt war. Da es hier zahlreiche Krokodile gab, wollte ich nicht, daß Christian auf der Suche nach einem Abenteuer und ohne die Gefahren dieser neuen Welt zu kennen, zum anderen Flußufer schwamm.

Wenn es so gegen elf Uhr heiß wurde, setzte ich mich hin, zündete meine Pfeife an und nahm einen kühlen Schluck aus meiner Thermosflasche.

Die Löwen durchforschten das Ufer nach interessanten Dingen, Geräuschen oder Gerüchen. Zunächst folgten sie mir mittags zurück ins Camp, später ließ ich sie den ganzen Tag am Fluß und fuhr so gegen siebzehn Uhr wieder zu ihnen. Lagen sie nicht mehr dort, wo ich sie verlassen hatte, kamen sie auf meinen Ruf hin.
Kora liegt fast auf dem Äquator, daher wird es immer gegen neunzehn Uhr dunkel. In der Dämmerung bereitete ich das Fleisch vor, das ich für sie geschossen hatte. Wilde Löwen jagen nur alle paar Tage, daher achtete ich darauf, diese Mahlzeiten nicht zu häufig auszuteilen. Nur weil Kora kein offizielles Reservat war, konnte ich mir dies erlauben. Dennoch kritisierte man mich in Kora und anderswo, daß ich Antilopen und Zebras schoß, um meine angeblich freien Löwen damit zu füttern. Ich hatte jedoch mehrere Gründe. Zu Beginn ihrer Erziehung konnten die Löwen noch nicht allein jagen – sie waren zu jung, zu unerfahren, oder sie waren zu wenige. Wurden sie älter, war es mir wichtig, daß sie nicht abwanderten, um sich auf der anderen Seite des Flusses Vieh zu holen, wenn sie kein Wild erbeuten konnten.
Wesentlich war auch, um meine Beobachtungen bis zum Schluß des Experimentes durchführen zu können, daß sie eine territoriale Bindung an das Gebiet um das Camp herum entwickelten. Alle wilden Löwen erobern und verteidigen, wenn sie können, ein Revier, das dann der Jagd, dem Fressen und der Paarung dient.
Ich achtete besonders darauf, den Löwen nur wenig Fleisch zu geben, damit die Zahl der von mir geschossenen Tiere nicht höher lag als das, was die Löwen allein gejagt hätten. Nachdem die Behörden meinem Plan zugestimmt hatten, wollte ich die Löwen weder verhungern lassen, noch sie zurück in Gefangenschaft bringen, bloß weil sie die Kunst des Jagens nur langsam erlernten. Obwohl Christian und Katania noch lange nicht allein jagten, hatten wir auf unseren Spaziergängen so manches Abenteuer, wenn sie ungewöhnliche oder aufregende Gerüche auffingen.
Auf einer unserer frühen Touren kletterte ich auf einen hohen Felsen in der Nähe des Camps. Boy setzte sich auf halbem Weg in den Schatten, doch die anderen beiden folgten mir. Ohne jegliche Vorwarnung sprang Christian plötzlich in das Dickicht und verursachte dort einen schrecklichen Aufruhr. Die Äste wackelten, als ginge ein Wirbelsturm hindurch. Sekunden später schoß ein riesiges Stachelschwein heraus und raste den Hang herunter, dicht gefolgt von Christian und Katania. Zum Glück warnte Christian sein Instinkt, die Verfolgung allzu intensiv fortzuführen, und ungefähr zwanzig Minuten später kam er munter und unzerstochen angetrottet.

An einem anderen Tag hielten alle drei Löwen inne, um einige Büsche zu untersuchen, in denen sich offenbar interessante Beute verbarg. Boy blieb auf dem Weg, während Christian und Katania sich von hinten anschlichen. Schließlich steckte Christian seine Nase ins Gebüsch. Was dann geschah, war unglaublich. Wie von einer Feder geschleudert flog Christian plötzlich zweieinhalb Meter hoch in die Luft, während unter ihm ein Nashorn mit dem Schnauben eines Drachens aus dem Busch donnerte. Als Christian landete, griff es ihn sofort an, und er raste flink wie ein Windhund zum Camp zurück. In jenen Tagen muß es wohl einige hundert Nashörner in Kora gegeben haben.

Nachts hielt ich Christian, Katania und manchmal auch Boy aus Sicherheitsgründen im Gehege. Obwohl wir noch keine nähere Begegnung mit den eingeborenen Löwen gemacht hatten, sahen wir ihre Spuren und hörten sie nachts brüllen. Es war mir lieber, sie erst einmal abzuschätzen, ehe sie meinen beiden jüngeren Löwen gegenübertraten.

In meinem eigenen Interesse war es jedoch nicht gut, Christian die ganze Nacht lang eingesperrt zu halten. Löwen sind in Sachen Toilette peinlich genau und halten sich streng an die Orte, die sie sich für diesen Zweck aussuchen. Sie haben jedoch keine solche Hemmungen beim Wasserlassen. Christian, der sich immer noch nach menschlicher Nähe sehnte, durchnäßte unaufhörlich mein Bett. Da sich wilde Löwen genauso verhalten, konnte ich ihm nicht allzu böse sein. Ich erinnerte mich an Elsa und ihre Geschwister, bei denen dieser Harnfluß eine desinfizierende Wirkung auf ihr Lager hatte. Dies war zunächst mit Ungeziefer verseucht gewesen, doch nach einer Weile war in den Decken und dem Stroh kein Floh oder Parasit mehr zu finden.

Ein Grund für Christians nächtliche Ruhelosigkeit war ohne Zweifel, daß Löwen Nachttiere sind. Boy führte lebhafte Dialoge mit den Löwen, die drohend, wenn auch unsichtbar, auf den umliegenden Felsen lauerten – fast so wie Indianer, die im amerikanischen Westen ein einsames Gehöft beobachteten.

Nach einer Woche beschloß ich, Christian nicht länger zu verhätscheln. Es war jedoch interessant zu sehen, daß er nachts immer in die den wilden Löwen entgegengesetzte Richtung ging.

Er war einige Tage und Nächte lang vom Camp weggewesen, als Ace und John von ihrer Safari durch Kenia und die Serengeti zurückkamen. Sie fingen gerade an, von ihren Abenteuern und von dem Besuch bei Joy, die jede Einzelheit vom Leben in Kora wissen wollte, zu erzählen, als Christian aus den Büschen auftauchte. Von seinen Spuren wußte ich, daß er die Zeit einige Kilometer entfernt verbracht hatte, aber irgendwie

schien er die Rückkehr der Australier gespürt zu haben. Ich erlebte sechs Wochen später genau das gleiche, nachdem ich Boy und Christian ein paar Tage lang allein gelassen hatte. Sie hielten sich fern vom Camp bis zu dem Moment meiner Rückkehr.
Christians Stunden mit Ace und John waren gezählt und zwei oder drei Tage später verabschiedeten sie sich. Ich fühlte einen Klumpen in meinem Hals, als Christian zum letzten Mal ein, zwei, drei Schritte machte, in Aces offene Arme sprang und ihm beide Wangen ableckte. Aus ihren Gesichtsausdrücken konnte ich erahnen, welchen Preis sie für Christians Freiheit zahlten.

Anfang Dezember fingen die Löwen an, sich richtig einzuleben. Sie waren jetzt vier Monate hier gewesen und kannten sich aus. Manchmal blieben sie einige Tage lang weg. Meinem Tagebuch entnehme ich, daß sie am 8. Dezember alle drei das Camp verließen und am nächsten Tag nicht zurückkehrten. Am darauffolgenden Morgen und Nachmittag hielt ich erfolglos nach ihnen Ausschau. Dann, am 11. Dezember tauchte Christian um vier Uhr morgens allein auf. Das war beunruhigend, denn Katania verbrachte neuerdings die meiste Zeit mit ihm. Ich warf ihm etwas Fleisch hin und er verschwand in der Dunkelheit.
Als es hell wurde, folgte ich ihm, verlor aber bald seine Spur. Erst am Abend fand ich ihn auf dem Kora-Felsen – und er war allein. Um zwei Uhr morgens weckte mich Boys Brüllen. Auch er war allein. Jetzt war ich ernsthaft um Katania besorgt.
Am nächsten Nachmittag fand ich die Spuren aller drei Löwen am Flußufer. Sie waren ungefähr drei oder vier Tage alt. Ich konnte erkennen, daß Katania mit den anderen gespielt hatte, mit Christian auf und ab gerannt war. Boys Spuren hörten am Wasserrand auf und setzten sich am gegenüberliegenden Ufer fort. Als ich die Spuren noch einmal gründlich überprüfte, entdeckte ich auch Christians Abdrücke, die am nahen Ufer auftauchten. Er war allein gewesen. Es sah so aus, als ob Katania Boy oder Christian ins Wasser gefolgt war und versucht hatte, den Fluß zu überqueren. Da sie aber viel leichter war, hatte die Strömung sie wohl mitgerissen und ein Krokodil sie gefressen, ehe sie das Ufer erreicht hatte. Selbst in ihrem Alter sind Löwen ausgezeichnete Schwimmer und ich glaube nicht, daß sie ertrunken war.
Nicht nur für mich war dies ein harter Schlag. Ich hatte sie sehr lieb gewonnen und brauchte sie als Weibchen im Rudel. Auch Boy und Christian fühlten sich eindeutig unbehaglich. Alle Fröhlichkeit war gewichen. Christian vor allem fehlte ein Spielkamerad. Es war dringend

nötig, so schnell wie möglich ein oder zwei weitere Löwinnen zu bekommen, obwohl ich Boy am Abend vor der Tragödie mit zwei wilden Weibchen gesehen hatte.

Krokodile waren die ersten Feinde meiner Löwen in Kora, obwohl sich zeigen sollten, daß sie bei weitem nicht die schlimmsten waren. Sie lebten entlang des Flusses, sonnten sich morgens auf den Sandbänken, umwarben und paarten sich im verschlammten Wasser und schaufelten Nester für ihre Eier, die sie zum Ausbrüten im Sand liegenließen. Wenn die Mütter drei Monate später ihre Jungen piepsen hörten, schaufelten sie mit den Füßen den Sand beiseite und brachten ihre Brut im Maul zu einem sicheren Versteck im Schilf. Das allerdings nur, wenn die Monitor-Echsen oder Marabustörche, die auch eine Vorliebe für die Eier haben, nicht schneller gewesen waren.

Einige Zeit nach Katanias Verschwinden saß ich am Fluß auf einem Felsen, nicht weit von der Stelle, an der sie zuletzt gewesen war; es war ein beliebter Treffpunkt der Löwen. Das Ufer war hier ziemlich steil und fiel zu einem steinigen Strand ab, der dann sandig wurde und vereinzelte Felsen und Wasserstellen aufwies, bevor der eigentliche Fluß anfing. Das Flußbett war hier ungefähr hundertdreißig Meter breit. Ich starrte auf Christian, der lässig auf einem Felsen am tiefen Wasser hockte. Als ich so schaute, nahm ein Baumstamm, der auf ihn zutrieb, auf einmal verdächtige und dann unheilvolle Formen an. Mir wurde klar, daß sich ein großes Krokodil an Christian heranschlich, und ich fragte mich, wann er es wohl merken würde.

Ich habe immer ein Gewehr oder manchmal auch den Revolver dabei. Ich hob jetzt die Waffe und entsicherte sie. Christian ahnte noch immer nichts von der Gefahr, also schoß ich. Ich nehme an, ich hätte Christian einfach anschreien und warnen können, aber früher oder später hätte das Krokodil ihn oder einen der anderen Löwen geholt.

Von diesem knappen Entkommen ziemlich unerschüttert, ging Christian mit mir zum Landrover zurück und sprang fröhlich aufs Dach. Das war etwas, was ich in Kora nicht dulden wollte, aber er hatte es von Boy gelernt und wenn er einmal oben war, war es äußerst schwierig, ihn zu vertreiben. Ich hoffte nur, daß er diese Angewohnheit unterlassen würde, wenn Joy da war, die über Weihnachten ein paar Tage kommen wollte.

Als ich sie in Naivasha abholte, fand ich die Nachricht eines Kollegen, Rodney Elliot, der mir zwei junge Löwen für Kora anbot. Zu Heiligabend schickte ich ein Telegramm, in dem ich sie akzeptierte.

Am Ende des Jahres schrieb ich Ginny und Bill die Neuigkeiten über die Löwen und versuchte Ginny unser Camp am anderen Ende der Welt zu beschreiben. Ich liebte es, auf den riesigen Felsen zu sitzen, die von einem endlosen Dornenmeer umgeben waren, das bis zum Horizont reichte. Sie sahen genauso aus wie vermutlich vor Millionen Jahren auch. Ebenso hatten die Felsen und Berge wahrscheinlich Hunderte und Tausende von Jahren lang das Brüllen von Löwen zurückhallen lassen, so wie sie es heute taten, wenn Boy seine Stimme erhob. Die lächerlichen Bemühungen der Menschen waren so gut wie nicht zu spüren – Fragmente halb vergrabener Werkzeuge der Steinzeit, einige im Busch verstreute Gräber, die vernarbten Stümpfe abgehauener Äste entlang eines verlorenen Weges und unten am Fluß ein Gewirr von verrostenden Eisenträgern, wo die Soldaten ihn einst im Krieg überquert hatten. Jetzt war es ein Ort des Friedens.

Kapitel 11

Schatten des Todes

1971

Der Friede in Kora war von kurzer Dauer. Das nächtliche Löwengebrüll ließ darauf schließen, daß die Gefahr aus den Bergen näherrückte. Manchmal stellte sich Boy der Herausforderung der einheimischen Löwen. Andere Male hatte sein Brüllen einen anderen Tonfall und ich wußte, daß er sich mit einer der Löwinnen paarte. Neuerdings war er, wenn er zurückkam, angespannt und nervös; so hatte ich ihn sonst nur erlebt, wenn Girl läufig war. Anfang Januar drängte sich Boy, als Stanley ihn füttern wollte, zu meinem großen Erstaunen durch das Tor und biß ihn in den Arm – nicht sehr heftig, aber tief genug, daß Terence, der jetzt sein eigenes Camp am Fluß aufgeschlagen hatte, ihn zur Behandlung ins nächste Krankenhaus bringen mußte. Während ihrer Abwesenheit war ich nicht allein im Camp. Die Arbeit ging weiter und Bill Travers hatte arrangiert, daß Simon Trevor, der Kameramann von »An Elephant called Slowly« einen zweiten Film über Christian in Afrika drehen sollte.

Eines Morgens, kurz nachdem Stanley und Terence zurückgekommen waren, saßen Simon und ich gegen halb sechs Uhr beim Frühstück, ehe wir uns auf den Weg machen wollten, um die zwei jungen Löwen von Rodney Elliot aus Maralal zu holen. Wir waren fast fertig, als Hamisi herbeistürzte und uns berichtete, daß Boy Muga, einen von Terences Arbeitern, vor dem Camp gepackt hätte. Am Tor war großes Geschrei, so griff ich meine Taschenlampe und einen elektrischen »Viehtreiber«, den man mir geschenkt hatte, und zog los. Erst sah ich in der Dunkelheit gar nichts, dann hörte ich in ungefähr fünfundvierzig Meter Entfernung einen Schrei. Als ich mich in die Richtung drehte, sah ich im Schein der Taschenlampe Muga und Boy. Boy schreckte zurück, als ich ihn anbrüllte, kauerte aber extrem gefährlich aussehend in den Büschen.

In dem Moment fuhr Simon mit voll aufgeblendeten Scheinwerfern zwischen Boy und mich, sprang aus dem Auto und schrie Muga zu, einzusteigen. Der benommene Mann, der am Kopf und an den Schultern blutete, reagierte instinktiv auf Simons Befehl, der ihn dann ins Camp fuhr. Zum Glück war Simons Frau gelernte Krankenschwester und obwohl Muga sofort ohnmächtig wurde, reinigte sie seine Wunden. Seine Schultern waren nur oberflächlich zerkratzt, doch sein Kopf hatte drei Bißstellen und seine Wange ein Loch.

Als sich Muga genügend erholt hatte, fuhr ihn Terence nach Garissa ins Krankenhaus und als er sah, daß schon mehrere Männer im Sprechzimmer warteten, bat er um sofortige Behandlung. Der Arzt lehnte dies zweimal ab und dann, als Terence protestierte, erklärte er, daß zwei der wartenden Männer auch gerade erst von Löwen angefallen worden waren.

Ich konnte nicht verstehen, was Muga um diese Tageszeit draußen gesucht hatte, aber man sagte mir, daß er dringend gemußt hätte. Alle anderen hatten ihn für verrückt erklärt. Der Zaun war noch nicht fertig, Löwen streiften jede Nacht um das Camp und allen Männern war wiederholt gesagt worden, nicht ohne Begleitung hinauszugehen.

»Ich habe keine Angst vor den Löwen«, prahlte Muga und ging aus dem Tor. Vierzehn Tage später besuchte ich ihn im Krankenhaus, erfuhr aber, daß er vor kurzem wegen einer Familientragödie entlassen worden war. Zwei Tage vorher hatte ihn sein Vater besucht. Auf der Rückfahrt war der Fahrer betrunken gewesen und das Auto überschlug sich. Alle sechs Insassen kamen dabei ums Leben und Muga organisierte jetzt die Beerdigung seines Vaters. Es wäre daher unangebracht gewesen, ihn jetzt dafür zu bestrafen, daß er das Camp ohne Erlaubnis verlassen hatte; doch ich betonte erneut diese Regel und später wünschte ich, ich hätte eine Strafe für Ungehorsam eingeführt.

Die zwei Löwen, die Simon und ich aus Maralal geholt hatten, waren zunächst sehr wild. Seit sie vor einem Monat gefangen worden waren, hatte man sie in getrennten Käfigen gehalten. Sie haßten das Geschrei beim Verladen ihrer Kisten in mein Auto. Das Männchen hieß Juma und das Weibchen nannte ich Monalisa, weil ihr Gesicht vernarbt war und sie nur mit einer Gesichtshälfte knurren konnte. Nach den ersten paar Tagen in Kora wurden sie ruhiger und kamen aus ihren Kisten, um zu fressen; doch vor allem Juma blieb sehr zurückhaltend.

Fast jede Nacht weckte uns das Gebrüll der wilden Löwen und morgens konnten wir ihre Spuren verfolgen. Sie liefen meistens zu zweit oder zu dritt umher. In diesem dichten Busch, wo es schwer war, Wild zu erbeuten, waren die Rudel klein und junge Männchen jagten, nachdem sie ihre Familie verlassen hatten, oft gemeinsam. Löwen passen sich überall den vorherrschenden Bedingungen an. Ich las, daß die Kalahari-Löwen in der Trockenzeit an Kondition verlieren und gezwungen sind, allein zu leben. Sie schlagen sich dann mit kleiner Beute, wie Hasen und sogar Vögeln durch. Während der großen Wanderung der Gnus und Zebras sieht man

jedoch auf den wildreichen Ebenen der Serengeti Rudel von zwanzig bis dreißig Löwen.
Obwohl Christian erstaunlichen Mut zeigte, wenn er mit Boy unterwegs war, war er zu jung, um eine wirkliche Hilfe für ihn zu sein, sollte es zu ernsthaften Kämpfen kommen – was bald geschah. Boy kam kurz vor der Dunkelheit mit Bissen oder Rissen auf Kopf, Hinterbeinen und Hoden und mit einer tiefen Wunde auf dem Rücken zurück – ein Biß durch die Wirbelsäule ist eine der wirksamsten Methoden der Löwen, den Gegner zu lähmen oder zu verkrüppeln.
Ich streute Sulfonamidpuder auf die Wunde, bedeckte sie mit Enzianwurzel und versuchte, Boy nach Einbruch der Dunkelheit im Gehege zu halten. In der zweiten Nacht weigerte er sich hereinzukommen, daher stellte ich meinen Landrover in seine Nähe und schlief auf dem Autodach. Ich wachte eine Stunde später mit einem furchtbaren Schrecken auf. Das Auto schwankte plötzlich unter dem Gewicht eines Löwen, der neben mich gesprungen war. Als ich endlich meine Taschenlampe fand und sie anmachte, sah ich, daß es Christian war. Ich verzieh ihm dies nicht so bald – vor allem, weil er darauf bestand, die ganze Nacht bei mir zu bleiben. Von jetzt an gelang es mir, Boy nachts einzusperren, aber ich ließ Juma und Monalisa frei umherstreifen. Dies, obwohl die beiden Löwen, die Boy angegriffen hatten, nachts zum Camp gekommen waren und ihn im Gehege erneut anfallen wollten. Ich verscheuchte sie, aber kurz darauf hörte ich in der Nähe einen Schmerzensschrei aus dem Busch. Ich eilte mit meinem Gewehr in die Richtung, aber jetzt herrschte völlige Stille und im Licht meiner Taschenlampe leuchteten auch keine Katzenaugen. Als ich zum Camp zurückkam, war ich erleichtert, Christian zu sehen, doch von Juma und Monalisa fehlte jede Spur.
In der Morgendämmerung zogen Christian und ich los, um sie zu suchen. Ungefähr zweihundertsiebzig Meter vom Zaun entfernt fand ich Monalisa: Sie war tot, durch den Nacken gebissen. Mit Mordgedanken folgte ich den beiden wilden Löwen. Vielleicht war es gut, daß sich ihre Spuren im Sande verliefen, ehe ich sie fand. Einer der beiden hatte eine deutlich erkennbare Stimme und war als der »Killer« bekannt.
Christian und ich brauchten noch drei Tage, ehe wir den jungen Juma fanden, der sich oben auf dem Kora-Hügel versteckt hielt. Er war unverletzt und folgte uns – obwohl er sehr ängstlich war – willig zum Camp zurück. Von jetzt an waren Christian und Juma beste Freunde und trotz der ständigen Bedrohung durch ihre Rivalen, die uns unser Dasein in Kora bitter übelnahmen, waren die beiden immer gut gelaunt. Boy andererseits ging es sehr schlecht. Die Bißwunde auf seinem Rücken war zu einer dauern-

den Schwellung geworden. Er brauchte eindeutig gezielte Behandlung, und als der Tierarzt, Paul Sayer, die Wunde untersuchte, sah er, daß sich ein Knochensplitter von der Wirbelsäule gelöst hatte und entfernt werden mußte. Die Operation dauerte zweieinhalb Stunden, bis alle Wunden, einschließlich der anderen Risse, behandelt und zugenäht worden waren. Boy protestierte ein paarmal laut brüllend, weil das Wasser des Tupfers zu heiß war, starrte aber sonst ohne mit der Wimper zu zucken in die Ferne. Paul warnte mich, nie wieder eine tiefe Wunde mit antibiotischem Puder zu behandeln, da die Oberfläche heilen würde, während darunter ein septischer Herd bliebe.

Simon Trevor hatte unseren Alltag ausgiebig gefilmt und Bill wollte jetzt kommen, um zu sehen, wie er zurechtkam. Simon holte ihn in Nairobi ab. Einige Tage später organisierten sie es, zwei weitere Löwen aus dem Tierwaisenhaus des Nairobi-Nationalparks zu holen und flogen dann alle nach Kora. Die Neuankömmlinge waren ungefähr in Christians Alter von achtzehn Monaten und ich nannte sie Mona und Lisa. Wie Juma waren sie in der Wildnis geboren und durch die vielen Menschen in Nairobi sehr verängstigt. Ich versuchte, ihr Vertrauen zu gewinnen, indem ich mein Feldbett neben ihr Gehege stellte.

Wenn Boy sich schnell von der Wunde am Rücken erholte, dann hatten wir das Zeug zu einem hervorragenden Rudel. Boy selber war reif und erfahren. Christian wuchs schnell zu einem großen und vertrauensvollen Kumpel heran, während Mona und Lisa schöne Löwinnen werden würden. In ungefähr einem Jahr würden sie jagen und sich paaren können. Als Zugabe erhielt ich einen weiteren, zwei Monate alten kleinen Löwen. Er wurde in einem Supercub-Flugzeug gebracht, daher nannten wir ihn »Supercub«. Mona und Lisa hatten länger als der Londoner Christian gebraucht, sich an die Wildnis zu gewöhnen, doch Supercub schien sich sofort zu Hause zu fühlen.

Es war eine schwere Aufgabe, das ganze Rudel zu beaufsichtigen und oft hatte ich keine Zeit, ihnen Wild für das »Abendessen« zu schießen, damit sie mit dem Camp in Verbindung blieben. Statt dessen rumpelte ich einmal die Woche vierzig Kilometer flußabwärts nach Balambala, dem nächsten Dorf, und kaufte einen Ochsen. Eine weitere Aufgabe war es, Boys Rücken zu verbinden und die Wunde regelmäßig mit Bittersalzkompressen zu behandeln, um den Eiter herauszuziehen und die Schwellung zu lindern.

Nach sechs Monaten in Kora hatten sich Erfolge und Rückschläge in etwa ausgeglichen. Sich im Busch niederzulassen, wie entlegen auch immer, bedeutet, sich an eine neue Nachbarschaft zu gewöhnen, wie anderswo auch. Man erkennt gute und nachteilige Besonderheiten, man akzeptiert oder paßt sich – soweit man kann – an, und erduldet das übrige.

Vom Standpunkt meiner Löwen aus gesehen gab es eine angemessene Auswahl an Beute, und der Fluß führte ständig Wasser. Die Felsen waren – wenn sie sie erobern konnten – wie eine Festung, und wenn sie darum kämpfen mußten, hatten sie meine volle Unterstützung.

Von meinem Standpunkt aus war die Unterkunft hervorragend. Hinter dem uns umgebenden dreieinhalb Meter hohen Drahtzaun hatten wir eine große Aufenthalts- und Speisehütte, die mit Palmblättern gedeckt und zum Felsen hin offen war. Die anderen drei Seiten waren durch eine Patentlösung von Terence abgedichtet: Maschendraht wurde mit Sackleinen verkleidet und dann mehrfach mit Zementbrühe gestrichen. Es gab auch Fensteröffnungen, um die seltenen Brisen auszukosten, aber in Kniehöhe auch eine wachsende Anzahl von Löchern, wo die Perlhühner, die sich zu uns gesellt hatten, nach ihren Mahlzeiten pickten.

Wir hatten drei oder vier ähnliche Hütten für Terence, mich, unsere Vorräte und eventuelle Besucher. Terence baute gleich neben dem Doppeltor zur Straße hin einen Schuppen für die Autos und Werkzeuge.

Gekocht wurde unter einem Strohdach auf einer traditionellen Feuerstelle aus drei Steinen. Es gab unbegrenzte Mengen an Feuerholz. Die einheimische Nahrung, die wir hier kaufen konnten, war einfach: Ziegenfleisch, ein bißchen Gemüse, Eier, Reis und Tee. Da wir kein Wild aßen, bot uns die Umgebung wenig, außer vielleicht etwas wilden Honig, den die Afrikaner besonders gern mochten. Für anständiges Fleisch, Obst und Butter mußten wir uns auf die Güte von Freunden, die uns besuchen kamen, verlassen, in der Hoffnung, daß sie auch Verständnis für unser Bedürfnis nach Gin und White-Horse-Whisky hatten. Wir hatten einen Propangas-Kühlschrank für unsere Vorräte und einen für das »Löwenfleisch«.

Das Duschwasser brauchten wir nicht aufzuheizen. Gegen Mittag hatte die Sonne unsere Blechtrommel, die an einem Ast hing, so sehr aufgeheizt, daß das Wasser die ideale Temperatur hatte. Unsere zweisitzige Toilette war ein Meisterwerk. Zwei Kieferknochen von Elefanten klemmten über einem Graben. Sie waren nicht nur angebrachter als Porzellanprodukte, sondern hatten auch die ideale Höhe und waren von der Natur so geformt, daß sie den menschlichen Formen maximalen Komfort boten. Terence, Stanley und Kimani, der gekommen war, um Stanley beim Kochen, Wasserholen, Holzsammeln und anderen Arbeiten im

Camp zu helfen, teilten mit mir dieses einfache Quartier, dessen offizielle Adresse jetzt »Kampi ya Simba«: Löwencamp, wurde.
Terence hatte unser Straßennetz vergrößert, so daß wir den Löwen folgen konnten und die Umgebung zunehmend erforschten. Er hatte seine Arbeiter aus Balambala und anderen Dörfern außerhalb des Kora-Dreieckes angeworben. Er hatte noch immer seine unerklärliche Abneigung gegen Löwen, arbeitete aber unermüdlich im Busch. Zu seiner Begeisterung entdeckte er eine neue Begabung an sich: die Kunst des Wasserfindens mit einer Wünschelrute. Wie ja alles im Leben seine Schattenseite hat, so ärgerte er sich, daß er dieses Talent nicht schon früher ausgenutzt hatte. Von Zeit zu Zeit verließ er Kora, um in Malindi nach seinem Haus zu sehen. Obwohl er nie heiratete und ein Jahr jünger war als ich, vermutete ich, daß ihn auch der Reiz weiblicher Gesellschaft dorthin zog.
Lebt man neben einer Fabrik, so muß man sich an die Sirenen gewöhnen, die jeden Morgen um sechs Uhr zum Schichtwechsel aufheulen. In Kora war es zwecklos, sich über das Geschrei der beiden Raben Crikey und Croaky aufzuregen. Croaky erkannte ich immer an seinen krummen Beinen. Als sie jedoch drei zerstörungswütige Nachkommen (»Mad«, »Bad« und »Worse«) zeugten, die unsere Bücher zerfledderten und unsere Vorratskammer verwüsteten, wurde es sogar Croaky zuviel. Er verjagte sie. Ich fand sie später, kilometerweit flußaufwärts, zufällig wieder und sie durchsuchten sofort meinen Landrover nach etwas Eßbarem. Lebt man wiederum in der Nähe der Eisenbahn, muß man akzeptieren, daß der Tag durch das Rattern der Räder unterbrochen wird. Auf die gleiche Weise stoßen in Kora die Perlhühner in Abständen tagein, tagaus ein quiekendes Gegacker aus, das zweifellos auf Freßgier oder Alarmbereitschaft zurückzuführen ist. So verrückt einen das auch machen kann, muß ich zugeben, daß ich ihre Anwesenheit und ihr glitzerndes, schillerndes Gefieder genieße. Während ich Hirse für sie kaufe, regt sich Terence auf, wenn sie auf den Frühstückstisch flattern und verfolgt sie tagelang.
So viel einer der jungen Löwen die Raben jagte, er fing nie einen. Arusha aber, die später zu uns kam, lockte Perlhühner ins Unglück, indem sie sich schlafend stellte. Nachdem sie einen der Dummköpfe erwischt hatte, teilte sie ihn auf. Ich hielt es für unrecht, Perlhühner zu essen und tat es in meiner Zeit in Kora nur einmal. Ein Kampfadler hatte sich vor dem Camp auf eins gestürzt und es getötet. Mir gelang es, das Perlhuhn zu packen, ehe der Adler sich damit davonmachen konnte. Kampfadler sind groß und außerordentlich kräftig. Terence hatte einen beobachtet, der sich auf ein Gerenuk stürzte, immerhin eine große Gazelle. Seine Krallen mußten den Schädel durchdrungen haben, denn das Gerenuk war sofort tot.

Wir waren auch Gastgeber für unzählig viele Vögel. Die Starwebervögel nisteten in den Akazien rund um unser Camp und holten sich bald Erdnüsse aus meiner Hand. Sie bauen ihre Nester an das äußerste Ende der Äste, um größere Vögel und Schlangen davon abzuhalten, ihre Eier zu stehlen. Als zusätzlichen Schutz errichten sie »Palisaden« um die Äste. Ich sah die Raben oft an dieser Konstruktion verzweifeln, wenn sie die jungen Webervögel fressen wollten. Wenn die Webervögel die Nester nicht mehr brauchen, nutzen die leuchtenden Glanzstare die Gelegenheit und ziehen ein. Schwalbennektarvögel huschen auch durchs Camp. Ihre Verteidigungstaktiken sind weniger kompliziert, aber ebenso wirkungsvoll. Sie bauen ihr Nest nur ein paar Zentimeter neben dem Hornissennest in dem Baum bei unserer Dusche und bauen auf den Schutz durch Nachbars gefährliche Stiche. Die genialen Methoden, mit denen Vögel das Verhalten anderer Arten – den Menschen eingeschlossen – zu ihren Gunsten ausnutzen, wird mich immer überraschen und begeistern. Wenn sie einen Schwarm wilder Bienen ausmachen, zwitschern Honiganzeiger auf eine ganz bestimmte Art und flattern wild umher, bis jemand ihnen zu dem fraglichen Baum folgt, hinaufklettert und die Wabe aufschneidet. Afrikaner glauben, daß es Unglück bringt, wenn man dem Vogel nicht seinen gerechten Anteil an der Wabe und den Maden gibt, die daran hängen.

Unsere ständigen, wenn auch ungebetenen Gäste kommen in allen Größen und Formen. Die Siedleragame sind dekorative und nützliche Echsen. Nachts sind die Männchen langweilig grau wie die Weibchen, doch wenn die Sonne aufgeht, werden sie leuchtend rot, blau und grün. Ich nehme an, sie wollen damit die Weibchen anlocken oder ihr Gebiet bekanntmachen. Solange es hell ist, können sie in Sekundenschnelle die Farbe wechseln. Sie sind aggressive kleine Biester mit winzigen scharfen Zähnen. Es passiert oft, daß sie im Kampf miteinander den Schwanz verlieren. Ihre schnellen, klebrigen Zungen verwenden sie zu einem guten Zweck, sie fressen nämlich die Ameisen und Termiten, die ihrerseits gern unsere Pfosten und Hütten auffressen. Einige Wissenschaftler, die mich besuchten, waren wütend, als ein Kuckuck mit ihrer Lieblingsechse davonflog. Ihr Chef sprang ins Gebüsch und zog dem kreischenden und tobenden Vogel die noch lebende Echse aus dem Hals. Mein eigener Liebling verbrachte viel Zeit auf dem Erdnußtablett und war als Jimmy Carter bekannt. Einige Echsen waren mutig genug, sich an die Fliegen heranzuschleichen, die auf Christians Pelz saßen.

Die schmucklosesten Besucher sind die Nackten Maulwurfsratten. Sie sind, wie ihr Name sagt, ohne Fell, ihre Haut ist kränklich bleich und

durchsichtig rosa. Ihre Augen sind nach oben gequetscht, und ihre Zähne verlängern sich zu Klauen, mit denen sie buddeln. Sie leben hauptsächlich von Wurzeln und Knollen dicht unter der Oberfläche, wo es angenehm warm ist und wo ein Fell unangenehm warm wäre. Sie graben in wohlorganisierten Banden flink ihre Tunnel, indem sie die Erde nach hinten wegschieben und ab und zu kleine, vulkanartige Hügel an die Oberfläche werfen. Ich habe versucht, sie zu zähmen, was mir aber nicht gelang.
Die Erdhörnchen andererseits verloren schnell ihre Scheu. Sie sind gierige, ungenierte und reizende Bettler. Ich bin mir sicher, daß die Menschen der Urzeit ihre übriggebliebenen Samen und Nüsse schon mit ihnen teilten. Ein anderer Vegetarier, der jedoch eine Vorliebe für Knochen- und Stoßzahnmark hatte, war ein Stachelschwein, das manchmal kam und im Wassertrog der Löwen badete.
Wir haben viele Interessenten für Fleischreste. Ein Pärchen Weißschwanzmangusten, eine Zibetkatze, die mir aus der Hand fraß, bis die Schakale ihr das Leben zur Hölle machten, und Dracula, die Monitorechse, die mindestens neunzig Zentimeter lang war und wie ein Miniatur-Saurier aussah. In den heißen Zeiten zog sie sich auf das Dach der Aufenthaltshütte zurück, um ihren Sommerschlaf zu halten; zum Glück war sie stubenrein.
Die einzigen Eindringlinge, gegen die wir etwas haben, sind diejenigen, die stechen oder beißen, wenn man sie füttert. Leider kann man nur wenig gegen sie tun. Skorpione lauern gern im gemütlichen Versteck eines Schuhes oder Ärmels, wo es nachts warm bleibt; und Schlangen finden zu oft ihren Weg in Regale oder Deckenstapel.
Wenn auch unsere Unterkunft von Anfang an vorzüglich war, so dauerte es doch seine Zeit, bis wir uns wirklich auf unser Kommunikations- und Nachschubsystem verlassen konnten. Unter Terences Aufsicht wurden die Straßen mit der Zeit und durch die Benutzung verbessert. In den ersten Jahren war die zweiunddreißig Kilometer lange Fahrt zur nächsten Landepiste in Notfällen ein einziger Alptraum. Die Post kam, gelinde gesagt, unregelmäßig und mußte in Garissa abgeholt werden, das hundertsechzig Kilometer entfernt lag und eine fünfstündige Autofahrt bedeutete. Wir waren daher für das neu installierte Funkgerät dankbar, auf dessen Anschaffung Joy bestanden hatte. Es bedeutete, daß man morgens und abends bereitstehen mußte, falls man gerufen wurde oder jemanden sprechen wollte. In Notfällen konnten wir jedoch die Zentrale jederzeit benachrichtigen.
In den ersten sechs Monaten in Kora hatten wir Glück, daß wir keine dringende Hilfe brauchten, aber jetzt hatten wir das Funkgerät, und ich

konnte Joy in Naivasha erreichen. Es war eine große Beruhigung zu erfahren, daß Ken Smith nach Garissa zog und Kora in seinen Verwaltungsbereich der Wildschutzbehörde fiel. Man hatte mir gesagt, daß der zuständige Distrikt-Kommissar die Fortsetzung meiner Arbeit hier unterstützte, und kürzlich hatte mich der Kreisrat von Galole zu einem Besuch und zur Zahlung meiner jährlichen Pacht aufgefordert. Sie bestanden auf einer feierlichen Übergabe meines Schecks über siebenhundertfünfzig Pfund. Unvermeidlich wurde aus diesem Anlaß zur heißesten Tageszeit lauwarmes Bier angeboten und ich mußte einen Abend lang dableiben und »Die Löwen sind frei« vorführen, den sich die bedeutendsten Persönlichkeiten von Galole anschauten, sofern sie nicht den vorhergegangenen Feierlichkeiten erlegen waren. Mir wurde versichert, daß uns die Polizei von Garissa bei eventuellen Schwierigkeiten helfen würde.

Da Kora in bezug auf Volksstämme eine Art Niemandsland ist, erwartete ich wenig Ärger mit den Nachbarn. Im Südwesten lebten die Wakamba, die Viehzüchter und hervorragende Holzschnitzer sind. Leider finden nur ihre weniger schönen Schnitzereien den Weg in die Regale der Souvenirläden in Nairobi und Europa. Sie sind auch als Propheten bekannt: Einer ihrer Ältesten wurde dadurch berühmt, daß er das Kommen der »Eisernen Schlange« vorhersagte, den Bau der Ostafrikanischen Eisenbahn. Joy beeindruckte es, daß einer der Medizinmänner ihre letzte Fehlgeburt voraussagte. Am bekanntesten sind die Wakamba jedoch als Jäger. Geschickt schnitzen sie ihre Pfeile und Bögen aus dem geeignetsten Holz, vergiften die Pfeilspitzen mit einem Destillat der »Acokanthera«-Rinde und wickeln die Spitzen in Leder, um sie frisch und wirksam zu erhalten. Ich hatte den Verdacht, daß es die Wakamba und die Somalis waren, die langsam die Nashornbestände in Kora vernichteten, und bald gaben sie mir Grund zu weiterem Zorn.

Die Orma, die östlich vom Camp leben, waren ein weniger großes Ärgernis. Sie leben von ihrem Vieh und wir kamen uns nur in die Quere, wenn die Kühe eine zu große Versuchung für meine Löwen wurden.

Eine dritte Gruppe, die ein Dorn im Auge werden könnten, waren die Somalis auf der anderen Seite des Flusses im Nordosten. Sie sind ein zähes und findiges Volk, das einen Fuß in Kenia und einen in Somalia hat. In der Stadt sind sie hervorragende Geschäftsleute und im Busch mannhafte Kämpfer. Sie sollten nördlich des Tana-Flusses bleiben, aber ich wußte, daß sie nicht zögern würden, während einer Trockenheit ihre Kühe, Schafe und Ziegen zum Fluß zu bringen. Die Tiere würden das Ufer auf beiden Seiten bis zum letzten Hälmchen abfressen. Sollten die Löwen ihr Vieh angreifen, so würden sie kurzen Prozeß machen – auch mit uns, wenn wir uns ihnen in den Weg stellen würden, denn sie wurden stets von Gruppen skrupelloser Shifta begleitet. Kurz, die waren das menschliche Gegenstück zu den einheimischen Löwen – und ich betete um Regen.

Im allgemeinen bereiteten uns die Tiere – abgesehen von den einheimischen Löwen – wenig Schwierigkeiten. Unsere größten Nachbarn waren die Elefanten, die wir manchmal in Familiengruppen von zehn oder zwölf sahen. Nachts kamen sie an den Fluß, um dort zu trinken. Obwohl die Löwen es liebten, sie zu ärgern, zogen sie ihre Angriffe niemals bis zum Schluß durch, abgesehen von den Gelegenheiten, wenn sie kleine Elefanten in die Enge trieben, denn das war ihre einzige Chance für einen Riß. Die Löwen respektierten auch die Nashörner, bei denen wiederum ein einsames Kalb die einzige Hoffnung gewesen wäre. Mehr als einmal wurden Löwen mit zerquetschtem Brustkorb gefunden: Opfer von Nashörnern.

Flußpferden können Löwen schlecht widerstehen, und ich fand das Gerippe von einem, das die wilden Löwen gerissen hatten. Dennoch ist es besser, Flußpferde nicht zu belästigen, wenn sie beim Grasen sind, denn dann sind sie am gefährlichsten. Das häßliche Maulaufreißen, das man oft sieht, ist weder ein Gähnen noch ein Drohen. Um es grob zu sagen, furzen sie am falschen Ende und stoßen dabei die Gase aus, die bei der Verdauung von fünfundvierzig Kilo Gras entstehen, die sie nachts fressen können. Manchmal wandern sie auf der Suche nach Futter einige Kilometer landeinwärts und greifen erbarmungslos an, wenn man sich zwischen sie und das Wasser begibt, sie beim Fressen stört oder sie auf ihren oft benutzten Wildwechseln, die manchmal bis zu über einem Meter tief sind, antrifft. Flußpferde können erstaunlich schnell sein.

Einer meiner Parkaufseher zog sich auf eine kleine Insel im Tana-Fluß zurück, um dort Mais und Gemüse anzubauen. Während einer Trockenzeit hörte er mitten in der Nacht vor seiner Hütte rupfende und mampfende Geräusche. Als er nachsah, erblickte er ein hungerndes Flußpferd, das dabei war, sein Strohdach aufzufressen. Es ignorierte sein Protestgeschrei und biß ihn buchstäblich entzwei. Hugh Cott, ein berühmter Naturforscher, sah ein Flußpferd in einem Tümpel stehen mit den beiden Hälften eines Krokodils rechts und links an seiner Seite.

Krokodile faszinierten Cott schon immer und er versuchte vor allem das Rätsel zu lösen, warum sie Steine schlucken. Er stellte fest, daß Steine auf dem Trockenen meistens nur ein Prozent ihrer Masse darstellen. Im Wasser jedoch wird das gleichwertig mit fünfzehn Prozent ihres Gewichtes. Daher kam er zu dem Schluß, daß Krokodile instinktiv die Steine zu sich nehmen, um sich in starker Strömung zu stabilisieren und besseren Halt zu haben, wenn sie ihre Beute im Wasser umhermanövrieren. Ihre Zähne sitzen nicht ganz fest und sind daher nicht stark. Um diese Schwäche auszugleichen, lassen sie die ertränkte Beute zum Verrotten unter Wasser. Löst sich ein Körperteil, drehen sie ihn ab, indem sie sich selber umherwirbeln. Wie bei den Flußpferden liegen Ohren, Augen und Nasenlöcher hoch auf dem Kopf, damit bester Gebrauch davon gemacht werden kann, wenn der Rest des Körpers unter Wasser ist. Im Gegensatz zum Flußpferd jedoch ist das Krokodil im Wasser viel gefährlicher. Dennoch kommt es zu gelegentlichen räuberischen Überfällen auf den Sandbänken. Terence fand einmal mehr als zweihundert Meter vom Fluß entfernt den Rumpf eines weiblichen Wasserbockes, der von einem Leoparden gerissen worden war. Aus den Spuren ließ sich schließen, daß ein großes Krokodil vom Fluß gekommen war und die Beute hundertachtzig Meter zum Fluß gezogen hatte. Der Leopard, der sich immer noch daran festklammerte, war gefolgt. Ein leichtsinniges junges Krokodil, das ungefähr ein Meter achtzig lang war, wurde von meinen Löwen gefangen und getötet, als es sich zu weit vom Fluß entfernt hatte.

Die Löwen konzentrierten sich normalerweise auf herkömmlichere Beute: Büffel, junge Giraffen, Wasserböcke, Kleiner Kudu und die langhalsigen Gerenuks, die im »nyika« leben. Diese und die Dik-Diks verschafften die Aufregung des Aufspürens, der Jagd und des Reißens, die für Löwen lebensnotwendig ist. Es war diese Art Aufregung, die wir auf unseren täglichen Spaziergängen suchten.

Der 6. Juni 1971 fing wie jeder normale Tag an. Boy war mehrere Nächte vom Camp ferngeblieben und so brach ich mit Christian, Juma, Mona, Lisa und Supercub im ersten Licht des Tages zu einem Spaziergang auf. Sie hatten ihren Spaß daran, ein Dik-Dik zu jagen, dann kletterten wir auf »Boys Felsen«, wo ich sie zurückließ. Als ich ins Camp zurückkehrte, war es gegen zehn Uhr und ich setzte mich, um allein zu frühstücken, weil Terence in Malindi war und seinen Arbeitern ihren Lohn ausgezahlt hatte. Draußen vom Wassertrog hörte ich das Geräusch eines laut trinkenden Löwen und Kimani, der mir mein Rührei brachte, sagte, daß Boy eben aufgetaucht sei.

Nicht viel später kam Kimani, um den Tisch abzuräumen, und während er das tat, hörten wir beide schreckliche Schreie aus dem Busch hinter dem Camp. Für den Bruchteil einer Sekunde wußte ich nicht, ob ich nach meinem Gewehr oder meinem elektrischen Viehtreiber greifen sollte, aber da ich wußte, daß im Ernstfall keine Zeit zum Zurücklaufen mehr wäre, packte ich ein Gewehr.

Ich rannte zu den großen Toren und von da aus sah ich Boy in gut zweihundert Meter Entfernung mit Stanley in den Fängen. Als ich schreiend auf ihn zustürmte, ließ er Stanley fallen und verzog sich seitlich in den Busch, der etwa zwanzig Meter weg war. Stanley saß auf dem Boden, Blut strömte aus seiner Schulter. Ich raste an Stanley vorbei, legte mein Gewehr an und schoß Boy durchs Herz. Nachdem ich mich überzeugt hatte, daß er tot oder sterbend war, wandte ich mich Stanley zu und rief Kimani zu Hilfe. Er zögerte, weil er scheinbar fürchterliche Angst vor Boy hatte, doch ich rief ihm zu, schnell zu kommen, weil Boy tot war und wir Stanley rasch helfen mußten.

Zusammen halfen wir ihm, einige Schritte zum Tor zu wanken, ehe er zusammenbrach. Ich rannte, um meinen Wagen zu holen und fuhr ihn dann die kurze Strecke zu meiner Hütte, wo ich ihn hinlegte. Als ich anfing, die Wunde in seinem Nacken und die tiefere an dessen Ansatz zu untersuchen, starb Stanley. Seine Halsschlagader mußte schwer verletzt worden sein, und weniger als zehn Minuten, nachdem er aufgeschrien hatte, war er verblutet.

Den ganzen Vormittag versuchte ich die Polizei in Garissa per Funk zu erreichen, doch die Zentrale sagte mir, daß Sonntag sei und ich höchstwahrscheinlich keine Antwort erhalten würde.

Ich wollte nicht, daß die anderen Löwen zurückkehrten und den toten Boy neben der Straße liegen sahen. Ich beschloß, ihn zu beerdigen. Mit Kimanis Hilfe hob ich ihn hinten in meinen Landrover und fuhr allein zu einem sandigen Flußbett, das wir »Elefanten-Lugga« nannten. Ich nahm einen Flaschenzug und Seile mit. Unter einem schattigen Baum schaufelte ich ein Grab, und mit Hilfe des Flaschenzuges ließ ich Boy langsam hinunter. Nach allem, was wir miteinander durchgemacht hatten, war dies ein trauriger Moment. Ich hatte ihn mehr als acht Jahre lang gekannt, das war doppelt so lange wie die Zeit mit Elsa.

Am nächsten Morgen schaufelte ich im ersten Tageslicht mit Kimani ein Grab für den armen Stanley. Ich war entschlossen, ihn zu begraben, falls ich die Polizei nicht bald erreichen konnte. Aber um zehn Uhr – ganze vierundzwanzig Stunden nach dem Unfall – kam ich durch. Sie waren unnachgiebig in ihrer Forderung, daß ich Stanley nicht beerdigen sollte und schickten sofort ein Fahrzeug los, um seinen Leichnam abzuholen. Sie brauchten den ganzen Tag. Um halb sechs Uhr abends kamen sie mit sechs Polizisten an.

Trotz des Zustandes, in dem sich der Leichnam in dieser Hitze befand, fingen sie an, Aussagen zu protokollieren. Dann bestanden sie darauf, Boys Grab zu sehen, es zu öffnen und zu überprüfen, ob ich ihn wirklich

erschossen hatte. Sie blieben bis abends um neun Uhr. Zu dem Zeitpunkt kehrten die Löwen, die den ganzen Tag weggewesen waren, plötzlich zum Camp zurück und sorgten für weitere bange Momente.
Worte können die Reue, die ich verspürte, nicht beschreiben. Stanley war wieder und wieder gewarnt worden, das Camp nicht zu verlassen, wenn die Löwen auf freiem Fuße waren. Er hatte erlebt, wie Boy vor ein paar Monaten erst Muga und dann ihn selbst angegriffen hatte, und er war lange genug mit Joy und mir gewesen, um die Gefahren des Busches einschätzen zu können. Er war nett und zuverlässig gewesen, und wie hart die Arbeit auch sein mochte, er war stets geduldig und fröhlich. Er hatte sich aufopfernd um Boy gekümmert, vor allem in der Zeit, als sich dieser in Naivasha und Kora von seinen Operationen erholte. Vielleicht hatte er sich zu sehr auf das Vertrauen verlassen, das in diesen schweren Zeiten zwischen ihnen gewachsen war.
Als ich – teils von Kimani und teils aus dem Spuren am Boden – den Hergang des Unglücks zusammenstückelte, schien es, als ob sich Stanley in den Kopf gesetzt hatte, Honig zu suchen. Boy war zum Camp zurückgekehrt und hatte getrunken, als er plötzlich sah, wie sich auf der anderen Seite des Camps etwas bewegte, was er dann erkundete. Vielleicht erkannte er Stanley nicht, oder vielleicht erkannte Stanley Boy nicht. Auf jeden Fall war Stanley, anstatt still zu stehen – was Boy aufgehalten hätte – in Richtung Tor und Sicherheit gerannt. Rennende Gestalten sind für Löwen unwiderstehlich.
Zu meinem Bedauern nahm die Polizei Stanleys Leichnam nach Garissa mit und beerdigte ihn in einem anonymen Grab. Er hatte keine Frau, und ich hätte ihn gern in Kora oder Meru in der Nähe seiner Familie begraben, die jetzt das Geld für seine Lebensversicherung erhielt. Er war erst achtundzwanzig, als er starb.

In den nächsten paar Tagen konnte ich an nichts anderes denken. Von all den Löwen, die ich kannte, wußte ich, daß Boy ein äußerst gleichmütiges Temperament hatte. Er hatte seine Verletzungen, die Spritzen, die Operationen und seine Reisen mit unveränderter Geduld hingenommen, wie er auch die Gegenwart so vieler Menschen toleriert und akzeptiert hatte, zum Beispiel Bill, Ginny, die Tierärzte, Ace, John, die Kamerateams, Stanley und mich. Mich hatte das so sehr beeindruckt, daß ich blind für die Warnsignale geworden war: die Verletzungen, die er dem jungen Arun Sharma und Mark Jenkins in Meru und Muga Anfang des Jahres in Kora zugefügt hatte.
Jetzt erinnerte ich mich an den Brief, den mir Bill vor achtzehn Monaten

nach Naivasha geschrieben hatte. Er fragte, ob die Stahlstifte in Boys Bein seine Bewegungsfreiheit nicht beeinträchtigen würden oder ihm Schmerzen bereiteten, was ihn zu einem Menschenfresser machen könnte. Ich erinnerte mich auch an Joys häufigen Rat, Boy in Kora freizulassen, damit er für sich selber sorgen würde. Dennoch war sie im Angesicht dieser Tragödie außerordentlich mitfühlend. Ich dachte auch an Thesigers Artikel. Als erstes schickte ich eine genaue Schilderung des Vorganges an die Behörden, die verständnisvoll reagierten. Die lokalen Zeitungen und der »Daily Express« druckten ausführliche Berichte über den Unfall, die unvermeidlich einen kritischen Unterton hatten. Aber in den nächsten zwei Monaten kam es zu keinen extremen Reaktionen gegen mich oder meine Arbeit.

Wir sahen uns jedoch einer anderen Art Gewalt gegenüber. Anfang August verschwanden Mona, Lisa und Supercub im Busch und es war mir unmöglich, sie zu finden. Nach einigen Tagen Suche stieß ich auf drei junge Wakamba, die acht Kilometer entfernt ihr Vieh zum Brunnen gebracht hatten. Als Antwort auf meine Frage sagten sie mir, daß sie vor einer Woche drei Löwen am Wasser gesehen hätten, von denen der eine etwas kleiner gewesen sei. Als sie hinzufügten, daß die Löwen drei ihrer Kühe gerissen hätten, bat ich sie, mich zu den Überresten zu führen. Das Vieh war mit Sicherheit von Löwen getötet worden, aber nach gründlichen Untersuchungen kam ich zu dem Schluß, daß es nicht meine gewesen waren. Zwei Tage später folgte ich der frischen Spur dreier Löwen in ein großes Dickicht, in dem sie sich offenbar versteckt hielten. Um sicherzugehen, daß es nicht meine Löwen waren, rief ich mehrmals »Mona«, »Lisa« und »Supercub«, doch da keine Reaktion erfolgte, war ich überzeugt, daß es wilde waren.

Nach zwei weiteren Tagen erschienen Lisa und Supercub beim Camp, aber Mona – die immer schon am wenigsten selbständig gewesen war – sah ich nie wieder. Ich bin mir sicher, daß die Wakamba sie fälschlicherweise für einen der Löwen hielten, die ihre Kühe geholt hatten und sie daher töteten. Da die Wakamba ohnehin kein Recht hatten, sich in Kora aufzuhalten, bat ich den Stammesältesten in Balambala, sie fortzuschicken, was er auch tat.

Nach Monas Verschwinden verbrachten Christian, Juma, Lisa und Supercub die meiste Zeit des Tages miteinander. Oft jagten sie Elefanten, die plötzlich in großen Herden erschienen waren. Wenn ich sie so zusammen sah, bestätigte sich die Antwort auf die quälende Frage in meinem Kopf. Kurz vor seinem Tod schien Boy sich unnatürlich zu verhalten: Wann immer er konnte, jagte er Juma. Mir wurde jetzt klar, daß es nicht Boy war, der »unnatürlich« war, sondern daß sich Juma anders als andere junge Löwen entwickelte, ja, sogar zunehmend weiblicher aussah. Ich hatte mich bei seinem Geschlecht vertan, und jeden Tag wurde deutlicher, daß Juma eine Löwin war.

Als das Rudel kein Interesse mehr an der Elefantenjagd hatte, spürte ich für sie einen Wasserbock auf, den die wilden Löwen frisch gerissen hatten. Diese hatten sich murrend zurückgezogen und trauten sich bestimmt nur meinetwegen nicht heran.

In der Nacht hörte ich das typische Brüllen des »Killers«, der Monalisa getötet hatte. Es folgte ein fürchterlicher Kampf, bei dem eine Reihe von Löwen am Camp vorbeischoß. Unmöglich konnte man feststellen, wer wen jagte. Später wachte ich durch das gequälte Rufen eines Löwen auf. Als ich nachschaute, traf ich Christian und Juma, die mich vorsichtig in den Busch führten. In der Morgendämmerung humpelte Lisa auf mich zu. Blut strömte aus ihrer Schulter und ihrem Hinterlauf. Obwohl sie keine bleibenden Verletzungen hatte, war sie schlimm zerbissen worden. Dann machte ich mich auf die Suche nach Supercub und fand die Spuren einer Löwin mit einem Jungen. Später stießen die Abdrücke eines männlichen Löwen dazu. Nicht weit entfernt sah ich dann unter einem Baum etwas liegen, das wie eine junge schlafende Löwin aussah. Als ich näherkam, merkte ich, daß das Tier tot war und daß es Supercub war. Er war genau wie Monalisa durch das Genick gebissen worden.

Die Löwin, der er gefolgt war, muß wohl eine von Boys Gemahlinnen gewesen sein, die ihn aber auch nicht vor dem Zorn des »Killers« retten konnte. Es war nicht anders als die Ermordung Sams durch »Black Mane«, die damals so unbegreiflich erschien. Mir wurde klar, daß ein männlicher Löwe jedes Löwenbaby in seiner Nähe umbringt, wenn er ein Rudel übernimmt oder eine neue Löwin für seinen Harem gewinnen will, um jegliche Konkurrenz in seiner eigenen Nachkommenschaft auszuschalten.

Die Folge all dieser plötzlichen Todesfälle war, daß Christian auf einmal nicht mehr brüllte. Er schien zu merken, daß Zurückhaltung die bessere Seite der Tapferkeit war. Außerdem markierten die drei Löwen ihr Revier nicht mehr. Eine weitere Folge war, daß Bill mir schrieb, daß er und einige meiner Freunde in England die Reaktion der ansässigen Löwen als zu negativ empfanden und ich lieber einen anderen Ort für die Fortsetzung meiner Arbeit finden solle. Obwohl ich fünf der acht Löwen, die ich nach Kora gebracht hatte, verloren hatte, antwortete ich, daß ich zuversichtlich sei, mit etwas mehr Zeit und durch die Verstärkung einiger Löwen das Experiment aufgrund meiner Erfahrung auch in dieser rauhen Um-

gebung erfolgreich durchführen zu können. Aber gerade dann, als ich jedes bißchen Glück dringend brauchte, schlug das Schicksal aus einer anderen Richtung zu.
Wilfred Thesiger, der auf Safari gewesen war, als der Unfall mit Stanley passierte, veröffentlichte im »East African Standard« einen weiteren Artikel. Darin griff er meine gesamte Tätigkeit in Kora an, mit der Begründung, daß die Rehabilitierung zahmer Löwen außerordentlich gefährlich sei und die Tiere immer eine Bedrohung für Menschen darstellen würden.
Sein Artikel war hauptsächlich eine Aufstellung vor Vorurteilen und Unwissenheit. Das Vorurteil gegen meine Arbeit basierte auf dem Zwischenfall mit Boy und Mark Jenkins, aber es beruhte auch auf seiner seit langer Zeit bestehenden Einstellung zu Löwen. Jahre zuvor hatte er im Sudan selber zwei aufgezogen, die er nach neun Monaten erschoß. Während seiner fünf Jahre als Distrikt-Kommissar hatte er angeblich siebzig wilde Löwen erschossen. Das gab mir einen Einblick in seine Psyche. Die Löwen-Kontrolle war strenggenommen nicht Teil seines Aufgabenbereiches, sondern meines, und ich erschoß nicht einmal halb so viele in all den zwanzig Jahren, in denen ich für das Ministerium arbeitete.
Die Ignoranz des Artikels ging aus seinen vielen Ungenauigkeiten hervor. Syd Downey, der ein alter Freund von mir und einer der am meisten respektierten Berufsjäger und später Naturschützer in Kenia war, wurde von der Zeitung gebeten, sich dazu zu äußern. Er machte darauf aufmerksam, daß Thesiger, der keinerlei Erfahrung mit der Rehabilitierung von Löwen hatte, diese als unfähige Mörder bezeichnete, denen es nicht möglich sei, sich bei den wilden Löwen zu integrieren, was nicht stimmte. Downey korrigierte auch zwei andere irreführende Eindrücke – daß wilde Löwen während der Jagd keine Wunden erleiden und daß sie nur zu Menschenfressern werden, wenn sie irgendein Gebrechen haben.
Der Artikel enthielt einen gefährlichen Fehler: Die Behauptung, daß es sicher sei, in der Gegenwart wilder Löwen im Freien zu schlafen. Es stimmt, daß sie einen nicht unbedingt angreifen, auf der anderen Seite sind viele Leute im Schlaf aus ihren Zelten oder Hütten gezerrt worden – auch Berufsjäger.
Schließlich unterstellte der Artikel, daß ich wohl hunderte von Tieren in der Steppe geschossen hätte, um meine Löwen zu füttern und daß es in Kora bald kein Wild mehr geben würde. Ich hatte nie in solchem Ausmaße geschossen und längst damit begonnen, Vieh für die Löwen zu kaufen. Im Laufe der Jahre hatte unsere Anwesenheit nicht zu einer Verminderung des Wildbestandes, sondern vielmehr zu dessen Anwachsen

beigetragen. Die einzige Ausnahme bildeten die Nashörner, die überall in Kenia fast bis zur Ausrottung gewildert wurden.

Wilfred Thesiger ist eine berühmte Persönlichkeit, und Kenia und sein Wildbestand liegen ihm sehr am Herzen. Ich hoffte daher, daß diese irreführenden Argumente nicht den einzigen positiven Vorschlag des Artikels überschatteten: ich sollte Löwen und andere Raubtiere, die Vieh angriffen, fangen und in Kora freilassen. Tatsächlich waren nur die beiden ersten Löwen, Boy und Christian, in Gefangenschaft geboren, alle anderen kamen entweder direkt oder indirekt im Zuge des Schutzes der Viehbestände von den Wildhütern.

Wenn ein Mann wie Wilfred Thesiger, der gute Freunde im Ministerium für Wildschutz hatte und selber ehrenamtlicher Wildhüter war, so viele falsche Auffassungen von meiner Tätigkeit hegte, dann mußte ich den Behörden und der allgemeinen Öffentlichkeit schnell die wahren Tatsachen über meine Arbeit unterbreiten. Sollte mir das nicht gelingen, wären meine Tage in Kora gezählt.

Kapitel 12

Christians Pyramide

1971–1973

Genau zwei Jahre, nachdem er das Londoner Pflaster verlassen hatte, bewegte sich Christian am Tana-Fluß in einem Umkreis von sechzehn oder vierundzwanzig Kilometern flußauf- und flußabwärts. Sein Versprechen, ein großer, schöner Löwe zu werden, hatte er gehalten – er war wohl einer der größten in Kenia. Juma war eine schöne Löwin, aber immer noch scheu und unnahbar. Lisa war kleiner, sanfter und liebevoller. Die drei Löwen kümmerten sich nicht um die Tatsache, daß Terence und ich – und somit auch sie – von einer Ausweisung bedroht waren und genossen ihr Leben in Kora.

Eine Zeitlang waren sie unzertrennlich. Christian kam oft zerkratzt, aber unerschrocken von den Kämpfen mit den wilden Löwen zurück. Ich fand die Reste eines Kleinen Kudus, den sie zusammen gerissen hatten. Zwei Tage später fand ich Spuren, die die Geschichte eines weitaus hitzigeren Kampfes erzählten. Sie hatten ein ausgewachsenes Flußpferd angegriffen und bei dem fürchterlichen Ringen war der Boden aufgewühlt und kleine Bäume entwurzelt worden. Das Flußpferd hatte Christian dann bis zum Wasser gezerrt, wo er es schließlich loslassen mußte.

Obwohl die Löwen fast ausgewachsen waren, bewahrte sich Christian all seinen Übermut und seine Neugierde. Nachdem sie jetzt angefangen hatten, selber zu jagen, ließen sie manchmal das Kamelfleisch unberührt, das ich ihnen hinlegte. Liegt ein Kadaver mehrere Tage in der Sonne, dann bläht er sich wie ein Ballon auf, und eines Abends konnte Christian nicht widerstehen, in ein solch groteskes Objekt hineinzubeißen, um zu sehen, was geschehen würde. Das fand er jedoch nie heraus, denn das Resultat war sensationell. Das Kamel explodierte und die volle Ladung der betäubenden Gase entlud sich mit einem obszönen Pfeifen genau in sein Gesicht. Fünf Minuten lang lag er wie tot am Boden. Lisa lief um ihn herum und stupste ihn besorgt an, bis er wieder zu seinen noch verwirrten Sinnen kam.

Anfang 1972, als alle drei Löwen ungefähr zweieinhalb Jahre alt waren, reiften Juma und Lisa heran: als männlicher Löwe war Christian ihnen etwa sechs Monate hinterher. Die Weibchen zogen oft zwei bis drei

CHRISTIANS RUDEL
IN KORA 1970–1973

Wilde Löwin = BOY
Geboren: 1963
Ankunft: 1970
Von 2nd Bn Scots Guards
Tötet Stanley
Von G. A. erschossen 1970

KATANIA
Geboren: 1970
Ankunft: 1970
Aus Maralal
Von Krokodil gefressen 1970

CHRISTIAN = *Wilde Löwin*
Geboren: 1969
Ankunft: 1970
Aus London
Zuletzt gesehen 1973

SUPERCUB
Geboren: 1971
Ankunft: 1971
Aus Nairobi
Von wildem Löwen getötet 1971

MONA LISA
Geboren: 1970
Ankunft: 1971
Aus Maralal
Von wildem Löwen getötet 1971

DANIEL (1) = GROWLIE
Geboren: 1972
Überquert mit Oscar & Kora den Tana
Zuletzt gesehen 1976

GROWLIE
siehe Daniels Rudel

siehe DANIELS RUDEL
Kapitel 13, 14, 15

JUMA = *SCRUFFY* = LISA

MONA

JUMA
Geboren: 1970
Ankunft: 1971
Aus Maralal
Zuletzt gesehen 1975

LISA
Geboren: 1969
Ankunft: 1971
Aus Nairobi
Zuletzt gesehen 1973
Junge von Juma adoptiert

MONA
Geboren: 1969
Ankunft: 1971
Aus Nairobi
Von den Wakamba getötet 1972

SHYMAN
Geboren: 1972
Greift Tony an
Von G. A. erschossen 1975

OSCAR
Geboren: 1972
Von Juma adoptiert
Überquert mit Daniel & Kora den Tana
Zuletzt gesehen 1976

KORA
Geboren: 1972
Von Juma adoptiert
Überquert mit Daniel & Oscar den Tana
Zuletzt gesehen 1976

LISETTE
Geboren: 1972
Von Juma adoptiert
Leidet an einem Bruch
Stirbt 1973

Wochen allein los und ließen den einsamen und deprimierten Christian zurück. Bald riß er sich zusammen; erhöhte die Häufigkeit und die Lautstärke seines Brüllens und fing an, im Stil eines ausgewachsenen Löwen sein Revier zu markieren, wobei er auf dem Boden scharrte. Wenn Juma und Lisa dann zehn Tage später zurückkehrten, führte Christian das ganze Ritual auf, dem normalerweise die eigentliche Paarung folgt, aber es zeigte sich, daß er dafür noch nicht reif genug war.

Zu Christians Hohn jagten die wilden Löwen jetzt Juma und Lisa, jedoch nicht, um sie zu belästigen, sondern um ihnen zu gefallen. Oft sahen wir die beiden in Begleitung wilder Löwen auf den Felsen eines sandigen Flußbettes liegen, und langsam wurden wir mit einigen von ihnen vertraut. Juma und Lisa paarten sich beide mit dem zerfetzten und fast mähnenlosen Löwen, den wir »Scruffy« nannten. Sie zogen eindeutig diesen verrufenen und erfahrenen Wüstling Christian, ihrem eleganten Altersgenossen, vor. So ist das oft bei Löwen – wie auch manchmal bei Frauen.

Ihrem Alter entsprechend waren Juma und Lisa noch sehr ortsgebunden. Man geht davon aus, daß eine Löwin in ihrem Revier bleibt, und diese beiden fühlten sich in dem Gebiet ums Camp zu Hause. Gegen weibliche Eindringlinge hätten sie die größeren Chancen – sie kannten die besten Stellen für ihre Jungen und die erfolgversprechendsten Jagdgebiete, wenn sie ihre Partner und die Jungen versorgen mußten.

Christian dagegen war deutlich im Nachteil. Da er noch nicht ganz ausgewachsen war, konnte er Scruffy nicht wegjagen und es lag in seiner Natur, daß er – nachdem er seine Stärke einmal bewiesen hatte – zögernd nachgab und sein Glück anderswo suchte. Manchmal half ich ihm bei seinen Kämpfen, da ich um sein Leben bangte. Eines Morgens gegen drei Uhr hörte ich etwas, das sich nach einer Verfolgungsjagd anhörte. Bald entdeckte ich Christian in der Nähe des Camps und sah das Leuchten von zwei Augenpaaren im Busch. Christian stürzte sich im Angriff in die Dornen, ich hörte ein Knurren und er schoß wieder heraus, gefolgt von einem Löwen. Bei meinem Anblick drehte er sofort in meine Richtung ab. Als er noch neun Meter entfernt war, feuerte ich einen Warnschuß ab und er rannte davon. Die beiden wilden Löwen belagerten dann das Camp. Sie knurrten dabei tief und geradezu winselnd – ich wußte, daß es ihre tödlichsten Drohungen waren. Schließlich ging ich hinaus und warf Steine in ihre Richtung. Einer hatte sich genau wie der »Killer« angehört.

In einer anderen Nacht konnte ich Christian, der auf den Felsen in Schwierigkeiten geraten war, nicht erreichen. Als er am Morgen nicht erschien, folgte ich seiner Blutspur, bis ich sie verlor. Achtundvierzig

Stunden vergingen, ehe er wieder auftauchte, im Gesicht und an den Vorderbeinen arg zerbissen und zerkratzt. Es waren alles Verletzungen an der Vorderseite, die von seinem Mut zeugten. Ich gebe zu, daß ich danach eine Zeitlang erwog, Scruffy ein für allemal loszuwerden. Ich bin sehr froh, daß ich es nicht tat.
Die Trächtigkeit von Löwen beträgt hundertundacht Tage, und meiner Rechnung nach konnten wir irgendwann im November 1972 Jumas und Lisas Junge erwarten. Während dieser Zeit brüllte Scruffy in der Nähe des Camps und lungerte hier herum, bis ich eines Morgens loszog und ihn und Christian freundschaftlich zusammen auf dem Kora-Felsen sitzen sah. Auf gewisse Weise war dies bis jetzt einer der wichtigsten Erfolge in Kora – die Eingliederung meiner Löwen in die Rudel der wilden.
Nichtsdestoweniger hatte ich bei Christian das Gefühl, daß eine Einstellung der Feindseligkeiten sich mehr als Waffenstillstand denn als Frieden herausstellen würde.

In Kora war das Schicksal bis jetzt gegen mich gewesen, doch endlich wandte es sich zu meinen Gunsten. Die Löwen wuchsen heran und gewannen an Selbstvertrauen; in Garissa versuchte Ken Smith mich offiziell zu unterstützen; und dann zog Joy ein As, obwohl ich es manchmal einen Joker nenne.
Vor kurzem hatte sie nach einem Assistenten inseriert, der ihr bei dem geplanten Leopardenprojekt helfen sollte, aber der ständige Ärger mit ihrer Hand zwang sie, alles abzublasen. Daher leitete sie die Bewerbung eines jungen Mannes namens Tony Fitzjohn an mich weiter. Dies war ein Geschenk des Himmels, es sah aus, als ob man ihn für alles verwenden konnte. Er war in England aufgewachsen und nach Abschluß der Schule hatte er sich nach und nach als Fotograf qualifiziert, war Aufseher von Nachtclubs und Lehrer bei »Outward Bound« Trainingskursen gewesen. Im Alter von sechsundzwanzig hatte er Höhen und Tiefen durchlebt und war in Lastwagen und Schiffen durch das südliche Afrika geschaukelt.
In Aussehen und Temperament war er Christians Gegenstück. Er hatte eine ausgezeichnete Kondition und sah gut aus, und im Umgang mit Löwen zeigte er keinerlei Furcht. Weder seine Energie noch sein Sinn für Unfug ließen sich leicht bändigen. Wie Christian hatte er die nervtötende Angewohnheit, ohne Vorwarnung wochenlang vom Camp zu verschwinden und genauso unerwartet wieder aufzutauchen. Hier endeten die Gemeinsamkeiten, denn seine Gewandheit im Umgang mit seinen Freundinnen war anders als Christians – und Christian ertappte ich nie mit einer Flasche in der Hand.

Tony war ein Meister der Geschicklichkeit. Um unseren Wagen einsatzfähig zu erhalten, konnte er den Angestellten der Wildverwaltung einen Reifen abluchsen, der Armee einen Kanister Benzin, und er konnte einen kränklichen Motor zum Leben erwecken, wenn Terence oder ich es schon längst aufgegeben hatten. Ich weiß nicht, wie ich es ohne ihn geschafft hätte, in Kora zu bleiben; und doch war alles, was ich ihm bieten konnte, lediglich unsere Art des Lebens, Grundnahrung, ein paar Flaschen Bier und ein Dach über dem Kopf. Ich konnte es mir nicht leisten, ihm auch nur einen Pfennig zu zahlen.

Jetzt fällt mir ein, daß er doch noch einen gemeinsamen Wesenszug mit Christian hatte. Wenn ihnen zu lange die Gesellschaft – vor allem weibliche – entzogen wurde, neigten beide dazu, ihren Frust abzulassen und man konnte dann nie wissen, was als Nächstes kommen würde. Unter normalen Umständen wäre Christian mit anderen Löwen des Rudels umhergezogen – so wie Ugas, Boy und Suswa es in Meru taten – und hätten die Löwinnen sich selbst überlassen. Aber in Kora gab es keine anderen Löwen, die seine Gesellschaft wollten. Er brüllte nachts, was ihm aber weder Freunde noch Freundinnen bescherte. Zeitig wurde ich eines Morgens durch sein einsames Rufen geweckt und zog los, um ihm meine Gesellschaft anzubieten. Schon bald fand ich ihn – zum Angriff geduckt.

Das war eines seiner Lieblingsspiele: Er sprang dann auf und begrüßte mich, ohne jedoch grob zu werden. Heute aber stürzte er sich auf mich, warf mich um und »nagelte« mich auf den Boden: Ich war völlig hilflos. Mit seinem großen Gewicht auf dem Rücken konnte ich nichts tun, als er mich mit seinen Pranken packte und meinen Kopf und Nacken in seinen Fängen hielt. Eine seiner Krallen versank in meinem Arm.

Plötzlich ließ er mich los. Ich war so unglaublich zornig, daß ich einen Stock nahm und damit auf ihn losging. Wie der Blitz war er verschwunden. Er hatte gemerkt, daß er die Spielregeln verletzt hatte. Aber gleich danach brach er sie erneut, diesmal mit Tony. Während ich fort war, um mit der Kreisverwaltung unsere Zukunft zu besprechen, schlug Christian mit seinen Pranken nach ihm, warf ihn mehrmals um und zerrte ihn am Kopf über den Boden. Tony sah rot, ballte die Faust und schlug Christian mit all seiner beträchtlichen Kraft auf die Nase. Wieder machte Christian keine Anstalten, sich zu wehren, sondern setzte sich unter die Büsche und starrte einen arg gebeutelten Tony an – und das will was heißen –, der im Landrover saß und ein Taschenbuch las, während sich beide beruhigten. Als wir den Vorfall später durchsprachen, wurde uns klar, daß Christian lediglich seiner Einsamkeit und seinem Frust Luft gemacht hatte.

Tony schien zu denken, daß es ihm schlimmer als mir ergangen war, weil Christian Respekt vor meinem Alter und meinem weißen Haar gehabt hätte. Mir allerdings war er nicht sehr respektvoll vorgekommen.

Rückblickend waren die Bemühungen in Kora genauso entscheidend für Christian wie für mich. Bis dahin war ich fünfzig Jahre lang mehr oder weniger ununterbrochen auf Safari gewesen. Mein Leben in Isiolo war alle paar Wochen durch Patrouillen unterbrochen worden sowie durch Notrufe wegen der Missetaten von Löwen und Elefanten.
Obwohl sie völlig anders geartet waren, kann man meine fünf Jahre in Meru nicht als ruhig bezeichnen. Ich war in dem Sinne nicht unterwegs, doch ständig darum besorgt, daß man mich ausweisen würde. Girls Rudel und seinen Nachwuchs zurückzulassen, stimmte mich so wütend, wie es Joy deprimierte, von Pippas Jungen getrennt zu werden, als diese sich gerade paaren und ihre »Enkelkinder« zur Welt bringen würden.
Das Alter verändert menschliche Interessen und Verhaltensweisen auf mancherlei Art. In den ersten Jahren in Kora wurde mir das zunehmend bewußt. Zunächst merkte ich, daß – soviel man auch in seinem Leben umhergereist sein mag – es immer befriedigender wurde, seßhaft zu sein. Dies nicht nur aus einleuchtenden körperlichen Gründen, sondern auch aus psychologischen. Neues verliert an Zauber, während unsere Sinne nachlassen, schöpfen wir aus vertrauter Umgebung Sicherheit; wir gehen weniger aus, um Leute zu suchen, mit denen wir am liebsten zusammen sind und machen es so für sie leichter, uns zu finden; und weil wir weniger schaffen, wird uns bewußt, wer wir sind und was wir geleistet haben.
Ferner stellte ich fest, daß – soviel wir auch von einem Tag zum anderen und für den Tag selbst gelebt haben – wir immer häufiger in die Vergangenheit blicken, um darin Halt für die Gegenwart zu finden, in der wir weniger aktiv sind und auch für die Zukunft, die wir vielleicht nie erleben werden – in anderen Worten: Durch jüngere Generationen fangen wir an, einen Teil unseres Lebens stellvertretend zu leben.
Joy plante gern weiter im voraus als ich, und sie hatte diese beiden Bedürfnisse schon vorausgesehen, als sie das Haus in Naivasha kaufte und – da sie keine eigenen Kinder hatte – für Pippa und ihre Nachkommen ein Programm entwarf, das sie einige Jahre beschäftigen würde.
Mit der nahegelegenen Straße, den Motorbooten und dem Strom von Touristen aus Nairobi hätte ich mich in Naivasha leider nie niederlassen können; und aus Meru hatte man mich herausgeworfen. Ebenso war ich gezwungen worden, Elsas Junge in der Serengeti und die Löwenbabys aus Girls Rudel in Mugwongo im Stich zu lassen. In Kora war ich zufrie-

den. Mit Christian, Juma und Lisa, die sich jetzt vermehrten, hatte ich hier einen Ort gefunden, an dem ich mich glücklich niederlassen und sterben konnte.
Leider bestand wieder die Gefahr, ausgewiesen zu werden. Wenn ich hier wirklich bleiben wollte, mußte ich jetzt all meine Überzeugungskraft aufbringen. Ich wandte mich daher an meine Freunde und bat um Unterstützung. Wir luden den Wildhüter aus Hola und einige Mitglieder der Tana-Ratsversammlung zu uns nach Kora ein. Die meisten von ihnen hatten die wunderschöne Flußlandschaft des Tana, die Terence mit neuen Straßen erschlossen hatte, noch nie gesehen und waren tief beeindruckt. Sie brauchten meine Pacht, und meine Löwen sahen sie als zukünftige Attraktion für Touristen und somit als weitere Einnahmequelle. Mr. Kase, Parlamentsabgeordneter dieser Region und Staatssekretär im Ministerium für Nachrichtenwesen, kam, um die Löwen zu sehen und brachte Mr. Sigara mit, den zuständigen Distriktbeamten seines Ministeriums. Mohamed Sigara war, wie der Zufall es wollte, Sohn eines Somali »mzees«, oder Ältesten, der mir im Krieg in bezug auf Informationen über die Italiener sehr behilflich gewesen war. Er und die anderen Beamten waren vielleicht keine Umwelt- und Naturschutzexperten, aber sie erkannten unseren »Reklamewert« für das Land und das wachsende Interesse der einheimischen Bevölkerung. Sie arrangierten sofort Presse- und Radiointerviews über mein Leben in Kora. Mr. Kase war sich natürlich bewußt, daß der Minister für Tourismus und Wildschutz und auch der einflußreiche Oberstaatsanwalt mein Projekt und die Dokumentarfilme unterstützt hatten.
Wie auf ein Stichwort hin stellte Bill Travers jetzt seinen dritten Dokumentarfilm »Christian der Löwe« fertig, in dem ich Stanleys Tod schilderte, aber auch versuchte, die positiven Erfolge darzustellen. Der Film machte offenbar einen guten Eindruck auf den Staatssekretär und den Obersten Wildhüter, der einen großen Einfluß auf unser Schicksal hatte; gleichzeitig machte Tony sich die Mühe, Schulkindern, deren Eltern und dem Polizeiposten in Garissa die Filme zu zeigen. Ken Smith verfolgte inzwischen einen eigenen Plan: er wollte uns nicht nur erlauben, weiterhin in Kora zu bleiben, vielmehr sollte das Gebiet als offizielles Reservat klassifiziert werden; auch er nutzte die Filme, um seine Argumente zu unterstreichen.
In ihren Büchern äußert Joy mehrmals die Überzeugung, daß einige der kritischen Momente ihres Lebens durch Elsas Geist beeinflußt waren. Ich glaube nicht, daß die Toten die Lebenden auf diese Weise beeinflussen können. Andererseits habe ich in meinem eigenen Leben ein Grundge-

setz der »Wechselwirkungen« festgestellt, der zunehmend bedeutsam wurde.
Eine der ungewöhnlichsten Erfahrungen war es für mich, daß Bill Travers meinen Charakter übernahm. Als er das für »Frei geboren« tat, wurde er in die Lebensweise der Löwen eingeführt und somit in die Produktion einiger der besten Tier-Dokumentarfilme der letzten Jahre. Das Filmen wurde sein Leben. Als Gegenleistung half er mir, das Experiment in Meru zu ermöglichen und wenn meine Lage ganz aussichtslos war, ebneten seine Filme mir den Weg. Darüberhinaus verdankten Boy, Christian und ich ihm unsere Existenz in Kora. Wenn wir auch völlig verschiedenen voneinander waren, verfolgten wir doch die gleichen Absichten. Natürlich fand die erste große Wechselwirkung meines Lebens mit Joy statt. Neuerdings fingen Tony und ich an, die Art Nutzen voneinander zu haben, den die Zoologen Symbiose nennen, und sehr bald schon machte sich Christians Adoption so reichlich wie Elsas bezahlt.
In Wirklichkeit war dies eine kritische Zeit für Christian, weil Juma und Lisa mit dem wilden Löwen Scruffy und seinen Freunden Kora übernommen hatten. Daher war er flußaufwärts gezogen und hatte ein besonders dichtes Hennagestrüpp zu seiner Festung erkoren. Ein Grund für seine Wahl war, daß die Orma- und Somalihirten in der augenblicklichen Dürre entgegen den Bestimmungen ihre Viehbestände in das Kora-Dreieck gebracht hatten und die Kühe beim Trinken leichte Beute für ihn waren. Wir hatten auch Beweise dafür, daß Christian den Fluß durchquerte. Direkt gegenüber lag ein großes Stück offenes Land, das ideal zum Jagen war, während er flußaufwärts in das Meru-Reservat gelangte. Wir rechneten immer mit dem Schlimmsten, wenn Christian längere Zeit verschwunden blieb und tatsächlich fanden Tony und ich ihn – nachdem wir kreisende Geier gesehen hatten – stolz auf einer frisch gerissenen Kuh sitzend. Um der Rache des Besitzers zu entgehen, zerrten wir sie unauffällig außer Sichtweite. Christians Blut geriet jetzt im wahrsten Sinne des Wortes in Wallung. Vom Kora-Felsen war er vertrieben worden, doch dieses Gebiet am Fluß hatte er sich zu eigen gemacht, er hatte hier gejagt und endlich hatte er auch Erfolg bei den ansässigen Löwinnen. Auf eigene Faust hätte er in seinem Alter nie ein Rudel übernehmen können, aber es gibt oft läufige Löwinnen, die bereit sind, nach einem Männchen zu suchen. Ich sah seine Gemahlinnen nie, aber ich weiß, daß er sich zweimal erfolgreich gepaart hatte. Eine geräuschvolle Hochzeitsfeier hörte ich fast ununterbrochen vier Tage und Nächte lang andauern. Abgesehen von diesen unverwechselbaren Geräuschen konnte ich auch ihren Spuren folgen.

Obwohl wir Christians Kuh sorgfältig versteckt hatten, kam er mit seinen Diebstählen nicht davon. Binnen kurzem erschienen eines Morgens zwei Orma-Stammesangehörige aus dem Busch und hielten mich an. Sie beschwerten sich über Christian, der erneut ihr Vieh angegriffen hatte. Unserer Verantwortung bewußt, verbrachten Tony und ich in der Nähe des Orma-Viehkrals eine abscheuliche Nacht in unseren Wagen. Ab und zu feuerten wir einen Schuß ab, um Christians Aufmerksamkeit auf uns zu lenken und warteten auf eine Reaktion, die aber nie kam. In den frühen Morgenstunden, als ich gerade eingedöst war, wurde ich durch das Klappen einer Tür und erdbebenartiges Wackeln geweckt. Christian hatte seinen Kopf durch das Fenster gezwängt und rüttelte ungeduldig am Auto. Er war wieder in einen Kampf verwickelt gewesen und mit Schrammen bedeckt. Gierig schlang er in wenigen Minuten acht Kilo Fleisch hinunter. Als er auf die Ladefläche des Landrovers sprang, wo er sich noch mehr Fleisch erhoffte, schlug ich die Tür zu und brachte ihn schnell ins Camp zurück. Tony folgte uns.
Es ging jetzt auf Weihnachten zu, und als Joy sich mit uns wegen der Planung in Verbindung setzte, erzählte ich ihr von Christians Mißgeschick und der bevorstehenden Geburt von Jumas und Lisas Jungen. Sie war begeistert, denn sie hatte den Schriftsteller Ralph Hammond Innes und dessen Frau Dorothy eingeladen und wollte ihnen die Jungen zeigen. Tony müßte ich dann wohl zu Terences Camp am Fluß schicken, weil Joy überzeugt war, daß er mich vom rechten Weg abbrachte, sobald wir auch nur eine Flasche öffneten.
Joy hatte Ralph durch Billy Collins kennengelernt und wertvollen Rat über die geschäftlichen Seiten ihrer Schriftstellerei und ihrer Stiftung von ihm erhalten. Inzwischen hatte Billy Collins ihre drei Bücher über Elsa veröffentlicht, zwei über Pippa, eins über die Stämme und »Joy Adamsons Afrika«, in dem all ihre Skizzen und Gemälde zusammengestellt sind. Weder Billy noch Joy waren sanfte Persönlichkeiten und von Zeit zu Zeit tobte Joy, weil er ihr nicht genug Aufmerksamkeit schenkte, ihre Anteile nicht ihren Ansprüchen genügten, und sie brach dann alle Verhandlungen ab. Aber so tief das Barometer auch fiel, bevor ihr nächstes Buch gedruckt wurde, schien es sich immer wieder zu erholen.
Die Wechselwirkungen in Joys Leben waren nicht weniger positiv als in meinem. Ihre Anerkennung als Künstlerin verdankte sie unmittelbar Peter Ballys Beruf als Botaniker – Vorteile ergaben sich daraus für beide. Kurz darauf schenkte ihr unsere Ehe nicht nur Elsa, sondern auch die Möglichkeit, ihr erstes Buch zu schreiben; ihre Bücher bereicherten mein Leben so wie das ihrige, wenn auch auf ganz verschiedene Art und Weise!

Kora war ein Ort des Friedens.

Boy kam mit einer tiefen Wunde auf dem Rücken zurück.

Während sich Boy von dem Biß erholte, kümmerte Stanley sich so rührend um ihn wie in Naivasha.

Rechte Seite
Die achtzehn Monate alten Löwinnen Mona und Lisa waren bei ihrer Ankunft sehr scheu, gewöhnten sich aber bald an mich.

Leider hing meine Haut nicht so locker wie die eines Löwen.

1972 kamen Ace und John zurück, um Christian zu besuchen.

Linke Seite
Man nimmt an, daß eine Löwin in ihrem eigenen Gebiet bleibt. Dieser Löwinnenkampf wurde für »Frei geboren« gedreht.

Mit Billy Collins, dem guten Freund und Verleger.

Rechte Seite
Oben: Die Versuchung, Vieh zu reißen, war zu groß für sie.
Unten: Flußüberquerung auf der Suche nach dem Löwen Kaunda

Zum ersten Mal sah ich Pennys drei Tage alten Jungen.

Wildhüter mit ihren ersten Gefangenen.

Ehe es dunkel wird, bereite ich die Petroleumlampe vor. Die Perlhühner gackern nachts mitunter los wie eine Alarmanlage.

Was die Veröffentlichung betrifft, so hatte sie wieder Glück. Durch Collins Harvill erwarb Joy ihr gesamtes Vermögen, obwohl sie das meiste davon weggab. Für Billy Collins eröffnete sich dadurch ein ganz neuer Themenbereich. Bisher hatte er keine Bücher über Afrika veröffentlicht. Durch Joys Erfolg beeinflußt, gab er jetzt Führer über afrikanische Vögel, Tiere, Nationalparks, Schlangen, Schmetterlinge und Korallenfische in Auftrag. Auch veröffentlichte er wichtige Bücher von Jane Goodall und Hugo van Lawick über Schimpansen und wilde Hunde, von Iain und Oria Douglas-Hamilton über Elefanten und von Mirella Ricciardi das Buch »Vanishing Africa«, das in wunderbaren Fotografien die Stämme festhielt, die Joy vor zwanzig Jahren gemalt hatte.
Collins hatte alle Bestseller von Hammond Innes veröffentlicht, und als Joy erfuhr, daß dieser vorhatte, einen weiteren in Afrika spielen zu lassen, hatte sie die Gelegenheit wahrgenommen, seine Freundlichkeiten zurückzuzahlen, indem sie ihn nach Kora einlud. Offenbar dachte sie, daß er beim Anblick der Löwinnen mit ihren Jungen auf die Idee käme, über Naturschutz zu schreiben. Ich warnte sie, daß die wachsame Juma vielleicht zu scheu und Lisas Junge zu klein sein würden, als daß wir in ihre Nähe könnten. Was Juma betraf, hatte ich recht. Ihre Jungen kamen Anfang November zur Welt, doch kurz vor Weihnachten hatten Tony und ich ein außergewöhnliches Erlebnis mit Lisa, deren Wurf Ende November geboren wurde.
Wir waren losgezogen, um ihr neuestes Versteck zu suchen, als wir Christian aus dem Gebüsch stöhnen hörten und gleich danach das hohe, schwache Wimmern eines Löwenjungen. Wir krochen in den Busch und fanden Christian mit einem winzigen Löwen. Er war zu klein, um eines von Jumas zu sein, obwohl wir uns in der Nähe ihres Versteckes befanden und sie selber nicht weit weg war. Wir hoben den Winzling aus dem Busch, aber Juma kümmerte das nicht. Da Lisa nicht zu finden war, nahmen wir ihn mit ins Camp. Wir hielten den kleinen Löwen warm und am nächsten Tag brachten wir ihn zurück zu den Felsen. Diesmal sahen wir Lisa und riefen sie, doch sie blieb völlig gleichgültig, bis sie das Mauzen des Kleinen hörte. Daraufhin kam sie sofort herunter und trug es am Genick zu einer Felsspalte. Obwohl die beiden Mütter ihre Jungen vom Camp fernhielten, zögerten sie nicht, uns abends zu einem Drink oder einer Mahlzeit zu besuchen.
Wie immer im Busch, machte Joy mit Weihnachtsbaum, Kerzen, Geschenken, einem Kuchen und Sekt, aus Heiligabend ein funkelndes Fest. Am Nachmittag wollte ich nachschauen, ob es Lisa und ihren Jungen gutging. Die anderen blieben ein Stück zurück, und wenn alles in Ordnung

wäre und ich nicht zurückkäme, würden sie mir vorsichtig folgen. Was dann geschah, berichtete Dorothy in ihrem eigenen Reisebuch »What Lands are these?«:

Er kam nicht zurück, also folgte ich ihm fasziniert, wenn auch etwas ängstlich. Ich wußte nicht, wie weit er gegangen war. Plötzlich stieß ich auf ihn. Er stand sehr still und starrte auf einige Büsche. Ich stellte mich neben ihn und folgte seinem Blick. Zunächst konnte ich außer dem Gewirr von Blättern und Zweigen nichts erkennen. Dann sah ich eine Bewegung – eine rosa Zunge leckte drei sehr kleine Löwenbabys, die über ihre Vorderpfoten kletterten. Die Löwin war ungefähr fünf Meter entfernt und schaute mich aus ihren bernsteinfarbenen Augen direkt an. Ein intelligenter, wissender Blick. Mein Geruch war ihr vermutlich vom Camp her vertraut, doch es war Georges Anwesenheit, die sie beruhigte. Ab und zu sprach er zu ihr in ruhigem Ton, den sie gut kannte: »Li-sa, Li-sa, Li-sa«. Er drehte sich zu mir um und ich erinnere mich, daß seine Augen vor Freude und Stolz leuchteten. »Das ist ein wunderbarer Vertrauensbeweis, findest du nicht?«

Die anderen erschienen nach und nach. Lisa rollte sich auf die Seite und die Jungen fingen an zu saugen.

Als ich nach Kora zog, hatte Joy ernsthaft überlegt, ob sie nachkommen sollte, um hier ihre Arbeit mit den Geparden fortzusetzen oder einen Leoparden aufzunehmen. Zu Weihnachten erzählte ich ihr von dem Brief der Kreisverwaltung des Tana-Flusses, die hoffte, daß ich in Kora bleiben würde. Ich hatte geantwortet, daß ich es mir überlegen wollte, vorausgesetzt, ich könnte mit den Löwen in Kontakt bleiben und mit der Leoparden-Rehabilitierung anfangen. Ich hatte keine Antwort erhalten, doch kurz nach Joys Abreise kam ein Brief von John Mutinda, dem Obersten Wildhüter, der schrieb, daß er mir gern alle Leoparden überlassen würde, die seine Abteilung fing, falls ich in Kora bleiben dürfte.

Wie vorauszusehen war, hielt Juma ihre Jungen eine lange Zeit von uns fern, obwohl ich wußte, daß Christian sie besucht hatte. Die liebevolle Lisa blieb freundlich wie immer. Jumas Junge, die ersten in Kora geborenen, nannten wir Daniel und Shyman, da der Letztere so scheu und nervös wie seine Mutter war, während Daniel vergnügt und gutartig war. Lisas drei, Oscar, Kora und Lisette, hatten nur wenige Unterscheidungsmerkmale, bloß Lisette wirkte weniger robust als die anderen beiden. Sehr bald vermischten sich die beiden Familien miteinander und wir sahen, wie vorteilhaft es für ein Rudel ist, wenn Löwinnen gleichzeitig läufig und trächtig werden, was oft der Fall ist. Wenn eine Mutter wenig Milch hatte, verwundet war oder gar getötet wurde, hatten die Jungen so eine Überlebenschance. Eine Mutter hütet immer den Nachwuchs, während die andere jagt. Dies ist der Anfang des Bündnisses zwischen Altersgenossen, das so lebensnotwendig sein kann, wenn Löwen selbständig werden müssen. Das gemeinsame Aufziehen ist ein weiteres Beispiel für den gemeinschaftlichen Schutz, den die Löwen in ihrem genetischen Material tragen. Die Mühe, Löwenbabys großzuziehen, ist so enorm, daß ein einzelnes Junges den Zeitaufwand, die Energie und den möglichen Streß nicht lohnt. Es wird daher oft im Stich gelassen, so wie es bei Girl gewesen war, als sie ein Junges verlor und dann Sam vernachlässigte. Auf der anderen Seite stellen die gemeinsamen Bemühungen mehrerer Mütter sicher, daß ihr Einsatz bestmöglich genutzt wird.

Einmal brachte Lisa ihre Jungen auf den höchsten Punkt des Kora-Felsens, der hundertzwanzig Meter hoch ist. Die dem Camp zugewandte Seite ist sehr steil und wir beobachteten mit Herzklopfen, wie sie die fast senkrechte Vorderseite hoch- und runterlief, ohne eine Pfote falsch zu setzen. Die Paviane, die merkten, daß sie keine unbedachte Bewegung riskieren würde, ärgerten sie bei ihrer gefährlichen Kletterei von einem Felsvorsprung aus, der ungefähr anderthalb Meter entfernt war. Paviane waren bei uns – und auch bei Crikey und Croaky – nicht sehr beliebt. Eines Tages sah ich, wie die beiden Raben sie im Sturzflug angriffen, um sie von ihrer Brut fernzuhalten, und sie trafen die Paviane tatsächlich am Kopf. Als Juma und Lisa endlich ihre Jungen abends zum Camp brachten, hielt Juma, deren beide dunkler und stärker gefleckt waren als Lisas, immer noch Abstand. Dabei hatten wir nicht vor, die in Kora zur Welt gekommenen Löwen anzufassen.

Christian sahen wir immer seltener. Eine seiner letzten dramatischen Vorstellungen bewies uns, wie sehr viel besser Löwen sehen können als wir, vor allem in der Dämmerung oder Dunkelheit. Nachdem er seine »Festung« am Fluß bezogen hatte, saßen Tony und ich eines Abends bei ihm, als die Sonne am anderen Ufer hinter den Doumpalmen und Tamarinden unterging. Es war schwer, ins Wasser zu schauen, weil die orangefarbenen Strahlen direkt in unsere Augen reflektiert wurden, doch Christian war auf einmal voller Spannung und blickte prüfend auf den Fluß. Zuerst sahen Tony und ich gar nichts, dann kamen zwei oder drei dunkle Gegenstände, vielleicht ein Baumstamm, ein Ast oder gar ein Krokodil, auf uns zugetrieben. Sogar als sie sich genau vor uns befanden, starrte Christian immer noch über den Fluß hinweg. Endlich entdeckte Tony auf einer kleinen Insel am jenseitigen Ufer einen winkenden Mann. Als wir zurückwinkten, kämpfte er sich durch das seichte Wasser und arbeitete sich am Ufer voran, bis er auf unserer Höhe war. Er triefte vor Nässe.

In einem ausländischen Akzent rief er uns zu, daß er und eine Gruppe von Freunden auf einer Bootstour auf dem Tana-Fluß seien, und daß zwei Boote soeben gekentert wären. Die Gegenstände, die Christian gesehen

hatte, waren ein Boot, dessen Motor, ein Zelt und einige Schlafmatten. Er wollte rüberschwimmen, um sie zurückzuholen. Wir riefen dem Mann zu, daß er bleiben solle wo er war. Es wurde jetzt dunkel und mit all den Krokodilen war es gefährlich, den Fluß zu durchqueren. Wir sagten, daß wir seine Sachen retten und ihn und seine Freunde am Morgen holen würden. Es zeigte sich, daß sie ein seltsam zusammengewürfeltes Häufchen waren, das in diese Ecke der Welt kam – ein Schotte, fünf Griechen und ein japanischer Judolehrer. Einige Abende lang waren sie wunderbare Gesellschaft. Sie waren überzeugt, daß Christian mindestens einen von ihnen vor einem extrem grausamen Tod in Afrika bewahrt habe.
Nach der amphibischen Rettungsaktion sahen wir nicht mehr viel von Christian. Selten kam er zum Camp und schloß sich nur noch gelegentlich Juma und Lisa an. Er hatte wohl gemerkt, daß es zu seinem eigenen Schutz besser war, das Gebiet um Kora dem Vater der Jungen zu überlassen und sein eigenes Revier – vielleicht ein ruhigeres als sein Reich am Fluß – zu suchen. Ich hatte immer die Tage gezählt, an denen wir ihn nicht sahen, doch zum Schluß, als ich bei siebenundneunzig war, gab ich es auf. Er war so sehr ein Teil unseres Lebens gewesen und eigentlich der Hauptgrund für unser Hiersein. Ich spürte große Trauer und Verlust, doch ich war auch froh, daß er seine Freiheit auf kluge Weise wahrnahm.
Im September und Oktober mußte ich in Naivasha auf Elsamere aufpassen, während Joy als Gast der Sowjets in Rußland war. Sie genoß diese Reisen sehr und machte das beste aus Einladungen nach Ungarn, Thailand, Japan und Rußland, wo Naturschützer mit ihr über ihre Probleme und Hoffnungen sprachen.
Nachdem sie in Moskau über ihre Bücher gesprochen hatte, wurde Joy zum Schwarzen Meer geflogen und gebeten, ein eigenes Reis auf den »Freundschaftsbaum« zu pfropfen, der Zitronen, Pampelmusen, Pomelos, riesige »Oyas« und winzige Kumquatfrüchte trug, die im Namen berühmter Persönlichkeiten wie Darwin und Pasteur darauf veredelt worden waren. Um die Wurzeln hatte man Erde von den Gräbern Tolstois, Tschaikovskys, Puschkins und Gandhis gestreut. Dann wurden Joy einige der hundert Reservate Rußlands gezeigt, darunter auch die, die sich auf die Vermehrung von Bisons, Braunbären und Przewalski-Pferden spezialisiert hatten. In Askaniya Nova fuhr man mit ihr in die Steppe, wo sie unwahrscheinlich große Herden von Zebras, Gnus, Elen- und Schwarzfersenantilopen zu sehen bekam. Der Direktor hatte sogar Zebras mit Pferden gekreuzt und »Zebroide« wie die von Raymond Hook am Mount Kenya hervorgebracht, obwohl ich mir den tieferen Sinn dafür nicht erklären kann.

Als Joy nach Nairobi zurückflog, empfingen sie der russische Botschafter und Vertreter der Nachrichtenagentur TASS. Sie brachte diese sofort mit nach Kora, um sie den Löwen vorzustellen, wenngleich ich das Gefühl hatte, daß sie ebenso zufrieden waren, wenn sie nur aßen, tranken oder angelten. Während wir Joy halfen, ihren diplomatischen Triumph zu feiern, hatten Terence, Tony und ich einen viel aufregenderen Grund zum Feiern. Am 19. Oktober 1973 wurde Kora offiziell als Nationales Wildreservat registriert. Jetzt war unsere Existenz und die der Löwen hier in Kora wenigstens vorläufig gesichert.

Bis jetzt hatte ich dazu geneigt, Kora für tausenddreihundert Quadratkilometer unerwünschten Busch – sozusagen Niemandsland – zu halten, in dem sich die Löwen frei und verhältnismäßig sicher bewegen konnten. Jetzt begann ich, Kora anders zu sehen, nämlich als eine Landschaft, deren Bewohner – von der kleinsten Mikrobe bis zum größten Elefanten – sich in Millionen von Jahren entwickelt und miteinander verbunden hatten, jetzt aber durch immer schnellere und verheerendere Veränderungen als je zuvor bedroht wurden.

Das Kora-Dreieck liegt wie eine umgedrehte Pyramide am südlichen Ufer des Tana-Flusses. Die Sonne steht zwölf Monate im Jahr im Zenit; der durchschnittliche Niederschlag pro Monat ist selten mehr als fünfundzwanzig Millimeter, und manchmal regnet es einige Monate lang gar nicht. Blickt man von einem der Felsen aus in das Dornenmeer, so beeindruckt zunächst die überwältigende Trockenheit und die Ruhe. Dennoch ist Kora alles andere als tot. Drei Jahre lang hatte ich hier das Leben vorbeiziehen sehen: das plötzliche Sprießen der Blumen nach einem klein bißchen Regen; die sich wiederholenden Dramen der Partnersuche, der Kämpfe und der Jagd; das Nachlassen aller Aktivitäten von Tieren und Vögeln, wenn die Sonne ihren höchsten Punkt erreicht, oder schließlich in der Dunkelheit versinkt; wie sie in der Morgendämmerung oder in der Abendkühle erneut die Lebensgeister weckt.

Aber jede Woche lernte ich Neues über den mysteriösen Mechanismus. Wenn Terence und ich zum Fluß gingen oder eine neue Straße planten, sprach er über die Pflanzen und Bäume. Joy und mir wurden Bücher über die Naturgeschichte Afrikas geschickt – wohl in der Hoffnung, daß wir uns anerkennend darüber äußern würden; alle möglichen Wissenschaftler kamen, um nach Skorpionen zu stochern und Vögel zu beobachten, kluge, wißbegierige und geduldige Filmprofis wie Alan Root lauerten mit Gummilinsen und Teleobjektiven in Verstecken, um die Geheimnisse des Lebens, die sich hier unter unseren Augen abspielten, zu enthüllen.

Sie alle versicherten mir, daß die Sonne der Schlüssel zum System Koras und allem was dazugehört sei, egal wie simpel oder empfindlich, dauerhaft oder vergänglich.
Die Felsen und der Boden waren durch die Sonne gezeichnet; Regen, Temperaturen und Klima wurden durch die Sonne herbeigeführt und aufrechterhalten; jedes sich bewegende Lebewesen – ob Tausendfüßler oder Mensch – verdankte seinen belebenden Energiefluß ausschließlich der Sonne. Trotzdem gab es nur einen Weg, durch den uns dieser mächtige Energiestrom erreichen konnte, nämlich durch die niedrigste Form des Lebens, Terences geliebte Pflanzen.
Ich konnte die Verblüffung auf den Gesichtern der Besucher sehen, wenn sie aus dem Flugzeug oder ihren Safari-Autos stiegen und nur ein paar Halme strohartiges Gras sahen und die grauen Blätter der Bäume und Dornbüsche, als ob alle Feuchtigkeit und alles Leben aus ihnen entzogen worden war. Aber Terence sagte, daß man sie nicht unterschätzen solle: Die Blätter der Gräser und Pflanzen, der Büsche und Bäume, enthielten alle genug Chlorophyll, um die Sonnenenergie aufzunehmen, sie umzusetzen, zu nutzen und zu speichern. Es stimmt, daß das Gras in Kora so spärlich und gefährdet ist, daß man vier Hektar brauchen würde, um eine einzige Kuh zu ernähren. Andererseits sind die aschgrauen Dornbüsche, die wie tot erscheinen, den ariden Bedingungen perfekt angepaßt.
Ihre Dornen und Stacheln schützen die Äste vielleicht nicht vor den Zähnen der Pflanzenfresser, aber die Harze, die sie absondern, halten Pilze und Insekten davon ab, den angerichteten Schaden auszunutzen.
Terence kennt diese Eigenschaften in- und auswendig – welche Harze für Insektizide, Desinfektionsmittel, Schlangenbisse, Kamelräude, Einbalsamierungen oder als Myrte verwandt wurden. Einige locken Schweißbienen an, diese kleinen Insekten, die einen verrückt machen, wenn sie einem um die Ohren surren und deren Honig die einzige Delikatesse des Busches ist.
Terence machte oft auf die »Boswellia«-Pflanzen aufmerksam, einen Ursprung des Weihrauches, der zusammen mit Myrte Christus in der Krippe von den Drei Weisen aus dem Morgenland geschenkt wurde; auch wies er auf die süß duftenden Henna-Büsche hin, die am Fluß wachsen und deren zermahlene Blätter mit Zitronensaft ein orange-rotes Färbemittel ergeben; daneben wuchsen oft Salvadora, deren rote Beeren bei den Vögeln sehr beliebt sind und deren Zweige die Afrikaner als Zahnbürste benutzen.
Die typischsten Bäume im »nyika« sind die dornigen Akazien – vor allem die Schirmakazien mit ihren flachen Kronen. Am Fluß sind einige der

Akazien älter als achthundert Jahre. Im Busch können die Affenbrotbäume, deren knollige Stämme Wasser wie Schwämme speichern, bis zu tausend Jahre alt werden. Mein Freund Malcolm Coe, ein Zoologe, fand heraus, daß Affenbrotbäume zur Befruchtung auf Fledermäuse und Lemuren angewiesen sind, die durch ihre Äste streifen. Tatsächlich können sich die meisten unserer Pflanzen und Bäume nur vermehren, wenn ihre Samen von Tieren und Vögeln verbreitet werden.

Neunzig Prozent der Energie, die in dieser Unzahl von Blättern gespeichert wird, verbrennt durch Wachstum und Blüte, bei Frucht- und Samenbildung, doch der Rest kann von anderen Lebewesen genutzt werden. Bereits entlang des Flußufers gibt es nicht genug Gras, um die Schwarzfersenantilopen, Zebras, Büffel und Flußpferde zu sättigen, im Hinterland entsprechend noch weniger. Trotzdem findet sich auf den Büschen und Bäumen auch für die wählerischen Pflanzenfresser ausreichend Nahrung. Die untersten Schosse werden von Dik-Diks abgeknabbert. Weiter oben hinterlassen Joys Lieblingstiere, die Kleinen Kudus, mit ihren wunderbar gedrehten Hörnern und cremefarbenen Halbmonden auf ihren grauen Flanken und die schwerfälligen Nashörner ihre Spuren. Die eleganten Giraffengazellen aber, mit ihren langen, geschwungenen Hälsen, stellen sich auf die Hinterläufe und reichen so noch weiter nach oben.

Die Bäume dann sind außerhalb der Reichweite der Gazellen und Antilopen, nicht aber der Giraffen. Das ganze Tier ist ein Wunder der Anpassung. Der Hals, das Maul, die lange, drehbare Zunge und sogar der klebrige Speichel sind so geschaffen, daß sie das Beste aus den äußersten Enden der Zweige holen können, die reich an Proteinen und manchmal unangenehm dornig sind. Eine Giraffe muß mit genauso viel Wirbeln auskommen wie wir, aber sie hat einen besonders leichten Schädel, Ventile in ihren Arterien, damit sie in der vorübergebeugten Haltung beim Trinken nicht ohnmächtig wird, und außergewöhnlich starke Halsmuskeln. Ich habe ein Foto von einer trinkenden Giraffe gesehen, die am Kopf von einem Krokodil gepackt worden war; auf dem nächsten Bild ist es der Giraffe gelungen, sich aufzurichten, und das Krokodil hängt senkrecht von ihrem Kiefer herab. Nur die Elefanten können es mit den Giraffen aufnehmen, wenn es um die Baumwipfel geht. Sie stellen sich auf ihre Hinterbeine, um die Reichweite des Rüssels zu verlängern. Sind sie dann immer noch nicht zufrieden, benutzen sie ihre »Stirn« und Stoßzähne, um den Baum umzuwerfen. Mit ihren Stoßzähnen reißen sie auch die Affenbrotbäume auf, um an deren Feuchtigkeit zu gelangen.

Zehn Prozent der in Pflanzen gespeicherten Energie, die am Anfang der

Nahrungskette stehen, sind um eine Stufe höher gestiegen, wenn sie von diesem vielseitigen und wechselnden Heer von Pflanzenfressern konsumiert werden. Auch sie verbrauchen ihrerseits neunzig Prozent dieser Energie für Bewegung, Verdauung, Kämpfe, Flucht, Partnersuche und Fortpflanzung, nur zehn Prozent davon verbleiben für die fleischfressenden Jäger, die am oberen Ende der Kette stehen. Da das Reservoir an Energie bei jeder höheren Stufe schrumpft, wird die Struktur des Lebens bei manchen Wissenschaftlern als Pyramide gesehen. Die Fleischfresser stehen an der Spitze.

In Kora sehen wir ziemlich viele der kleineren Raubkatzen, obwohl sie meist Nachttiere sind – Serval-, Zibet- und Ginsterkatzen. Am häufigsten sind die schlanken goldfarbenen Karakale mit ihren büscheligen, luchsartigen Ohren. Sie können sehr hoch springen und dabei sogar gerade startende Tauben aus der Luft fangen, und die flinken Dik-Diks gehören auch zu ihrer Beute. Ein Karakal kam, um aus unserem Wassertrog zu trinken und wurde jedesmal von einer Dik-Dik-Familie geärgert, die inzwischen Erdnüsse aus meiner Hand fraß. Sobald der Karakal erschien, stießen sie ihren niesähnlichen Alarmruf aus. Wenn er draußen im Freien war, stolzierten sie ziemlich nahe heran, weil sie wußten, daß er viel zu sehr mit dem Trinken beschäftigt und unseretwegen zu nervös war, um sie zu jagen.

Ein Rudel Wilder Hunde durchquert manchmal das Reservat. Trotz ihrer zerfetzten, wilden und finsteren Erscheinung und ihrer makabren Angewohnheit, ihre Beute noch lebend zu verschlingen, sind sie auch ein Vorbild an sozialem Anstand. Sie jagen in geschickten Ablösungsmannschaften, wie beim Staffellauf, fressen in wohlgeregelter Reihenfolge und bringen den Müttern und Jungen Nahrung zum Bau, wenn diese ihn nicht verlassen können.

Oft sehe ich in Kora Geparden. Obwohl sie auf den Ebenen zu Hause sind, wo ihre bemerkenswerte Geschwindigkeit ihnen die Beute sichert, haben sie sich erfolgreich an den dichten Busch angepaßt. Leoparden aber, die so scheu und einzelgängerisch sind und die unter den herrschenden Bedingungen eigentlich gedeihen sollten, sind ihrer Felle wegen fast vollständig ausgerottet worden. Hier – wie anderswo – wird die Spitze der Pyramide von den Löwen beherrscht.

Doch Löwen sind nicht unsterblich; wenige Momente nach seinem Tod wird das Raubtier selbst zur Beute – für eine stattliche Anzahl Wesen, die über allen drei Ebenen der Pyramide schweben und darauf warten, sich auf jede übriggebliebene Form von Energie zu stürzen. Eine Reihe von Spezialisten übernimmt das Feld.

Als erstes erscheinen wahrscheinlich die Geier, von denen es in Kora mehrere Arten gibt. Die großen Weißrückengeier, die durch Aufwinde emporsteigen, verlassen sich auf ihr außergewöhnliches Sehvermögen, um genau zu erkennen, wenn andere auf einen Riß zusteuern oder um selber einen zu entdecken. Bis sie sich in Spiralen heruntergeschraubt haben, kommt es oft vor, daß Löwen, Hyänen oder Schakale beobachtet haben, wohin sie fliegen und schneller dort sind. Der Stärke nach kommt jeder an die Reihe. Selbst wenn der zischende und drängelnde Schwarm Vögel an das Schlachtfeld herankommt, kann es durchaus vorkommen, daß die großen Sperbergeier die Weißrückengeier, die das Opfer zuerst entdeckten, verjagen. Diese größeren Arten haben kahle Köpfe und Hälse – ihrem Schlächterhandwerk angepaßt; die kleinen Kappengeier und Schmutzgeier, die am Rande die Reste aufpicken, können sich ein normales Federkleid erlauben. Jeder Geier hat entsprechend seiner Rolle als Chirurg oder Straßenkehrer den passenden Schnabel. Der erfinderische Schmutzgeier, der nur mit einem kleinen Schnabel ausgestattet ist, hebt damit Steine auf, um Straußeneier aufzuschlagen, an die er sonst nicht herankäme.

Wenn die Geier sich bedient haben, gibt es viele andere Interessenten, die darauf warten, ihren Hunger zu stillen und die letzte noch verfügbare Energie zu nutzen: Marabu-Störche, Monitor-Echsen, Mungos, Ratten und Ameisen. Unsichtbare Bakterien bleichen die Knochen weiß. Da die meisten dieser Tiere häßlich sind und mit dem Tod in Verbindung stehen, werden sie kaum bewundert und wecken weder Zuneigung noch Interesse. Aber sie sind so wertvoll wie jedes andere Glied der Nahrungskette und ihnen ist es zu verdanken, daß es im Busch kaum Gestank oder Seuchen gibt.

Als Jane Goodall eine Schakal-Familie studierte, sträubten sich ihr die Haare, als sich ein Gaukler-Greif auf einen Welpen stürzte, ihn schreiend in die Luft hob, das Gewicht nicht halten konnte und die Beute aus sieben Meter Höhe fallen ließ. Bei einem Schakalpärchen, das in der Nähe des Camps lebte, erlebte ich ähnliches. Eines Tages folgte das Männchen auf der Suche nach einem Knochen seiner Nase durch das Tor. Zu spät bemerkte er zwei junge Löwen im Schatten einer Hütte. Er wurde in die Enge getrieben, aber er stürzte sich tapfer, mit gesträubter Halskrause und in knurrender Herausforderung, in den Angriff. Das Ende kam schnell, aber die Luft war noch lange mit dem Wehklagen seiner Gemahlin erfüllt.

In seinem Buch »Flieg, Geier« beschreibt Mervyn Cowie ein ähnlich abschreckendes Erlebnis. Da es ihm nicht gelang, eine Hyänen-Invasion durch Erschießen zu beenden, war er gezwungen, sie durch vergiftetes Fleisch zu töten. Als sie starben, verkrochen sie sich in ein Versteck, doch die Geier wußten, wo sie waren. Geier in Not suchen in der Höhe Sicherheit, und als das Gift in ihnen zu wirken begann, flogen sie höher und höher, bis Mervyn sie mit bloßem Auge nicht mehr sehen konnte. Dann stürzte einer nach dem anderen herunter und zerschmetterte in der Ebene.

Die Kiefer einer Hyäne sind so stark, daß sie sogar große Knochen zermalmen. Das Beste wird herausgezogen und der Rest als Kreide in den Staub ausgeschieden. Die Vorgänge der Natur stellen sicher, daß die letzten Spuren der verbliebenen Energie im Umlauf bleiben. Ein Partikel Kalium, das durch Erosion langsam vom Kora-Felsen abgetragen wurde, wird am Fuße des Felsens in die Erde gewaschen, vom Gras durch die Wurzeln aufgenommen, von einem Zebra gefressen und geht durch den Stoffwechsel eines Löwen, bis es dem Boden schließlich wieder zugeführt wird, um den Kreislauf erneut zu beginnen.

Die Erkenntnis dieses Gefüges und dessen Besonderheit verdankten wir vor allem Christian. Aber es ist unglaublich verletzbar. Ich weiß, daß das destruktivste Wesen überhaupt, der Mensch, jeden Augenblick eindringen und alles vernichten kann. Seine Kugeln hatten die Elefantenpopulation dezimiert und die Nashörner ausgerottet. Seine Kühe und Schafe würden das Gras fressen, die Ziegen und Kamele die Grasnarbe zerstören. Seiner Nahrung beraubt, würde das Wild verschwinden, Dik-Dik und Flußpferd, Leopard und Löwe, Schakale und Geier – sie alle würden verschwinden. Kora – wie so viele Gebiete in Kenia – würde nicht viel mehr als eine Sandkuhle sein. Die rote Erde würde zu dem Schlamm im Tana fließen und im Meer einige weitere Kilometer wunderbarer und unersetzlicher Korallen bedecken.

Im alten Ägypten war eine Pyramide zugleich ein Grab und ein Denkmal. Aber ich sah das neue Reservat in Kora nicht als Christians Friedhof. Zum einen war er erst vier Jahre alt, und ein Löwe kann in der Wildnis zwölf oder fünfzehn Jahre alt werden. Zum anderen hatte er einen Pfad über den Fluß eröffnet, der zu den großen, offenen Jagdgründen im Norden führte, und ich stellte mir gerne vor, wie er die Möglichkeiten eines neuen Lebens erprobte. Vielleicht hatte er seinen Weg nach Meru zu Ugas und Girl gefunden. Daher wäre es voreilig und pessimistisch gewesen, den fröhlichen, übermütigen und tapferen jungen Löwen aus London als Staub zu sehen »in der reichen Erde verborgen, einen Staub, den England gebar«.

Auf der anderen Seite fing ich an, Kora als sein Denkmal zu sehen. Das hat mir oft Kraft gegeben in dem Kampf, es als einen Ort zu schützen, an dem das Leben wie seit Jahrtausenden weitergeht, ehe es durch den Druck, der in anderen Ländern in den letzten fünfzig Jahren abgelassen wurde, von Zerstörung bedroht würde.

Kapitel 13

Daniels Rudel

1973–1977

»Überlaß es der Natur«, murmelte Terence eines Abends beim Essen, »die duldet kein Vakuum. Es wird bald mehr geben.«

Tony und ich besprachen unseren neuesten Verlust. Lisa war mit ihren drei Jungen, Oscar, Kora und Lisette, verschwunden. Wir hatte im letzten Monat jeden erdenklichen Trick angewandt, um sie zu finden. Wir lauschten auf ihr Rufen, suchten in immer größer werdenden Kreisen um das Camp herum, folgten Jumas Spur in den Busch und wachten nachts oft an Lisas liebsten Aufenthaltsorten, wo wir Fleisch ausgelegt hatten. Wir fragten uns, wie wir zu Jumas Verstärkung an neue Löwen herankommen könnten, da ihr jetzt nur ihre beiden Jungen Daniel und Shyman blieben.

Es überraschte mich, daß Terence geruht hatte, an unseren Beratungen über die Löwen teilzunehmen, Tony verwunderte es jedoch nicht.

»Typisch für dich, Terence«, sagte er, »etwas vorzuschlagen, was zur Ausrottung aller von Georges Löwen führen wird. Christian ist verschwunden und Scruffy sieht man neuerdings kaum noch. Was wird also passieren? Der ›Killer‹ wird zurückkehren und Daniel und Shyman umlegen, um sich dann mit Juma zu paaren. Wenn er aber mit Löwinnen zusammen ist, die ihren eigenen Willen haben, dann finden sie schnell einen Weg, Juma loszuwerden. Unser Gewinn wäre gleich null, und wir könnten ebensogut das Camp abreißen.«

Tony hatte recht. Daniel und Shyman waren sechs Monate alt und wuchsen schnell heran, aber ohne Lisa und ihre Jungen und Scruffys Unterstützung hätten sie kaum eine Möglichkeit, sich zu behaupten. Terence hatte das letzte Wort.

»Ich sag dir eines, Tony. In Kora kann es nur eine begrenzte Anzahl von Löwen geben. Ihr könnt nicht ewig neue einführen. Ihr müßt euch bald mit Kreuzungen mit den hiesigen zufriedengeben. Macht doch was anderes. Was ist mit den Leoparden, von denen George und Joy immerzu reden?«

Im Innern wußten wir, daß Terence hier recht hatte. Und wir wußten

auch, daß selbst Leoparden gefährdet wären, wenn wir das Eindringen der Viehherden nicht eindämmen könnten.
Am Ende des nächsten Tages, den wir mit Suchen verbrachten, waren wir in gedrückter Stimmung. Tony hatte einen einzelnen jungen Löwen gesehen, der eine sandige Lugga durchquerte. Ich war mir sicher, daß er viel größer als Lisas Junge war, doch Tony bestand darauf, ihm in ein Dickicht zu folgen und wurde sehr aufgeregt, als er Spuren von anderen jungen Löwen fand, die in die gleiche Richtung führten.
Geduldig wartete ich im Landrover und beobachtete ihn, wie er sich eifrig Kopf voran ins Gebüsch zwängte. Meine Aufmerksamkeit wurde belohnt. Fast gleichzeitig ertönte in der nächsten Sekunde das verheerendste Löwengebrüll, das ich je gehört habe, und Tony schoß mit ähnlicher Geschwindigkeit wie seinerzeit Christian mit dem Nashorn hinter sich, aus dem Busch hervor. Als er mich erreicht hatte, keuchte er und schnaubte vor Wut, weil ich lachte. Was er noch nicht gemerkt hatte, war, daß der Löwe, der ihm den Schreck seines Lebens eingejagt hatte, Juma war. Das besänftigte ihn nur wenig, denn als sie ihn anbrüllte, war er so dicht gewesen, daß er die volle Wucht ihres süßriechenden Atems ins Gesicht bekam.
Da es dunkel wurde, einigten wir uns, ihr trotzdem den Kadaver, den wir hinten im Auto hatten, zu überlassen. Gerade als Daniel und Shyman in die Ziege reinhauten, bewegte sich am Rand der Lugga etwas und wir trauten unseren Augen nicht: aus dem Gras kamen Oscar, Kora und Lisette zum Vorschein. Von Lisa war keine Spur.
Wir fragten uns, wie um alles in der Welt die drei jungen Löwen allein überlebt hatten, und obwohl ihre Rippen hervortraten, hatten sie noch genug Energie, die Ziege mit Genuß zu zerlegen. Aus ihren Spuren ersah ich, daß sie nicht mit Juma zusammengewesen waren und wahrscheinlich die meiste Zeit des Monats von Lisa getrennt gelebt hatten. Vermutlich hatten sie sich von kleiner Beute oder von Aas ernährt.
Lisa sahen wir nie wieder und fanden auch nicht heraus, was aus ihr geworden war. Vielleicht war sie durch den »Killer« und dessen Gefährten verängstigt oder deren Opfer geworden. Ich bezweifele, daß sie von Hirten umgebracht wurde, da man sich zuerst bei uns beschwert hätte, daß sie das Vieh angriff. Aber vor kurzem hatte der hiesige Wildhüter mit Erfolg einen Wilderer verklagt, den er mit hundertzwanzig Löwenkrallen und anderen Trophäen festgenommen hatte. Die rauhe Welt Koras, die uns ein Beamter der Regierung als »für den Menschen untauglich« beschrieben hatte, wurde jetzt auch für Löwen ungeeignet.
Juma adoptierte Lisas drei Junge sofort und behandelte sie wie die

eigenen. Es gelang ihr sogar, mehrere große, zweihundert Kilo schwere Wasserböcke zu reißen, um sie alle zu füttern. Ich konnte mir jedoch nicht vorstellen, wie die Jungen ohne Verstärkung aufwachsen und eine dritte Generation in Kora zur Welt bringen könnten.

Seltsamerweise waren es die Nationalparks, die zu unserer Rettung kamen und das Vakuum der Natur auffüllten. Da Kora jetzt den Status eines National-Reservates hatte und die Parks die vielen verwaisten Tiere nicht mehr handhaben konnten, sagte Perez Olindo, daß er uns wohl helfen könne.

Das katastrophale Wildern, das jetzt in Kenia und weiten Teilen Ostafrikas überhand nahm, war Hauptanliegen des amerikanischen Paares Esmond und Chryssee Bradley Martin. Esmond trug eine massive Anklage aus internationalen Statistiken über den Handel mit Elfenbein und Nashorn-Horn zusammen, während Chryssee und ein Freund sich einzelnen Tieren widmeten. Eines davon war ein junger Löwe namens Leakey im Tierheim des Nairobi-Nationalparks. Wie so viele verwaiste Tiere brauchte Leakey Pflege und Zuneigung, um sich nach der Gefangenschaft zu beruhigen. Die Amerikaner gaben ihm beides und Perez Olindo versprach ihnen, daß Leakey zur Freilassung nach Kora kommen würde.

Während wir auf die Benachrichtigung warteten, Leakey abholen zu können, der angeblich ein sehr lebhafter und selbstsicherer junger Löwe war, erlitten wir einen weiteren Verlust. Tony bemerkte, daß Lisette fehlte, und nach langem Suchen fand er sie arg humpelnd und von der Familie abgesondert. Er versah daher eine Kiste mit einem Köder und wachte die ganze Nacht, bis er sie und ihren Bruder Oscar gefangen hatte, der auch auf die leichte Beute hereingefallen war. Wir brachten sie zurück ins Camp und hielten Lisette gefangen, bis es ihr etwas besser ging. Als Juma kam und mit ihr durch den Zaun sprach, klagte Lisette so sehr, daß wir sie laufenlassen mußten. Doch sie blieb immer hinter den anderen zurück, und eines Tages holte sie sie endgültig nicht mehr ein. Ich fürchte, sie hatte einen Bruch und wurde von einem Leoparden oder einer Hyäne getötet.

Als Leakey abgeholt werden konnte, erfuhren wir, daß man ihn auf der Landwirtschaftsmesse in Nairobi zur Schau gestellt hatte und daß er an den Folgen der lauten Menschenmenge litt, die gekommen war, um ihn anzustarren und zu verspotten. Nichtsdestoweniger war sein Schwung und seine Kraft im Alter von einem Jahr ungebrochen und wir freuten uns auf ihn.

Er war der erste von fünf neuen Löwen, die wir im nächsten Jahr erhielten. Der zweite war Freddie, der aus der Nähe von Garissa kam, wo der Wildhüter seine viehfressende Mutter erschossen hatte. Als Tony davon erfuhr, besuchte er den Wildhüter und sah den kleinen Löwen, der sich in einem schlechten Zustand befand. Daher überzeugte Tony den Mann, uns den kleinen Freddie zu überlassen. Er reagierte sofort auf den Zeitaufwand und die Zuneigung, die Tony ihm schenkte: Sie spielten endlose Spiele zusammen und Freddie liebte es, in seinem Korb geschaukelt zu werden. Er war einer der sanftesten Löwen, die wir hatten, außer vielleicht im Umgang mit den Raben, denen er erfolglos rund ums Camp nachjagte.

Als dritte kam eine junge Löwin namens Arusha aus dem Blydorp-Zoo in Rotterdam. Sie war der letzte in Gefangenschaft geborene Löwe, den ich aufnahm. Blydorp ist der Zoo, in den 1956 Elsas Schwestern gebracht wurden und aus dem zehn Jahre später Christians Vater nach England kam. Es war die Idee eines jungen Tierarztes namens Aart Visee, Arusha nach Kora zu bringen.

Aart hatte eine Reihe Privatpatienten und betreute außerdem die Tiere im Zoo. Als eine Frau in Rotterdam Schwierigkeiten hatte, ihrem zahmen Löwenbaby genügend Bewegung zu verschaffen, bot Aart an, Arusha spazieren zu führen. Rotterdam ist groß, aber nicht groß genug für einen ausgewachsenen Löwen. Aart hatte von Elsa und Christian gehört und schrieb daher an mich. KLM erklärte sich bereit, Arusha kostenlos nach Afrika zu fliegen.

Wir nahmen Arusha auf, weil wir dringend Löwinnen brauchten, um das Rudel auszugleichen. Sie war freundlich, wenn auch stur, und gewöhnte sich schnell an den Lebensrhythmus eines afrikanischen Rudels. Aart Visee und Tony verstanden sich auch gut. Aart war ebenso begeistert von Tonys Kenntnis des Busches wie wir von den nützlichen Kleinigkeiten, die er ständig aus seiner schwarzen Arzttasche holte.

Eines Morgens beschwerte sich Tony beim Frühstück darüber, daß der Speck zu salzig sei und warf ihn Crikey und Croaky zu.

»Das darfst du nicht tun«, rief Aart und schnappte den Raben den Speck vor der Nase weg. »Salz ist sehr schlecht für Vögel. Sie können es weder gebrauchen noch aus dem System ausscheiden – es sei denn, es sind Salzwasservögel. Ist dir schon mal aufgefallen, daß Möwen oben auf ihrem Schnabel zwei Löcher haben? Die sind da, damit sie das Salzwasser absondern können.«

In dem Zusammenhang erzählte uns Aart von einer einsamen alten Frau, deren Ehemann vor kurzem gestorben war und deren einziger Trost ihr Kanarienvogel war. Sie konsultierte Aart, weil der Vogel pötzlich anfing, dahinzusiechen. Nach gründlicher Untersuchung stellte Aart einen Überschuß an Salz fest, obwohl die Dame leugnete, dem Vogel in irgendeiner Form Salz gegeben zu haben. Eine Woche später starb der Kanarienvogel und Aart brachte ihn zur Obduktion. Er fand wirklich eine tödliche Menge an Salz. Die Wahrheit kam ans Licht, als Aart der Dame von seinem Fund erzählte. »Er wird mir so fehlen«, sagte sie, »sehen Sie, wenn ich abends in meinem Sessel saß, dachte ich an meinen Mann. Dann kam immer der Kanarienvogel von seiner Stange gehüpft und trank die Tränen, die mir übers Gesicht rollten.«

Amüsiert beobachtete Aart Arusha, wie sie die Perlhühner unter Terences Beifall um das Camp herumscheuchte. Sie brauchte eine Weile, um herauszufinden, daß sie die größten Erfolgschancen hatte, wenn sie sich schlafend stellte und dann plötzlich zupackte. Sie muß mindestens ein halbes Dutzend zur Strecke gebracht haben.

Wie es der Zufall wollte, waren die nächsten beiden Neuankömmlinge aus dem Tierheim von Nairobi auch Löwinnen, Growlie und Gigi. Wie bei Juma und Leakey, hatte das Erlebnis der Gefangennahme Spuren in Growlies Verhalten hinterlassen. Sie war immer sehr angespannt und hielt stets Abstand. Dennoch war sie nie aggressiv und das Knurren, das ihr ihren englischen Namen eingetragen hatte, war voller Mißtrauen. Ich erlitt einmal einen furchtbaren Schock, als ich am Fluß einen Reifen wechseln mußte. Ich dachte, ich sei allein, bis ich plötzlich ein haarsträubendes Knurren an meinem Ohr hörte. Growlie hatte sich von hinten an mich herangeschlichen und stieß jetzt ihr fragendes Grummeln aus. Tony war überzeugt, daß sie sich wirklich danach sehnte, mit uns Freundschaft zu schließen und uns wie all die anderen Löwen zu begrüßen. Um sie zu necken, wenn sie bei Spaziergängen voranlief, kniff er sie manchmal in den Schwanz und schaute dann schnell weg, wenn sie sich umdrehte. Der letzte der fünf Neuankömmlinge war Gigi, eine süße kleine Löwin, die später ein hartes Leben führen sollte.

Als ich dann zehn Löwen in Kora hatte, wurde das Leben teuer. Einen einzigen Löwen mehr als zwei Jahre lang durchzufüttern, kostete grob gerechnet fünfhundert Pfund, und das war nur die Spitze des Eisberges. Unter der Oberfläche mußte jemand die laufenden Kosten übernehmen, um das Reservat zu schützen.

Die Herden der Somalis, das Vieh der Orma und die Wakamba-Wilderer waren alle eine ernstzunehmende Bedrohung. Die einzige Hoffnung, das Reservat zu schützen, war, die Grenzen deutlich zu markieren, Wege in die entlegensten Ecken zu legen, Fahrzeuge und das Benzin für ihren Betrieb zur Verfügung zu stellen und Aufseher zu bezahlen. Die Wildschutzbehörde und die lokale Verwaltung behaupteten, die finanziellen Mittel für all dies nicht zu haben, und ich hatte sie auch nicht. Aber ich tat mein Bestes, um Geld aufzubringen. Trotz des offiziellen Status' erlaubte Joy ihren Finanzverwaltern immer noch nicht, Gelder für Kora bereitzustellen. Aber die Ostafrikanische Wildschutzgesellschaft (East African Wild Life Society) leistete einen Beitrag, Dr. Grzimek bat die »Frankfurter Zoologische Gesellschaft«, uns einen Traktor zu stellen, eine Straßenplaniermaschine und das Geld, um beide zwei Jahre lang bedienen und unterhalten zu können. Ich steuerte meinen Anteil aus dem Film »Christian der Löwe« bei, und der Film führte zu einigen privaten Spenden von Zuschauern in Amerika, die die von Kora-Besuchern überstiegen. Esmond Bradley Martin versprach uns großzügigerweise eine Reihe von Halsbänder mit Radiosendern für die Löwen und ein Empfangsgerät dafür: Die Ausrüstung sparte uns jeden Tag mehrere Stunden, da wir nun direkt zu den Löwen finden konnten, ohne erst ihren kreuz und quer verlaufenden Spuren folgen zu müssen.

Juma und Growlie waren stets zu wachsam gewesen, als daß wir sie hätten anfassen können, und wie bei Elsas Jungen achteten wir darauf, die im Busch geborenen Löwen nie zu berühren. Dagegen waren Leakey, Freddie, Arusha und Gigi alle ideale Kandidaten für die neuen Halsbänder. Doch ehe wir das erste anlegen konnten, verzögerte Arusha unser Experiment.

Eines Morgens hatte ich Tony mit ihr auf die Felsen gehen sehen. Leakey, Freddie, Growlie und Gigi waren gefolgt, die älteren Löwen waren allein unterwegs. Als ich schließlich vom Camp weg konnte, folgte ich Tony. Ich sah Arusha, die etwas zurückgeblieben war, und dachte, es wäre ganz lustig, sie anzugreifen. Nachdem wir ein bißchen Versteck gespielt hatten, drehte sie den Spieß um und griff mich an – ich rutschte aus und fiel auf einen Steinhaufen. Arusha stürzte sich fröhlich auf mich und da sie jetzt fünfzehn Monate alt war, wog sie mehr, als meine Knochen ertragen konnten. Der Schmerz war heftig.

Tony war in einer besseren Position als ich, um zu beobachten, was dann genau passierte und die folgende Darstellung stammt aus einem seiner Briefe:

»Ich stürzte laut schreiend den Felshang hinunter, gefolgt von Freddie, der mir ein Bein stellen wollte und Gigis Zähnen in meinem Gesäß. In der Geschwindigkeit, mit der ich mich bewegte, hätte mich niemand überholen können. Ich war außer Atem und brauchte all meine Kraft und Judokünste, die ich längst vergessen glaubte, um Arusha von George loszubekommen. Sie war etwas durchgedreht, hatte ihn

aber mit Zähnen und Krallen nicht verletzt. Ich mußte sie geradezu auf den Rücken werfen und dann, als sie wieder angriff, über meine Schulter schleudern.
Ich zog George hoch und Freddie und Gigi kamen und bekundeten auf ihre eigene sanfte Weise ihr Mitgefühl. Growlie blickte unsicher aus einiger Entfernung herüber und schien besorgt. Alles was George sagen konnte, war ›Oh Gott, es ist meine blöde Hüfte.‹ Aber ich mußte ihn vom Felsen runterholen, und so trug ich ihn mit einigen Unterbrechungen Huckepack herab. George war sehr schwach, hatte furchtbare Schmerzen und mußte sich hinlegen. Das ermutigte Arusha erneut, doch jetzt zeigte ich es ihr – unaufhaltsam, mit Fäusten, Füßen, mit allem. Sie unterwarf sich wie einem überlegenen Löwenmännchen. Aber wenn sie sich etwas in den Kopf gesetzt hatte, war sie sehr entschlossen, trotz der rauhen Hiebe, die ich ihr jetzt in echter Wut verpaßte. Schließlich verjagte ich sie mit einem Stock.
Dann kam Freddie und bot an, sie zurückzuhalten. Er verstand, daß George, der jetzt gegen einen Baum gelehnt auf der Erde saß, Hilfe brauchte und teilte mir unmißverständlich mit, daß er auf ihn aufpassen würde, was er auch tat, und ich rannte zum Camp, um das Auto zu holen. In drei Minuten oder so, war ich zurück. Ehe der Schock nachließ, flößte ich George mehrere große Schluck Whisky ein, aber er hatte dennoch starke Schmerzen. Am nächsten Tag rief ich den ›Fliegenden Doktor‹.«

Da mein Becken gebrochen war, mußte ich eine Woche lang im Krankenhaus bleiben. Man paßte wunderbar auf mich auf und die anderen Patienten beneideten mich, weil mich Lindsay Bell jeden Tag besuchte. Sie war eine der entzückendsten und hübschesten und weniger vergänglichen Freundinnen Tonys. Sie arbeitete für eine Firma, die am Wilson Airport kleine Flugzeuge vermietete, also praktisch auf unserer Türschwelle. Ihr lachendes Gesicht und das rotgoldene Haar fehlten mir als ich entlassen wurde und zur Erholung zu Joy nach Naivasha fuhr. Nach vierzehn Tagen am See wurde ich ruhelos, warf meine Krücken weg und kehrte nach Kora zurück.
Während meiner Erholung hatte Tony erstaunlich gut auf alles aufgepaßt, doch von Juma gab es keine Spur mehr. Ich hielt es für unwahrscheinlich, daß sie freiwillig ihr eigenes Revier verlassen hatte und fürchtete daher, daß sie von einem der afrikanischen Stämme getötet worden war. Vielleicht war sie aber auch losgezogen, um sich einen neuen Partner zu suchen. Der Zeitpunkt war gut gewählt, weil ihre Söhne und Pflegekinder jetzt zweieinhalb Jahre alt waren und auf sich selber aufpassen konnten. Daniel war freundlich und wuchs zu einem prächtigen Löwen heran, Shyman war immer noch schüchtern und schwierig. Daniel hatte das Kommando des Rudels übernommen und es amüsierte mich zu sehen, wie er Leakey, der immer noch sehr arrogant war, gelegentlich einen Hieb versetzte. Keiner der anderen war gewillt, sich mit Daniel anzulegen.

Während meiner Abwesenheit hatte Tony die Halsbänder mit den Sendern ausprobiert und herausgefunden, daß er tatsächlich vier Löwen beobachten konnte, wenn wir zwei von ihnen, zum Beispiel Leakey und Arusha, mit Halsbändern versahen. Leakey und Freddie waren feste Verbündete geworden und unternahmen alles gemeinsam, obwohl sie im Alter ein Jahr auseinander waren und hunderte von Kilometern voneinander entfernt auf die Welt gekommen waren. Ebenso verhielten sich Growlie und Arusha wie Schwestern, obwohl sie auf verschiedenen Kontinenten geboren waren. Es fiel mir auf, wie oft es bei Löwen zu solch engen Freundschaften kam – meist, wenn auch nicht immer, mit Löwen des gleichen Geschlechtes. Die Tiere standen sich so nahe wie Brüder oder Schwestern.

Die neuen Apparate sparten uns hunderte von Stunden und Kilometern an mühsamer Suche in der Hitze. Wir mußten beide zusammenarbeiten – einer fuhr und der andere stand mit dem Peilgerät hinten oder auf dem Dach des Landrovers, weil es wichtig war, die Antenne so hoch wie möglich zu halten. Dennoch mußten wir oft anhalten und auf Berge klettern. Wenn Tony weg war, griff ich auf meine Robinson-Crusoe-Technik zurück.

Bald nachdem ich mich von meinem Zusammentreffen mit Arusha erholt hatte, fuhr Tony für einige Tage Abwechslung nach Garissa. Als er zurückkam, fand ich mich in der Situation wieder, in der er vorher gewesen war – obwohl die ganze Angelegenheit diesmal weitaus unangenehmer war. Alte Männer vergessen leicht, und ich werde mich auf einen Bericht berufen, den ich damals schrieb:

»Am späten Abend des 12. Juni 1975 kam Tony von seiner Fahrt nach Garissa zurück. Als erstes ging er in die hintere Ecke unseres Camps, um die jungen Löwen zu begrüßen, die sich um die Reste eines Perlhuhns stritten, das Arusha gefangen hatte. Plötzlich kam Haragumsa angelaufen und sagte, daß Tony von Löwen angegriffen würde. Da ich dachte, daß die Jungen ihn umgeworfen hatten und mit ihm spielten, nahm ich einen Stock und ging hinaus. Tony war in den Fängen eines großen Löwen. Laut schreiend und den Stock schwingend rannte ich auf ihn zu. Der Löwe ließ Tony fallen, schlich sich davon und hockte sich in Angriffsstellung hin. Ein weiteres Scheinmanöver scheuchte ihn schließlich in den Busch.

Tony ging es verdammt schlecht. Offenbar hatte ihn der Löwe unvermutet von hinten gepackt, als er mit den Jungen spielte. Er hatte an Hals, Kopf und Armen tiefe, klaffende Wunden und blutete fürchterlich. Wegen all des Blutes war es unmöglich zu sagen wie schlimm er verletzt war. Während Terence und Haragumsa sich um ihn kümmerten, ging ich ans Funkgerät und erreichte nach einiger Verzögerung abends um halb sechs den ›Fliegenden Doktor‹. Er sagte, daß es zu spät sei, nach Kora zu fliegen, daß er aber sofort am nächsten Morgen kommen würde. Ich spritzte Tony Antibiotika und Valium, um den Schmerz zu lindern. Es wurde eine äußerst lange Nacht. Tony hatte viel Blut verloren und klagte über Atembeschwerden. Er konnte nur zusammenhanglos stammeln. In der Morgendämmerung machten wir uns auf den dreißig Kilometer langen Weg zur Landepiste. Ich fuhr sehr langsam, da der kleinste Ruck Tony Schmerzen bereitete. Gegen halb neun kamen wir an und mußten bis nach zehn Uhr auf das Flugzeug warten: ohne Arzt, nur mit einer Krankenschwester an Bord. Tony hatte offenbar unwahrscheinliches Glück gehabt. Durch eine tiefe, klaffende Wunde auf der rechten Seite seines Nackens konnte man seine Halsschlagader sehen, ein weiterer Bruchteil eines Zentimeters, und er wäre erledigt gewesen.

Am Tag nachdem Tony ins Krankenhaus geflogen wurde, erschien Shyman allein am Camp. Sein Verhalten war merkwürdig. Es bestand wenig Zweifel daran, daß er es gewesen war, der Tony angegriffen hatte. Er hatte noch getrocknetes Blut am Pelz und am Maul. Er saß vor dem Camp in der Nähe des Wassertroges und knurrte drohend, was für ihn sehr untypisch war. Die Jungen, die ihn normalerweise begrüßt hätten, schienen Angst zu haben. Ich fürchtete, daß er sie angreifen würde und fuhr daher mit dem Landrover dazwischen. Ich beobachtete ihn lange eingehend. Es stimmte mit Sicherheit etwas nicht und er sah krank aus. Nach langem Zögern entschied ich, daß er dem Projekt zuliebe getötet werden mußte. Ich schoß den armen Shyman durch den Kopf.«

Von Anfang an fand ich es sehr schwer, festzustellen, was eigentlich passiert war. Tony war in recht sorgloser Stimmung aus Garissa zurückgekehrt und in seiner Belustigung über die jungen Löwen, die mit dem Perlhuhn spielten, war er weniger wachsam gewesen als sonst. Weder er noch ich konnten glauben, daß einer unserer Löwen ihn derartig grausam angefallen hätte und wir nahmen an, daß ein wilder Löwe ins Camp gelangt war.

Rückblickend bin ich mir sicher, daß ich mich geirrt hatte. Die Nacht vor dem Unfall waren alle anderen Löwen reingekommen, nur Shyman nicht. Am Tag nachdem Tony nach Nairobi geflogen worden war, erschien Shyman allein. Das Blut an seinem Kopf und Fell und sein ungewohntes und gereiztes Verhalten waren für mich ein aufschlußreicher Beweis dafür, daß er der Schuldige war. Verschiedene mögliche Erklärungen gingen mir durch den Kopf, als ich ihn eine halbe Stunde lang beobachtete, ehe ich ihn erschoß. Vielleicht hatte er die Tollwut gehabt oder einen Tumor im Gehirn. Auf der anderen Seite hätte er auch verwundet oder durch Hirten vergiftet sein können. Ich habe es immer bedauert, daß ich seinen Körper nicht genauer untersucht hatte, aber zu dem Zeitpunkt war ich dazu viel zu betroffen.

Ich schrieb Tony ins Krankenhaus, daß er sich nicht schuldig an dem Unfall fühlen solle. Es war einfach eine der Gefahren unserer Tätigkeit.

Nicht, daß Selbstvorwürfe unbedingt etwas sind, das ich mit Tony in Verbindung bringe; als es ihm besser ging, drohte er, Cognac durch das Loch zu gießen, das Shyman in seine Luftröhre gebissen hatte. Ich befürchtete, daß es wegen dieses Unfalls Kritik von öffentlicher Seite geben würde, aber nach einigen ruhigen Besprechungen mit Tony erhoben die Behörden keinen formellen Protest oder Beschwerde.
Tony blieb einen Monat lang weg. Im Krankenhaus wurde er hervorragend gepflegt und Lindsay Bell paßte nach seiner Entlassung mehr als gut auf ihn auf. Sie war es gewesen, die geholfen hatte, den »Fliegenden Doktor« an jenem Morgen zu uns zu schicken und war selber mitgeflogen. Sie brachte Tony in sehr gutem Zustand zurück, abgesehen von den eindrucksvollen Narben rund um seinen Nacken.
Die meisten Männer würden sich nach einer Löwen-Verletzung weigern, dies erneut zu riskieren, doch Tony war so furchtlos wie immer. Wir waren mitten in einer alles ausdörrenden Trockenheit; entlang der gesamten östlichen Grenze fielen die Somalis mit ihren Herden ein und Wilderer durchkämmten den Busch. Es war anstrengend, die Löwen von dem Vieh abzuhalten, das meistens von kleineren Kindern gehütet wurde.
Ich wußte, daß die Löwen mehrere Somali-Kühe getötet und gefressen hatten, obwohl sie nie Männer, Frauen oder Kinder angriffen. Abgesehen von Vergeltungsdrohungen waren die Löwen durch Wilderer gefährdet, von denen eine Bande auf freiem Fuß war, und wir stießen ungefähr zweieinhalb Kilometer vom Camp entfernt auf die Kadaver von drei Nashörnern. Ihre großen Körper lagen in der Sonne und verrotteten – die Hörner hatte man herausgehackt. Das war wirklich das Ende der Nashörner in Kora: Ich habe seitdem selten eines gesehen oder auch nur Fußabdrücke gefunden.
Unsere Mittel waren so dürftig, daß Terence mit Genuß eine Gruppe Diebe einsetzte, um eine Gruppe Diebe zu fangen. Endlich schlug er eine Straße flußaufwärts an den westlichsten Punkt des Reservates, der gegenüber dem östlichen Zipfel vom Meru-Park liegt. Um Zeit zu sparen und bestimmt auch, um von meinen Löwen wegzukommen, hatte er hier ein Camp errichtet.
Er war erschrocken und ärgerlich, als seine Siesta eines Tages durch Gewehrfeuer unterbrochen wurde und Schüsse durch das Zeltdach peitschten. Wütend raste er heraus und sah eine Gruppe Somali-Viehdiebe mit einer Herde Wakamba-Kühe, die sie eben gestohlen hatten, über den Fluß fliehen. Sie glaubten, daß einige wohlplazierte Schüsse Terence davon abhalten würden, sie zu verfolgen.

Da lagen sie jedoch völlig falsch. Nichts auf der Welt hätte ihn dazu bewegt, ihnen zu folgen. Statt dessen verbreitete er in Kora die Nachricht, daß an den Ufern des Flusses eine ernsthafte Fehde ausgebrochen sei. Für den Rest der Trockenzeit hielten beide Stämme ihr Vieh weit von seinem Camp entfernt. Wir dagegen mußten die Polizei und das Ministerium für Wildschutz zu Hilfe rufen. Die Anti-Wilderer-Einheit erreichte uns erst eine Woche nachdem die Bande mit ihrer Beute geflohen war. Die Polizei kam etwas schneller und mit einer Kombination aus Gewalt und Bluff verscheuchten sie die Somalis, bevor das Reservat total verwüstet war.
Die Halsbänder waren ein Segen, wenn wir schnell herausfinden wollten, wo die Löwen sich in der Nacht hinbewegt hatten. Sie zogen immer noch paarweise umher und Arusha und Growlie fanden wir immer zusammen. Eine große Überraschung war, daß Growlie plötzlich läufig wurde. Ein Jahr zu früh, sie war erst achtzehn Monate alt. Sie benahm sich unbeherrscht wie eine rasende Nymphomanin, indem sie sich verführerisch vor Leakey und Freddie hinwarf.
Diese Darbietung verwirrte die beiden und sie wußten nicht, wie sie sich verhalten sollten. Aber Leakey, der immer ein wenig draufgängerisch war, schätzte schnell, was ihm da angeboten wurde und nutzte es aus. Als Growlies Paarungszeit vorbei war, erwiesen sich jedoch andere Reize als stärker und Leakey und Freddie gaben der Wanderlust nach. Immer häufiger zogen sie am anderen Ufer des Tanas umher. Wie das Schicksal es wollte, war Leakeys Batterie ein Jahr alt und die Signale wurden schwächer und schwächer. Bis Tony die andere Seite des Flusses erreicht hatte, um nach ihm zu suchen, war die Batterie völlig erloschen und wir mußten uns damit abfinden, Leakey und Freddie nie wieder zu sehen.
Tony war bei mir gewesen, als Christian endgültig verschwand, doch er liebte Freddie so sehr, daß er noch trauriger war, als sich die beiden auf den Weg machten, obwohl er wußte, daß junge Löwen entweder abwandern, um sich neue Partner und Reviere zu suchen oder bei der Verteidigung der alten sterben. Es gibt für wahre Geschichten aus der Wildnis nur ein »happy end«, nämlich ein Fragezeichen.
Kurz nach Leakeys und Freddies Verschwinden kamen die Somalis in noch nie dagewesener Zahl zurück. Niederschläge von weniger als hundertzwanzig Millimeter in acht Monaten, die fast sofort wieder verdunsteten, bescherten uns eine Trockenheit und zehntausende von Schafen, Ziegen, Eseln, Kühen und Kamelen. Die Kühe, Esel und Schafe fraßen das bißchen Gras, das im Reservat wuchs, die Ziegen und Kamele die letzten Blätter in ihrer Reichweite. Mein instinktives Mitleid für die Menschen und ihre Tiere in dieser Notlage wurde durch das Ausmaß ihrer Zer-

störungswut verringert. Die prächtigen Akazien und Tana-Pappeln wurden abgeholzt und als Futter für Ziegen und Kamele verwandt; der Schaden wurde so noch größer.

Draußen im Busch spürte ich oft die Sonne auf meiner Haut plötzlich nachlassen, und wenn ich hochschaute, sah ich Dunstschleier. Dann bemerkte ich kleine graue Teilchen, die mit der Brise flogen und im gleichen Moment roch ich auch das Feuer. Die Somalis verbrannten das Unterholz, damit bei den nächsten paar Regentropfen frische Schosse sprießen würden. Auch wurden mutwillig Hunderte von Palmen entlang der trockenen Flußbette durch Feuer zerstört für den Fall, daß das Dickicht Löwen, Leoparden oder Hyänen verbarg. Zusätzlich legten die Hirten skrupellos in »Coopertox« getränkte Kadaver aus. Das ist ein gesetzlich geschütztes Vieh-Tauchbad gegen Zecken, von dem bekannt ist, daß es für Fleischfresser tödlich ist. Viele starben daran eines furchtbaren Todes.

Es gab keinen Quadratkilometer, durch den die Viehherden nicht getrampelt waren und der Gestank von Dung hing kilometerweit über dem Busch. Dies ist die klassische Methode, mit der die Menschheit auf der ganzen Welt Wüsten schafft.

Meine Löwen nutzten diese Hemmungslosigkeit schnell aus. Wir taten alles, um auf sie aufzupassen, indem wir ständig nach ihnen Ausschau hielten und ihre Fleischrationen am Camp vergrößerten. Trotzdem verhalfen sie sich großzügig zu lebendem Fleisch. Ich erinnere mich, wie ich an einer Herde Kamele vorbeifuhr und eine seltsame Gestalt bemerkte, die sich danebenher bewegte.

»Das ist doch kein Kamel«, dachte ich mir. Ich bremste scharf, setzte zurück und sah, wie sich Growlie mit Arushas Hilfe an ein großes Kamel heranschlich, das mit dem Rücken zu ihnen saß. Ich sprang aus dem Auto und trat das Tier in die Seite. Langsam drehte es seinen langen Hals und schürzte angewidert seine Lippen, als ob ich Mundgeruch hätte. Doch Sekunden später entdeckte es Growlie: Im Nu sprang es auf und verschwand wie ein Olympialäufer im Busch. Gerade dann sah Arusha ein Kamelkalb, und ohne auf meinen gotteslästerlichen Protest zu achten, sprang sie darauf. Noch bevor sie nennenswerten Schaden anrichten konnte, griff die Mutter sie mit weit offenem Maul und gebleckten gelben Zähnen an. Arusha reagierte sofort und machte kehrt, als sie das Geschrei einer Gruppe Somalikinder hörte, die die Aufregung mitbekommen hatten und mit Stöcken und Steinen angerannt kamen. Ihr Geschrei reichte aus, um Growlie und Arusha in die Flucht zu treiben. Ich wage nicht, mir auszumalen, wie die Szene ausgegangen wäre, wenn Arusha wirklich Hunger gehabt hätte.

Dringende Bitten an die Behörden, die Reservat-Bestimmungen doch durchzusetzen, blieben vergeblich, da sie formal noch nicht durch das Gesetz ratifiziert waren. Die Polizei schickte drei Tage lang zehn Mann, was hoffnungslos unangemessen war. Wir brauchten drei Wochen lang hundert Mann. Ohne Entscheidungen, ohne die Gelder und ohne die Gesetze begann ich am offiziellen Schutz zu zweifeln. Nur der Regen konnte uns noch retten.

Die älteren Löwen, Daniel, Oscar und Kora, ahnten, daß die Somalis eine Gefahr bedeuteten, auch wenn das Vieh sehr verlockend war. Immer längere Zeit blieben sie auf dem offenen Gelände nördlich des Flusses und jagten. Sie kamen stets in ausgezeichnetem Zustand zurück und töteten offenbar erfolgreich und regelmäßig. Daniel und Oscar beherrschten jetzt das Kora-Gebiet und gemeinsam verjagten sie Scruffy, ihren Vater, und schützten den Rest des Rudels vor Angriffen oder Vertreibung durch wilde Eindringlinge.

Im September zeigten Growlie und Arusha eine Eigenart sich nahestehender Löwinnen: sie wurden gleichzeitig läufig. Daniel und Oscar paarten sich abwechselnd mit ihnen und ich merkte, daß es schwer sein würde zu sagen, welche Jungen zu welchem Vater gehörten. Ich verbrachte daher einen ganzen Tag damit, sie genau zu beobachten und kam zu dem Schluß, daß, obwohl schwer zu sagen war, wer der Vater von Arushas Wurf sein würde, Growlie eindeutig von Daniel geschwängert wurde. Beide würden ihre Jungen Ende des Jahres auf die Welt bringen.

An dem Abend führten wir gerade eine recht lebhafte Unterhaltung über Partnertausch, als Tony am Funkgerät bereitstehen mußte. Er war immer noch in einer recht frivolen Stimmung, als unser Gespräch durchkam: »Ich höre Sie. Was für eine Nachricht sagten Sie käme von Friederike Adamson?« Zwischen ihm und Joy bestand wenig Zuneigung und er machte sich meistens über ihren deutschen Akzent und Namen lustig. »Bitte sagen Sie das nochmal – over.« Dann sah ich, wie sein Gesicht plötzlich ernst wurde und er winkte mir zu.

»Ich glaube, es ist besser, wenn Du übernimmst, George«, und er klopfte mir ermutigend auf die Schulter. Man sagte mir, daß Joy soeben mit einem gebrochenen Bein ins Krankenhaus gebracht worden war und daß ich mich am Morgen für weitere Nachrichten bereithalten sollte.

Die neueste Katastrophe war das Ergebnis einer ihrer impulsiven und typischen Abenteuer. Sie hatte damit begonnen, in den Bergen um Naivasha zu wandern. Zum einen suchte sie ein Zuhause für einen Leoparden, von dem sie hoffte, ihn freilassen zu können, zum anderen, um selber in Form zu bleiben – sie war jetzt fünfundsechzig, und Leoparden sind viel aktiver als Löwen. Als ihr erzählt wurde, daß auf der anderen Seite des Sees in den Bergwäldern die schönen, scheuen Bongo-Antilopen lebten, war sie entschlossen, diese zu suchen. Zwei gute Freunde, Billy Collins und Juliette Huxley, wollten sie besuchen kommen und sie hoffte, ihnen ihre neueste Entdeckung zeigen zu können.

Joy hatte Billy sehr gern und sie standen sich im Laufe der Jahre sehr nahe, außer wenn es um Verträge ging. Joy wollte immer mehr als das beste: Billy blieb bis zum Schluß ein echter Schotte. Das Kriegsbeil wurde oft hervorgeholt und genauso oft wieder begraben; jetzt kam er, um ihr bei ihrer Autobiographie zu helfen, bei der sie steckengeblieben war. Juliette war einer der wenigen Menschen auf der Welt, für die Joy noch immer aufrichtige Bewunderung und Respekt empfand.

Zur Erkundung hatte Joy eine Freundin in den Wald mitgenommen und deren Mann, der sich gerade von einer größeren Beinoperation erholte, war auf der Straße am Fuße des Berges zurückgeblieben. Die beiden Frauen kletterten auf schmalen Pfaden voller frischer Büffelspuren höher und höher. Der Nachmittag verging und Joy merkte, daß sie sich verlaufen hatten; als sie über einen Baumstamm kletterte, rutschte sie aus und brach sich den Knöchel. Eine Stunde lang humpelte sie auf die Schulter ihrer Freundin gestützt weiter, aber bald wurde der Pfad zu schmal für zwei. Die Sonne stand schon niedrig und Joy wußte, daß sie vor Einbruch der Dunkelheit vom Berg herunter sein mußten, weil die Wildwechsel nachts Todesfallen waren. Der Abstieg war so steil, daß sie sich für den schnellsten Weg nach unten entschied: auf Gesäß und Ellenbogen. Das Wettrennen mit der Zeit war eine Qual. Der Weg war feucht, moderig und kalt. Bambus zersplitterte unter ihrem Gewicht und schnitt sie. Als sie eine Straße von Raubameisen überquerte, kletterten diese überall an ihr hoch und verbrannten ihre Haut mit ihren Bissen.

Am Waldrand wußten sie endlich, wo sie waren, standen aber vor einem breiten Gürtel Brennesseln, die an ihren nackten Armen und Beinen entlangstreiften. Das letzte Stück bis zur Straße war ein tückischer Sumpf. Gemeinsam zerrten die Freundin und ihr Mann – trotz seines schlimmen Beines – Joy tapfer durch den Morast und zum Auto zurück. Um Mitternacht erreichten sie das Krankenhaus in Nairobi. Joy stand unter Schockeinwirkung und litt an den Folgen der Unterkühlung – der Berggipfel war immerhin zweitausendsiebenhundert Meter hoch.

Joys Schmerz war viel mehr als nur körperlich. Während sie auf die Wirkung des Narkosemittels wartete, wurde ihr bewußt, daß das heißersehnte Leopardenprojekt, an dem ihr so viel lag, wieder einmal in die Ferne gerückt war.

Dann, als sie aus der Narkose erwachte, gab man ihr ein Telegramm. Sie öffnete es in der Erwartung, daß jemand ihr sein Mitgefühl ausdrückte. Statt dessen las sie, daß Billy an einem Herzinfarkt gestorben war. Er konnte ihr nicht mehr helfen, das Buch fertigzustellen, das sein Geschick so dringend gebraucht hätte.
Joy erholte sich nur langsam. Doch als Juliette Huxley kam, schüttete sie ihr Herz aus, ihren Kummer und ihre Hoffnungen, und sie empfing Rat und die Ermutigung, lieber in die Zukunft zu planen als um die Vergangenheit zu trauern. Bei einem Besuch des Nakuru-Sees redete Joy stundenlang. Sie waren von dem Anblick der Flamingos, die im Leuchten der untergehenden Sonne rot aussahen, so begeistert, daß Joy nicht bemerkte, wie das Auto in der Salzkruste versank, die den See umgab. Später schrieb Joy an Juliette:

»Ich werde unsere Gespräche am Nakuru-See nie vergessen. Ich war so deprimiert, weil ich das Gefühl hatte, daß mein Leben dahinschwand und ich unfähig war, mit der Leopardenforschung voranzukommen. Ich war verzweifelt, weil ich sechs Jahre lang erfolglos auf ein weibliches Leopardenbaby gewartet hatte. Ich sprach mit dem Arzt über meine Depressionen und die Tabletten halfen mir sehr. . . . es freut mich, daß Dir unsere Fahrt gefallen hat, für mich war es – abgesehen von dem, was wir auf der Safari sahen – ein Vergnügen, mit Dir zu sein. Ich danke Dir für all Deine Hilfe und Geduld, denn es ist anstrengend, eine Freundin um sich zu haben, die immer nur unglücklich ist.«

Als eine Gruppe Leute vom Hauptquartier der Parkverwaltung kamen, um Juliette und Joy zu retten, brachten sie die Nachricht, die das beste Mittel gegen Joys Depressionen war. Der Wärter hatte ein Leopardenbaby, das er nach Elsamere bringen würde, sobald sie es aufnehmen konnte.
Joy erzählte mir die aufregende Neuigkeit von dem Leopardenbaby über Funk und ich versuchte sie dazu zu überreden, es sofort nach Kora zu bringen. Wir waren uns immer darüber einig gewesen, daß es das ideale Zuhause für Leoparden sei und hatten sogar schon die Erlaubnis, jeden Leoparden aus der Wildnis, der nicht nach Kenia importiert worden war, freizulassen. Was ich nicht hinzufügte, war, daß ich Joy ein bißchen zur Seite stehen und ihr die schwerere Arbeit abnehmen wollte. Sie konnte sich keinen weiteren Unfall leisten.
Ich wußte, daß unser Camp ein bißchen primitiv aussah, aber es war wirklich nicht viel ungemütlicher als unser erstes Haus in Isiolo – und das Klavier brauchte Joy im Moment nicht. Ich wußte, daß sie und Tony sich nicht verstehen würden, aber wie mit Pippa in Meru würde sie ohnehin

ein separates Camp für den kleinen Leoparden brauchen. Dank Terence und Tony verbesserte sich die praktische Seite unseres Camp-Lebens ständig. Nachrichten, Nahrungsmittel, Pakete und Leute konnten relativ einfach rein- und rausgebracht werden. Terence arbeitete nicht nur an einer vierundsechzig Kilometer langen Grenzlinie an der südwestlichen Seite des Reservates, sondern ebnete auch eine neue Landepiste aus, die nur fünf Kilometer vom Camp entfernt war.

Doch Joy behauptete weiterhin, daß das Klima zu heiß sei und daß sie näher an einem Postamt leben müßte, um all ihre Verlagsangelegenheiten und die Korrespondenz in Sachen Stiftung abwickeln zu können. Ich war damals über ihre Entscheidung sehr unglücklich und denke manchmal rückblickend, daß sie mit dem Leben dafür bezahlen mußte.

Tony und ich konzentrierten uns weiterhin auf die Löwen. Nach sechs Jahren des Spurenlesens und Aufzeichnens verstand ich nun langsam, wie flexibel ihre Gebietsansprüche im Auf und Ab des Busches sein mußten. Nur dadurch, daß sie dem Druck nachgaben – sei er durch das eigene Rudel, Außenseiter, die Somalis oder Ormas verursacht – und auf äußere Einflüsse eingingen – wie neue Partner, bessere Jagdgründe oder Zufluchtsorte vor Hirten und Wilderern –, bestand überhaupt Hoffnung, daß sie überleben und ihre Jungen erfolgreich aufziehen würden. Nach dem Tod von Boy war die Rolle des dominierenden Löwen kurz von Christian eingenommen worden, bevor sie an Scruffy und endlich an Daniel überging. Dies und das allmähliche Abwandern der Löwen wie Christian, Leakey und Freddie war die Verhaltensweise, die ich von männlichen Löwen erwartet hatte. Das Leben im Busch von Kora ist so hart, daß bis jetzt keine Löwin lange genug gelebt hat, um im Besitz ihres Felsens zu bleiben, obwohl Löwinnen gewöhnlich reviergebunden sind, während die Männchen umherziehen.

Jetzt, im Dezember 1976, kurz bevor Growlie Daniels Junge gebar und Arusha entweder seine oder Oscars zur Welt brachte, erlitten wir einen weiteren Verlust. Vielleicht ahnten sie, daß eine neue Herausforderung von Außenseitern bevorstand, jedenfalls wanderten Daniel, Oscar und Kora in die großen offenen Gebiete im Norden, auf der anderen Seite des Flusses ab. Als ich mir sicher war, daß sie nicht zurückkehren würden, stellte ich mir gerne vor, daß sie sich dort drüben mit den Nachkommen von Boy, Girl, Ugas und den vier Bisletti-Löwen mischten. Doch es tat mir leid, daß Daniel nicht gewartet hatte, um die Geburt seiner Nachkommenschaft zu erleben. Ich war auch besorgt, daß er nicht da sein würde, um sie zu beschützen.

Anfang Januar 1977 brachten Growlie und Arusha die dritte Generation

DANIELS RUDEL
IN KORA 1974–1985

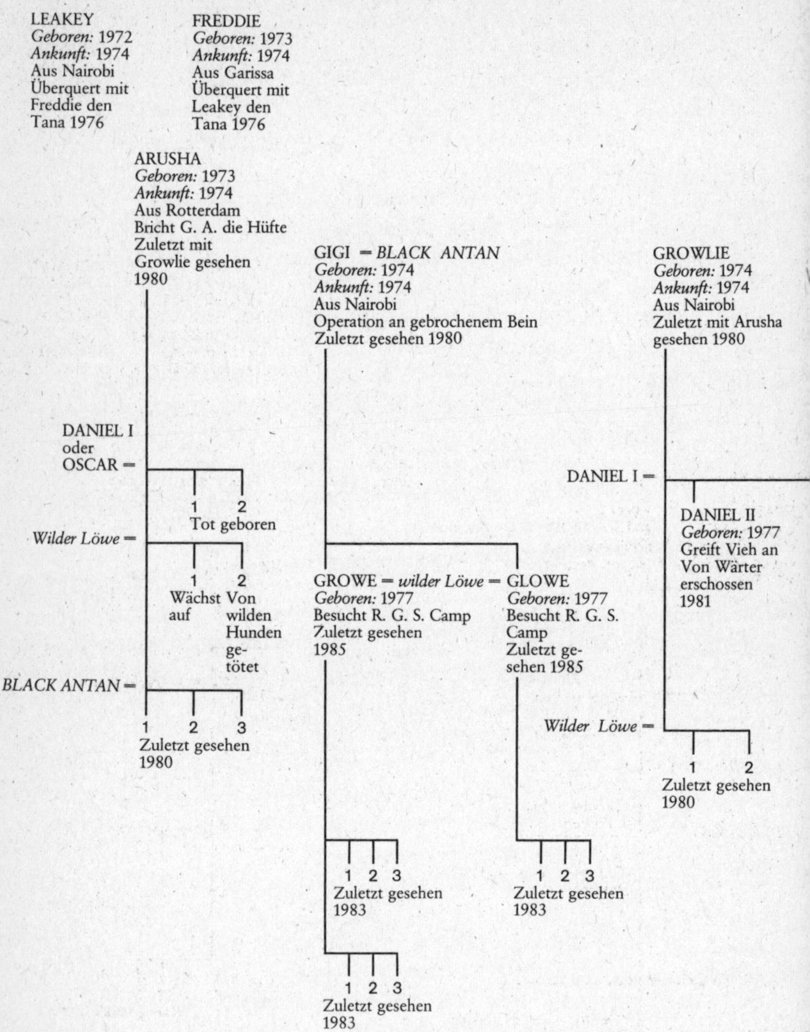

SHEBA
Geboren: 1975
Ankunft: 1977
Aus Tsavo
Gesellt sich zu Jojo
Durch Schlinge
getötet 1978

SULEIMAN
Geboren: 1975
Ankunft: 1977
Aus Tsavo
Greift G. A. an
Von Nilpferd
getötet 1978

KAUNDA
Geboren: 1975
Ankunft: 1976
Überquert den Tana
Zuletzt gesehen
1978

JOJO = *Wilder Löwe*
Geboren: 1975
Ankunft: 1976
Aus Meru
Gesellt sich zu Sheba
Greift Somali-Vieh an
Getötet 1981

SHADE
Geboren: 1977
Greift Terence an
Greift Vieh an
Von Wärter
erschossen
1981

KORETTA
Geboren: 1977
Schließt sich
Naja in Kora an
1986

Wilder Löwe =
1 2 3 4
Als Baby gestorben

BLACK ANTAN =
Als Baby gestorben — Vergiftet 1984

BLACK ANTAN =
Als Baby gestorben — Vergiftet 1984

Wilder Löwe =
BOLDIE
Geboren: 1983
In Kora 1986

CINDIE
Geboren: 1983
In Kora 1986

TOM TOM =
1 — Als Baby gestorben
2 3 4 5 — In Kora 1986

1
Zuletzt
gesehen 1983

NAJA = *Wilder Löwe*

1 2
Vergiftet 1984

1 2 3
Zuletzt gesehen 1985

der Kora-Löwen zur Welt. Arushas Junge fanden wir nie, ihre Zitzen schrumpften nach den ersten Tagen ein; ihre Jungen waren wohl sehr bald gestorben. Growlies kamen in einer abgelegenen Lugga, einen Kilometer vom Camp entfernt, auf die Welt. Neun Jahre später, während ich dabei bin, dieses Kapitel zu Ende zu schreiben, bringt eines jener Jungen – Koretta – gerade ihren fünften Wurf zum Camp, um sie Tony und mir zu zeigen.

Kapitel 14

Die letzte Wanderung

1977–1980

Am Tag nach Joys und Juliette Huxleys Rettung aus der Salzkruste am Nakuru-See kehrte Joy zurück, um das Leopardenbaby zu holen. Es war erst ungefähr zwei Monate alt und wurde von einem Parkaufseher namens Charles gepflegt. Er und seine Familie hatten sich in die kleine Leopardin verliebt und sie und die Kinder waren unzertrennlich. Doch Joy war der Meinung, daß ihr eigenes leidenschaftliches Verlangen, den Leoparden mit Löwen und Geparden zu vergleichen und alles, was sie über territoriale Gewohnheiten, Nachwuchs und Kommunikation lernen würde, die Tatsache rechtfertigte, daß sie das Leopardenbaby übernahm. Sie nannte es Penny.

Charles brachte Penny nach Naivasha, wo er sie in einem Käfig in der Nähe des Hauses unterbrachte. Die Kolobus-Affen sprangen auf den Draht herunter und neckten sie, blieben aber immer gerade noch außerhalb der Reichweite ihrer Krallen. Doch Joy, die wie bei Elsa und Pippa Pennys Vertrauen gewinnen mußte, wurde oft gebissen und gekratzt. Sie mußte die Sprache der Leoparden auf die harte Art lernen und trug weiterhin an Armen und Beinen Schutzgamaschen aus Segeltuch, wenn sie mit Penny unterwegs war, obwohl Penny wirklich freundlich war. Bei einer Kost von Hühnern, Hasen und Maulwürfen – deren Zähne sie ausspuckte – wuchs sie schnell und liebte es, mit Joy in den Bergen um das »Hell's Gate« herum spazierenzugehen.

Es ist seltsam, daß es in einem Land wie Kenia so schwer war, für Penny ein Zuhause zu finden, aber die Bevölkerungszahl schoß in die Höhe und jegliche Landnutzung wurde genauestens überprüft, auch hatte man die Nationalparks mit der Verwaltung für Wildschutz unter ein Dach gebracht, was zahlreiche Entscheidungen verzögerte. Schließlich zahlten sich zwei von Joys Bemühungen aus: zunächst hatte sie sich in Shaba bei Isiolo ein geeignetes Reservat für Pennys Freilassung angeschaut, und dann fand sie heraus, daß Makedde, der alte Turkana-Fährtensucher, der dabei gewesen war, als Ken und ich Elsa fanden, sich soeben in Isiolo zur Ruhe gesetzt hatte und bereit war, ihr mit Penny zu helfen. Kurz danach überzeugte sie auch Kifosha, unseren Koch aus Elsas Zeiten, wieder für sie zu arbeiten. Ich versuchte ein letztes Mal, Joy zu überreden, mit Penny nach Kora zu kommen, aber sie blieb unnachgiebig, und als im August die Genehmigung kam, machte sie sich auf den Weg nach Shaba. Wie sie es Juliette gegenüber formulierte: »Wir machen uns wieder auf ins wirkliche Leben.«

In den nächsten zwei Jahren schrieb sie Elspeth Huxley gelegentlich über ihr Leben.

»Shaba ist mit dem Samburu- und dem Isiolo-Reservat verbunden und wird von demselben Parkaufseher verwaltet. Es sind zweihundertsechsundfünfzig Quadratkilometer wunderschönes Land mit dem Uaso-Nyiro-Fluß als nördliche Grenze. Es dauerte zehn herzzerbrechende Monate, bis ich die Erlaubnis hatte, Penny hierher zu bringen und das auch nur unter der Bedingung, daß die Elsa-Stiftung Shaba finanziell unterstützen würde. Wir haben einen offenen Toyota gespendet, den Landestreifen gebaut, die Kamele der Anti-Wilderer-Einheit finanziert – und viele weitere Projekte werden noch folgen. Der Verwaltungsrat von Isiolo will in den nächsten zwei Jahren, bevor die Touristen kommen, das Reservat sowohl mit bedrohten Tierarten als auch mit Grevy-Zebras, Kongonis, Geparden und Nashörnern neu bestücken. Ich habe ein gemütliches Camp in der Nähe eines Sumpfes mit viel Wasser, das Löwen, Büffel und all die kleineren Tiere, die in dieser ariden, aber herrlichen Landschaft leben, anzieht. Wir treffen sie oft auf unseren Wanderungen mit Penny, die in einem Umkreis von sechs Kilometern frei umherstreift. Sie unterscheidet sich ganz deutlich von einem Löwen oder einem Geparden.

Sie ist zweifellos von mir geprägt, und doch kann ich in ihrer Gegenwart nie ganz entspannen, da sie völlig unberechenbar ist. Aber sie ist äußerst liebevoll, intelligent, humorvoll, schnell in ihren Reaktionen und sehr unabhängig.

Ich bin jetzt achtundsechzig und wünschte, ich hätte noch fünfzig Jahre vor mir, um all das tun zu können, was ich noch vorhabe. Abgesehen von einer stählernen Hüfte, gebrochenen Körperteilen wie Hand, Ellbogen, Knie und Knöchel – alles auf der rechten Körperseite –, die aber im Laufe der letzten zwei Jahre so gut geheilt sind als wären sie nie gebrochen, bin ich unberufen sehr gut in Form. Ich kann in der Hitze stundenlang über holprige Lavasteine stolpern und mich mehrmals täglich unter der Dusche völlig bekleidet durchnässen, um geistig aktiv zu bleiben. Ich habe den gleichen Wildaufseher und Koch wie damals, als wir Elsa bei uns hatten, und alles in allem habe ich das Gefühl, endlich nach Hause zurückgekehrt zu sein.

George ist zweiundsiebzig und so fit als sei er fünfzig. In Kora kümmert er sich jetzt um fünfzehn Löwen. Dies sind seine Kinder und geben ihm die Entschuldigung, im Busch zu leben, was er liebt. Obwohl ich nicht damit übereinstimme, wie er seinen Besuchern seine Löwen zeigt, ist er dort glücklich.«

Ich war mit Sicherheit glücklich. Obwohl Joy sich jetzt auf die schwierigste Aufgabe ihres Lebens einließ, eine, die auch von einigen Leoparden-Experten als unmöglich bezeichnet wurde, hatte ich das Gefühl, daß unsere schlimmste Zeit in Kora vielleicht vorüber war. Als sich Joy und Penny in Shaba eingelebt hatten, war die Anzahl an Löwen erstaunlich angestiegen. Zum einen hatten mehrere der Löwinnen Junge bekommen, zum anderen hatte man uns vier weitere Jungtiere gegeben, darunter Suleiman, der mich angegriffen hatte, der aber schließlich im Kampf mit einem Flußpferd den kürzeren zog.

Ich hielt Joys Vorwürfe, daß ich Besuchern die Löwen vorführte, nie für ganz gerechtfertigt. Schließlich war Kora ein National-Reservat, zu dem jeder Zutritt hatte. Zweitens waren die Löwen nicht mein, sondern Staatseigentum. Drittens kamen die meisten Leute aus gutem Grund: Von der reinen Freude daran, die Löwen zu sehen bis hin zur ernstgemeinten Forschung, obwohl das nicht so oft der Fall war. Unsere Besucher waren nicht nur Naturschützer, sondern auch eine beträchtliche Anzahl hübscher Frauen – manchmal traf auch beides gleichzeitig zu.

Peter Beard, dessen Buch »The End of the Game« eine frühzeitige Mahnung im Namen der Tiere Afrikas war, brachte Cheryl Tiegs, das entzückendste Fotomodell Amerikas, mit. So froh wir auch waren, die buntgewürfelte Bootsbesatzung, die Christian entdeckt hatte, gerettet zu haben, so freuten wir uns um so mehr über Candice Bergen, die eine Flußsafari entlang des Tanas filmte; sie stellte eingehend Fragen über unsere Pläne mit den Leoparden und händigte uns einen großen Scheck dafür aus. Später verbrachte Ali McGraw eine Nacht bei uns und den Löwen, nachdem sie mit mir in einem von Alan Roots Heißluftballons über der Mara gefilmt worden war, wobei wir uns über die Wanderung der Gnus unterhielten.

Prinz Bernhardt aus den Niederlanden, sowie Prinz Philip hatten eine wichtige Rolle übernommen, den Menschen klarzumachen, wie viele verschiedene Tiere in der ganzen Welt ausgerottet werden – ein unersetzlicher Verlust für spätere Generationen.

Der Prinz ist wißbegierig und begeistert, und es macht Spaß, in seiner Gegenwart zu sein. Als er nach Kora flog, konnten wir ihm die holländische Löwin Arusha zeigen, die mir nicht nur das Becken gebrochen hatte, sondern mich auch vor kurzem ins Bein gebissen hatte, als ich sie davon abhalten wollte, Suleiman zu ärgern. Nach dem Essen entdeckte der Prinz unsere Elefantenschädel-Toilette und als er sah, daß zwei Sitzgelegenheiten vorhanden waren, bestand er darauf, Seite an Seite mit mir fotografiert zu werden. Es gab aber auch ernstere Themen, und so sah er selber eine Gruppe Somalis, die einige hundert Kamele, Kühe, Ziegen und Schafe auf der falschen Seite des Flusses zum Wasser geführt hatten und verstand die Bedrohung für das Reservat.

Bernhardt Grzimek hat uns mehrmals in Kora besucht und ohne seine großzügigen Spenden wie den Traktor, den Wasseranhänger, die Planierraupe und den Landrover – sowie die finanziellen Mittel, diese in Schuß zu halten – hätte Terence bestimmt niemals die vier- bis fünfhundert Kilometer Straße fertigstellen können, die unseren Schutz durch Auto- und Kamelpatrouillen ermöglichten. Von seiner Organisation haben wir die meiste Hilfe bekommen. Er ist ein hervorragender Fotograf und immer am Verhalten der Tiere interessiert. In der Serengeti experimentierte er sogar mit löwenförmigen Ballons, die Alan Root an einer Stelle festhielt, um zu sehen, wie die echten Löwen darauf reagieren würden. Ich unterhielt mich mit ihm über die unterschiedliche Intelligenz und Reaktionsgeschwindigkeit meiner Löwen und er sagte, daß Löwen auf Schmerz sofort reagierten. Als er kurz nach dem Krieg Direktor des Frankfurter Zoos gewesen war, überkletterte ein Soldat die Sicherheitssperre und drückte seine Zigarette auf dem Schwanz eines Löwen aus, der bei den Gitterstäben lag. Als er dies tat, schlug der Löwe mit seiner Pranke zu, und die Kopfhaut des Soldaten fiel wie eine Klappe über sein Gesicht.

Zu den tiefgründigeren Experimenten in Kora zählten die Professor Bramacherris aus Kalkutta und von Dr. Adriaan Kortland aus Amsterdam. Der Professor brachte eine Flasche Tigerurin mit nach Kora und nahm eine repräsentative Probe Elefantendung mit. Ich habe noch nicht erfahren, wie die Analyse des letzteren im Vergleich zum Rest seiner afrikanischen Sammlung abschnitt, und ich war so enttäuscht wie er, als meine Löwen den Urin aus Indien, den er über eine ihrer liebsten Markierungsbüsche sprenkelte, völlig ignorierten.

Dr. Kortlands Tätigkeiten waren etwas technischer geartet. Ihn interessierte vielmehr die Entwicklung des Menschen und seiner Vorfahren. Er fragte sich, wie um alles in der Welt diese mit lediglich ihrem Gehirn als Schutz auf den afrikanischen Ebenen überlebt hatten. Er fragte an, ob er nach Kora kommen könne und mit Hilfe unserer Löwen eine mögliche Erklärung ausprobieren dürfe. Ihm war der Gedanke gekommen, daß die Urzeitmenschen vielleicht dornige Zweige benutzt hatten, um Löwen und Säbelzahntiger abzuwehren. Da sich bis jetzt niemand dazu bereiterklärt hatte, seine Theorie auszuprobieren, brachte er einen speziell dafür konstruierten, batteriebetriebenen Propeller mit, an dem er Dornenzweige befestigte. Auch diese hatte er in seinem kleinen Personenwagen mitgebracht, es muß wohl eine sehr unbequeme Fahrt gewesen sein.

Als sich die Löwin Koretta und zwei ihrer Brüder näherten, legte er Kamelfleisch unter die Propellerflügel und wartete. Die Löwen rochen sehr bald das Fleisch, und als Koretta ihre Pfote danach ausstreckte, drückte Dr. Kortland auf den Knopf. Mit lautem Surren begannen die Äste zu rotieren. Die Löwen sahen völlig verdutzt aus, sprangen zurück und setzten sich in etwa sechs Meter Entfernung hin. Während sie sich überlegten, was sie nun machen sollten, fing Dr. Kortland an, sich Notizen zu machen und auf sein Tonbandgerät zu sprechen. Er vertiefte sich dabei so sehr, daß er nicht merkte, wie sich Koretta plötzlich nach vorne schob und mit der Pfote das Fleisch hervorzog. In dem Artikel, den er anschließend schrieb, fand ich diesen Zwischenfall nicht erwähnt, und ich fragte mich, ob er seine Theorie geändert hätte, wenn er gewußt hätte, wie viele Löwen ich durch Dornenzäune hatte klettern sehen.

Da Terence, Tony und ich selbst nicht sehr konventionell sind, kamen wir mit den ausgefallenen Ideen der meisten unserer Gäste gut zurecht. Ich frage mich sogar, was die Gäste wohl von unseren Mahlzeiten halten, die ein Tollhaus geworden sind, seit Perlhühner, Tauben, Nashornvögel und Erdhörnchen sich selbst zu Tisch eingeladen haben. Ich frage mich auch, ob Hamisi, der lange ehe er vor fünfzehn Jahren nach Kora kam, schon für Terence gearbeitet hatte, glaubt, daß alle Weißen so wie wir leben. Er war leider im Krankenhaus, als Adriaan Kortland seinen Propeller vorführte. Hamisi bewahrt sich seinen Verstand, indem er alle paar Wochen in einem Dorf ca. fünfzig Kilometer flußaufwärts am Tana Urlaub macht. Dort hüten seine Frau und die Kinder seine Ziegen. Eines Abends ging er zum Fluß, um seine Ziegen zu waschen, als ihn ein ungefähr zweieinhalb Meter langes Krokodil im Wasser angriff und versuchte, ihn am Fußknöchel ins Wasser zu zerren. Hamisi beugte sich nach vorn, schrie um Hilfe und fing an, dem Krokodil die Augen auszustechen, woraufhin es ihn sofort losließ. Doch während er versuchte, zurück ans Ufer zu gelangen, packte ihn das Krokodil erneut. Einige Somalikinder, die die Rufe und das Kampfgetümmel gehört hatten, bewarfen diesmal das Krokodil mit Steinen und verscheuchten es. Bis zum heutigen Tag trägt Hamisi die elfenbeinfarbenen Narben auf seiner Ebenholzhaut.

Er ist nicht zu erschüttern, egal wie viele Skorpione und Kobras in seine Küche in der Ecke des Camps eindringen; es gibt nur eine Art von Besuchern, die er dort nicht ausstehen kann: Tonys junge Damen, die ihn herumkommandieren wollen und sich selber als Köche sehen. Nur manchmal, wenn Joy zu Weihnachten mit Freunden nach Kora kam, oder Bill und Ginny mit vier Kindern, einem Truthahn, einem Pudding und einem Dutzend Pasteten, war er dankbar, wenn man ihm beistand.

Ich versprach Joy, das erste Weihnachtsfest in Shaba mit ihr zu verbringen und freute mich darauf, sie zu sehen. Ihr Camp war, wie sie sagte, sehr schön. Die Hütten und Zelten standen unter einer Gruppe hoher Fieberakazien. Der nahegelegene Sumpf war eine smaragdgrüne Oase mit Wasser, Gras und hohen Binsen am Rande der verdorrten Ebene. Hier und da, wo der Fluß die Ebene durchquerte, lagen Lavabrocken.
Abgesehen von unseren beiden alten Freunden Makedde und Kifosha, dem Koch, half der reizende und unerschrockene Jack Rutherford Joy, auf das Camp aufzupassen. Vor kurzem hatte er vom Pferd aus Giraffen gefangen, und zwar nicht mit einer Betäubungspistole, sondern mit einem Lasso. In meiner ersten Nacht dort brach sein Wagen zusammen und er lief im Dunkeln unbewaffnet über die Ebene, um Joy nicht zu beunruhigen. Sie brauchte auf diesem einsamen Vorposten unbedingt einen Mann dieses Kalibers. Ein junger Mann namens Patrick Hamilton half Joy auch noch. Er hatte zwei Jahre lang für die Wildverwaltung die Umsiedlung von Leoparden studiert. Seine Statistiken waren eine Herausforderung für Joy, denn die ersten neunzig Leoparden, die eingefangen worden waren, weil sie Vieh angriffen und zur Sicherheit aller im Meru-Reservat freigelassen wurden, waren verschwunden. Joy und Patrick hatten Penny, die ein wirklich schönes Tier war, ein Halsband mit Radiosender umgemacht, damit sie ihre Spur nicht verloren. Ken Smith, dessen Aufgabe es war, das Reservat zu entwickeln, meinte, er könne einen Partner für sie finden. Joy genoß unser Weihnachten offenbar so sehr wie ich und schrieb in ihrem Buch über Shaba:

»Entlang des Flusses zu angeln, war eine Idylle. Die Ufer lagen im Schatten von Doumpalmen, Feigenbäumen und Pappeln. Wir mußten uns zwar vor Krokodilen und Büffeln im dichten Busch in acht nehmen, aber das Gurgeln des Wassers über die seichten Stellen, das Rauschen des Windes in den Palmen, der Rhythmus ihrer schwingenden Wedel und der durchdringende Schrei zweier Kronenkraniche versetzte mich in die Zeit zurück, als George und ich im nördlichen Grenzgebiet monatelang auf Safari gewesen und Menschen recht unwichtig waren.
Jetzt hatte George weißes Haar, doch während wir am Fluß picknickten und ich beobachtete, wie er seine Angelrute geduldig wieder und wieder auswarf, bis ein Fisch anbiß, war mir, als sei die Zeit wie durch ein Teleskop ineinandergeschoben worden. Etwas weiter flußabwärts angelte Kifosha und noch weiter weg versuchte Makedde sein Glück.«

Anfang 1978 beobachtete Joy nicht nur Penny mit Adleraugen – manchmal sogar aus der Luft –, sondern gab auch ihrer Autobiographie »The Searching Spirit«, die sie mit Hilfe von Marjorie Villiers fertiggestellt hatte, den letzten Schliff. Elspeth Huxley hatte sich dazu bereiterklärt, die Einleitung zu schreiben und im Juni schickte Joy ihr den neuesten Bericht über Penny:

»Sie ist jetzt einundzwanzig Monate alt und geschlechtsreif. Im letzten Monat brachten wir ihr einen Partner, weil die hiesigen Leoparden zu weit entfernt leben. Seither verschwand sie zunächst für zwei Wochen und nur mit Hilfe eines gemieteten Flugzeuges, von dem aus wir einen besseren Radioempfang hatten, fanden wir sie zehn Kilometer außerhalb von Shaba wieder. Wir nahmen an, daß der Leopard sie dort hingebracht hatte und daß sie sich mit ihm auf einem sicheren Hochzeitsausflug befand – so weit wie möglich von uns entfernt, damit wir nicht störten. Als ich mich darauf vorbereitete, sie zu betäuben, um sie zurückzuholen, war sie allein und scheinbar ohne Partner unterwegs. Seitdem verhält sie sich, wenn wir sie frühmorgens suchen, sehr unterwürfig, knurrt ununterbrochen – was sie vorher nie tat – und läuft weg, um sich kurz darauf erneut auf dem Boden zu rollen und an unseren Beinen entlangzustreifen. Sobald sie einige Meter von uns entfernt ist, ist sie völlig normal und folgt uns manchmal fast eine Stunde lang auf unseren Wanderungen. Sie macht eine wichtige Phase durch, in der sie sich sehr von dem Verhalten von Löwen und Geparden unterscheidet und die ich noch nicht richtig deuten kann.
Ich habe vor, die nächsten drei Jahre hier zu verbringen, um Pennys erste zwei bis drei Würfe zu beobachten, die ich völlig wild aufwachsen lassen werde. Von ihnen werde ich über das Verhalten wilder Leoparden lernen, da Penny ein Opfer menschlicher Prägung ist und immer mit mir verbunden bleiben wird.
Ich mache mir große Sorgen darum, wie George mit seinen Löwen zurechtkommt, die ihn mit gebrochenem Becken und verletztem Nacken ins Krankenhaus geschickt haben. Aber er findet Naivasha zu vorstädtisch und so sehr ich ihn auch darum bitte, zu mir zu kommen, will er in Kora bleiben. Er liebt die Landschaft hier und könnte helfen, Tiere umzusiedeln ohne das Risiko, durch den Kuß eines Löwen im Krankenhaus zu landen.«

Später in diesem Jahr erzählte Elspeth Joy, daß der Produzent John Hawkesworth die Fernsehrechte für »Die Flammenbäume von Thika« aufgekauft hätte und mit seiner Frau nach Kenia kommen wolle, um geeignete Orte für die Dreharbeiten zu finden. Joy schrieb ihr:

»Ich gratuliere Dir zu den ›Flammenbäumen‹. Wäre es eine gute Idee, wenn Du Dich den Hawkesworths anschließt? Natürlich sind sie willkommen. Bitte warne sie, daß meine botanischen Kenntnisse verblichen sind und daß ich kein Experte bin. Jetzt, während der Regenzeit, ist Shaba unglaublich schön, und die Vielfalt der Pflanzen ist unfaßbar – viele davon sind mir unbekannt.
Penny hat letzte Woche ihren ersten Wurf verloren. Sie war siebzehn Tage lang verschwunden. Wir dachten, sie würde in dieser Zeit ihre Jungen zur Welt bringen, doch sie kehrte ohne ihren schweren Bauch und ohne die Jungen zurück. Zu der

gleichen Zeit brach ich mir das Knie und bin jetzt für vier Wochen von der Leiste bis zum Knöchel eingegipst.
Es tut mir leid um Penny, doch George tröstete mich mit der Tatsache, daß eine seiner Löwinnen beim ersten Wurf auch eine Fehlgeburt hatte und später immer gesunde Junge zur Welt brachte. Ich selber hatte drei Fehlgeburten und danach überhaupt keine Kinder.«

Die Löwin, die beim zweiten Versuch ihre Jungen zur Welt brachte, war Arusha und Ende 1978 waren fast zu viele Löwen um unser Camp. Das hieß, wir mußten auf der Hut sein, und es gab noch mehr Aufregung, als sich Alan Root dazu entschloß, einen Film über Nashornvögel zu drehen. Auch auf kurzen Fahrten durch den Busch sieht man hier mit Sicherheit einige Nashornvögel in den Bäumen flattern, kleine Grautokos mit großen, gekrümmten Schnäbeln, die gelb oder rot sind. Die Gelbschnabeltokos kommen häufiger vor und sind gieriger. Bei den Mahlzeiten drängen sie sich vor, während die kleinen Rotschnabeltokos zuletzt an die Reihe kommen.
Alan wollte vor allem ihre kunstvoll ausgearbeiteten Nistplätze filmen, und da er wußte, daß sie jedes Jahr zu demselben hohlen Baum zurückkehren, suchte er sich einen toten Baum in der Nähe des Camps aus. Diesen schnitt er gegenüber dem Einschlupfloch ein Stückchen längs auf, setzte eine Scheibe verdunkeltes Glas ein und brachte die abgelöste Rinde wieder an. Wenn er filmen wollte, konnte er sie jederzeit entfernen.
Wenn das Weibchen bereit ist, die Eier zu legen, schlüpft es in das Loch hinein. Sie und das Männchen mauern dann die Öffnung mit Modder, Mist und Fasern fast völlig zu. Sobald die Eier in Abständen gelegt sind, mausert sich das Weibchen und ist für Nahrung völlig von ihrem Partner abhängig, der diese durch den kleinen verbliebenen Schlitz hindurchschiebt. Wenn das Männchen umkommt und die Partnerin nach Futter ruft, so hat man schon beobachtet, daß andere Nashornvögel zu ihrer Rettung kommen.
Die Mutter ist eine sorgfältige Hausfrau, und bis sie später das Nest verläßt, um ihrem Partner bei der Futtersuche zu helfen, hält sie das Nest sauber, indem sie den Kot hinauswirft. Nachdem sie das Nest verlassen hat, wird es sofort wieder zugemauert. Die Jungen wachsen heran und schlüpfen nach und nach aus. Somit ist die Last des Fütterns nie zu groß. Auch die Küken sind vollkommen »stubenrein«: Sie richten ihre Schwänze gegen die Öffnung und üben sich in ihrer Fähigkeit, den Kot mit Druck hinauszuschießen.
Ich habe immer Alans unersättliches Verlangen bewundert, das private

Leben der Termiten oder Nashornvögel einerseits und die Weite der Serengeti-Ebenen oder den schneebedeckten Gipfel des Kilimandscharos aus dem schaukelnden Korb eines Heißluftballons andererseits zu filmen. Nach seinen Erfahrungen mit der Schlange, dem Leoparden und dem Flußpferd gab es niemanden, der bei der nächsten Krise geistesgegenwärtiger gehandelt hätte als er. Terence hatte die Dächer neu gedeckt und zeitig am nächsten Morgen wollte er den Schutt vor dem Tor verbrennen. Ohne zu prüfen, ob die Luft rein war, beugte er sich nach vorn, um den Abfall zu entzünden, der feucht war und schlecht Feuer fing. Im nächsten Moment lag er flach auf dem Rücken, mit den Krallen eines Löwen im Nacken und seinem Gesicht in dessen Fängen. Seine Arbeiter sprangen hinter ihm aus dem Wagen, schrien so laut sie konnten und bewarfen den Löwen mit Steinen, bis er sich schließlich zurückzog und Terence fallen ließ. Als wir den Höllenlärm hörten, rannten Alan und ich los und sahen Shade, der sich in die Büsche verzog und Terence, dem Blut über das Gesicht strömte.
Wir wickelten ihn in Decken und desinfizierten seine Wunden, die ein furchtbarer Anblick waren. Er hatte Löcher im Nacken und durch den Riß in seiner Wange konnte man seine Zähne sehen. Alan und Joan verbanden seinen Kopf mit Baumwollstoff, packten ihn in ihr Flugzeug und flogen nach Nairobi. Joan hielt ihn fest umschlungen, was Terence sehr romantisch fand. Er erzählte ihr, daß er Livingstone nie geglaubt habe, als dieser schrieb, er habe nach dem Angriff eines Löwen keine Schmerzen verspürt. Jetzt wußte er, daß es stimmte, aber ihm war elend kalt und er konnte nicht aufhören zu zittern.
Als Alan ihn ins Krankenhaus brachte, erklärte der diensttuende Arzt Terence, daß er Alan und mich auch schon zugenäht habe, doch Terence interessierte sich nur für ein warmes Bad – sein erstes seit mehr als fünfundzwanzig Jahren. Der Zustand seines Gesichtes war jedoch sehr ernst. Einer von Shades Zähnen hatte haarscharf sein Auge verfehlt und ein Eckzahn war zwischen seine Halsschlagader und die Kehle gegangen. Trotz der Geschicklichkeit des Chirurgen konnte Terence zunächst das eine Augenlid nicht mehr öffnen. Nur eine kunstvolle plastisch-chirurgische Operation würde das später wiederherstellen können.
Es waren immer die jungen Männchen im Alter zwischen zwei und drei Jahren, die auf diese Weise angriffen und unmittelbar danach war es stets schwer, sie in der richtigen Perspektive zu sehen. Ich nehme an, daß es in den letzten fünfzehn Jahren, in denen wir engen Kontakt zu den Löwen hatten, sechs ernste Unfälle gegeben hatte. In derselben Zeitspanne hatte es buchstäblich hunderte von Angriffen und Todesfällen durch wilde

Löwen gegeben, obwohl von diesen nur selten berichtet wurde. Ich erschoß Shade nicht, da er weder krank war, wie Shyman es offensichtlich gewesen war, noch wurde ich darum gebeten. Aber der Direktor für Wildschutz sagte mir, daß ich davon absehen solle, Löwen zu rehabilitieren – und ich habe seitdem auch keinen mehr aufgenommen. Auf der anderen Seite erklärte er, daß ich die Arbeit mit Leoparden in Kora aufnehmen dürfe. Was immer auch Terences tiefste Gefühle waren, er behielt sie für sich und ich drängte ihn nicht, sie kundzutun. Da wir uns beide der achtzig näherten, hielten wir es für besser, leben und leben zu lassen.

Joys drittes Jahr in Shaba – 1979 – war aufregender als alle vorhergehenden. Abgesehen von der Zeit, die sie Penny widmete, mußte sie einen neuen Assistenten finden, ihre umfangreiche Korrespondenz erledigen und das Buch über Penny weiterschreiben, das mit der Geburt der Jungen enden sollte.

Das Camp in Shaba war gemütlich, schattig und malerisch, aber extrem entlegen. Ihr nächster Nachbar, Roy Wallace, leitete vierundzwanzig Kilometer entfernt ein Safari-Camp mit Zelten. Joy verlangte viel von ihren Assistenten, und als Jock Rutherford abreiste, war es ihr unmöglich, ihn durch jemand anderen mit gleicher Erfahrung und von gleicher Qualität zu ersetzen. Nach einigen Fehlschlägen entschied sie sich für den zweiundzwanzigjährigen Pieter Mawson, Sohn eines Wildhüters aus Sambia, dessen Ziel es war, selber Wildhüter zu werden.

Joy schrieb weiterhin an Elspeth Huxley und als sie erfuhr, daß diese an der Geschichte von Whipsnade arbeitete, äußerte sie ihre eigene Meinung über Zoos:

»Während meiner Reisen um die Welt achtete ich darauf, alle zoologischen Gärten zu besuchen, damit ich aus Erfahrung darüber urteilen konnte, was dort vor sich ging. Natürlich gibt es registrierte und nicht registrierte Zoos, und was ich an letzteren sah, war unglaublich grausam. Aber auch die registrierten Zoos liegen oft weit unter dem erforderlichen Niveau und führen zu unnötigen Todesfällen.

Mein eigener Vorschlag wäre, daß nur Tiere, die in Gefangenschaft geboren wurden, von Zoos aufgenommen werden und somit die wilden Tiere, die in Freiheit geboren wurden, bleiben wo sie hingehören.

Entschuldige, wenn ich hier ungefragt meine Meinung sage, aber ich sehe nicht, wie die teilweise unzulänglichen Zustände in den Zoos geändert werden können, wenn die Öffentlichkeit nicht mehr über das erfährt, was sich hinter den Kulissen abspielt.«

Am 23. Mai schrieb Joy wieder an Elspeth:

»Heute ist ein großer Tag. Ich habe zum ersten Mal Pennys drei Tage alten Jungen gesehen. An dem Tag, als sie geboren wurden, kam sie von den sehr felsigen Bergen herunter, um Pieter und mich zu ihnen zu führen. Sie blutete noch und ihre Zitzen waren vom Saugen klebrig. Aber da die Jungen in den ersten Tagen sehr empfindlich sind – Katzenmütter sitzen wie Brutkästen bei ihnen, um ihre Temperatur zu regeln –, wollten wir sie nicht stören. Doch Penny wiederholte ihre Bemühungen und wir folgten ihr zu ihren beiden Babys – unter dem Vorsprung eines großen Felsens und von einem Baum überschattet, der sie vor Raubvögeln schützte. In ihrer Rolle als Mutter war sie wunderbar, so würdevoll und sehr stolz. Wir setzten uns einen Meter von Penny entfernt hin. Sie leckte unsere Hände, während sich die Jungen zwischen ihre Vorderbeine kuschelten – ein Bild des Glücks. Im allgemeinen wird der Leopard zu den gefährlichsten Tieren Afrikas gezählt, und Leopardinnen mit Jungen gelten als besonders wild. Entweder habe ich ausgesprochenes Glück, es mit einem so gutartigen, hochintelligenten und liebevollen Leoparden zu tun zu haben, oder Penny bewies, daß die meisten der herkömmlichen Vorstellungen ein Irrtum sind. Sie ist jetzt zwei Jahre und zehn Monate alt, lebt zweiundzwanzig Stunden am Tag völlig wild, läuft in einer Nacht fünfundzwanzig Kilometer und durchstreift auf zwei- bis dreiwöchigen Safaris, wenn sie allein jagt, zusammen mit zwei männlichen Leoparden ein Gebiet von dreihundertzehn Quadratkilometern. Sie hat schon viele falsche Vorstellungen richtiggestellt, so zum Beispiel die irrige Meinung, daß Leoparden falsch, listig und boshaft sind.
Ihr Wunsch, ihre Jungen schon ein paar Stunden nach der Geburt mit uns zu teilen, ist höchst erstaunlich. Ihr Versteck liegt hoch oben an einem Felsen und ist sehr schwierig zu erreichen. Man muß über Felsbrocken und durch Schluchten klettern, über rutschigen Sand und durch teuflische Dornen. Aber es war all das wert, die drei Tage alten Leoparden zu bewundern, die jüngsten, die ich je sah. Kannst Du verstehen, wie glücklich ich bin?«

Die Geburt der Leopardenbabys, ein Weibchen und ein Männchen namens Pasha, ermöglichten es Joy, ihr Buch fertigzustellen. Sie schickte es an Marjorie Villiers nach London, zusammen mit ihren schönsten Dias und Schwarz-weiß-Negativen – sie hatte mehr als viertausend Fotos von Penny gemacht.
Joy berichtete mir eines Abends über Funk voller Zufriedenheit, daß sie ihr Manuskript weggeschickt habe, und dann erzählte sie von Penny und den Problemen, die sie mit dem Kühlschrank hatte. Am nächsten Tag jedoch erlitt sie einen schweren Schlag, der selbst ihren bemerkenswerten Mut und ihre Energie auf eine harte Probe stellte. Aus Joys späteren Briefen setzte Marjorie Villiers den genauen Ablauf der Dinge zusammen. Es war an einem Sonntag, und Pieter hatte Makedde und Kifosha nach Isiolo gebracht.

»Nördlich des Äquators war die Regenzeit ausgefallen und Shaba war zu einem Staubloch geworden. Die Tiere sammelten sich am Fluß. Die trockenen, unfruchtbaren Ebenen wurden noch kahler, und Windhosen von alarmierender Höhe rasten darüber hinweg.
Ich war allein im Camp und fing an, das Eßzelt aufzuräumen, in dem am Kühlschrank gearbeitet worden war. Plötzlich gab es einen Knall, eine Flamme schoß aus einer der Maschinen und setzte das Zelt in Brand. Ich versuchte es zu löschen, doch die Hitze war so intensiv, daß ich ins Freie laufen mußte. Ich sah, wie die Flammen in die Bäume schlugen und das strohgedeckte Dach unserer Aufenthaltshütte entzündete, was zu einem Inferno wurde. Ich rannte hinein und ergriff einen Kassettenrekorder, aber ich erstickte dabei fast. Wie betäubt stand ich da und beobachtete die tobende Hölle um mich herum. Daß ich dabei versäumte, die Kaninchen aus ihren Käfigen rauszulassen, verfolgte mich wochenlang.
Ein starker Wind fegte die Flammen mit großer Geschwindigkeit durch das Camp und sie näherten sich den Büschen und der Ebene dahinter. Ich packte einen Sack und schlug auf das Feuer ein, das sich den Büschen näherte. Als ich am Kaninchengehege vorbeikam, erkannte ich die verkohlten Reste meines Lieblingstieres: Es war gestorben, indem es die Jungen mit dem eigenen Körper zu schützen versuchte. Ich schlug weiterhin auf die Flammen ein, angetrieben durch das Prasseln und die Hitze, obwohl mir das Atmen schwerfiel und meine Haut versengt war. Mein einziges Ziel war es jetzt, das Feuer daran zu hindern, den Busch zu erreichen. Das schulterhohe Schilfrohr am Sumpf glimmte bereits.«

Erst um sechs Uhr abends erreichten drei Parkwächter das Camp und halfen Joy. Sie hatten das Feuer vom Tor des Reservates aus gesehen und waren den ganzen Weg gelaufen. Joy hatte all ihre Campingmöbel, Bestecke, Geschirr, Nahrungsmittel und Lampen verloren; ihre Bücher und ihre Papiere, ihren Radiosender für Penny und ihr eigenes Funkgerät für Ferngespräche. Weg waren ihre Kameras und die meisten der viertausend Fotos und das Schmalfilmmaterial über Penny.
Als Pieter kam, bat sie ihn, die Parkwächter zu ihren Posten zurückzubringen, und den Wildhüter zu alarmieren. Joy schrieb weiter:

»Nachdem sie losgefahren waren, setzte ich mich auf eine Blechkiste, die unsere jetzt steinhart gebackenen Vorräte enthalten hatte. Ich schaute in die Dunkelheit und sah die Skelette der toten Bäume, die rot gegen den schwarzen Samthimmel glühten. Die Szene war schön, aber die glimmenden Baumstämme waren Mahnmale einer Tragödie, in der unzählige kleine Lebewesen umgekommen waren.«

In dieser kritischen Zeit brauchte Joy die Unterstützung eines Mannes wie Jock Rutherford, der lebenslange Erfahrung bei der Zusammenarbeit mit Kenianern hatte. Auch in ihren besten Zeiten war Joy ungeduldig, und in Situationen wie dieser machte sie ihrem Temperament Luft. Pieter

Mawson tat sein Bestes, doch er war sehr jung und kannte weder die Eingeborenen noch sprach er fließend Suaheli. Einfache Mißverständnisse wurden zu heftigen Auseinandersetzungen und nur allzu oft – so Joy – erholte sich Pieter von den täglichen Spannungen in ihrem Camp bei abendlichen Feten bei Roy Wallace. Joy verbannte jeglichen Alkohol und die Beziehungen zwischen den beiden sanken auf einen Tiefpunkt, als sie am meisten gebraucht wurden. Es war unmöglich, in dem offenen Camp die Auseinandersetzungen privat zu halten.

Nichtsdestoweniger zeigten sich die Mitglieder des Verwaltungsrates von Isiolo der Lage gewachsen und schickten Hilfe jeglicher Art. Ein Turkana aus einer der Manyattas der Umgebung wurde eingestellt, um das Durcheinander aufzuräumen und zu bergen, was noch zu bergen war. Obwohl Pieter nicht sehr erfahren mit den Leuten war, half er Joy beim Anheuern, und bereits zwei oder drei Tage nach dem Brand erschienen fünf Arbeiter, um das Camp neu aufzubauen. Einige waren noch nie im Busch gewesen, und Joy mußte einen von ihnen daran hindern, dem Ursprung eines »whuffs« in den Busch zu folgen, der offensichtlich von einem Löwen stammte, einem alten Freund Joys. Die Männer arbeiteten flink und hatten das Camp wieder aufgebaut, als der Regen einsetzte.

Ende November hatte sich Joys Leben in Shaba wieder mehr oder weniger normalisiert und an Juliette Huxley schrieb sie über Pennys sechs Monate alten Jungen:

»Die Jungen sind völlig wild und nur dann und wann, wenn sie sich auf den Felsen verstecken, erhaschen wir einen Blick auf sie. Es ist unmöglich, sie zu fotografieren. Pasha ist wahrlich ein wilder Leopard und will nichts mit uns zu tun haben. Penny versucht rührenderweise oft, die Jungen in unsere Nähe zu bringen. Sie ruft sie mit ihrem krächzenden Husten oder setzt sich, wenn die Jungen bei ihr sind, gut sichtbar auf die hohen Felsen, als ob sie wüßte, daß wir uns Sorgen um sie machen.«

Dann wurde Joy von neuen Ärgernissen heimgesucht. Eines Abends war sie mit Pieter unterwegs, um von Roys Camp aus ein Funkgespräch zu führen, als ihr Auto zusammenbrach. Sie liefen durch die Dunkelheit zurück und dabei stürzte sie und brach sich das Knie an. Ohne Pieters körperliche und seelische Unterstützung hätte sie es nie bis nach Hause geschafft. Wieder war ihr Bein in Gips.

Ein paar Tage später wurden tausend Schilling aus dem Schrank in Pieters Zelt gestohlen und der Verdacht konnte nur auf einen ihrer Angestellten fallen. In der ersten Dezemberhälfte hatte Joy eine Auseinandersetzung mit dem jungen Turkana, Paul Ekai, über dessen Arbeit. Er war einer der Verdächtigen. Sie entließ ihn und zahlte ihn aus. Drei Nächte später, als

das Camp leer war, wurde eine Blechkiste in ihrem Zelt mit einem Brecheisen geöffnet und ein Teil des Inhalts gestohlen. Auch Pieter wurde bestohlen. Joy, die oft launisch war, war zorniger denn je.
Zwei oder drei Nächte nach diesem Vorkommnis erklärte sie mir über Funk, daß sie für ein paar Tage nach Paris fliegen würde. Es war gar nicht typisch für sie, Penny allein zu lassen, zumal die Jungen sich jetzt bald selbständig machen würden. Auch daß sie Geld dafür ausgab, für eine knappe Woche nach Europa zu fliegen, konnte ich ihr kaum glauben. Aber das französische Fernsehen hatte sie gebeten, als Gaststar in einer Serie aufzutreten, die sich einmal pro Woche berühmten Persönlichkeiten widmete. An Joys Abend sollte »Frei geboren« und ein Film über ihr Leben und ihre Arbeit mit den Tieren gezeigt werden, den die Elsa-Stiftung finanziert hatte und der von der BBC gedreht worden war. Anschließend sollte eine Diskussion zwischen Joy und einigen Persönlichkeiten stattfinden – darunter ein Zoologe, ein Naturschützer, ein Filmkritiker und Brigitte Bardot, die seit neuestem dem Kampf für die Rechte der Tiere beigetreten war. Die Fernsehgesellschaft zahlte Joy den Erster-Klasse-Flug nach Europa und von dort aus plante sie, nach London weiterzureisen, um das veröffentlichte Skript, die Auswahl der Fotos und den Umschlag für ihr Buch über Penny zu begutachten.
Ich mußte ihr versprechen, Weihnachten mit ihr zu verbringen – den 37. Jahrestag unseres ersten Treffens auf Willie Hales Dachparty. Mit dem Auto würde ich einen ganzen Tag auf den schrecklichsten Straßen zubringen, um nach Shaba zu gelangen. Daher nahm ich mir vor, an Heiligabend mit einem Flugzeug zu ihr zu fliegen, was nur eine Stunde dauern würde. Ein Pilot, der für ein österreichisches Hilfsprogramm in Kenia arbeitete und der immer äußerst hilfsbereit war, versprach, mich zu Joy zu bringen.
Als sie am 17. Dezember für ein paar Stunden in London ankam, begrüßte Marjorie Villiers sie am Flughafenhotel. Joy war noch immer sehr stolz darauf, daß es Penny gelungen war, die Jungen großzuziehen und Marjorie merkte ihr die Begeisterung über den Erfolg des Fernsehabends an. Vor allem Brigitte Bardot hatte sie beeindruckt, die gerne kommen und Penny sehen wollte. Sie war so gut aufgelegt, daß sie all ihren privaten Groll vergaß. In Paris hatte sie nicht nur für Terence und mich, sondern auch für Pieter und Tony Fitzjohn Weihnachtsgeschenke gekauft. Mit den Vorschlägen für ihr Buch war sie sofort einverstanden – nur ein Titel mußte noch gefunden werden. Als sie sich an dem Abend verabschiedete, war Joy so glücklich, wie Marjorie sie seit Elsas Zeiten vor zwanzig Jahren nicht erlebt hatte.

Terence, Tony und ich erhielten unsere Geschenke aus Paris nie. Am 4. Januar, als ich nach den Löwen suchte, sah ich ein Sportflugzeug über dem Camp kreisen. Das kam inzwischen so oft vor, daß ich nicht weiter darüber nachdachte und ungefähr eine halbe Stunde später flog es wieder weg. Als ich mittags zurückkehrte und Terences Gesicht sah, wußte ich, daß etwas Fürchterliches passiert war.
Peter Johnson war mit dem Flugzeug von Nairobi aus zu uns geflogen. Er hatte in der Nacht zuvor einen Anruf von Dr. Wendel, einem deutschen Arzt in Isiolo erhalten, der ihm mitteilte, daß Joy von einem Löwen getötet worden sei, den Leichnam hätte man nach Meru gebracht. Da Terence nicht wußte, wann ich zurückkommen würde, hatte Peter beschlossen, nach Shaba weiterzufliegen, um mit dem Wärter zu besprechen, wie man Joys Habe am besten sicherstellen könnte und um mit Pieter Mawson Pläne für Pennys Zukunft zu machen.
Als sich meine Gedanken entwirrten, fühlte ich zuerst ein tiefes, schmerzliches Bedauern darüber, daß ich Joy zu Weihnachten nicht erreicht hatte – und sie nie wieder sehen würde. Der Pilot war über Weihnachten wegen eines Notfalles abberufen worden und so konnte er mich nicht nach Shaba fliegen. Dann wuchs in mir sofort der Zweifel daran, daß Joy von einem Löwen getötet worden war: Das war durchaus möglich – ich wußte sogar, daß ein Löwe in der Nähe ihres Camps lebte, aber irgendwie klang die Geschichte unwirklich. Drittens war ich frustriert, in Kora gefangen zu sein – nach Shaba zu gelangen, würde einen ganzen Tag dauern. Mir blieb nichts anderes übrig, als zu warten – wie Terence es ausgemacht hatte – bis Pieter uns über Funk erreichte. Als er das tat – allerdings erst am folgenden Tag – war klar, daß ich sofort nach Nairobi fliegen mußte, wo uns die furchtbare Geschichte dargestellt wurde.
Am Abend des 3. Januar war Joy gegen halb sieben Uhr auf ihre Abendwanderung gegangen. Meist war sie um sieben Uhr zurück, rechtzeitig, um die Nachrichten zu hören und ehe die Sonne unterging. Der alte Makedde war in Isiolo – er hatte gerade zum dritten Mal geheiratet – und nur Pieter Mawson und Kifosha waren im Camp. Kifosha machte die Lampen an und gegen Viertel nach sieben, als es ziemlich dunkel war, fingen er und Pieter an, sich Sorgen darüber zu machen, daß Joy noch nicht zurückgekehrt war. Pieter fuhr daher mit dem offenen Toyota los, um die übliche Strecke nach ihr abzusuchen. Hundertachtzig Meter vom Camp entfernt sah er im Scheinwerferlicht Joys Körper in einer Blutlache auf der Straße liegen.
Er versuchte sofort zurückzusetzen, aber der Wagen blieb im Schlamm neben der Straße stecken. Also rannte er zum Camp, rief nach Kifosha

und sie fuhren mit Joys Kombiwagen zurück. Sie untersuchten Joys Körper, um sich zu vergewissern, daß sie tot war, und als er eine große Wunde an ihrem linken Arm sah, meinte Pieter, daß es ein Löwe gewesen sein mußte. Er ließ Kifosha bei der Leiche und fuhr zurück zum Camp, um ein Laken und eine Decke, ein Gewehr und Munition zu holen. Ihm fiel auf, daß die Lampen im Camp ausgegangen waren, er dachte sich aber weiter nichts dabei. Mit Kifoshos Hilfe wickelte er Joys Körper ein, legte ihn auf den Rücksitz des Kombiwagens und fuhr nach Isiolo. Kifosha ließ er zur Bewachung des Camps mit dem Gewehr und der Munition zurück. Kifosha bemerkte dann, daß nicht nur alle Lampen aus waren, sondern auch die beiden Türen zum hinteren Tiergehege – die äußere führte in den Busch – offen standen. Joy hatte beide verriegelt, bevor sie ging. Kifosho sicherte jetzt das innere Tor ab, hatte jedoch Angst, weiterzugehen. Dann sah er, daß Joys Zelt geöffnet worden war: eine Kiste war aufgebrochen und Papiere lagen verstreut umher.
In der Zwischenzeit machte Pieter kurz im Camp von Roy Wallace halt, um sich Benzin auszuleihen. Er sagte ihm, daß Joy von einem Löwen getötet worden sei und zeigte ihm die Leiche auf dem Rücksitz. Danach fuhr er direkt zu Dr. Wedels Haus in Isiolo, das er gegen neun Uhr abends erreichte. Gemeinsam fuhren sie zur Polizeistation, wo der Arzt die Leiche untersuchte. Er bestätigte lediglich Joys Tod, nachdem er zwei Wunden an ihrem Arm und eine an der linken Seite ihres Brustkorbes bemerkte. Eine halbe Stunde später erschien der oberste Polizeibeamte, Oberinspektor Gichunga, und es wurde beschlossen, Joys Leichnam in die Leichenhalle des Krankenhauses in Meru zu bringen, wo es eine Kühlmöglichkeit gab. Pieter verbrachte die Nacht bei Dr. Wedel.
Am nächsten Morgen, dem 4. Januar, fuhren Pieter und Mr. Gichunga, der nicht ganz davon überzeugt war, daß Joy von einem Löwen getötet worden sein sollte, zurück nach Shaba, wo sich ihnen Oberinspektor Ngansira und andere Polizeibeamte anschlossen. Sie untersuchten die Blutlache, in der Joy gestorben war und fanden ihren Wanderstock. Der Wagen mußte jedoch abgeschleppt werden, da eine Leitung abgerissen war und die Batterie fehlte. Ein Brecheisen lag in Joys Zelt und eine Metallkiste sowie der große Koffer waren aufgebrochen worden – das Brecheisen aus dem Geräteschuppen des Camps war das gleiche, das am 10. Dezember benutzt worden war. Auf dem Weg zu den Toren des Tiergeheges fanden sie Fußspuren von Schuhen oder Stiefeln, die in den Busch führten.
Die Polizei war jetzt davon überzeugt, daß es sich um einen Mord handelte und der Verdacht fiel auf Joys Angestellte, vor allem auf diejenigen, die

sich mit ihr gestritten hatten, Pieter selbst und Paul Ekai, den jungen Turkana, den sie entlassen hatte, mit eingeschlossen.
Am folgenden Tag, dem 5. Januar, wurde die Autopsie an Joys Leichnam vorgenommen, den drei Ärzte nach Nairobi gebracht hatten. Einer von ihnen, Dr. Geoffrey Timms, war ein Regierungspathologe und dabeigewesen, als man 1941 den ermordeten Lord Erroll aus seinem Auto gezogen hatte. Die Ärzte waren sich darüber einig, daß Joy mit einer scharfen Waffe getötet worden war – wie zum Beispiel einem »Simi« (kurzes Schwert); an ihrem Arm waren zwei Schnitte, und ein dritter, der zwanzig Zentimeter tief in ihren Brustkasten eindrang, hatte die Bauch-Schlagader beschädigt. Später bestätigte Peter Jenkins, daß die Wunden unmöglich von einem Löwen stammten.
Inzwischen wurden die Verdächtigen eingehendst vernommen. Pieters Verhör war besonders hitzig und einschüchternd, da seine häufigen Meinungsverschiedenheiten mit Joy laut und nicht zu verheimlichen gewesen waren.
Am nächsten Tag, dem 6. Januar, erschienen Chefinspektor Giltrap und Rowe aus Nairobi, um die Polizei zu verstärken. Die Gegend um das Camp herum wurde durchsucht, doch außer einem »rungu« einem knotigen Knüppel, der im Busch bei der Straße gefunden wurde, wo die Leiche gelegen hatte, fand sich nichts. Sehr bald wurden alle Verdächtigen wieder frei gelassen, bis auf Paul Ekai, der nicht zu finden war. Doch als die Polizei mit seinem Bruder Gabriel in der Manyatta seines Vaters in Daba Borehole erschien, sahen mehrere Zeugen, wie Paul weglief, ehe die Polizei eintraf.
Die Nachforschungen waren nun zunächst zu einem Stillstand gekommen. Aber am 2. Februar hatte die Polizei Glück und reagierte sehr tüchtig. In Baragoi, gute dreihundert Kilometer entfernt, im Gebiet der Turkana um den Rudolf-See herum, meldeten sich in dieser Nacht bei der Polizei drei Männer, die von Banditen überfallen worden waren. Der Wachtmeister notierte sich die Einzelheiten und bat sie, sich auszuweisen. Als einer von ihnen einen Ausweis mit dem Namen Paul Ekai vorzeigte, erkannte der Wachtmeister den Namen aus dem Steckbrief von Isiolo wieder und verhaftete den Mann.
Am folgenden Tag, dem 3. Februar, wurde Ekai in das Büro von Mr. Ngansira gebracht, wo er gegen halb sechs Uhr nachmittags kurz befragt wurde. Er leugnete, von Joys Ermordung gewußt zu haben und sagte, daß er müde sei und sich ausruhen wolle. Die Nacht verbrachte er in der Polizeistation. Am Morgen des 4. Februar wurde er erneut von Mr. Ngansira verhört und legte ein volles Geständnis über den Mord ab.

Ekai war aufgebracht gewesen, weil Joy ihn bei seiner Entlassung nicht voll ausbezahlt hatte. Er hatte daher in der Nähe des Camps umhergelungert mit der Absicht, auf einem Abendspaziergang mit Joy zu verhandeln. Als sie dabei ärgerlich wurde, hatte er sie in seiner Wut erstochen. Danach schleuderte er sein »simi« in den Sumpf und war zum Camp gegangen, um aus ihrer Blechkiste Geld und Wertgegenstände zu stehlen. Doch noch bevor er sie durchsucht hatte, erschien Pieter im Camp, um die Decke und das Gewehr zu holen. Daher versteckte er sich im Busch, bis Kifosha allein zurückkam. Dann stahl er die Batterie aus dem offenen Landrover, wahrscheinlich in der Absicht, sie zu verkaufen. Auf einem Wildwechsel gelangte er nach Daba Borehole. Unterwegs versteckte er die Batterie unter einem Baum.
Ekai wurde dann nach Shaba gebracht, und obwohl er und drei Polizisten in dem Sumpf nach dem »simi« suchten, konnten sie es nicht finden, aber inzwischen war seit dem Mord ein Monat vergangen und das Messer hätte durchaus im Schlamm versinken können. Als nächstes führte Ekai die Polizei zu der Batterie, die im Busch versteckt war. Schließlich brachte er sie zu einer Manyatta bei Daba und zeigte ihnen ein Messer, eine Scheide und einen Gürtel, die sichergestellt wurden.
Am Morgen des 5. Februar wurde Ekai formell über seine Rechte informiert und des Mordes angeklagt. An dem Nachmittag führte er Mr. Ngansira und Mr. Giltrap zu einer zweiten Manyatta in der Nähe des Reservates und zeigte ihnen ein Haus, das angeblich seiner Schwester gehörte. Er brachte daraus einen Rucksack mit einigen von Pieters Kleidungsstücken hervor, die am 10. Dezember gestohlen worden waren. Von dem Dach eines anderen Hauses holte er dann eine Taschenlampe herunter, die Joy in derselben Nacht gestohlen worden war. Regierungschemiker stellten später fest, daß die Blutspuren auf dem Rucksack Joys Blutgruppe angehörten und nicht Ekais. Er mußte ihn kurz nach dem Mord benutzt haben.
Der junge Turkana wurde zurück nach Isiolo gebracht und im Distrikt-Krankenhaus untersucht. Es stellte sich heraus, daß er gesund war und keinerlei Verletzungen hatte, nur die traditionellen Narben und Schönheitssymbole der Turkana auf seiner Haut. Diese Narben werden manchmal wie Ehrenabzeichen verliehen, wenn jemand umgebracht wurde, aber im Fall von Ekai bestand kein Grund, dies zu glauben.
Ich wartete ungeduldig auf die Gerichtsverhandlung und ihr Urteil, aber es dauerte unerträglich lange, bis es zum Prozeß kam. In Nyeri, wo die Verhandlung stattfinden sollte, kam es bis zum 26. Juni – fast sechs Monate nach dem Mord – nicht einmal zu einer Vorverhandlung. Als es

endlich soweit war, widerrief Ekai seine beiden Aussagen und behauptete, daß die Polizei von Isiolo ihn in der ersten Nacht aufs offene Land gebracht habe; dort sei er ausgepeitscht, getreten und mit einer vorher erhitzten Eisenstange verbrannt worden, auch habe man ihn mit einem Band um seine Hoden gefoltert, bis er ein Geständnis ablegte. Aus diesem, oder auch aus anderen Gründen wurde der Fall noch weiter vertagt und unglaublicherweise kam es nicht vor Mitte des nächsten Jahres zu einer Gerichtsverhandlung.

Diese dauerte drei Monate.

Ekai leugnete erneut seine Aussage, diesmal unter Eid. Ferner behauptete er, daß er sich zur Zeit des Mordes drei Nächte bei seiner Tante Rebecca in Isiolo aufgehalten habe und an Malaria litt. Seine Tante bestätigte diese Geschichte, doch der Richter wies das Alibi zurück und glaubte der ursprünglichen Aussage. Ekai wurde am 28. Oktober 1981 für schuldig an Joys Ermordung erklärt. Da es Zweifel über Ekais Alter gab – man schätzte ihn zwischen siebzehn und zwanzig – wurde er nur zu einer Haftstrafe verurteilt. Wäre er älter gewesen, hätte man ihn zwangsläufig zum Tode verurteilt.

Ekais Rechtsanwalt erhob Einspruch, hauptsächlich mit der Begründung, daß die Geständnisse unzulässig wären, da sie weder freiwillig noch wahr seien, auch bestünden Zweifel über die Identität und den Verbleib des »simis«, der Tatwaffe. Aber die drei Berufungsrichter fanden keinen Beweis für Folter, vertraten die Meinung, daß die Geständnisse freiwillig gemacht worden waren und dem wahren Tatbestand entsprachen. Auch sahen sie den zweiten Raub als eindeutigen Beweis dafür an, daß Paul Ekai in der Mordnacht im Camp gewesen war. Am 14. Dezember 1981 bestätigten sie seine Verurteilung.

Es war schwer zu verstehen, daß Joy nicht mehr da war und furchtbar, den Hergang ihres Todes zu kennen; weitaus besser wäre es gewesen, wenn ihn ein Löwe verursacht hätte. So verschieden wir auch waren, die Zuneigung bestand bis zum Schluß und hatte sich, wenn möglich, im Laufe der Jahre noch vertieft.

Ihre Beerdigung war schlicht und still. Das Krematorium liegt nicht weit außerhalb der Stadt auf der Straße zum Nationalpark und der »Lone Tree«-Ebene, wo wir bei unseren ersten gemeinsamen Besuchen in Nairobi gezeltet hatten. Keiner aus Joys Familie oder von ihren ältesten, engsten Freunden waren an dem Tag anwesend, da sie entweder gestorben waren oder in Europa lebten. Aber meine alten Freunde und Freunde aus Joys späterer Zeit, Österreicher, Engländer und Kenianer, und Freun-

de der wilden Tiere und deren Land, denen sie soviel gegeben hatte, waren beim Gottesdienst anwesend.
Ich erinnerte mich an einige Zeilen eines Gedichtes von Francis Nnaggenda, das Joy bei sich stehen hatte und die am Schluß des nachgelassenen Buches über Penny abgedruckt worden waren:

> Die Toten sind nicht unter der Erde,
> sie sind in den Bäumen, die rauschen,
> sie sind in den Wäldern, die ächzen,
> sie sind in dem Wasser, das fließt,
> sie sind nicht tot.
> Wenn meine Vorfahren von dem Schöpfer sprechen,
> sagen sie: Er ist in uns. Wir schlafen mit ihm.
> Wir jagen mit ihm. Wir tanzen mit ihm.

Später brachte ich Joys Asche, so wie sie es sich gewünscht hatte, nach Meru. Einen Teil verstreute ich auf Pippas Grab unter dem Baum in ihrem Camp, wo sie sich in einem Leben, das viele Höhen und Tiefen gekannt hatte, des Glückes und des Friedens in ihrem Inneren bewußt geworden war. Den Rest begrub ich bei Elsa, in der Nähe der Stelle, über die Joy geschrieben hatte: »Wenn ich hier mit Elsa in meiner Nähe saß, fühlte ich mich wie auf der Schwelle zum Paradies.«

Kapitel 15

Sieben Gebote

1977–1985

Vier Tage vor ihrem Tod schrieb Joy an Marjorie Villiers: »Ich habe gerade herausgefunden, daß weibliche Katzen Königinnen genannt werden, und das gibt uns den Titel für das Buch über Penny – ›Queen of Shaba‹«. Unmittelbar nach ihrem Tod war das Interesse an Joy so groß, daß zwei Londoner Zeitungen das Buch in Fortsetzungen abdrucken wollten, und die Angebote stiegen auf über hunderttausend Pfund. Als Joy heiratete, besaß sie so gut wie keinen Pfennig Geld und nur wenige Wertgegenstände: am wertvollsten waren für sie ihr Klavier und ihre Staffelei. Als sie starb, hinterließ sie ein Vermögen.

Am meisten machte ich mir um Penny Sorgen. Pieter war bestrebt, in Shaba zu bleiben und auf sie aufzupassen – vielleicht sogar einen zweiten Wurf mit aufwachsen zu sehen, obwohl die Familie wild wurde und für sich selber sorgen konnte. Später wurde Penny mit zwei weiteren Würfen gesehen.

Andererseits war Pieter durch den Mord und die folgenden Ermittlungen so erschüttert, daß er Shaba sofort verließ, als er dort nicht mehr gebraucht wurde, und nach Südafrika zog. Er kehrte nur einmal kurz für eine Gerichtsverhandlung zurück. Er heiratete und kam dann bei einem Autounfall tragisch ums Leben.

Shaba wurde wie Meru und Samburu zu einem jener Nationalreservate, die in ihren schwierigen Anfangsjahren der Elsa-Stiftung soviel zu verdanken hatten. Der Stadtrat von Isiolo plante, Joys Camp bestehen zu lassen und ihr ein Denkmal zu setzen. Ein paar Jahre später erwarb die Regierung das Land um das Hell's Gate herum, in den Bergen hinter Elsamere, als ein Nationalreservat. Dies war eines von Joys wichtigsten Projekten gewesen, und ihre Stiftung steuerte mehr als hunderttausend Dollar zu seiner Entwicklung bei. Elsamere wurde der Stiftung übergeben und bietet heute Menschen, die sich ernsthaft für den Naturschutz interessieren, Verpflegung, Unterkunft und eine Bibliothek.

Der größte Teil von Joys Einnahmen, die sie bei ihrer bescheidenen Lebensweise und trotz ihrer ansehnlichen Spenden längst nicht ausgegeben hatte, wurde zugunsten der Stiftung investiert. Peter Johnson, Joys

Finanzberater, hatte sie dazu drängen müssen, auch nur eine kleine Summe als Altersversicherung zurückzulegen, und sie hinterließ mir jetzt auf Lebensdauer die Zinsen aus dieser Versicherung. Der Betrag war etwa so hoch wie meine Rente, von der ich die letzten fünfzehn Jahre gelebt hatte und hat mir, wenn er auch nicht gerade fürstlich war, bei meinen Haushaltsrechnungen geholfen. Alles, was ich seit Verlassen der Wildschutzbehörde erhalten hatte, war diesen Weg gegangen – hauptsächlich für Autos, Benzin, Reparaturen und Kamelfleisch.

Die Anweisungen, die Joy für ihre Asche hinterlassen hatte, erinnerten mich an eine Bemerkung, die ich 1971 in meinem Tagebuch notiert hatte, als ich erst ein Jahr hier gewesen war. Ich bat darum, daß – falls mir etwas zustoßen sollte – man mich nicht aus Kora wegbringen, sondern ohne viel Aufhebens im Sand neben Boy begraben solle.

In den ersten Jahren hier mußten die Löwen und ich darum kämpfen, uns am Tana-Fluß zu behaupten. In den nächsten fünf waren unsere Löwinnen bei der Gründung des Rudels fast zu erfolgreich: 1980, zur Zeit von Joys Tod, gab es sechzehn Löwen um unser Camp. Diese Situation führte zu einer erheblichen Umstellung in ihrem und unserem Leben.

Zunächst schienen die drei ältesten Löwinnen zu merken, daß die Gegend zu karg war, um so viele Mäuler zu füttern, trotz der Kamele, die ich für sie kaufte. Die zwei stärksten versuchten, Gigi, die sanfteste, zu vertreiben, ebenso die vier Neuankömmlinge – die letzten Löwen, die wir von draußen hereinbrachten. Einer von ihnen, Kaunda, wurde bald von Gigi adoptiert. Wie sie war er außerordentlich gutartig, und als sich das Rudel in Gruppen aufteilte, wurden sie in Kora ruhelos und zogen auf Safari. Sie zahlten beide ihren Preis für diese gefährliche Angewohnheit.

Tony und ich hörten eines Morgens um halb sechs mit einiger Beunruhigung ein Auto kommen und dachten, daß es eine Gruppe Shiftas sei, vor allem, als die Männer im Auto eindeutig unzufrieden aussahen und ihre Gewehre in unsere Richtung drehten. Sie waren tatsächlich eine Militärpatrouille, die Viehdiebe suchte. Sie berichteten uns, daß ein Rudel Löwen sie in einiger Entfernung auf der Straße angegriffen hätte und daß sie einen davon erschossen hatten. Wir fuhren sofort los und fanden Gigi, die aus zwei Schußwunden im Bein blutete: eine Kugel war direkt hindurchgegangen. Zum Glück war sie nicht ernsthaft verletzt und trug die Sache nicht nach. Kaunda wurde ein paar Monate später verwundet, als er und Gigi auf der Suche nach Ziegen unterwegs waren. Mir war klar, was sie vorhatten, und ich konnte ihren Spuren eine Zeitlang folgen, doch dann verlor ich sie und empfing auch keine Radiosignale mehr. Zum Glück erschien in dem Moment einer von Tonys Freunden mit einem Sportflugzeug und nahm ihn mit seinem Empfangsgerät mit: Sie entdeckten die Löwen, die sich auf eine Herde Somali-Kühe zubewegten. Tony war besorgt, daß sie zwischen den Kühen Amok laufen und von den Hirten getötet werden würden. So jagte er zum Camp zurück, holte etwas Fleisch aus dem Kühlschrank, um ihre Aufmerksamkeit von dem noch lebenden Fleisch abzulenken, und ließ es auf die erstaunten Löwen herunterfallen.

Als wir am nächsten Tag unterwegs waren, sahen wir, daß Kaunda mit einem Speer an der Schulter verletzt worden war. Wir lockten ihn hinten in den Landrover und fuhren ihn nach Hause zum Camp. Da für Gigi kein Platz war, trottete die liebenswürdige Löwin hinter unserem Auto her.

Von jetzt an, da sich die Löwen über immer größere Entfernungen verteilten, waren wir zunehmend auf Suchaktionen aus der Luft angewiesen, obwohl wir herausfanden, daß wir noch einen weiteren Trick auf Lager hatten. Gerade zu der Zeit hatte Terence seine Begabung für das Aufspüren von Wasser entdeckt. Ich habe mit vielen Leuten gesprochen, die nach von ihm aufgespürten Wasseradern gegraben haben, um seine Kräfte anzuzweifeln, die sogar noch weiterzugehen scheinen.

Mit Hilfe eines Gewichtes an einer Schnur, einem Bleistift, einer Landkarte und einem Bild oder einer Probe von dem, was er finden soll, ist er in der Lage, nach fast allem zu suchen. Sich auf die Probe oder das Foto konzentrierend, läßt er sein Pendel mit der rechten Hand über der Landkarte baumeln und, indem er sich von der Kraft der Schwingungen leiten läßt – bestimmt er allmählich seinen Fundort mit dem Bleistift, den er in der Linken hält.

Don Gordon, ein pensionierter Berufsgeologe, der jetzt in Malindi lebt, nahm Terence einmal in seinem Flugzeug mit und beobachtete, wie er einen geologischen Graben in seine Landkarte einzeichnete. Gordon wußte nicht, daß dieser Graben existierte – noch wußte es jemand anders, doch später bestätigte er es vom Boden aus mit seinen Instrumenten. Gordon erklärte, daß er nicht an Terences Talent glauben könnte, doch er mußte es als Tatsache akzeptieren.

Eine andere Bekannte, die nach Kora kam, erzählte Terence, daß sie die Verbindung zu ihrem Sohn verloren hätte, der irgendwo in Australien lebe. Sie hatte ein Foto von ihm und einen Atlas mitgebracht: Würde Terence ihr helfen, ihn zu finden? Während er sich mit seinem Pendel über die Karte bewegte, wurde sein Bleistift zu einer kleinen Stadt geführt, von der weder er noch die Frau je gehört hatten, deren Namen er aber für sie unterstrich. Ungefähr ein Jahr später bestätigte ihr Sohn, daß er sich tatsächlich zu jenem Zeitpunkt dort aufgehalten habe.

Tony blieb skeptisch in bezug auf Terences Begabung, die Löwen ausfindig zu machen – ich dagegen fand, daß er in sechzig Prozent der Fälle recht hatte.

Ob ich seinem Rat folgte, den Spuren der Löwen oder mich mit der Radioantenne abmühte – der Erfolg war der gleiche, und Terences Methode war weniger mühsam.
Obwohl aus Kaunda schnell ein lebhafter junger Löwe wurde, war er noch nicht erwachsen und ein wilder Eindringling, den wir »Blackantan« nannten, bemühte sich, das Rudel im Sturm zu erobern. Im August 1977 fing er an, Gigi zu umwerben, und da sie die Affäre genoß, hielt Kaunda klugerweise Abstand. Dreieinhalb Monate später brachte Gigi zwei Junge – Glowe und Growe – zur Welt, die sie geschickt dazu benutzte, sich selber zum ersten Male mit den anderen Löwinnen zu integrieren, die bisher nur unfreundlich gewesen waren.
Im folgenden Jahr hielt ich Kaunda und einige der anderen jungen Löwen nachts im Gehege, da sie mehrmals von älteren Löwinnen und deren Familien angegriffen worden waren. Noch mehr Unruhe wurde oft durch Blackantan gestiftet. Im April 1978 drehte er durch und versuchte, Kaunda durch den Draht hindurch anzugreifen. Kaunda, der die Unternehmungslust und den Angriffsgeist eines erfolgreichen jungen Fußballers hatte, zahlte mit gleicher Münze zurück. Da ich Angst hatte, daß der Zaun nachgeben würde, stieg ich in meinen Landrover und verscheuchte ihn. Am nächsten Morgen waren Kaunda und sein Gefährte so kratzbürstig und frustriert, eingesperrt zu sein, nachdem sie einmal die Freiheit gekostet hatten, daß ich sie herauslassen mußte. Wir sahen Kaunda nicht mehr wieder. Er war wie vom Erdboden verschluckt und wir konnten auch keine Signale von ihm empfangen – nicht einmal von den Bergen aus.
Ungefähr drei Monate später flog Patrick Hamilton, der Joy mit Penny half und nebenher seine eigene Forschungsarbeit betrieb, ungefähr achtundvierzig Kilometer westlich von Kora am Tana entlang. Er lauschte auf Signale von seinen Leoparden, plötzlich empfing er jedoch das Piepen von Kaundas Frequenz. Er folgte ihm zur nördlichen Flußseite und da, auf einem Felsen, saß Kaunda, der vertrauensvoll zum Flugzeug heraufblickte – und zweifellos darauf wartete, daß Kamelfleisch vom Himmel fallen würde.
Chris Matchett, ein Freund von uns, der am anderen Flußufer ein Safari-Zeltcamp betrieb und eine kleine Herde Ziegen hielt, um frisches Fleisch und Milch vorrätig zu haben, berichtete uns ein paar Tage später, daß ein Löwe mit Halsband zwei seiner Tiere geholt hätte. Ich ruderte sofort hinüber, um ihn zu entschädigen und mich zu entschuldigen – Kaunda fanden wir schnell, ohne schlechtes Gewissen und vor Energie strotzend. Er war so freundlich wie immer und Tony und ich überlegten, ob wir ihn

wieder nach Kora zurückholen sollten, aber die nächsten Brücken waren mindestens dreihundert Kilometer, wenn nicht mehr, flußauf- oder -abwärts gelegen. Es gab keine Garantie dafür, daß er nicht erneut das Abenteuer suchen würde und so beschlossen wir, ihn zu lassen wo er war. Einige Wochen danach wurde Tony wieder über dieses Gebiet geflogen. Diesmal fand er Kaunda unmittelbar an der Grenze zum Meru-Nationalpark. Wir waren begeistert zu wissen, daß er so lange allein überlebt hatte und fast in Sicherheit war; es gab uns auch Grund daran zu glauben, daß es Christian, Daniel, Leakey, Freddie und den anderen, die in der Vergangenheit losgezogen waren, ebenso gut ging. Bald gab es einen weiteren Beweis für solchen Optimismus.

Kurz nachdem er Kaunda gesehen hatte, fuhr Tony in einem Landrover zwischen Chris Matchetts Camp und der Grenze des Meru-Nationalparks entlang. Er durchquerte langsam eine Lugga, als er einen Löwen sah und anhielt. Zu seinem maßlosen Erstaunen kam der Löwe munter auf das Auto zu, stieß seinen Kopf gegen eine Tür und verschwand in der Nacht. Tony sah ihn nur einen Moment lang, aber sein Äußeres und die flotte Art, die wir nur von einem einzigen Löwen her kannten, überzeugten ihn, daß es Leakey war. Er stellte den Motor ab, um in die Dunkelheit zu spähen und zu lauschen. In dem Moment brüllte ein Löwe ganz in der Nähe, seine Stimme hatte eine verblüffende Ähnlichkeit mit der Freddies, seinem Liebling und Leakeys ständigem Gefährten. War dies ein weiterer Beweis für die telepathischen Fähigkeiten der Löwen in bezug auf unseren Aufenthaltsort? Tony war natürlich aufgeregt, als er zurückkam und es mir erzählte.

»George, ich schwöre dir, daß ich nüchtern war«, fügte er entwaffnend hinzu. Ich glaube, dies war eine Anspielung auf mein Albino-Flußpferd. Ich hatte einmal – kurz nach meinem Elf-Uhr-Gin – ein rosa Flußpferd im Fluß neben ungefähr vier normalfarbenen gesehen. Als ich ihm und Terence beim Mittagessen von den näheren Umständen dieser Entdeckung berichtete, erntete ich johlendes Gelächter. Aber als ich abends vor unserem ersten »Sundowner« zurückkehrte, war das Flußpferd immer noch bleich und vollkommen rosa.

Ungefähr zu jenem Zeitpunkt, als Shades grundloser Angriff auf Terence zu einer Art Einfuhrsperre für Löwen nach Kora geführt hatte, und der Entdeckung, daß Kaunda und die anderen doch noch lebten und sich auf der anderen Flußseite wohl fühlten, fing ich an, über das Ergebnis all unserer Bemühungen nachzudenken.

In Meru hatte man mir sieben Löwen gegeben, darunter Boy, der nach einem Jahr der Genesung in Naivasha nach Kora kam. In Kora hatten wir sechzehn weitere Löwen aufgenommen, insgesamt also dreiundzwanzig. Das Rudel in Meru hatte während meiner Zeit elf Junge hervorgebracht, von denen zwei wahrscheinlich von Leoparden geraubt wurden und eines in der Nacht von dem wilden Löwen »Black Mane« getötet wurde. Die Überlebenschance in ihren ersten gefährdeten Wochen lag daher bei siebzig Prozent. In Kora hatten die siebzehn Löwen für fünfundzwanzig Nachkommen gesorgt, von denen achtzehn die gefährlichen ersten Wochen überlebt hatten – das waren wiederum ungefähr siebzig Prozent. Man sagte mir, daß die durchschnittliche Überlebensrate bei Löwen in diesem frühen Alter in der Wildnis bei ungefähr fünfundzwanzig Prozent liegt.

Nachdem ich nach Kora zog, war es mir unmöglich nachzuvollziehen, was aus den Löwen in Meru geworden war, obwohl sie in den ersten ein bis zwei Jahren gelegentlich zusammen gesehen wurden. In Kora schien ihr Lebenslauf artgerecht zu sein. Sobald die Männchen ausgewachsen waren, zogen sie weiter – obwohl ein Löwe wie Daniel (Sohn der Löwin Juma, die immer unter dem Zaun hindurchkroch) oder der wilde Eindringling Blackantan die Szene einige Jahre lang dominierten. Die Weibchen dagegen blieben eher seßhaft. Wenn die Jungen zu zahlreich wurden, konnten die Löwinnen bei ihren Versuchen, die schwächeren zu vertreiben, recht bösartig werden; ein- oder zweimal wurden meine naiven Versuche, den Jungen zu helfen, mit einem Biß in die Hand oder das Bein belohnt.

Eine der schlimmsten Missetäterinnen in diesen Familienkämpfen war die junge Löwin Koretta, Tochter von Daniel. Mein Camp in Kora ist oft als eine Besserungsanstalt für irregeleitete junge Mädchen bezeichnet worden und Koretta war mit Sicherheit eines von diesen. Sie hetzte ihre Mutter nicht nur dazu auf, Gigi zu verfolgen und half selber dabei mit, sondern wurde im zarten Alter von Blackantan dazu verführt, ihren ersten Wurf Junge zu verlassen und mit ihm auf Hochzeitsreise zu gehen. Als sie ein paar Monate später seine Jungen auf die Welt brachte, ließ sie diese auch im Stich und die beiden wären gestorben, wenn ihre Gefährtin Naja sie nicht zusätzlich zu ihren eigenen zwei Jungen adoptiert hätte. Manchmal glaube ich, daß es Naja war und nicht ich, die Korettas Seelenheil herbeiführte und sie zum Stolz unseres Rudels machte.

Ungefähr zu dieser Zeit ließ ich mich leichtsinnigerweise darauf ein, dieses Buch zu beginnen und Chrissee Bradley Martin, deren Ehemann uns die Halsbänder mit den Sendern geschenkt hatte, schrieb mit der Schreibmaschine meine Tagebücher ab. Ich kämpfte mit Namen, Daten, meinen Berichten, den Tagebüchern und den beschmierten Durchschlägen der wenigen Briefe, die ich aufbewahrt hatte. Trotzdem kam ich nicht voran.

Am Äquator schreibt es sich einfach nicht gut: die Morgendämmerung bricht kurz nach sechs Uhr an, und die Abende versuchte ich freizuhalten, um Briefe zu beantworten und meine Abrechnungen zu erledigen – daß mein Sehvermögen nachließ, machte es auch nicht einfacher. Abgesehen von der Hitze, kosteten auch die Löwen tagsüber viel Energie, vor allem, als Tonys Aufmerksamkeit durch einen plötzlich verwirklichten Traum beansprucht wurde.

Michel Jeannot, ein Freund von uns, der Chefpilot bei der Air France war, erschien eines Tages mit einem breiten Grinsen im Gesicht und einem schweren Korb im Arm auf unserer Landepiste. Wir kannten diesen Korb inzwischen sehr gut, weil er meistens mit Schinken und französischem Käse, Wein, Cognac und Michels Kameras, mit Filmen und Fotografien unserer Löwen vollgepackt war. Den Zollbeamten muß er auch bekannt gewesen sein, denn als er an jenem Morgen mit seinem Jumbo-Jet am Kenyatta-Flughafen landete, machten sie sich nicht die Mühe, hineinzuschauen. Hätten sie es getan, so hätten sie darin zwei winzige Leopardenbabys entdeckt.

Michel wußte von dem Verbot, nach Terences Unfall weitere Löwen anzunehmen; er teilte aber auch unsere Begeisterung, Leoparden nach Kora zu bringen. Er hatte gesehen, wie Tony angefangen hatte, ungefähr elf Kilometer von unserem Camp entfernt eine Boma (Gehege) und einige Hütten am Komunyu-Wasserloch aufzubauen, in Erwartung der Ankunft der Leoparden. Von nun an schien es einen Mangel an diesen Katzen zu geben und der Frust, den Tony in seinen Briefen an Michel zum Ausdruck brachte, mußte bei diesem einen Geistesblitz ausgelöst haben. Zwei Freunde Michels besaßen in Paris einen Nachtclub, dessen Attraktion unter anderem zwei wunderschöne Leoparden waren: Als diese Junge bekamen, beschloß Michel, sie in Arushas und Christians bester internationaler Tradition nach Kora zu bringen.

In aller Unschuld hatte Michel eine Bedingung unserer Rehabilitation vergessen: daß die Leoparden in Kenia geboren sein mußten. Ich stand daher vor einer Reihe unmittelbarer Probleme. Sollten wir die Leoparden annehmen oder ablehnen? Wenn wir sie annahmen, sollten wir sie verheimlichen oder bei den Behörden alles beichten? Sollten die Behörden wiederum sie ablehnen, wie könnte ich sie vor lebenslanger Gefangenschaft bewahren? Ich beschloß, die ganze Geschichte sofort zu melden und offiziell die Erlaubnis zu beantragen, sie behalten zu dürfen – wir war-

teten unter Folterqualen. Die Antwort, die sechs Wochen später eintraf, enthielt die Aufforderung, die Leoparden sofort nach Paris zurückzuschicken. Wir hingen inzwischen sehr an ihnen und Tony war gezwungen gewesen, in das Kampi ya Chui – das Leoparden-Camp – umzusiedeln, weil die Leoparden nicht in der Nähe von Löwen aufwachsen konnten. Am nächsten Tag machte ich mich daher auf den Weg nach Nairobi, um mit dem Direktor der Wildschutzbehörde zu verhandeln. Ich bat darum, die Entscheidung nochmals zu überdenken, und sollten die Leopardenbabys nicht bleiben dürfen, sie wenigstens in ein anderes afrikanisches Land bringen zu dürfen, wo die Möglichkeit einer Freilassung bestand. Ich wußte, daß es eine äußerst schwere Entscheidung für den Direktor war, der unseren Problemen in Kora immer wohlwollend und gewissenhaft gegenübergestanden hatte, was er auch heute noch tut.
In Kenia drehen sich die Mühlen des Rechtswesens und der Verwaltung manchmal langsam, aber sie mahlen auch gerecht. Weitere vier Monate lang hörte ich kein Wort mehr, und als schließlich eine Antwort kam, wurde uns mitgeteilt, daß die Leoparden – wir hatten sie Attila und Komunyu getauft – bleiben dürften.
Kampi ya Chui liegt ungefähr fünfeinhalb Kilometer von der Landepiste entfernt. Hier hatte Tony an einen auffallenden Baum ein Schild genagelt: »Löwen unterwegs – Camp umfliegen und beim Flugzeug warten«. Sein Camp liegt wunderschön auf Sand und wird von einem Akazienwäldchen überschattet. Eine Seite wird von einem massiven Felskamm, der als Komunyu-Hill bekannt ist, geschützt, die andere erlaubt freie Sicht auf den Busch, der bald zur Bühne für zahlreiche Schauspiele werden sollte. Die Leoparden erhielten Luxusquartiere: eine Reihe von miteinander verbundenen Gehegen, von denen das kleinste eine künstliche Höhle und das größte einen ausgewachsenen Baum mit einschloß.
Das Reservat wimmelt von leichter Beute für Leoparden – Echsen, kleine Vögel, Perlhühner, Klippschliefer und Tausende von Dik-Diks. Als sie größer wurden, waren sie mehr als fähig, größere Tiere wie Schakale, Warzenschweine, Gerenuk und Kleinen Kudu zu erbeuten. Seit die hier lebenden Leoparden ausgerottet worden waren – ich hatte in elf Jahren Kora nur zwei gesehen – war jedoch die Pavianpopulation außer Kontrolle geraten und sie waren »en masse« eher eine Gefahr für die Leoparden als umgekehrt.
Als Attila und Komunyu fünfzehn Monate alt waren, war Tony der Meinung, daß sie freigelassen werden könnten. Sie hatten bereits eine Vorahnung von dem, was sie draußen in der wirklichen Welt erwartete. Während sie von ihrem Gehege aus die Lichtung beobachteten, wanderte ein

alter Elefant nur ein paar Schritte von ihnen entfernt auf der anderen Seite des Zaunes entlang. Gelegentlich erschienen ihre natürlichen Feinde wie Löwen und kreischende Paviane auf der Bühne. Eines Tages riß eine Meute von sechzehn Wilden Hunden in ungefähr achtzehn Meter Entfernung einen Kudu.

Tony versah die Leoparden mit kleinen Sendern an ihren Halsbändern und als er sie erstmals freiließ, erforschten sie den Busch um das Camp herum und folgten ihm nachts in die Sicherheit des Camps zurück. Sie wurden bald geschickt im Töten, Komunyu brachte Tony ihr erstes Dik-Dik, so wie Girl einst Ginny ihre erste Thomsongazelle gebracht hatte. Wie bei Christian hatten ihre Instinkte mindestens zwei Generationen der Gefangenschaft überlebt; doch obwohl sie sehr bald unabhängig waren, erlebten sie oft böse Überraschungen. Einmal schlich sich Attila an Wilde Hunde heran und trieb sie in die Flucht. Als plötzlich noch zwanzig Hunde erschienen, drehte sich der Spieß um: Attila war nur noch verschwommen zu erkennen, als er einen Baum emporschoß.

Komunyu geriet in noch größere Gefahr, als Tony mit ihr und Attila auf dem großen Felsen war. Sie lief voran, als sie den Kamm des Felsens erreichten und fand sich plötzlich einer Schar von über hundert Pavianen gegenüber. Drei große Männchen saßen auf vorteilhaften Positionen – ihre Armee war etwas weiter unten aufgereiht. Als Komunyu weiter auf sie zuging, brach ein wahnsinniges, haarsträubendes Gekreische in dem Heer aus, das auf die Befehle des Anführers zu warten schien.

Zufällig hatte Tony an diesem Tag selber militärische Unterstützung. Hauptmann Ron Wilkie, der Regiments-Oberfeldwebel der Schottischen Garde gewesen war und deren Maskottchen Boy und Girl waren, hielt sich im Kampi ya Chui auf und beobachtete die sich entfaltende Handlung mit professionellem Blick. Als sich der Lärm auf dem Felsen zu einem Crescendo steigerte, sah es so aus, als ob Komunyu von einer Horde empörter Paviane in Fetzen gerissen werden würde.

Bis jetzt hatte Tony sein Gewehr nicht benutzt, doch nun setzte er es an und gab zwei Warnschüsse ab – mit sofortiger Wirkung, obwohl es nur Platzpatronen waren. Die Paviane kreischten noch lauter, zerstreuten sich und machten kehrt. Doch schon während Tony dies mit Erleichterung beobachtete und Komunyu sich verstohlen zu Attila zurückzog, der noch immer reichlich Abstand hielt, gruppierten sich die Paviane erneut.

»Mein Gott«, sagte Ron Wilkie mit Respekt, »diese Paviane sind viel disziplinierter als so manche Soldaten, die ich ausbilden mußte.« Er stimmte Tonys Meinung zu, daß in diesem Fall Diskretion besser sei als Aggression. Die vier machten einen taktischen Rückzug.

Tony bemerkte, daß die Leoparden schnell lernten, von dem Gelände Gebrauch zu machen, vor allem von den Bäumen, die in Notfällen ihr Zufluchtsort waren. Auf einer Wanderung in der Nähe des Felsens stieß er auf Attila, der ihn zum ersten Mal völlig ignorierte und direkt über seine Schulter starrte. Tony folgte seinem Blick und sah eine Löwin, die sich duckte und dann langsam zurückzog. Attila behauptete sein Revier, aber die schmalen Augen der Löwin beunruhigten Tony. Also lief er zurück, um sein Gewehr aus dem Landrover zu holen. Er kam in dem Augenblick an den Schauplatz zurück, als die Löwin auf Attila zusprang, dieser ergriff die Flucht und war im Nu auf der nächsten Akazie verschwunden. Eine Zeitlang schaute Attila auf die Löwin herunter, die unheilvoll zurückstarrte, dann kletterte er langsam herab und fing an, mit einigem Getue das Gebiet auf der anderen Seite des Baumes zu markieren. Das wiederum provozierte die Löwin zu einem zweiten Angriff und gerade dann erschien eine weitere Löwin mit vier Jungen. Erst da bemerkte Tony, daß es sich um Koretta handelte – sehr weit von ihrem Revier entfernt – und daß ihre Gefährtin Naja und die vier Jungen waren, die diese aufzog. Bis sie sich wieder zurückzogen, beachteten sie Tonys Rufe nicht – Attila stand wütend und machtlos oben in den Ästen und sabberte vor Entrüstung.

Tony brauchte all seine Erfahrung und Entschlossenheit aus seiner Zeit als Trainer der »Outward Bound«-Schule, um die jungen Leoparden durch diese Feuerproben durchzulotsen. Gleichzeitig arbeitete er hart daran, ihre Zukunft zu sichern sowie die der anderen, die er noch freilassen wollte. Er hatte in England bereits den Kora-Tierschutz-Trust gegründet, um Gelder für dieses Vorhaben aufzubringen und zu verwalten. Jetzt lernte er fliegen, in der Hoffnung, sich eines Tages ein eigenes Flugzeug leisten zu können – das würde es soviel leichter machen, uns selber, unsere Vorräte und unsere Besucher rein und raus zu fliegen, auch könnten wir bei unserer Suche mit dem Funkgerät größere Gebiete abdecken. Wenn Attila sich auf den Weg in den Busch machte, wie er es jetzt tat, war es für uns aussichtslos, ihn vom Boden aus zu suchen.

Komunyu dagegen steckte ihr Revier um den Felsen herum ab. Sie hält sich immer noch die meiste Zeit darin auf, ungefähr anderthalb Kilometer vom Camp entfernt, obwohl sie auch weit wanderte, und eines Abends ertappte ich sie dabei, wie sie unbefugt bei uns eindrang. Naja hatte ihre vier Jungen ins Camp gebracht und ich warf ihnen gerade etwas Fleisch hin, als ich einen gefleckten Schatten am Zaun entlang in ihre Richtung gleiten sah. Ich merkte, daß es ein Leopard war und es konnte nur Komunyu sein, also entspannte ich mich, weil Leoparden normalerweise keine Löwen angreifen, vor allem, wenn letztere in ihrem eigenen Revier sind. Es war ein Übereinkommen, das wohl bei Komunyus europäischer Zucht verlorengegangen war. Sie fing das Fleisch auf, ehe es landete und kletterte damit auf einen Baum, noch bevor Naja merkte, daß sie bestohlen worden war. Auf diese Weise war ich zwischen einer rachsüchtigen Löwin und einem herausfordernden Leoparden gefangen. Als ich nämlich versuchte, Naja zu entschädigen, kam Komunyu schnell wie ein Pfeil herunter und stahl ein zweites Stück Fleisch. Schließlich fügte ich der Beleidigung auch noch den Schaden zu, indem ich Naja verscheuchte, um Komunyu Gelegenheit zur Flucht zu geben – selbst dann umkreiste sie das Camp mehrmals, ehe sie zurück nach Hause ging.

Während Kampi ya Chui von einem Löwen belagert wurde und Kampi ya Simba von einem Leoparden, wurde 1983 von der Royal Geographical Society (Königlich Geographische Gesellschaft) aus London und dem Nationalmuseum von Nairobi ein drittes Camp errichtet. Es lag ungefähr dreißig Kilometer westlich am Fluß. Diese beiden erhabenen Institutionen hatten ein Team von mehr als zwanzig Wissenschaftlern zusammengestellt, um das Reservat zu erforschen. Sie wurden von Dr. Malcolm Coe von der Universität Oxford begleitet, und es war schwer zu glauben, daß er nicht unmittelbar von einer Wolke nach Kenia herabgestiegen war.

Mit seinem Lendenschurz, ungebändigtem weißen Bart und funkelnden Augen – und einer Neigung zu gelehrten, anschaulichen und ausführlichen Reden – hätte Malcolm mit seiner hynotischen Überzeugungskraft sich mit jeden Propheten des Alten Testaments messen können. Man hatte mit ihm eine gute Wahl getroffen, um alle Vorkommen Koras zu katalogisieren – von den Mineralien und den kleinsten Organismen bis hin zu allen, außer den größten, Säugetieren. Auch sollte er den Behörden die Lösung jener Probleme darlegen, die er und seine Mitarbeiter als Bedrohung für die Zukunft des Reservats ansahen.

Elefanten, Büffel, Wasserböcke, Flußpferde usw. wurden aus dem Studium der Expedition ausgeschlossen, ebenso die Löwen. Ich bin mir nicht sicher, wer bei den täglichen Begegnungen mehr aus der Fassung gebracht wurde, die Wissenschaftler oder Glowe und Growe. Gigis beide Töchter waren jetzt ausgewachsen, hatten insgesamt sechs Junge und betrachteten das gleiche Stück Land am Fluß als ihr Zuhause wie die R.G.S. Richard Leakey, der Direktor des Nationalmuseums, sagte, die Löwen seien eine ständige Sorge für ihn, doch ich war bereit, ihr gutes Benehmen zu garantieren.

Die Expedition bezog den Fluß mit in ihre Forschung ein, weil gerade ein Projekt erörtert wurde, zwei weitere Dämme am Tana-Fluß zu bauen. Einer unterhalb der Adamson-Fälle (wie sie jetzt auf der Landkarte genannt werden, nachdem ich sie in der Mau-Mau-Zeit entdeckt hatte) westlich des Reservates und der andere fast in der Mitte unserer nördlichen Grenze. Die Forscher hatten vor, die zu erwartenden Auswirkungen der Überflutung in ihrem Bericht festzuhalten.

Es hatte mir immer Spaß gemacht, Barben oder Katzenwelse mit ihren unheimlichen Barthaaren zu angeln: es sind die häufigsten Fische im Fluß. Die Tilapia sind seltener und wegen ihres delikaten Geschmackes und der Art, in der sie ihre Jungen aufziehen, bemerkenswert. Das Männchen gräbt eine kleine Grube in das Flußbett und bewegt das Weibchen dazu, seine Eier hineinzulegen. Das Gelege wird normalerweise – wenn auch nicht immer – von anderen Tilapia, die Geschmack an den Eiern der anderen finden – respektiert. Aus Sicherheitsgründen nimmt das Weibchen das Gelege bald in seinem Maul auf, brütet es dort aus und behält die Jungen solange in ihren Backen, bis sie alt genug sind, in den Fluß gespuckt zu werden. Ein noch raffinierterer Bewohner des Tana-Flusses ist der Rüsselfisch, der seine winzige Beute im Schlamm auf dem Flußgrund jagt. Hierzu erzeugt er Strom, mit dem er eine Art Echolot betreibt, und die so aufgespürte Nahrung wird mit dem kleinen Rüssel des Fisches aufgesaugt. Die umfassenden Entdeckungen von Malcolms Kollegen schlossen auch einige neue Pflanzenarten, Garnelen, springende Spinnen und übergroße Pillendreher ein – die Mist zu Kugeln drehen, die dann vergraben werden und als Nahrung für die Larven dienen –, sowie zwei Tierarten, die sich so angepaßt hatten, daß sie in den schmalen Rissen in unseren Felsen überleben konnten: die »Pfannkuchen«-Schildkröte und die »flachköpfige Fledermaus«.

Wir waren amüsiert, wenn sich diese hingebungsvollen Beobachter gelegentlich von ihrem wissenschaftlichen Thron herabließen. Es war Malcolm, der die Echse aus dem Schlund des protestierenden Kuckucks gezogen hatte. Als er eine Pythonschlange erwischte, die gerade ein Perlhuhn verschlingen wollte, enthauptete er das eine Tier und machte aus dem anderen Frikassee. Aber der Nashornvogel, der herabstieß und einen zehn Zentmeter langen Skorpion schnappte, durfte seine Trophäe behalten. Terence war auch nicht schlecht in der Kunst, Skorpione abzuwehren – er war für die Feststellung mindestens sechsundneunzig der verschiedensten Skorpione verantwortlich, als das R.G.S.-Camp gebaut wurde.

Malcolm schien zu denken, daß sein Team ersatzweise Erleichterung von der unvermeidbaren Keuschheit, die Kora ihm auferlegte, erhielt, indem es das Liebesleben der Eintagsfliegen, Schaumfrösche und unserer buddelnden Nachbarn, den nackten Maulwürfen, erforschte. Je nach Regenfall und den Mondphasen schwärmten die Eintagsfliegen während des Abendessens um ihre Lampen und die Männchen bemächtigten sich dann mit rasendem Flügelschlagen der langen, schlanken Unterleibe der eleganten Weibchen. Die Expedition versicherte mir, daß alle Maulwürfe »entartete« Fortpflanzungsorgane hätten und die Weibchen vierzehn Brustwarzen – doch trotz dieser Attribute wurde nie ein schwangeres Muttertier entdeckt.

Die Gebräuche der Schaumfrösche, die sich nur nach der Regenzeit paaren, reichten aus, um sogar Tony zu schockieren. Mitten in der Nacht begeben sie sich auf Äste, die aus dem Wasser herausragen, wo sich drei Männchen zu einem Weibchen gesellen. Während ein Männchen sie umschlingt, drücken sich die anderen beiden an ihre Seiten. Dabei stößt sie ihre Eier und eine Flüssigkeit aus, die von allen vieren gemeinsam mit den Beinen zu Schaum geschlagen wird. Die Frösche verlassen dann die Eier, die in dem Schaum von den Ästen hängen, der sich zu einer schützenden Kapsel verhärtet. Im Innern entwickeln sich die Kaulquappen, bis sie mit dem nächsten Regenschauer ins Wasser gespült werden.

So locker Malcolm auch über seine Arbeit sprach, er nahm sie doch äußerst ernst und seine Entdeckungen waren von großer Bedeutung – nicht nur für das Kora-Reservat, sondern auch für die Erhaltung des Tana-Flusses und der gesamten »nyika«-Wildnis Kenias. Seine Expedition durchzog das Gebiet mit einem ganz feinmaschigen Netz, wie mit einem Staubkamm, und nutzte dabei alle Errungenschaften der Wissenschaft, einschließlich Satellitenbilder. Anhand dieser konnten sie das Vorrücken und das Zurückgehen der grünen Vegetation im Laufe der Jahreszeiten aufzeichnen, sie konnten sogar die Gebiete, die die Somalis geflämmt hatten, erkennen.

Die zwei Jahre, in denen sich die R.G.S. in Kora aufhielt, waren eine Periode ununterbrochener Dürre. Die Expedition konnte selber die Verwüstung durch die Somalis erleben und das kritische Problem verstehen, das ihre Wanderungen für die Regierung darstellte. Viele von ihnen haben ihr Vieh von Somalia her über die Grenze getrieben, nachdem sie ihr eigenes Land wie die Heuschrecken kahlgefressen haben. Fortschritte in der Veterinärmedizin haben eine Explosion der Viehbestände bewirkt. Die kenianische Regierung muß daher die Somalis überzeugen, die eigenen Leute und das Vieh im Lande festzuhalten. Jetzt muß sie auch entschlossen und doch behutsam daran arbeiten, die Invasion fernzuhalten,

sonst wird sie später zu verzweifelten Maßnahmen gezwungen sein, die sowohl zu streng sein als auch zu spät kommen würden.
Die Somalis halfen durch ihr Benehmen ihrer eigenen Sache auch nicht – und es ging hier nicht nur um die völlige Verwüstung des Busches. Schon 1979, kurz nachdem Kaunda zwei Ziegen aus Chris Matchetts Camp auf der anderen Seite des Flusses gestohlen hatte, wurde das Camp von einer Somali-Bande überfallen. Chris, seine französische Frau und ihre kleine Tochter kehrten gerade aus Nairobi zurück, als ihr Auto kaputt ging und sie vierundzwanzig Stunden aufgehalten wurden. Als er sein Camp erreichte, lag es in Asche. Am Tag zuvor waren die Somalis eingefallen; drei seiner afrikanischen Angestellten waren verwundet, ein vierter Afrikaner und ein junger deutscher Gehilfe waren ermordet worden.
Im Gegenzug mobilisierten die Behörden alle Truppen, die sie entbehren konnten – Parkwächter von der Wildschutzbehörde, bewaffnete Anti-Wilderer-Einheiten und Polizei –, um das Gebiet zu besetzen, das einst als die »Somali-Linie« bekannt gewesen war. Mir wurde gesagt, daß ein Aufgebot von vierzehn Wildhütern nach Kora entsandt worden war und neunzig Meter von uns entfernt am Felsen sein Lager aufschlagen würde. Ich fragte mich, ob sie wohl nächtlichen Eindringlingen gegenüber ebenso alarmbereit sein würden wie die Perlhühner, die oft wie Alarmanlagen losgingen, oder ob sie ein wirksameres Abschreckungsmittel als die Löwen sein würden, die allgemein bekannt waren.
Kurz bevor der Posten errichtet wurde, schickte ich meinen Fahrer Moti nach Asako, um Kamelfleisch zu kaufen. Die Fahrt dauert normalerweise in jede Richtung ein paar Stunden. Drei Tage nach seiner Abfahrt war er noch immer nicht zurück. Zum Glück war Jonny Baxendale gerade aus Meru zu uns gekommen, wo er in dem Reservat arbeitete, und bot mir an, mit mir vom Flugzeug aus Motis Route zu folgen, in der Hoffnung, den Landrover zu entdecken. Erst als wir unmittelbar über Asako waren, sah ich den Wagen neben einer der Hütten stehen. Wir warfen eine Nachricht für Moti hinunter, in der wir ihm mitteilten, uns am Landestreifen zu treffen, der gut dreißig Kilometer entfernt lag. Mit einiger Neugierde erwarteten wir seine Erklärung. Als er endlich erschien, beschrieb er uns, wie er Asako gerade verlassen wollte, um im Busch ein Kamel von den Somalis zu kaufen, als ihn ein Freund warnte, daß eine Gruppe von dreizehn Shifta geplant hatte, ihn aus dem Hinterhalt zu überfallen, sich des Autos zu bemächtigen und damit zum Kampi ya Simba zu fahren. Da dort die Tore sofort geöffnet werden, wenn mein Landrover erscheint, hätten sie mit uns und dem Camp ohne weiteres kurzen Prozeß gemacht.
Nachdem die Parkaufseher eingetroffen waren, würden wir wohl unse-

Oben: Boy nach dem Kampf, bei dem er in den Rücken gebissen wurde.
Unten: Erst wenn das Männchen seinen Hunger gestillt hat, darf der Rest des Rudels an die Beute.

Einige der Löwen, die wir um unser Camp Kora herum hatten.

Joy mit Penny, dem Leoparden, in Shaba.

Oben: Arusha aus Rotterdam.
Unten: Komunyu aus Paris.

Freundlich, aber auch gefährlich.

Oben: Koretta (rechts) mit ihren beiden Würfen.
Unten links: Weiße Henna-Blüten, rote Salvadora-Beeren
und die Resurrection plant.
Unten rechts: Äsendes Gerenuk.

ren Schützengraben weniger brauchen, und ich gab meine Rolle als Amateur-Wachmann auf. Trotzdem überquerten einige Shifta den Fluß und raubten ein Dorf aus; niemand kam dabei ums Leben, doch die Läden wurden geplündert und nicht eine Hütte blieb stehen. Da ich weitere Konfrontationen mit den Löwen vermeiden wollte, warnte ich die Wächter, im Gebiet von Kora ihre Fahrzeuge nicht zu verlassen, aber weiter entfernt patroullierten sie frei durch den Busch und über Terences Straßen. Es gab mehrere Schußwechsel; auf einer Patrouille wurde ein Shifta verletzt und gefangengenommen, ein anderer getötet. Ein Mitglied der Truppe wurde mit einer Kugel im Bein zurückgebracht, zum Glück war es nur eine Fleischwunde, und eine ausgebildete Krankenschwester verbrachte gerade eine Woche bei uns.

Nach all diesem erschien es uns wie ein Anti-Klimax, als Abdi, mein Spurenleser, auf einer Fahrt nach Asako erfuhr, daß man mich von der Abschußliste gestrichen hatte. Ein Somali-Häuptling hatte entschieden, daß ich auf keinen Fall getötet werden solle – ich gäbe soviel Geld für seine mißratenen Kamele aus, daß es eine finanzielle Katastrophe wäre, dieser Einnahmequelle ein Ende zu bereiten. Sie kosteten je hundert Dollar, und zeitweilig mußte ich pro Woche ein Kamel kaufen.

Trotz all der Gegenmaßnahmen überfluteten die Somalis während des Höhepunktes der Dürre im September 1984 Kora immer noch. Mein Sehvermögen hatte sich inzwischen weiter verschlechtert, und – wenn auch zögernd – akzeptierte ich den Rat eines österreichischen Chirurgen, zu einer Star-Operation nach Wien zu fliegen; das Unternehmen wurde großzügig von einer Gruppe Österreicher finanziert, die als »Freunde Kenias« bekannt waren und die der Chirurg gut kannte. Mein Zögern beruhte darauf, daß mir bewußt wurde, wieviel ich Tony und Terence zumuten würde; ein- oder zweimal war es umgekehrt gewesen.

Nachdem Tony sechs Jahre bei mir gelebt hatte, dachte ich, daß ich mich an sein unvorhersehbares Kommen und Gehen gewöhnt hatte, aber einmal begleitete er Freunde zur Landepiste und kam einfach nicht zurück. Kein Wort. Dann, vier Monate später, erschien er im Camp, als ob er nur über ein Wochenende weggewesen sei. Ich war verblüfft, aber auch erfreut. Er war in Begleitung eines Mädchens, das doppelt so groß und schwer wie er war. Zwei Tage später war ich nicht sehr verwundert, als ich am Morgen sein großes, maßgearbeitetes Bett in Splittern vor seiner Hütte liegen sah. Terence hatte einmal etwas ganz ähnliches getan. Er war für drei Wochen in sein Haus nach Malindi gefahren und war drei Monate später immer noch weg. Skandalöse Gerüchte erreichten mein Ohr und er kam mit einem Grinsen im Gesicht zurück.

Als ich mich auf den Weg nach Wien machte, erwartete Tony weitere Leoparden zur Freilassung, ich dagegen hinterließ ein schrumpfendes Löwenrudel in Terences Verantwortung. Ihre Anzahl war zurückgegangen und die vier verbleibenden Löwinnen, die alle in Kora geboren waren, wurden zunehmend unabhängig: es waren Koretta, die sieben war, Glowe und Growe, jetzt sechs, beide mit drei Jungen und Naja, die fünf war.
Von den anderen waren die vier ältesten Löwinnen allein losgezogen; drei junge Männchen waren von den Somalis vergiftet worden; Korettas beide Brüder hatten die Parkwächter erschossen, weil sie in der Nähe von Asako ständig das Vieh überfielen, und einer der jüngeren Löwen war von Wilden Hunden getötet worden. In so dichtem Busch und unter solch harten Bedingungen wie in Kora, durchstreifen Löwen ein größeres Gebiet und sind unsichtbarer als im offenen Grasland der Ebenen in der Mara oder der Serengeti: es ist unmöglich, ihr ganzes Leben, ihr Tun und ihr Sterben genau zu verfolgen. Aber ich nehme an, daß die Schicksale unserer Löwen denen der wilden Löwen ähnlich waren, die nicht viel mehr waren als lohfarbene Formen auf den Felsen oder entferntes Gebrüll in der Nacht.

Der Chirurg in Wien sagte mir, daß er zuversichtlich sei, mein Sehvermögen wiederherstellen zu können, indem er den Grauen Star entfernen und in meiner Netzhaut eine Plastiklinse einsetzen würde – diese Technik war entwickelt und perfektioniert worden, als Ärzte herausfanden, daß das menschliche Auge Bruchstücke von Plastik-Windschutzscheiben nicht abstieß. Dennoch fügte er hinzu, daß die Operation bis März verschoben werden solle, bis er die Möglichkeit hätte, aus Amerika eine verbesserte Version dieser Linse zu besorgen, die auch meinem Auge und der starken afrikanischen Sonne angepaßt wäre.
Bill Travers hielt engen Kontakt mit mir, da ihm durch einen seltsamen Zufall eine ähnliche Operation an einem seiner Augen bevorstand. Als er von der Verzögerung hörte, schlug er vor, daß ich die Zeit gut nutzen sollte, um in England an meinem Buch zu arbeiten. Er und Ginny würden mich bei sich auf dem Lande unterbringen, wo er alles, was ich zu sagen hätte, auf Tonband aufnehmen und es dann später schreiben lassen könnte. Er sagte, daß er jeden einzelnen meiner Briefe aufbewahrt habe und stellte mir seine vollständige Fotosammlung zur Verfügung.
In ihrem Haus auf Leith Hill – von wo aus Christian nach Afrika aufgebrochen war – behandelten sie mich wie einen Spion, der aus der Kälte kam, denn England war schon bald mit Schnee bedeckt und ich wurde im

wärmsten und sichersten Haus untergebracht. Jeden Morgen wurde ich auf ein Sofa plaziert, hatte um elf Uhr ein Glas Gin in der Hand und abends um sechs erschien der White-Horse-Whisky. Als ich mit dem fertig war, was ich zu sagen hatte, fing Bill an, Fragen zu stellen, um den Hintergrund und die Lücken zu füllen. Hin und wieder riß er mich mit einem Witz zu Indiskretionen hin, oder setzte mich unter Druck wie ein Rechtsanwalt vor Gericht. Gelegentlich nahm Ginny an unseren Sitzungen teil. Bill war besonders neugierig zu erfahren, warum Joy und ich von Wissenschaftlern, Naturschützern, Wildverwaltern und sogar von Safari-Unternehmern – von denen viele ehemalige Jäger waren – Kritik erhalten hatten.

Recht oft wurde unsere Arbeit als Zeit- und Mittelverschwendung bezeichnet, da Leoparden, Geparden und Löwen keine bedrohten Arten sind. Augenblicklich stimmt das, als Maßstab für erforderliche Vorsorge ist es beängstigend kurzsichtig: das gleiche hätte man vor zehn Jahren über die Nashörner sagen können. Löwen und die anderen Großkatzen werden wie die Elefanten in eine begrenzte Anzahl von Nischen gedrängt, die jährlich weniger und kleiner werden: manche sind bedroht, andere schon verschwunden. Ermöglicht man es den Löwen, ein natürliches Leben zu führen, so schützt man gleichzeitig alles andere Leben in der Pyramide unter ihnen.

Ich gebe zu, daß Joy nicht immer sehr diplomatisch vorging, wenn sie die Angestellten der Parks um einen Gefallen oder um Hilfe bat. Ich gestehe auch, daß ich gelegentlich gegen die Regeln Wild schoß, wenn ich das Gefühl hatte, daß ein Löwe sonst verhungern oder abwandern würde, ehe er selbständig genug dazu war. Einmal benutzte ich mein Gewehr, um einen Löwen zu erschießen, der am Sterben war: sein Kiefer war zerschmettert worden und er verhungerte. Ich meldete den Vorfall und prompt wurde mein Gewehr beschlagnahmt. Ich bedauere all dies, wenn es Provokation hervorrief, doch wir handelten stets in bester Absicht für die Parks und ihre Tiere.

Die wohl spitzfindigste Kritik an unserer Tätigkeit ist, daß wir den Tieren, die wir freilassen, in den Übergangsmonaten von der einen Lebensweise zur anderen viel Streß auferlegen. Ich glaube nicht, daß das für Leoparden und Geparden zutraf, die – wenn sie ausgewachsen sind – mehr oder weniger als Einzelgänger leben. Löwen dagegen sind im Grunde sozial veranlagt und ich glaube sicher, daß Elsa litt, als sie versuchte, allein zu leben, und ich bedauere immer wieder, daß wir ihre Geschwister nicht behalten hatten, damit sich die Familie gegenseitig hätte unterstützen können. Seit ich die Filmlöwen von »Frei geboren« aufgenommen hatte,

versuchte ich immer, bei Neuankömmlingen dafür zu sorgen, daß sie in Paaren kamen, damit sie zusammen diese fremde Welt entdecken konnten.
Es gibt Leute, die sich aufrichtig Gedanken darüber machten, daß wir junge Tiere ermutigten, uns zu vertrauen und somit die Angst vor den Menschen zu verlieren; und daß ich, indem ich sie weiterhin fütterte, diesen Mangel an Furcht noch festigte und dadurch die Gefahr vergrößerte, daß sie andere Menschen angriffen. In Wirklichkeit war es unmöglich, die jungen Löwen, die jetzt frei waren, um mich herum zu halten, während ich sie friedlich in ein Rudel hineinführte, wenn sie nicht vorher schon eine Beziehung zu mir aufgebaut hätten.
Ich habe nichts erlebt oder gehört, was mich überzeugt hätte, daß das Füttern von Fleisch an Löwen, die gelernt hatten, selbständig zu leben oder die wild geboren waren, sie für Menschen gefährlicher macht. Als der eine Somali in Kora von einem Löwen getötet wurde, hielten sich unsere alle im Camp auf. Die häufigen und listigen, aber völlig friedlichen Inspektionen der von den Wissenschaftlern aufgestellten Fallen in der Nähe des R.G.S.-Camps durch die Löwinnen Glowe und Growe scheinen auf einen Respekt vor Menschen zu deuten, der in keiner Weise durch unseren Umgang mit ihnen vermindert worden war.
Alle Löwen sind gefährlich; sie haben sich speziell zu Killern und Fleischfressern entwickelt, es gibt jedoch keinen Beweis, daß die Löwen, die Joy, Tony und ich freigelassen hatten, gefährlicher als wilde wurden. Mit der Ausnahme von Mark Jenkins – und kein Kind sollte in einem offenen Toyota so nah an einen Löwen herangebracht werden – galten ihre Angriffe nur Menschen, die mit unserer Arbeit zu tun hatten. Es hätte sehr viel mehr Angriffe gegeben, wenn wir so eng mit wilden Löwen gelebt hätten, dessen bin ich mir sicher.
Mehrere meiner Löwen sind vergiftet oder erschossen worden, weil sie verdächtigt wurden, Vieh angegriffen zu haben oder dies auch wirklich getan hatten. Diese Angriffe sind nicht auf die Art ihrer Fütterung zurückzuführen. Schon zur Zeit des Trojanischen Krieges griffen Löwen Vieh an. Homer spielt in seiner Erzählung über den Kampf zwischen Aeneas und Achilles darauf an.
Und ich hatte zwanzig Jahre meines Lebens damit zugebracht, Vieh vor Löwen zu schützen, denen nicht ein einziges Mal Futter dieser Art angeboten worden war.
Ginny schaute mich lange an, nachdem ich ihr erzählt hatte, wie sehr mir diese Meinung am Herzen liegt.
»Ich verstehe all dies Gerede nicht, daß die Angst der Löwen vor dem

Menschen erhalten werden muß«, sagte sie, »ich habe gerade von Mark und Delia Owens Experiment in einem Gebiet der Kalahari gelesen, wo bis dahin niemand – vielleicht nicht einmal ein Buschmann – gelebt hatte. Mehrere Nächte hindurch kam ein Löwenrudel und ließ sich mitten im Camp nieder, und ein Leopard schlief einmal in ihrem Zelt. Gibt es wirklich so etwas wie angeborene Angst vor Menschen?«

Wenn ich darüber nachdenke, so teile ich Ginnys Zweifel. Wahrscheinlich fürchten Löwen Menschen nur, oder sind ihnen auch feindlich gesinnt, wenn sie schlechte Erfahrungen haben. Sie haben Angst vor den Massai- und Samburu-Kriegern, die ihr Vieh hüten, aber nicht vor einem Touristen, der mit der Kamera Fotos schießt. Sie greifen an, wenn man in sie hineinläuft und sie gerade hungrig, bedroht, verängstigt oder sexuell erregt sind, aber sogar ein Menschenfresser würde nachts friedlich an deinem Bett vorbeilaufen, wenn er entspannt oder satt ist. Fachleute scheinen bei Löwen und Elefanten eine abnehmende Feindseligkeit dem Menschen gegenüber entdeckt zu haben, wenn sie vor Konfrontationen und Wilderei sicher sind. Wenn das so ist, warum sollte dann meine Tätigkeit ihre Gefährlichkeit steigern anstatt zu verringern?

Mit Sicherheit hat unsere Arbeit ihre Gefahren. Die Risiken betrachten wir für uns – und für diejenigen, die mit uns arbeiten und die sich der Gefahren bewußt sind – genauso, als ob wir der Armee beigetreten wären, auf einer Bohrinsel arbeiteten oder in einer Mine unter Tage. Wir haben die Mitarbeiter ständig vor allen Gefahren gewarnt und alles getan, um sie zu schützen: sie haben nie unter dem Zwang gestanden, bleiben zu müssen. In der Zeit, in der wir in Kora waren, sind in einem Zoo in England zwei Menschen getötet worden – in beiden Fällen wurde der Zoo verklagt und beide Male freigesprochen. Glauben Menschen ernsthaft, daß es möglich oder auch nur klug ist, Gefahr aus dem menschlichen Leben auszuklammern? Sollte sie nicht für den Menschen das tun, was die Löwen für die Population der Zebras und Antilopen tun – die Spezies auf die Probe stellen, lichten und stärken?

Während ich mich diesen Überlegungen hingab, fielen die Temperaturen in England weiterhin und es bestand wenig Verlockung, hinauszugehen. Zum ersten Mal seit Ewigkeiten las ich die Morgenzeitung und schaute mir abends die Fernsehnachrichten an; ich sah nichts, das mich davon überzeugte, mein Zuhause im Busch für ein Leben in der Stadt aufzugeben.

Wir schauten uns auch die Dokumentarfilme an, die Bill in Meru, Kora und im Tsavo gedreht hatte, wo er den Großteil von »An Elephant called Slowly« gefilmt hatte, eine Geschichte, deren Nachspiel tragisch und zugleich ermutigend war. Der richtige Name der kleinen Elefantin war »Pole Pole«, und sie war als Staatsgeschenk des Präsidenten Kenyatta an den Regent's Park Zoo in London gefangen worden. David und Daphne Sheldrick waren gebeten worden, sie mit der Gefangenschaft und mit Menschen vertraut zu machen.

Bill hatte die Erlaubnis erhalten, sie zu filmen, aber es gab nichts, was er oder die Sheldricks hätten tun können, um ihre Verfrachtung nach Europa zu verhindern. Als sie in London ankam, besuchte Bill sie sofort und gab ihr mit Zustimmung der Wärter ein paar Orangen; sie war jedoch beim Abschied so traurig, daß er es für klüger hielt, sie nicht mehr zu besuchen. Ungefähr fünfzehn Jahre später, im Jahre 1982, hörte Daphne Sheldrick, daß Pole Pole in einem fürchterlichen Zustand sei. Anscheinend war sie zwei Jahre lang allein in das Elefantenhaus eingesperrt worden – das schlimmste, was einem afrikanischen Elefantenweibchen geschehen kann, das von Natur aus gesellig ist. Nachdem ganz in der Nähe ihres Geheges ein anderer Elefant obduziert worden war und kein anderer mehr in ihrer Nähe war, wirkte sie sehr verstört, schlug wiederholt mit dem Kopf gegen die Wände, wobei sie einen ihrer Stoßzähne zerbrach und den anderen ganz verlor.

Daphne alarmierte Bill, mich und ein paar andere Freunde wegen dieser Krise, und Bill nahm Kontakt mit einigen Reservaten in Afrika auf, um herauszufinden, ob wir sie zurück in ihre Heimat bringen konnten. Ich hörte von einem Schutzgebiet auf einer Insel im Victoria-See, das von Bernhardt Grzimeks Gesellschaft finanziert wurde und wo man erfolgreich Schimpansen, Elen-Antilopen und vierzehn Elefanten ausgesetzt hatte: ich war mir sicher, daß dieses Schutzgebiet uns helfen würde. Als Bill und Ginny vor der Presse von der Möglichkeit einer Rückführung der Elefantin in die Heimat sprachen, wurden sie mit Spenden überflutet, einige im Wert von einem Pfund, andere höher und eine im Wert von tausend Pfund.

Der Zoo wollte nichts von dem Plan wissen und behauptete weiterhin – entgegen der Erfahrung von Experten in Afrika –, daß ein Elefant, der aus London zurückgebracht wurde, im Busch nicht überleben könne. Statt dessen schlugen sie vor, Pole Pole nach Whipsnade in die Gesellschaft anderer Elefanten zu bringen. Doch irgendwie wurde bei der Verlegung gepfuscht. Nach mehreren Beruhigungsspritzen brach Pole Pole in ihrer Kiste zusammen, noch ehe diese aus dem Zoo weggebracht worden war – und starb.

Bill, Ginny und viele anderen waren so bekümmert und verärgert über diesen unnötigen Tod eines Elefanten in seinen besten Jahren, daß spontan eine Bewegung gegründet wurde, die es sich zur Aufgabe machte, die Zustände in allen Zoos im Lande zu überprüfen. Sie nannten sich »Zoo Check«, waren als eine Stiftung registriert und stellten genau wie Joy seinerzeit fest, daß die Mißhandlungen weit verbreitet und erschreckend waren. Zufällig war gerade ein neues Gesetz in Kraft getreten, das eine Betriebserlaubnis für Zoos erforderte, und die Überwachung durch »Zoo Check« führte schnell zur Schließung der schlimmsten.

Während wir über Zoos sprachen, erinnerte mich Bill an etwas, was Desmond Morris über Joy geschrieben hatte. Dies bedeutete mir viel, weil Morris menschliche Verhaltensweisen mit außergewöhnlichem Wissen und Wahrnehmungsvermögen studiert hatte. Er war auch Kurator für Säugetiere im Londoner Zoo gewesen. Als solcher war er gebeten worden, die Antworten einer Umfrage zu analysieren, die vom Granada-Fernsehen übertragen wurde, bevor »Frei geboren« verlegt war. Zwei Jahre später wurde die Umfrage wiederholt. Kinder waren angesprochen worden und sollten unter anderem ihre zehn liebsten und ihre zehn verhaßtesten Tiere aufzählen. Morris' Belegschaft arbeitete sich durch insgesamt achtzigtausend Karten durch und er schrieb folgendes über den zweiten Satz Antwortkarten:

»Es gab nur eine bedeutsame Veränderung: der Löwe wurde mehr geliebt und weniger gehaßt. Joy Adamsons Feldzug zugunsten der Löwen hatte Früchte getragen. Sie hatte das schwierige Ziel erreicht, nicht nur zu unterhalten, sondern tatsächlich die Sympathien der Öffentlichkeit auf diese Tierart zu lenken. Die Löwin Elsa war zu einer Botschafterin ihrer Art geworden. Sie hatte auch noch etwas anderes bewirkt. Die Leute fingen an, die Berechtigung der Tierhaltung in Gefangenschaft, in Zoos und vor allem in Zirkussen in Frage zu stellen. Der Kern von Elsas Geschichte war ihre Freiheit.«

Eines Nachmittags brachten Bill und Ginny einen Baum mit – und die Kinder, die alle nach Hause gekommen waren, fingen an, ihn zu schmücken. Bei unserem ersten gemeinsamen Weihnachtsfest – während der Dreharbeiten in Naro Moru – waren es nur drei gewesen, William, Louise und Justin. Beim nächsten, vor zehn Jahren in Kora, beobachtete Daniel, der jüngste, mit dem Stolz eines Siebenjährigen, wie sein Namensvetter über die anderen Löwen herrschte. Jetzt waren sie alle erwachsen und gingen ihren eigenen Weg. Ich hätte gern ein drittes Weihnachten – diesmal in ihrem Zuhause – mit ihnen verbracht, aber ich wußte, daß ich zurück nach Kora mußte.

So kam der Abend, an dem ich meinen alten Tweedmantel anzog, den ich seit Jahren nicht getragen hatte, der aber irgendwie dem Schimmel und den Termiten getrotzt hatte, den Kragen hochschlug und mich mit Bill auf den Weg durch den Schnee zum Flughafen machte.

Als ich mich im Flugzeug ohne viel Hoffnung auf Schlaf zurücklehnte, fragte ich mich, ob wohl meine schlimmsten Befürchtungen sich bewahrheitet hatten und die Somalis endgültig das Reservat ruiniert und die letzten der Löwen umgebracht hätten. Wenn ja, dann wären wir wieder beim Gesetz des Dschungels angelangt. Obwohl sich der Mensch körperlich nicht mehr weiterentwickelt, sagt man, daß er sich kulturell ständig weiter entfaltet. Doch bei all der Gewalt, die ich täglich in den Nachrichten gesehen hatte, war nicht viel von kulturellem Fortschritt zu merken – Gewalt, die meist im Namen einer Religion oder der Vernunft angewandt wurde, beides Dinge, die den Menschen den Tieren überordnen sollen. Zahn um Zahn – Zahn und Kralle –, diese Redewendungen gingen mir durch den Kopf, als ich eindöste. Ich habe versucht herauszufinden, wann Löwen zu den Löwen wurden, die wir heute kennen. Niemand will sich festlegen, aber eines ist sicher: Ein spezialisierter Jäger muß sich parallel zu seiner Beute weiterentwickeln. So wie sich Antilopen sehr schnell den Veränderungen in ihrer Umgebung anpassen – zum Beispiel, wenn sie vom Festland auf eine Insel schwimmen, oder wenn an die Stelle von Busch die offene Savanne tritt –, müssen sich auch die Großkatzen, die diese Tiere jagen, schnell anpassen. Dies war bei den Löwen geschehen. Sie haben sich wahrscheinlich erst später als der Mensch weiterentwickelt und ihr Verhaltenskodex verdient unseren Respekt. In der Tat sehen einige ihrer genetischen Gebote nicht viel anders als unsere aus und werden öfter befolgt: Selbständigkeit und Mut, beharrliche und dabei realistische Verteidigung eines Reviers, die Bereitschaft, sich um die Jungen eines anderen zu kümmern, Brüderlichkeit, Treue und Zuneigung sind sieben lobenswerte Gebote.
Ich schlief dann schließlich doch noch ein bißchen, und als ich über Kenia aufwachte, hob sich meine Stimmung – nicht nur, weil ich wieder in Afrika war, sondern auch, weil sogar meine Augen an der Farbe der Erde erkennen konnten, daß der Regen endlich eingesetzt hatte.
Die Verwandlung Koras war beeindruckend. Als wir uns zum Anflug in die Kurve legten, war der Busch, soweit das Auge reichte, ein üppiges Grün. Es war kein Kamel, keine Kuh, keine Ziege zu sehen – alle Somalis schienen verschwunden zu sein. Als wir landeten, sah ich langes, leuchtendes Gras am Rande der Landepiste, die Büsche waren mit Blüten und Blättern in allen Farben übersät. Während der Fahrt zum Kampi ya Simba sprudelte Tony die Neuigkeiten von seinen Leoparden nur so hervor – er

hatte inzwischen zwei weitere ausgewildert und ein dritter war in seinem Camp. Terence erkundigte sich ruhig nach England und schien sich davor zu scheuen, über die Löwen zu sprechen; schließlich, als Tony und ich unseren Whisky in der Hand hielten, gestand er, daß seit meiner Abreise keiner der Löwen zum Camp gekommen war. Ich fragte mich, wie weit weg sie wohl gezogen waren und in was für Gefahren sie sich begeben hatten, bevor der Regen einsetzte und all die Herden und die Hirten zerstreute und das Wild zurückbrachte.
Der Weihnachtsmorgen war ungewöhnlich still. Tony paßte im Kampi ya Chui auf Adnan, den neuen jungen Leoparden auf, Terence war unterwegs, um eine neue Straße zu planen, und ich saß allein da und schaute all die Postkarten an, die sich während meiner Abwesenheit aus aller Welt gestapelt hatten. Ich dachte an die Weihnachtsfeste, die Joy mit so viel Mühe vorbereitet hatte, und an ihr letztes allein in Shaba. Am Tag danach hatte sie an eine Freundin geschrieben – der Brief kam nach ihrem Tod an – und berichtet, wie sehr sie auf mein Flugzeug gewartet habe. Als das Licht schwand, schob sie ihre Sorgen beiseite, legte Musik auf und ließ ihren Erinnerungen freien Lauf – wie immer kehrten ihre Gedanken zu Elsa zurück.
Ich zog an meiner Pfeife, und während ich angestrengt versuchte, das Gekritzel auf einer Karte zu entziffern, hörte ich von draußen einen Knurrlaut. Ich schaute direkt in Korettas Augen: hinter ihr standen zwei kleine Löwen, die wir noch nie gesehen hatten.

Epilog

Abend in Kora

1985–1986

Es war ein Wunder: ich konnte den farbigen Glanz auf dem Gefieder der Nektarvögel oder die aschgrauen Linien der Schakale, die im Zwielicht auf den Felsen umherzogen, so deutlich wie nie zuvor erkennen. Nachdem ich im März erneut nach Wien geflogen war, wo die Linse in mein Auge eingepflanzt wurde, konnte ich auch nachts den Landrover wieder fahren und ohne Brille mühelos lesen.

Koretta brachte weiterhin ihre zwei Jungen – Boldie, die Neugierige und Cindie, die sich stets im Hintergrund aufhielt. Doch keine Spur von Growe und Glowe.

Oktober war der Anfang einer Reihe beunruhigender, merkwürdiger und bedeutsamer Ereignisse. Es fing damit an, daß Terence mit einer Lungenentzündung ins Krankenhaus gebracht wurde. Schon bald mußte ich nach Nairobi eilen, weil man ihn auf die Intensivstation verlegt hatte; seine Atmung und seine Nieren hatten versagt und man nahm an, daß er im Sterben läge. Aber Terence ist zäh wie Leder und obwohl er vorher einen Schlaganfall erlitten hatte, erholte er sich wieder. Mitte des Monats wurde er zum Camp zurückgeflogen, äußerst gebrechlich, aber zum Durchhalten entschlossen.

Vierzehn Tage später war er genauso fasziniert wie wir alle, als sich in einer Vollmondnacht die Wolken teilten und nicht etwa eine silbern schimmernde Scheibe, sondern ein dünner, rosa Halbmond zum Vorschein kam. Tony fragte uns per Funk, ob wir es auch bemerkt hatten und sagte uns, daß sein muslemischer Koch schon auf den Knien liege und bete, daß dies ein böses Omen sei. Ich fragte mich, wie viele andere Menschen in Kenia wohl nichts von dieser Mondfinsternis gewußt hatten.

Am nächsten Tag erzählte ich Terence, daß wir noch immer keine Spur von Glowe und Growe gefunden hätten, und er bot seine Hilfe an. Seine Augen leuchteten, als er seinen Bleistift, das Pendel und einen Stapel Fotos herausholte, während ich die Landkarte auf dem Tisch ausbreitete. Terence starrte erst ein Foto und dann ein anderes an, wobei sein Bleistift dem Schwingen des Pendels folgte.

»Glowe ist tot. Keine Spur von ihr«, sagte er und schaute mich an. »Aber Growe geht es gut. Ich glaube, sie ist irgendwo in den Kiume-Bergen.« Das war ziemlich weit weg und einige Kilometer von dem Ort entfernt, an dem wir sie vor acht Monaten zuletzt gesehen hatten. Es war Vollmond, Löwen werden nach Einbruch der Dunkelheit munter und brüllen nachts oft. Daher beschloß ich, mit dem Landrover in die Berge zu fahren und vom Dach her Ausschau zu halten und dabei gelegentlich ihren Namen zu rufen. Diese Methode war in der Vergangenheit sehr erfolgreich gewesen. Georgina, die die Papiere für mein Buch sortierte, fragte, ob sie mitkommen dürfe – eine Bitte, die ich einem so netten und hübschen Mädchen nicht abschlagen konnte.

Wir brauchten ziemlich lange, um das Auto mit unserem Bettzeug, der Verpflegung und den Getränken für unsere Nachtwache zu beladen – und mit dem Fleisch für Growe, falls wir sie fänden. Schließlich machten wir uns erst am späten Nachmittag auf den Weg – die Nashornvögel flogen schon zu ihren Schlafplätzen, ein paar Dik-Diks huschten durch das Unterholz und zwei Kudus hielten kurz inne, um uns anzustarren, ehe sie in der Dämmerung verschwanden. Wir fuhren anderthalb Stunden auf Terences Wegen eine Lugga entlang und schließlich durch den Busch und auf einen Berg hinauf, von wo aus wir in das Dornenmeer hinunterschauen konnten.

Wir waren in der Nähe des Felsens, wo Freunde von Jack Block, der bei der Finanzierung der R.G.S. geholfen hatte, eine Gedenktafel mit seinem Namen errichtet hatten. Ich konnte mir keinen besseren Ort vorstellen, um eines Mannes zu gedenken, der so freundschaftlich zu mir gewesen war und den wilden Tieren Kenias ein so guter Fürsprecher.

Als wir schließlich unsere Schlafrollen aufs Dach wuchteten, ging der Mond schon auf. Gerade als sie fertig war, hörte ich Georgina nach Luft schnappen und meinen Namen hervorstoßen. Ich drehte mich schnell um und da, vier Schritte entfernt, hockte eine große Löwin sprungbereit im Busch. Es war wirklich Growe, die gut genährt aussah, obwohl ich ihre Stimmung nicht erahnen konnte und nichts riskieren wollte. Ich befahl Georgina, sich ruhig zu verhalten und während ich wieder und wieder Growes Namen rief, griff ich langsam nach der Kühltasche. Schließlich warf ich ihr etwas Fleisch zu, das sie aus der Luft fing und ein paar Meter entfernt fraß.

Sie blieb die ganze Nacht in unserer Nähe und in der Morgendämmerung beobachteten wir alle drei eine vorbeiziehende Elefantenherde, die dabei Äste abriß und das Unterholz zertrampelte. Kurz danach erhob sich Growe, streckte sich und verschwand zwischen den Dornen.

Am nächsten Morgen mußten wir das erste informelle Treffen der Kora-Stiftungs-Verwalter in Kenia vorbereiten. Tony hatte ein eindrucksvolles Aufgebot sehr beschäfigter Männer davon überzeugt, der Kora-Stiftung zu dienen, falls der Direktor der Wildschutzbehörde dessen Gründung zustimmen sollte. Unter anderen erwarteten wir Nehemiah arap Rottich vom Wildlife Club Kenias, Ken Smith, der offiziell im Ruhestand war, aber immer noch in der Mara arbeitete, Alan Root und Ted Goss, der Kenias vierhundertfünfzig Mann starke Anti-Wilderer-Einheit unter sich hatte.

Der kleine Landestreifen war ein einziger Staubwirbel, als die Sportflugzeuge landeten und zu den winzigsten Schattenplätzen rollten. Wir nahmen unsere Gäste in einem Pendelverkehr in Empfang und brachten sie ins Kampi ya Chui, wo Tony in seiner Aufenthaltshütte einen Tisch mit Stiften, Papier und Kannen voll kalter Getränke aufgebaut hatte. Die Temperatur stieg auf über vierzig Grad Celsius, doch nach zwei Stunden war die Tagesordnung geschafft.

»Na, was sagst du dazu?«, fragte Tony, nachdem alle gegangen waren und er sich einige Notizen machte. »Werden sich die Dinge hier wirklich zum Besseren wenden?«

Ich glaubte damals wie auch heute, daß Tony und ich, trotz der Stiftungsverwalter, die uns halfen, Pläne für das Reservat durchzusetzen, die meisten Gelder selber aufbringen müßten. Aber es gab auch zwei gute Nachrichten. Erstens sagte Ted Goss, daß er noch weitere Männer schicken würde, um die Wilderei zu bekämpfen und um das rücksichtslose Eindringen von Vieh zu verhindern. Zweitens war eine neue Brücke über den Tana fast fertiggestellt: wir müßten dann nur noch ein paar zusätzliche Kilometer Straße freischlagen, um Kora mit Meru zu verbinden. Das Projekt würde Terence garantiert verjüngen und Kora zum ersten Mal für die Touristen, die Meru besuchten, eröffnen.

Bei dem Treffen hatte ich das Thema, das mir am meisten am Herzen lag – nämlich die Zukunft unserer Löwen und Leoparden – nicht angeschnitten. Ich hatte das ungute Gefühl, daß es den anderen hauptsächlich um die Pyramide als solche ging – obwohl es ohne die Löwen heute kein Reservat gäbe und ohne die Leoparden keine Stiftung –; Tony und ich waren die einzigen Stiftungsverwalter, die die Tiere selbst wirklich gern hatten. Aber würden sie auch in Zukunft hier noch Raum haben? Und wenn nicht, wäre dann noch Raum für uns? Terence, Tony und ich hatten unser Leben in der Wildnis gelebt – und ich hatte langsam das Gefühl, das das einzige »happy end«, das wir herbeisehnen durften, wie in anderen wahren Geschichten aus dem Busch ein Fragezeichen war.

Während wir uns unterhielten, hörte ich das Gemurmel von Tonys Freunden – Mohamed, Isaiah, Oil Can und Geoff – die unsere stets gebrechlichen Fahrzeuge reparierten. Durch die offene Seite der Hütte konnte ich Adnan sehen, der prachtvoll auf seinen Felsen ausgestreckt dalag. Er sollte seine Freiheit in den nächsten Tagen erhalten und ich hoffte, daß Bill und Ginny, die kommen wollten, um mir bei der Fertigstellung dieses Buches zu helfen, rechtzeitig eintreffen würden und ihn sehen könnten. Es klappte. Sie wurden von Andreas Meyerhold eingeflogen, einem österreichischen Arzt, der sich in Nairobi sehr um Terence gekümmert hatte und der dessen Genesung nicht dem Zufall überlassen wollte. Bill und Ginny umarmten den grauhaarigen Hamisi, der erst lächelte – und dann strahlte, als sie ihm die eindrucksvolle Digitaluhr überreichten, die er sich so sehnlich gewünscht hatte. Wir erzählten bis spät in die Nacht.
Gegen Anbruch der Morgendämmerung wurden wir durch das tiefe Brüllen eines Löwen geweckt, den ich zu kennen glaubte, obwohl ich ihn noch nie gesehen hatte. Seine ersten drei lauten Rufe wurden von einer Reihe tiefer Baßgrunzer gefolgt, die so regelmäßig, volltönend und anhaltend waren, daß ich den Löwen »Tom Tom« taufte. Jeden Abend hielten seine Trommelrufe länger an, bis ich nur noch an einen anderen Löwen denken konnte, der so gebrüllt hatte: Boy. Konnte eine solche Stimme und so ein absonderliches Brüllen vererbt werden?
Kurz nachdem ich aus Wien zurückkam und noch bevor ich Zeit hatte, nach Koretta zu suchen, besuchten mich unerwartet die Mitglieder der Tana-Ratsversammlung, die die Löwen sehen wollten. Von Tony wußte ich, daß er hinter dem Kora-Felsen verwischte Spuren gesehen hatte, und so wollte ich mein Glück dort versuchen. Ich nahm mein Megaphon von der Wand und rief: »Kor-ret-ta, Kor-ret-ta, Kor-ret-ta«. Als nichts geschah, bedauerte ich meinen theatralischen Auftritt; wir kehrten zum Camp, zu unserem Tee und den Gesprächen über die Straßen und den Regen zurück. Plötzlich kam Abdi – der die Augen eines Luchses hat – gerannt und rief: »Simba, Bwana, Simba!« Langsam und majestätisch trat Koretta aus den Büschen vor einer Felsenhöhle und schritt in unsere Richtung. Boldie war an ihrer Seite, etwas dahinter – wie immer – Cindie; doch zwischen ihnen trotteten und hüpften fünf kleine Löwenbabys. Als sich Koretta in den Schatten eines Baumes fallen ließ, fingen sie an zu nuckeln. Wahrscheinlich war Tom-Tom ihr Vater.
Wir hatten die Arbeit am Buch praktisch abgeschlossen, als Tony zu uns kam und uns mitteilte, daß die Leopardin Komunyu, die seit drei Jahren frei lebte und die offenbar eine Leidenschaft für Adnan hatte, zum Camp

zurückgekehrt war und sein Gehege umkreiste. Tony plante daher, Adnan am nächsten Morgen in die Freiheit zu entlassen. Vor allem Bill faszinierte es, die erste Begegnung Komunyus und Adnans im Freien zu beobachten und sie mit dem Gewaltausbruch bei Christians und Boys Begegnung zu vergleichen.

Zweifellos war das zum Teil die Reaktion zweier Männchen aufeinander gewesen, doch das nun folgende langsame, ruhige und feinfühlende Menuett der Leoparden zeigte auch das Wesen ihrer verschwiegenen Natur auf.

An dem Tag wurde uns der Unterschied zwischen den geselligen und den einzelgängerischen Katzen noch deutlicher zum Bewußtsein gebracht. Abdi hatte entdeckt, daß Koretta, Boldie und Cindie in einer Lugga, ungefähr sechzehn Kilometer vom Camp entfernt, einen Wasserbock gerissen hatten. Am späten Nachmittag fuhr ich mit Bill und Ginny dorthin. Als wir heranfuhren, stand ein stattlicher junger Löwe mit dunkelbrauner Mähne auf und stolzierte in den Busch – das war mein erster flüchtiger Blick auf Tom-Tom.

In den Luggas stießen wir oft auf Jagdbeute. Jedes dieser sandigen Flußbetten, die sich durch den Busch schlängeln, ist eine natürliche Arena. Scheue Tiere kommen zum Äsen her, ohne zu ahnen, daß die gleichen, offenen Flächen, die ihnen scheinbar Schutz vor heimlichen Angreifern bieten, gleichzeitig ein hervorragendes Blickfeld für einen Löwen sind, der sich oberhalb im Gebüsch versteckt.

Menschen und Tiere werden immer wieder von den Luggas angezogen. Sie mögen zwar nur alle zehn Jahre Wasser führen, doch unter der Oberfläche bleibt das Wasser oder die Feuchtigkeit erhalten. Das Gras ist hier grüner, die Früchte auf den Sträuchern sind süßer und saftiger und der Schatten der Bäume, die hier höher sind und mehr Blätter haben, ist kühler als anderswo im Busch. Die Luggas sind Mikrokosmen Afrikas. Ich hatte Boy in einer Lugga beerdigt, und Growlie hatte Koretta in einer anderen zur Welt gebracht.

Jetzt warteten wir und beobachteten Koretta mit ihren beiden älteren Töchtern, die zufrieden bei ihrer Beute hockten. Ihre fünf Jüngeren balgten und wälzten sich neben ihr im Gras. Das trockene Flußbett war abgelegen und bezaubernd schön, von großen Akazien beschattet und nach Henna duftend. Um uns herum hatte ein Regenschauer eine zarte Blütenpracht zum Vorschein gebracht – orange, hellgelb, blau und das klare, leuchtende Violett der kleinen Resurrection-Pflanze.

An dieser Stelle wollte ich mich eigentlich am Ende unserer achtzigjährigen Reise von meinen Lesern verabschieden. Die Sorge um Terence hat sich gelegt; wir hatten Grund, mit neuer Hoffnung in Koras Zukunft zu schauen – ohnehin konnte ich der Zukunft nicht in die Karten blicken. Und ich bin froh darüber.

Obwohl ein bestimmter Grad an Verschwiegenheit einem Autor angemessen ist, und obwohl ich es vorgezogen hätte, dieses Buch in heiterer Stimmung zu beenden, hatte ich mir am Anfang vorgenommen, die ganze Wahrheit zu erzählen, auch wenn sie nicht angenehm ist. Daher füge ich diese Nachschrift hinzu.

Unter den wachsamen Augen seines Arztes, und nachdem ein Heiliger der Orma seine Hände auf Terence gelegt hatte, kam er wieder einigermaßen zu Kräften. Er mußte nicht mehr von seinem Bett zu der Aufenthaltshütte getragen werden und ein- oder zweimal, wenn er sich unbeobachtet glaubte, machte er sich mit einem Laufgestell auf den Weg, um das Schärfen der Werkzeuge auf unserer großen Drehbank zu überwachen. Später nahm ihn einer unserer jungen Freunde in seinem Flugzeug mit, um die halb fertiggestellte Brücke zu inspizieren und um eine Straße zu planen, die die Brücke mit Kora verbinden sollte.

Der Direktor der Wildbehörde genehmigte die Gründung der Kora-Stiftung in Kenia: unsere Arbeit mit den Leoparden sollte deren Haupt-Nutznießer sein.

Komunyu hielt sich weiterhin um das Kampi ya Chui auf, Adnan zog in westliche Richtung davon und Tony konnte seinen Sender bald nur aus der Luft empfangen.

Das Leben im Kampi ya Simba wurde hektischer. Koretta zog mit ihrer Familie immer weiter flußabwärts am Tana entlang zu den Gebieten, in denen die Somalis rechtmäßig ihr Vieh weideten. Ich versuchte sie deshalb mit geschickt plaziertem Kamelfleisch zurückzulocken. Eine zunehmende Anzahl von Besuchern erschien ohne Anmeldung bei uns und erwartete, über Nacht untergebracht zu werden. Schließlich fragte eine japanische Filmgesellschaft an, ob sie einen Film über unseren Alltag in Kora drehen dürfe. Während sie hier war, erfolgte der erste von mehreren Schicksalsschlägen, die praktisch alles zu vernichten drohten, was wir in Kora zu erreichen versucht hatten.

An einem Abend fuhr ich mit den Japanern flußabwärts und suchte nach Koretta. Der Filmstar Tomoko, die die Interviews machte, fuhr mit uns. Sie ist so zierlich wie ein Kind, und ihr Englisch und ihr berufliches Können sind so bemerkenswert wie ihr Mut, den sie bald beweisen würde. Wir fanden Korettas Familie, die immer noch an dem Kamel fraß – sie hatten das zufriedene Aussehen vollgefressener Löwen. Nachdem wir ihnen zugeschaut hatten, zogen wir uns auf eine Anhöhe zurück. Ich gab Tomoko einen Drink und sie setzte sich neben das Auto, während ich Tony über Funk mitteilte, daß wir uns jetzt auf den Rückweg machen würden.

In dem Moment hörte ich einen Angstschrei, sah aber keine Spur mehr von Tomoko. Ich ließ das Funkgerät fallen, raste um die Motorhaube herum und sah, daß ein Löwe Tomokos Kopf in den Fängen hielt: es war eindeutig Boldie. Aus voller Kehle brüllend lief ich auf Boldie zu, die Tomoko sofort losließ und zum Rudel zurücktrottete. Abgesehen von einem Schock war nur Tomokos Kopfhaut verletzt worden, der Schädel zum Glück nicht.

Zeitig am nächsten Morgen brachte der »Fliegende Doktor« sie ins Krankenhaus, wo sie eine Woche lang bleiben mußte. Ich war voller Bewunderung, als sie darauf bestand, zurückzukommen, um die Interviews zu beenden – diesmal mit Tony im Kampi ya Chui, wo er jetzt Lucifer hatte, einen kleinen wilden Löwen, der von seiner Mutter im Stich gelassen worden war. Danach lud Tony die Japaner vor ihrer Abreise zum Abendessen ein. Gegen Ende der Mahlzeit, als es schon dunkel geworden war, setzte Komunyu es sich in den Kopf, über den sehr hohen Drahtzaun zu klettern und Tonys Gäste zu begutachten. Anstatt diese in ihre Autos zu schicken und sie zu bitten, das Camp zu verlassen, entschied sich Tony für eine andere Methode, die bisher Komunyus Mißtrauen immer erfolgreich zerstreut hatte. Er stellte seine Gäste dem Leoparden vor, wie er es vielleicht mit einem Wachhund getan hätte. Aber als sich alle wieder hinsetzten, schoß Komunyu plötzlich an Tomokos Rücken und packte ihren Nacken mit ihren Zähnen. Tony brauchte all seine Kraft, um ihre Fänge auseinanderzustemmen.

Wieder verbrachte Tomoko im Herzen des afrikanischen Busches eine bange Nacht voller Schmerzen und wer weiß welcher Seelenqualen. Sie wartete auf den Tagesanbruch und das gnädige Dröhnen der Motoren des »Fliegenden Doktors«. Wieder mußte sie einige Tage lang im Krankenhaus bleiben. Und wieder bestand sie darauf, nach Kora zurückzukommen, dieses Mal mit einem Stützkragen um den Hals, um die letzten Szenen des Films zu drehen. Meine Bewunderung war grenzenlos.

Drei Überlegungen gehen mir durch den Kopf, während ich voller Bedauern diese unangenehmen Vorfälle analysierte. Die erste ist, daß nicht vertrauenswürdige Löwen ihren Charakter meist schon in frühem Alter offenbaren. Suleiman, auf den ich mit dem Revolver über meine Schulter schießen mußte, damit er aufhörte, meinen Nacken durchzukauen,

hatten wir zunächst Salomon genannt, doch Tony meinte, er sei eher verschlagen als weise und gab ihm daher lieber den Namen eines undurchsichtigen Bekannten. Shyman war so genannt worden, weil ihm nicht an menschlicher Gesellschaft zu liegen schien: er hatte Tony grausam angegriffen. Shade wiederum mußte uns die Schattenseite seiner Wesensart schon vor der Namensgebung gezeigt haben – er hatte Terence angefallen. Und jetzt hatte Boldie mit übertriebener Kühnheit und ganz bestimmt nicht aus Hunger bewußt ihre Beute verlassen, um sich an Tomoko heranzupirschen.
Dennoch glaube ich immer noch, daß es völlig ungerechtfertigt gewesen wäre, wenn ich einen von ihnen einfach aus meinem Instinkt heraus erschossen hätte.
Meine zweite Überlegung dreht sich um das Rätsel, warum Tomoko zweimal unprovozierte Angriffe von zwei verschiedenen Spezies hervorgerufen hatte. Zum Schluß komme ich zu der Folgerung, daß sie entweder einen ganz einzigartigen, individuellen Geruch besaß, oder aber daß ihre kindliche Erscheinung – zumindest hatte sie die in den Augen eines Europäers und vielleicht einer Katze – die tödliche Faszination der Katzen für Kinder ausgelöst hatte.
Meine dritte Überlegung gilt der Tatsache, daß es unmöglich ist, bei der Arbeit mit Löwen und Leoparden das Risiko auszuschließen; wenn Tony und ich manchmal die Gefahren nicht richtig eingeschätzt haben, so liegt die Schuld daran bei uns und nicht bei den Tieren.
Wir stellten sicher, daß die Wildschutzbehörde über die Vorfälle unterrichtet wurde und erhöhten sofort den Zaun um beide Camps mit elektrischem Draht. Ich erwartete irgendeine Reaktion von seiten der Behörden, nicht aber eine so vernichtende Erklärung wie die, die uns jetzt geschickt wurde und von der ich annehmen muß, daß sie schon vor Tomokos Unfällen formuliert worden war.
Am 24. Februar schrieb der Direktor des Wild-Ministeriums an den Wildhüter von Kora einen langen Brief über die Zukunft des Reservates. Der springende Punkt war, daß unsere gesamte Arbeit mit den Leoparden beendet werden sollte. Tony wurde nicht aufgefordert, Kora zu verlassen – er war immerhin Verwalter und Gründer der Kora-Stiftung – aber es war eindeutig, daß er als »persona non grata« angesehen wurde.
Während ich noch versuchte, mit diesem Schlag fertigzuwerden, klagte Terence ein paar Tage nach Ostern über Unwohlsein. Er atmete schlecht und konnte kein Abendessen zu sich nehmen. Wir nahmen Funkkontakt mit seinem Arzt auf, aber ehe Andreas Meyerhold uns früh am nächsten Morgen erreichte, war Terence gestorben. Wie schon einmal, hatte sich

eine Embolie oder ein Blutgerinnsel gebildet, diesmal war es tödlich. Wir beerdigten ihn in Kora. Er ruht in Frieden unter den Blumen und Bäumen, die er so geliebt hatte.

Ich habe das Gefühl, daß ich keine weiteren Fragen über Kora beantworten kann. Aber ich muß einige stellen. Wer wird sich jetzt um die Tiere im Reservat kümmern, denn sie können es nicht allein. Gibt es in Kenia junge Männer und Frauen, die bereit sind, diese Aufgabe zu übernehmen? Wann endlich werden die oft versprochenen Wächter Terences Straßen patrouillieren und standhaft die Ufer des Tana beschützen, wenn das Reservat von einer Dürre heimgesucht wird? Wer wird seine Stimme für Kora erheben, wenn meine vom Wind davongetragen wird?

Die Tage sind gezählt. Bitte, tut etwas, sagt etwas, oder macht Euch Gedanken, um Christians Pyramide zu retten, ehe die Trägheit und Nachlässigkeit der Behörden sie zusammenstürzen läßt.

Danksagung

Ich möchte mich an dieser Stelle bei all denen bedanken, die mir bewußt oder unbewußt bei diesem Buch geholfen haben. Mit Dank zeige ich mich für die unten aufgelisteten Quellen erkenntlich, auf die ich mich für den Text, die Karten und die Illustrationen bezogen habe.
Mein Bruder Terence, Tony Fitzjohn und Ted Goss halfen mir, wann immer ich sie darum bat, so wie sie es bei meiner restlichen Arbeit auch taten. Wolfgang und Ingrid Koos in Österreich, Bill und Virginia Travers in England, Peter und Mary Johnson, Monty und Hilary Ruben und Jock Dawson und Enid Phillips in Kenia zeigten während der Vorbereitung des Buches großzügige Gastfreundschaft. Einigen – Juliette Huxley und Elspeth Huxley – danke ich dafür, daß sie Joys Briefe zur Verfügung stellten. Anderen danke ich für Erinnerungen – unter ihnen William und Morna Hale, Ken Smith, Virginia McKenna (Travers), Alan Root, Monty Ruben, Jonny Baxendale, Simon Trevor und Doria Block.
Betrachte ich in Kora oder Elsamere unsere überfüllten, aber dennoch entleerten Bücherregale – die Raben mit den gefächerten Schwanzfedern sind nicht die einzigen Übeltäter –, wird mir bewußt, wieviel ich den Büchern, die Joy und ich im Laufe der Jahre lasen, zu verdanken habe. Ich kann sie nicht alle erwähnen, aber zunächst möchte ich dem Vorsitzenden und den Sachwaltern des »Elsa Wild Animal Appeal« dafür danken, daß ich mich frei auf all das beziehen konnte, was meine Frau Joy geschrieben, gemalt oder fotografiert hatte, unabhängig davon, ob dies veröffentlicht war oder nicht. Ich danke auch Collins Harvill, London, dafür, daß ich Joys veröffentlichte Werke verwenden durfte. Zweitens möchte ich mich besonders für das Material erkenntlich zeigen, welches ich direkt oder indirekt aus den folgenden Veröffentlichungen bezogen habe, die in Themenbereichen alphabetisch nach Autoren geordnet sind:

UNSERE LÖWEN, GEPARDEN UND LEOPARDEN
Adamson, Joy und George, Bourke, Anthony und Rendall, John: Christian der Löwe; Hart, Susanne (Sue Harthoorn): Life with Daktari und: Listen to the Wild;
Jay, John Mark: Any Old Lion;
McKenna, Virginia, und Travers, Bill: On Playing with Lions.

LÖWEN IM ALLGEMEINEN
Carr, Norman: Return to the Wild;
Patterson, R.J.: The Man-Eaters of Tsavo;
Shaller, George: The Serengeti Lion.
AFRIKANISCHES WILD UND DESSEN ÖKOLOGIE
Cott, Hugh: Ein Blick für Tiere;
Moss, Cynthia: Portraits of the Wild;
Croze, Harvey, und Reader, John: Pyramids of Life;
Douglas-Hamilton, Ian und Oria: Unter Elefanten;
Goodall, Jane, und van Lawick, Hugo: Innocent Killers;
Grzimek, Bernhardt: Serengeti darf nicht sterben;
Owens, Mark und Delia: Der Ruf der Kalahari;
Pooley, Tony: Diaries of a Crocodile Man;
Spinage, C.A.: The Book of the Giraffe.
BIOGRAPHIEN
Cole, Sonia: Leakey's Luck;
Cullen, Anthony: Downey's Africa;
Douglas Home, Charles: Evelyn Baring;
Fox, James: Weißes Verhängnis (Die letzten Tage in Kenia)
Thurman, Judith: Isak Dinesen (Karen Blixen);
Trzebinski, Errol: Silence will Speak (Das Leben von Denys Finch Hatton)
MEMOIREN
Cowie, Mervyn: Fly, Vulture;
Huxley, Elspeth: In der Hitze des Mittags;
Innes, Dorothy Hammond: What Lands are these;
Kinloch, Bruce: The Shamba Raiders;
Morris, Desmond: Animal Days;
Ruben, Hilary: African Harvest (Was uns der Massai erzählt?)
Sheldrick, Daphne: Orphants of Tsavo;
Wood, Michael: Go an Extra Mile;
Williams, J.H.: Elephant Bill.
KORA
Schließlich gibt es ein Buch, welches hervorragend das breite Wissen, das von der Expedition der Royal Geographical Society aus London und den Museen Kenias enthüllt wurde, darstellt: Malcolm Coes, Islands in the Bush: A Natural History of the Kora National Reserve, Kenya.
Für die Umrißkarte von Kora bin ich Andrew Bruce zu Dank verpflichtet.

GOLDMANN

Natur und Wissenschaft

Fülle und Nichts 12001

Die Medizin der Chinesen 12309

Prinzip Chaos 11469

Kritik des gesunden Menschenverstandes 11690

Goldmann · Der Taschenbuch-Verlag